HEYNE SACHBUCH

Günter Haaf

Rettet die Natur

WILHELM HEYNE VERLAG
MÜNCHEN

HEYNE SACHBUCH
Nr. 01/7265

Aktualisierte, genehmigte Taschenbuchausgabe

Printed in Germany 1985
Umschlagfoto: Manfred Mehlig/Bildarchiv Joachim Kinkelin
Umschlaggestaltung: Atelier Ingrid Schütz, München
Satz: Presse-Druck Augsburg
Druck und Bindung: Appl, Wemding

ISBN 3-453-02171-1

Lieber Leser,

Vier Jahre sind für einen Erwachsenen ein kurzer Zeitraum: eine Legislaturperiode, eine schnell verflogene Episode im beruflichen Alltag. Aber in unserem anhaltenden Krieg gegen die natürliche Umwelt brachten die letzten vier Jahre dramatische Änderungen: 1981 war in der Bundesrepublik allenfalls vom »Tannensterben«, nicht jedoch vom Waldsterben die Rede. Zeit also, »Rettet die Natur« zu aktualisieren.

Im vorliegenden Buch versuche ich, unsere problematischen Beziehungen zur natürlichen Umwelt aus möglichst vielen Blickwinkeln zu durchleuchten. Die Sehnsucht nach der »heilen« Natur, wie sie das Titelbild (vielleicht) auslöst, gehört ebenso dazu wie der tief im menschlichen Denken verwurzelte Glaube an eine bessere Vergangenheit, symbolisiert durch das Bild vom verlorenen Paradies. Dazu gehören aber auch die wissenschaftlichen Erkenntnisse über die Natur, unsere mehr oder minder notwendigen Eingriffe in sie sowie Hinweise, warum und wie »die Natur« gerettet werden sollte.

Ein solches Vorhaben ähnelt zweifellos dem berühmten Versuch jenes Kindes, das den Ozean ausschöpfen wollte: Nicht einmal alle Wissenschaftler der Erde könnten eine exakte Beschreibung unserer unendlich vielfältigen Beziehungen zur Natur geben (zu der wir ja selbst untrennbar zählen). Deshalb ist jeder derartige Versuch auch auf Vermutungen, persönliche Werturteile und möglicherweise falsche Fakten angewiesen.

Warum habe ich nicht gekniffen oder mich wenigstens auf einen handlicheren Aspekt konzentriert? Nun, über einzelne Themen des Umwelt- und Naturschutzes sind in den letzten zwei Jahrzehnten viele gute Bücher erschienen. Andererseits gerät die öffentliche Diskussion über den Zustand der natürlichen Umwelt zusehends in die Gefahr, in immer kleinere Teilaspekte »atomisiert« zu werden. Die Natur, vor allem die belebte Natur, ist jedoch mehr als die Summe ihrer Einzelteile: Lokale Geschehnisse können globale Auswirkungen haben – und umgekehrt. Das gilt auch und besonders für unsere Aktivitäten.

Um lokale wie globale Zusammenhänge geht es also in den folgenden sechs Kapiteln. Zum Abschluß der drei zentralen Kapitel folgt jeweils der Beitrag eines namhaften Experten in Sachen Umwelt- und Naturschutz. Die Unterteilung des Buches nach unterschiedlichen Blickwinkeln macht es unvermeidlich, daß manche Themen mehrmals unter verschiedenen Aspekten vorkommen; ein Index am Ende des Buches soll deshalb das Auf- und Wiederfinden wichtiger Stichwörter erleichtern.
Soviel sei hier verraten: Fertige Lösungsvorschläge, simple Formeln oder wohlfeile ideologische »Wahrheiten«, wie denn nun die Natur zu retten sei, werden nicht angeboten. Weder Utopie noch Weltuntergang finden statt. Dafür plädiere ich für mehr Kooperation statt Konfrontation – vor allem zwischen Mensch und Natur. Der Lohn dafür ist bekannt: eine lebenswerte Umwelt für uns und unsere Kinder.

Aumühle, im Januar 1985 Günter Haaf

Inhalt

Der Aufstieg des Menschen – ein Abstieg der Natur? Bulldozer roden den Urwald für den Bau der Transamazonas-Straße.

Die Erschöpfung der Erde

»Natürlich ist der Mensch eine Naturkatastrophe...«

Aufstieg des Menschen, Abstieg der Natur – und umgekehrt?

Die großen Tiere der Erde sind längst keine Konkurrenten mehr für den Menschen. Das mächtigste Landraubtier der Erde, der Eisbär, verliert im Zoo seinen Schrecken.

Und die überlebenden Großtiere Mitteleuropas sind entweder gezähmt oder werden zum Zwecke einer ritualisierten Jagd gehalten (unten: Ende einer Hirschjagd).

Wohl jeder Mensch wünscht sich, daß bestimmte Dinge unveränderlich bestehenbleiben: Wer möchte nicht für alle Zeiten gesund sein, geliebt werden, genügend Geld haben? Und doch ahnen, wissen wir alle, wie wenig Aussicht auf Erfüllung diese Wunschvorstellungen haben. Unerbittlich fortgezerrt vom Lauf der Zeit, trägt auch der gesündeste Organismus Schäden davon, leiert auch die stabilste Maschine aus.
So betrüblich dieser unaufhaltsame Wandel für jeden einzelnen von uns sein mag, so unentbehrlich ist die offensichtliche Unstetigkeit der Natur für die Entwicklung des Lebens: Ohne steten Wandel (der Umweltbedingungen) und Anpassung (der Lebewesen) hätte das Leben auf der Erde wohl niemals die Ursuppe verlassen. Fast vier Milliarden Jahre und ungezählte Generationen lang hat das Leben Antworten auf nicht enden wollende Herausforderungen gefunden – und zwar keine schlechten, wenn wir uns und unsere Mitreisenden auf dem Raumschiff Erde anschauen.
Wir Menschen haben als eigenständige Lebewesenart, als Spezies, rund tausendmal weniger Zeit gehabt als das Leben an sich, um uns über die Erde zu verbreiten. Aber wir haben dies in den vergangenen vier Millionen Jahren nahezu ebenso gründlich geschafft. Freilich: Als wir uns die »Erde untertan« machten, ihre Vorräte plünderten und andere Lebewesen ausrotteten oder versklavten, da haben wir »einen ungedeckten Wechsel auf die Zukunft gezogen«, wie manche Umweltforscher befürchten.

Nun sorgen sich nicht wenige Menschen, daß die Natur diesen Wechsel demnächst platzen läßt, weil wir unfähig seien, liebgewonnene Gewohnheiten freiwillig und zu unseren und der Natur Gunsten zu ändern. Anderen Zeitgenossen ist schon der Gedanke zuwider, daß umweltgerechteres Verhalten ausschließlich unter dem Blickwinkel des Nutzens für die Menschheit selbst gesehen werden könnte: Sie fordern eine Erhaltung oder gar Wiederherstellung ursprünglicher Zustände nicht des Menschen, sondern der Natur wegen.

Bis in die fünfziger Jahre herrschte ein – heute naiv erscheinender – Glaube an die anscheinend unbegrenzten Möglichkeiten wissenschaftlich-technischen Fortschritts, wie er etwa bei der Weltausstellung 1933 in Chicago formuliert worden war: »Die Wissenschaft entdeckt, die Industrie wendet an, der Mensch paßt sich an.« Von der Natur war keine Rede.

Um so heftiger war der Schock, als die amerikanische Biologin Rachel Carson 1962 ihr Buch »Der stumme Frühling« veröffentlichte. Sie beschrieb darin die Folgen des ungezügelten Krieges mit DDT und anderen Giften gegen Schädlinge und Unkräuter: »Man hat diese chemischen Stoffe in Fischen weltabgeschiedener Bergseen gefunden, in Regenwürmern, die im Boden wühlen, in Vogeleiern und – im Menschen selbst.« Ihr Fazit war das Startsignal für die moderne Umweltschutzbewegung: »Neben der Möglichkeit, die Menschheit in einem Atomkrieg auszurotten, ist das Kernproblem unseres Zeitalters daher die Verunreinigung der gesamten Umwelt des Menschen geworden.«

Es dauerte freilich einige Jahre, bis der Partisanenkampf einiger Umweltexperten zu einer Art globalem Volksaufstand anschwoll. 1970, kurz nach dem wissenschaftlich-technischen Kraftakt der ersten Mondlandung, machte das »Europäische Naturschutzjahr« auf die gefährliche Belastung der Lebensgrundlagen aufmerksam. Und 1972 traf sich die Welt in Stockholm zur Umweltkonferenz der Vereinten Nationen, der ersten einer ganzen Serie von »Mega-Konferenzen« über globale Mißstände in den siebziger Jahren.

Nun plötzlich wurde Staatsmännern wie Studenten, Managern wie Müttern bewußt, daß jedes menschliche Wirken Wirkungen auf die delikate Balance der Natur hat. Nun wurden die Einleitung enormer Abwärmemengen aus Kraftwerken in Flüsse und die Autowäsche am Bach, der filterlose Fabrikschlot und die Ex-und-hopp-Flasche nicht länger als unvermeidlicher Preis des Fortschritts angesehen. Eine Flut kleiner und großer Katastrophenmeldungen brach über eine Gesellschaft herein, die eben noch nach den Sternen griff.

Anfang der achtziger Jahre sah es so aus, als erlahme der grüne Schwung im Argumentationsdickicht um »Arbeitsplätze« und »Wettbewerbsfähigkeit«. Doch die gravierenden Umweltprobleme ließen sich weniger denn je wegdiskutieren. Die Skandale um die dioxinhaltigen Fässer aus Seveso, um die

Hamburger Chemiefirma Boehringer und deren dioxinhaltige Abfälle (und andere Giftstoffe) im Müllberg Georgswerder hielten die Erinnerung an die Sünden der Vergangenheit wach. Und die Giftgas-Katastrophe von Bhopal, bei der im Dezember 1984 eine Giftgaswolke aus einer amerikanisch-indischen Pestizidfabrik mehr als 2500 Menschen tötete, erhellte auf grauenhafte Weise die Umweltgefahren der Gegenwart.

Aber auch ohne Menschenopfer erreichte die Umweltdiskussion in Mitteleuropa einen neuen Höhepunkt. Nachdem jahrzehntelang die Warnungen überhört worden waren, setzte das Waldsterben mit Macht ein. 1982 meldeten die bundesdeutschen Forstbehörden acht Prozent der Waldfläche als »sichtbar geschädigt«. 1984 hatten die »neuartigen Waldschäden« (offizielle Bezeichnung) genau die Hälfte der Forste der Bundesrepublik erfaßt – eine galoppierende Schwindsucht, ausgelöst durch Luftverschmutzung.

Bei Meinungsumfragen bekennen sich regelmäßig 80 bis 90 Prozent der befragten Bürger, daß sie ein »verstärktes Umweltbewußtsein« für gut oder gar sehr gut halten. Wenn es aber um Taten geht, dann stoßen engagierte Naturfreunde immer wieder auf das Sankt-Florian-Syndrom (»... verschon mein Haus, zünd andre an«): Der andere soll gefälligst weniger Dreck, Lärm etc. produzieren. Unter diesen Umständen wird Umweltpolitik »eine reine Sisyphusarbeit«, wie der Präsident des deutschen Umweltbundesamtes in Berlin, Heinrich von Lersner, einmal stöhnte.

Zu den frustrierend mühsamen Aktionen auf lokaler und nationaler Ebene kommen internationale Probleme noch größeren Kalibers. Zwei große internationale Studien umrissen im Jahr 1980 die anstehenden Schwierigkeiten auf dem Weg zu einem besseren Verhältnis von Mensch und Natur. »Unsere Epoche wird von zwei Merkmalen gekennzeichnet«, heißt es in der Präambel zur »Weltstrategie für die Erhaltung der Natur«. »Das erste ist die nahezu unbegrenzte Fähigkeit des Menschen zum Aufbau und zur schöpferischen Betätigung, der die ebenso große Macht zur Zerstörung und Vernichtung gegenübersteht... Das zweite Merkmal ist die weltweite Verflechtung menschlicher Betätigung mit ihrer sich daraus ergebenden globalen Verantwortung.«

Die »Weltstrategie« hat sich die »dauerhafte wirtschaftliche Entwicklung mit Hilfe der Erhaltung lebender Naturgüter« zum Ziel gesetzt – ein Ziel, das »vordringlich« ist, weil unter anderem die Kapazität der Erde, Menschen zu unterhalten, »in Entwicklungsländern wie auch in entwickelten Ländern unwiderruflich verringert wird«.

Ähnlich besorgt äußerte sich auch der »Global 2000«-Report der amerikanischen Regierung. »Wenn der gegenwärtige Trend anhält, dann wird die Welt im Jahr 2000 übervölkerter, verschmutzter, ökologisch weniger stabil und anfälliger gegen Störungen sein als die Welt, in der wir jetzt leben«, heißt es in der Studie.

Von der Natur war kaum die Rede, als wir im Zuge der Industrialisierung die Oberfläche der Erde umkrempelten, als die Luft ohne Rücksicht auf Verluste verschmutzt und die Meere als Kloaken der Zivilisation mißbraucht wurden (unten: Arbeiter beim Reinigen eines ölverschmutzten Strandes in der Bretagne).

Dürrekatastophe im Sahel-Gebiet.

Die unbedachte Zerstörung oder übermäßige Nutzung natürlicher Lebensräume schlägt auf den Menschen selbst zurück (vertrocknetes Maisfeld in den USA).

Die düsteren Zukunftsprognosen hinterließen in den Vereinigten Staaten des Jimmy-Carter-Nachfolgers Ronald Reagan wenig Eindruck. Im Gegenteil: Die Amerikaner steigerten sich in einen Wachstums-Optimismus wie seit den sechziger Jahren nicht mehr. Als »Antwort auf Global 2000« veröffentlichte der US-Wirtschaftswissenschaftler Julian Simon zusammen mit dem 1983 verstorbenen Zukunftsforscher Herman Kahn das Buch »The Resourceful Earth« (frei übersetzt: »Planet der Möglichkeiten«). Kahn, Simon und 23 andere Autoren argumentieren in ihrem 1984 erschienenen Band forsch: »Die Beschränkungen des Wachstums durch Umweltbelastungen, Rohstoffverknappung und Bevölkerungsdruck werden immer weniger.«
In der Tat zeigte gerade das Jahrzehnt nach dem Ölschock von 1973, wie schnell sich die Wirtschaft auf Mangelsituationen einzustellen vermag (aber auch, wie schnell hochfliegende Projektionen von Futurologen à la Kahn ad absurdum geführt werden): 1983 verbrauchte die Bundesrepublik Energie mit dem Gehalt von 30 Millionen Tonnen Steinkohleneinheiten weniger als 1980. Auch zeigen Luft- und Wasserreinigungsmaßnahmen durchaus Wirkung. Jedoch: Eine einmal ausgestorbene Lebewesen-Art ist unwiederbringlich verloren. Und es ist keineswegs sicher, daß sich komplexe Ökosysteme wie die tropischen Regenwälder nach ihrer Vernichtung je wieder regenerieren werden.
Für allzu viele einmalige Lebensformen wird jede Hilfe zu spät kommen: Sie werden aussterben – wie vor ihnen schon viele Arten, teils durch menschliche, teils durch natürliche Ursachen.
»Solche Vorgänge sind Evolutionsalltag«, argumentiert der Konstanzer Biologieprofessor Hubert Markl. »Es ist daher auch keine wissenschaftlich konsistente Argumentation, wenn man Artenschutz damit begründet, daß der Mensch mit der Ausrottung zahlreicher Arten in die Ordnung der Natur eingreife, so als gehöre unsere Spezies nicht auch zu dieser Natur. Natürlich ist der Mensch eine Naturkatastrophe wie viele erfolgreiche Arten vor ihm. Selbstverständlich gibt es zahlreiche gute Gründe für intensiven Artenschutz: ethische, ästhetische, umwelttoxikologische, auch handfest ökonomisch-ökologische. Das artenbedrohende Handeln des Menschen als wider eine natürliche Ordnung der Dinge zu brandmarken, macht dagegen wenig evolutionsbiologischen Sinn. Man sollte auch richtige und überaus wichtige Ziele nicht mit falschen Argumenten zu erreichen suchen.«
Wie aber kann das Ziel des Natur- und Umweltschutzes erreicht werden? Wie könnte der zivilisierte Mensch wieder – wie schon in den Jahrtausenden der Steinzeit – eine einigermaßen stabile Beziehung mit seiner natürlichen Umwelt eingehen? Vielleicht bleibt hier nur die Hoffnung auf die ungeheure Anpassungsfähigkeit von Mensch *und* Leben an sich wandelnde Umweltbedingungen. Vier Thesen, wie sich die Beziehungen von Mensch und Natur entwickeln könnten, werden auf den folgenden Seiten vorgestellt.

These 1: Nach uns die Sintflut. Oder: Sind wir zu dumm für die Zukunft?

Die Szene ist jedem Film- und Fernsehzuschauer geläufig, aber auch vielen Urlaubsreisenden: abendliche Party in einem Traumhaus am Meer, schöne und interessante Menschen in beschwingter Stimmung, ein Büfett mit allen Köstlichkeiten der Erde, Drinks für jeden Geschmack, sanfte Musik in warmer Abendbrise – kurzum, ein Paradies und ein Schlaraffenland in einem. Wer möchte da nicht mit dabeisein?
Von dem so greifbar nah erscheinenden Traum lebt ein großer Teil der »Traumfabriken« in Hollywood und anderswo. Der Drang zum süßen, sorglosen Leben füllt die Kreuzfahrtschiffe und Charterflugzeuge, die Ferienzentren und Luxushotels an den »Traumküsten« der Erde. Wenigstens ein paar Wochen im Jahr, ein paar Stunden in der Woche weg sein vom Ernst des Lebens, von der Sorge ums tägliche Brot (sprich: Geldverdienen), weg vom Lärm und Schmutz der Stadt und hin zur exotischen Natur. Motto: Raus aus dem Trott des Alltags und rein ins Vergnügen.
Wer will da Spielverderber sein? Wußten nicht schon die alten Römer, wie's sich leben läßt? Und scherten sich die Reichen aller Länder und Epochen jemals darum, woher ihr zusammengekauftes Schlaraffenland kam und wohin ihr Abfall ging? Ist das nicht alles eine Frage des Preises? Wer hat, der hat, basta: Nach uns die Sintflut.
Und nun soll die einfache Lebensweisheit »Nimm, was du kriegst« plötzlich nicht mehr Gültigkeit haben? Nur weil ein paar Natur- und Moralapostel ständig von Tod und Teufel reden? Wen kümmert es, ob in hundert Jahren das Öl alle ist? Wurde nicht das Ende der Menschheit immer wieder prophezeit – und leben wir nicht besser denn je? Außerdem: Wer braucht schon Blauwale oder Wildhunde oder Moosblümchen?
Das zurückliegende Jahrzehnt wurde in den Vereinigten Staaten manchmal als Zeitalter der *Me Generation*, der »Ich-Generation«, bezeichnet: die persönlichen Interessen als einziger Wertmaßstab, Konsum und Vergnügen als treibende Kräfte. Für diese egoistische Haltung spricht auf den ersten Blick viel. Jeder kann nach seiner eigenen Fasson selig wer-

den, braucht sich nicht die Laune durch die Probleme anderer verderben zu lassen und kurbelt dabei auch noch die Wirtschaft an.

Umweltschützern wie Kirchenmännern ist diese Einstellung ein Dorn im Auge. Sie geht freilich auf eine tief im abendländischen Glaubens- und Denksystem verankerte Tradition zurück: Der Mensch ist demnach zwar ein Teil seiner Umwelt, kann sie aber beherrschen; er kann sie zu seinem Nutzen umformen, und es gibt keine natürlichen Grenzen für seine Manipulationsfähigkeit.

Was aber ist, wenn es doch Grenzen gibt? Sind wir dann zu dumm für die Zukunft?

Das Leben auf der Erde erzeugt eine paradiesische Fülle von Tier- und Pflanzenarten. Wer Geld hat, kann sich heute ein Büfett wie aus dem Schlaraffenland herrichten lassen. Nur: Wie lange noch? Links: Riesenlanguste aus Mauritius.

CAMEMBERT NAPOLEON

These 2:
Weiterwursteln wie gehabt. Oder: Sind wir zu bequem für die Zukunft?

Der Witz muß so alt sein wie die ersten Wolkenkratzer, aber er schildert die Haltung einer Menschheit, wie sie in »These 1« beschrieben wurde, aus der Sicht pessimistischer Umweltschützer: Zwei Fensterputzer stürzen vom 100. Stock eines Hochhauses ab. Während der eine lauthals sein Schicksal beklagt, scheint der andere ungerührt. »Was hast du bloß«, sagt er 90 Etagen tiefer, »bislang ist uns doch gar nichts passiert.«

Auf »These 2« übertragen, würden die beiden Fensterputzer ruhig in ihrem Korb weiterarbeiten, obwohl sich die Halteseile aufzuzwirbeln beginnen: Der eine hofft, daß die Taue noch bis Schichtende halten, der andere versucht derweil, die Stricke mit Bordmitteln zu flicken.

Das Beispiel mag überzogen klingen. Doch die Menschheit kann auf eine lange Geschichte nicht oder zu spät erkannter Gefahren zurückblicken. Allein die leidvolle Historie europäischer Kriege sollte eigentlich ausreichen, ein hieb- und stichfestes Handbuch zur Vermeidung bewaffneter Konflikte zu erstellen. Und doch kam (und kommt es) zu militärischen Katastrophen, aus denen dann Völker wie der Phönix aus der Asche aufstiegen. Will sagen: Menschen manövrierten sich immer wieder in anscheinend aussichtslose Situationen, fanden aber – wenn auch oft nach schrecklichen Erfahrungen – meistens einen Weg aus dem mehr oder minder selbstverursachten Desaster.

Die Probleme des Natur- und Umweltschutzes sind aus dieser Sicht im Prinzip unlösbar. Es besteht jedoch Hoffnung, daß Menschheit und Natur auch schwerste Krisen überstehen, ja, daß es zwischendurch längere Intervalle mit relativ stabilen Beziehungen gibt. Dieses Modell vom »Weiterwursteln wie gehabt« scheint der Wirklichkeit recht nahe zu kommen: Aktionen gegen eine längst erkannte Gefahr beginnen allzuhäufig erst dann, wenn – wie der Volksmund sagt – das Kind in den Brunnen gefallen ist. So bewirkte zum Beispiel erst die große Smog-Katastrophe vom Dezember 1952, als in London die Zahl der täglichen Todesfälle von durchschnittlich 250 auf fast 900 hochschnellte, daß striktere Gesetze und Verordnungen erlassen wurden,

die eine gefährlich hohe Anreicherung der Luft mit Rauch und Schwefeldioxid verhindern. In der britischen Hauptstadt griffen die Maßnahmen, nicht aber in anderen gefährdeten Städten, die dem Londoner Beispiel nicht folgten.
Mitunter werden auch einmal gemachte schlechte Erfahrungen sehr schnell wieder vergessen, wenn sich andere Lebensumstände ändern. So erlebten zum Beispiel die Staaten des amerikanischen mittleren Westens in den dreißiger Jahren dieses Jahrhunderts schreckliche Dürrejahre. Viele ärmere Bauern mußten aufgeben und sich als Tagelöhner verdingen, wie es John Steinbeck in seinem berühmten Roman »Die Früchte des Zorns« schildert. Trockenperioden hatte es in diesem Raum immer gegeben. Aber durch das Umpflügen der Prärie und das Abhacken schützender Gehölze trocknete der Boden viel schneller aus. Nach den schlechten Erfahrungen wurden Windschutzanlagen, zum Beispiel Baumreihen, angelegt. Nach einigen feuchten Jahren und neuen, größeren Maschinen waren die guten Vorsätze vergessen. Prompt kam es im trockenen Jahr 1980 wieder zu verheerenden Staubstürmen.
Neben etlichen – späten – Erfolgen im Gefolge von Umweltkatastrophen kann die Weiterwurstel-Methode vor allem einen Vorteil verbuchen: Sie verhindert mit recht großer Sicherheit, daß Geist und Geld in Gefahrenherde gesteckt werden, die gar keine sind. Der Preis für dieses »nur im Notfall reagieren« ist freilich für die einzelnen Betroffenen hoch – sei es für Bürger, die dadurch Leben oder Gesundheit verlieren, für ganze Völker, die untergehen, oder für Tier- und Pflanzenarten, die ausgerottet werden. Vor allem aber gibt es keine Garantie, daß dieser Mangel an Vorsicht oder Entschlossenheit die Menschheit eines Tages nicht in eine ausweglose Situation manövriert. Sind wir zu bequem für die Zukunft?

Bislang haben wir uns doch durch alle Schwierigkeiten durchgemogelt, oder? Und so werden wir auch das Problem der bedrohten Tierarten lösen: Wir stecken sie einfach in Safariparks. Und außerdem gibt's doch auch noch Naturschutzgebiete, nicht wahr?

Panzerübungsgelände im Naturschutzgebiet Lüneburger Heide. Ein Schild verweist auf die nächstliegende Panzerbrücke. Die Ketten der Stahlkolosse haben die Landschaft verwüstet: Naturschutz zwischen Anspruch und Wirklichkeit

These 3:
Schuld und Sühne. Oder: Sind wir zu mutlos für die Zukunft?

Das Paradoxon kennt jeder, aber nur wenige scheinen sich seiner bewußt zu sein: Halbherzige Lösungen mag eigentlich niemand, und doch ist die Welt (zumindest der Menschen) voll davon.

Beruht nicht jede Art von Weiterwursteln auf dem Unwillen oder Unvermögen, Dinge gründlich zu erledigen? Auch in der Umweltpolitik und -forschung herrschen halbherzige Lösungen vor. So beklagt Wolfgang Lienemann von der Forschungsstätte der Evangelischen Studiengemeinschaft in Heidelberg, daß bis heute die Systemanalyse in der Ökologie – der Wissenschaft vom »Haushalt der Natur« – »nur dazu dient, die Schadensfolgen technischer Entwicklungen für die menschliche Population zu mindern, um gleichzeitig den bisherigen beherrschenden und ausbeutenden Charakter des Umgangs mit der außermenschlichen Natur im Prinzip beibehalten zu können«. Solange sich dies nicht ändert, werde aber »die Gefahr des Zusammenbruchs von Ökosystemen nicht kleiner, sondern lediglich weiter in die Zukunft hinausgeschoben«.

Das Weiterwursteln erregt zunehmend Zorn. Philosophen beklagen mit ihrem Münchner Kollegen Hermann Krings, daß »dem Fortschritt keine Vernunft innewohnt«, daß der Fortschrittsbegriff selbst zerfällt. Sie fordern deshalb die »große Umkehr«. Kirchenmänner schlagen in dieselbe Kerbe: Auch sie sehen im wissenschaftlich-technischen Fortschritt das Erzübel hinter der Umweltkrise und deren psychosoziale Auswirkungen in der Gesellschaft. So fordert der konservative katholische Philosoph Robert Spaemann zum Verzicht auf. Und die katholischen Bischöfe Deutschlands sprachen im Herbst 1980 bei einer »Erklärung zu Fragen der Umwelt und Energieversorgung« von einer »Schöpfungskrise«, die den Menschen »zum aus der Schöpfung ausgetriebenen Sklaven seines Herrenwahns« machen könnte: »Der Mensch darf nicht alles, was er kann.«

Die Kritik am Fortschritt und die Aufrufe zur Umkehr sind so neu nicht. Der französische Philosoph Jean-Jacques Rousseau prägte vor mehr als 200 Jahren das Schlagwort

»Zurück zur Natur«. Rousseau beeinflußte das Naturverständnis der Romantik, das bis heute unsere Vorstellungen von der »heilen Natur« prägt. Und der deutsche Philosoph Ludwig Klages schrieb 1913: »Eine Verwüstungsorgie ohnegleichen hat die Menschheit ergriffen, die ›Zivilisation‹ trägt die Züge entfesselter Mordsucht, und die Fülle der Erde verdorrt vor ihrem giftigen Anhauch. So also sehen die Früchte des Fortschritts aus.«

Als Alternative empfehlen die Zivilisationskritiker heute eine »Kultur der Armut«, eine »neue Ökologie« und »sanfte Technologien«. Nur durch eine radikale Umkehr, durch die Anerkennung des »Eigenrechts der Natur« hätten wir, unsere Kinder und unsere Enkel eine Chance. Der Mensch sei nicht »Herr einer ihn umgebenden Wildnis«, heißt es zum Beispiel in dem Buch »Rettet die Wildtiere«, »sondern in Wirklichkeit genau das, als das er so gerne seine Umwelt sieht: ein ›Wilder‹ inmitten einer im Grunde sehr zivilisierten Natur«. Trost finden die Anhänger der Sündenfall-These allenfalls im »heilsamen Schock«, der von der anstehenden Umweltkatastrophe ausgehen soll. An ein allmähliches Umdenken der Industriegesellschaft und eine Umrüstung der umweltbelastenden Technik glauben sie schon lange nicht mehr.

Sind wir zu mutlos für die Zukunft?

Wir haben die Welt auf den Kopf gestellt. Natürliche Formen gelten als unordentlich und schmutzig, Beton und Desinfektionsmittel als zivilisiert. Die Alternativen wollen weg davon.

Oben:
Freistaat Christiana
in Kopenhagen.

Rechts:
Versuchsgarten
in New York.

127 JOHN STREET

These 4: Verstand + Vernunft = Hoffnung?

Die Geschichte vom Schafhirten, der seine Freunde so lange mit falschen Warnungen vor dem Wolfe ärgerte, bis diese dann im Ernstfall nicht mehr reagierten, gehört zu den Klassikern unter den Gleichnissen. Auch in der Umweltdiskussion gibt es solche Warnungen. »Wir sollten solche falschen schlechten Nachrichten nicht einfach achselzuckend hinnehmen«, mahnt der Amerikaner Julian Simon. Denn sie verursachen »einen Verlust an Glaubhaftigkeit für wahre Gefahren, sobald diese auftauchen«. Auch anderen Fachleuten erscheinen die Aufrufe zum totalen Fortschrittsverzicht als »Bankrotterklärung des handelnden Menschen«. Die Gegner eines übertriebenen Pessimismus halten es lieber mit dem Dichter Friedrich Hölderlin: »Wo aber Gefahr ist, wächst das Rettende auch.« Und die Kirchen mildern ihren Verzichtsaufruf mit dem Hinweis auf die beiden Schöpfungsberichte in der Bibel: »Seid fruchtbar und mehret euch, bevölkert die Erde, unterwerft sie euch«, heißt es in der Genesis, aber es ist auch die Rede vom Garten als ursprünglichem Lebensraum des Menschen, »damit er ihn bebaue und hüte«.

Nach den Katastrophenmeldungen der letzten Jahrzehnte gewinnt jetzt eine Bewegung Raum, die weder ungehemmtes Wachstum noch totalen Verzicht, noch halbherziges Durchwursteln predigt. Die Anhänger dieser Alternative sind sich bewußt, daß es für den Menschen natürliche Grenzen gibt. Sie wollen sich mit der Natur und nicht gegen sie entwickeln – in etwa, wie es in der »Weltstrategie für die Erhaltung der Natur« der Vereinten Nationen formuliert ist: »Die Leistungsfähigkeit der Natur muß auch als Lebensgrundlage des Menschen dauerhaft erhalten werden.«

»Menschlicher Verstand und menschliche Einsicht eröffnen uns große Möglichkeiten zur Meisterung dieser Herausforderung«, meint der Konstanzer Evolutionsbiologe Professor Hubert Markl, »denn die verfügbaren Strategien sind dennoch weitgehend die gleichen geblieben, die vom Leben schon immer genutzt wurden.« Auch der verstorbene britische Ökonom E. F. Schumacher setzte in seinem fast schon klassischen Buch »Small is beautiful« (deutsch: »Die Rückkehr zum menschlichen Maß«) auf unsere

Ein Miteinander von Mensch und Natur ist grundsätzlich möglich. Zwar greift jede menschliche Tätigkeit irgendwie in natürliche Kreisläufe ein. Aber mit vernünftigen Aktionen, basierend auf solidem Wissen, können Fehler vermieden werden.

(Links: Lachs in einer »Fischleiter«; rechts: naturnaher Nutzwald.)

edelste Fähigkeit: die »herkömmliche Weisheit der Menschheit«. »Auf den Schultern der menschlichen Spezies, mehr noch auf ihrer Vernunft«, sagt Hubert Markl, »ruht nun die Verantwortung für den Bestand des Lebens auf dieser Erde.«
Werden wir vernünftig genug für die Zukunft sein?

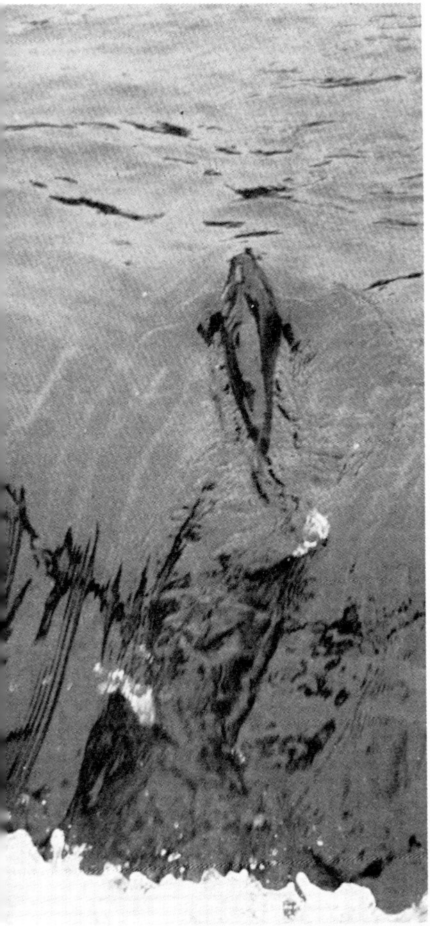

Die Welt, in der wir leben

Leben – so selbstverständlich, so unverständlich

Ein Kind wird geboren, ein alter Mensch stirbt: Nichts zeigt drastischer unsere innige, unauflösliche Verbindung zur Natur. Aber Geburt und Tod in unserer westlichen Gesellschaft zeigen auch, wie sehr wir dabei sind, diese wichtigsten Ereignisse im Leben jedes Menschen zu verdrängen – wenn nicht aus dem Bewußtsein, so doch aus den Augen. In nicht allzu ferner Vergangenheit (und auch heute noch in nicht allzu großer geographischer Entfernung) begann und endete ein Menschenleben gewöhnlich unter demselben Dach im Schoß der Familie. Wir haben uns auch hier spezialisiert, haben unser Leben in einzelne Abschnitte zerhackt und in altersgleiche Reservate aufgeteilt: Kreißsaal, Klassenzimmer, Kontor, Sterbeklinik.

Spezialisierung, Arbeitsteilung heißt das Stichwort hinter dem ungeheuren Erfolg der Spezies *Homo sapiens*. Nun beginnen wir auch die Kehrseite der Medaille zu sehen: Unser Drang zum Speziellen trübte den Blick fürs Allgemeine, entfremdete uns von der Natur, ja beginnt die Grundlagen des Lebens auf der Erde zu gefährden. Wir sind dabei, vor lauter Bäumen den Wald nicht mehr zu sehen. Wenn wir jetzt den »Wald« wiederentdecken, dann freilich mit der viel größeren Kenntnis, wie seine »Bäume« beschaffen sind – aber auch mit der Einsicht, daß wir niemals den Wald (sprich: das Leben und die Natur) in seiner Gesamtheit *und* all seinen Einzelteilen verstehen können.

Zu unserer Kenntnis von der Natur muß jene typisch menschliche Mischung aus Intuition und bewußter Erkenntnis kommen, die wir Vernunft nennen. Sie kann ein Wegweiser durch das Dickicht der Information sein, die wir in immer größeren Mengen anhäufen. Information über die Umwelt zu gewinnen und zu speichern ist vielleicht die wichtigste Eigenschaft des Lebens: Wie sonst könnten Organismen der Welt des Todes, der unbelebten Natur, zumindest für einige Zeit ein Schnippchen schlagen?

Schon das erste Lebewesen auf der Erde, das die Wissenschaftler schlicht »Urzelle« nennen, mußte einen Apparat besessen haben, der nicht nur Kenntnisse über die Umwelt speicherte, sondern auch – an die nächste Generation – weiterge-

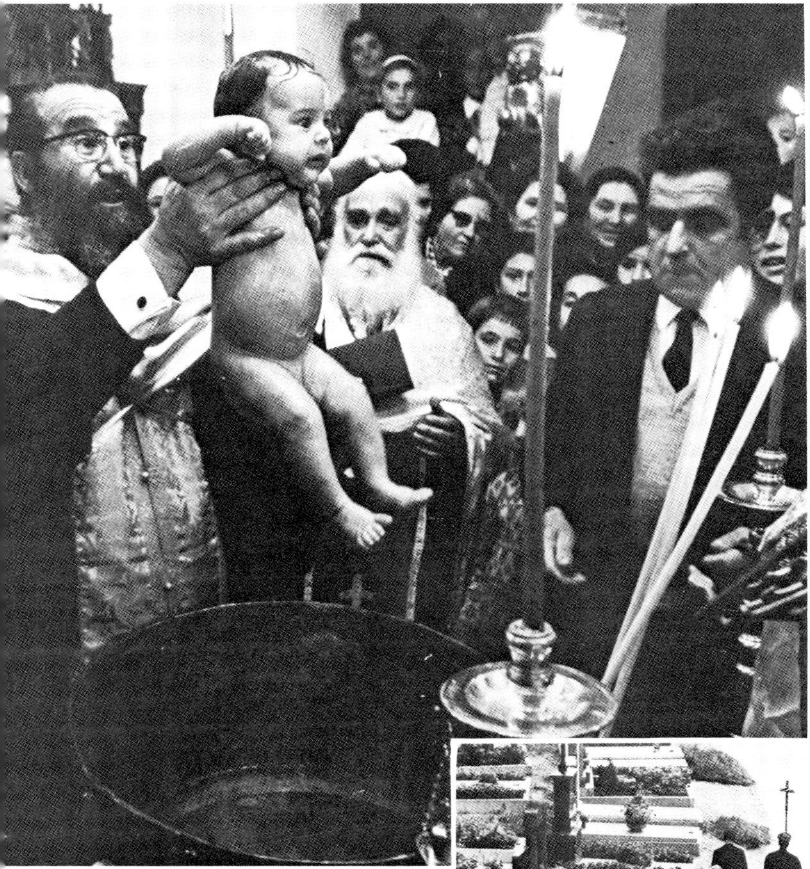

Nackt und hilflos kommt ein Mensch auf die Welt. Die Gemeinschaft sorgt dafür, daß der Säugling überlebt, als Kind etwas lernt und so zum (Mit-)Beherrscher der Erde heranwächst.

Der Tod bleibt die natürliche Grenze jedes Menschen. Ein Teil unseres Erbgutes lebt jedoch in unseren Kindern weiter, und ein Teil unserer Erkenntnisse mehrt Wissen (und Macht) der Menschheit.

ben konnte. Damals, vor vielleicht viertausend Millionen Jahren, entstand der genetische Apparat: ein zur Selbstverdopplung fähiger chemischer Informationsspeicher in jeder lebenden Zelle, dessen Leistungsfähigkeit wir erst in den letzten Jahren zu ahnen begannen.
Von Anfang an sah sich das Leben einer Situation ausgesetzt, wie sie der Brite Lewis Carroll in seiner fantastischen Erzählung »Alice hinter den Spiegeln« (der Fortsetzung von »Alice im Wunderland«) beschrieben hat: Im Land der »Schwarzen Königin« erfährt Alice, daß man dort laufen muß, so schnell man kann, nur um auf der Stelle zu bleiben. »Und um woandershin zu kommen«, erklärt ihr die Königin, »muß man noch mindestens doppelt so schnell laufen!«
Ähnlich wie die Königin im Wunderland »lernte« das Leben, schneller zu laufen: Zufällige Veränderungen in den biochemisch gespeicherten Erbinformationen, sogenannte Mutationen, sorgen bis heute dafür, daß einmal im genetischen Apparat gespeicherte »Kenntnisse« nicht für alle Zeiten festgeschrieben werden. Die allermeisten Mutationen führen freilich, ähnlich wie Tippfehler, zu schlechteren Lösungen. Manche dieser Veränderungen können jedoch – besonders, wenn sich die Lebensbedingungen für eine Spezies ändern – durchaus vorteilhaft sein: Dann haben Organismen mit dem zufällig verbesserten Erbgut bessere Überlebenschancen. Wenn sich dieser Vorgang, den die Evolutionsbiologen »Selektion« nennen, milliarden- und abermilliardenfach wiederholt, dann resultieren daraus nicht nur besser an eine bestimmte Umweltsituation angepaßte Lebewesen. Es können auch Organismen entstehen, die ganz neue Lebensräume zu besiedeln vermögen (sofern diese überhaupt Leben zulassen).
Bei dieser mühsamen Verbesserung der Informationsmenge und -qualität nach der Methode »Versuch und Irrtum« überwand das Leben im Lauf der Erdgeschichte immer wieder scheinbar unüberwindliche Hürden: Das Leben »lernte«, daß Gemeinsamkeit stark macht. Organismen spezialisierten sich und schlossen sich zu Zellverbänden zusammen.

Nobelpreisträger beim Treffen in Lindau am Bodensee: Die fünf vorne sitzenden Männer hatten in jüngeren Jahren mit erkannt, in welchem stabilen Gebäude aus Naturgesetzen wir leben
(v.l.n.r.: Paul Dirac, Ernst Bloch, Pjotr Kapitza, Ernst Otto Fischer, Hannes Alfvén).

Vielzellige Pflanzen und Tiere entstanden, die wiederum größere Lebensgemeinschaften bildeten und sich gemeinsam und in gegenseitiger Abhängigkeit weiterentwickelten. Dank der Mischung aus Konkurrenz und gemeinsamer Entwicklung – genannt Co-Evolution – gestaltete das Leben den Planeten Erde schließlich so zu seinem eigenen Voteil um, daß ein, nun, »bequemes« Haus entstand.

Natürlich war und ist die Entwicklung des Lebens nicht auf ein bestimmtes Ziel gerichtet: Es nahm nur ganz opportunistisch die Möglichkeiten wahr, die sich von Natur aus boten. Eine der Möglichkeiten war die Entwicklung von Nervenzellen und schließlich eines zentralen Nervensystems, eines Gehirns, in höher entwickelten Tieren. Diese Kommandozentrale erwies sich als besonders flexibles Organ. Es koordiniert nicht nur die Millionen und Milliarden Zellen eines Organismus, es vermag auch Informationen über die Umwelt zu speichern, und – anders als der nur über Generationen hinweg wirksame genetische Apparat – auch gleich zu verarbeiten.

So staunenswert leistungsfähig unser Gehirn auch ist, für sich allein genommen wäre es kaum in der Lage gewesen, den Menschen zum dominierenden Lebewesen auf diesem Planeten zu machen. Der aufrechte Gang und die geschickten Hände

spielten in der Entwicklung vom Tier zum Mensch eine ähnlich wichtige Rolle. Doch erst die alte evolutionäre Strategie »Gemeinsamkeit macht stark«, die Kombination vieler Köpfe in menschlichen Sozialverbänden, erlaubte schließlich eine neue Qualität der Erkenntnis: Sprache und Bewußtsein.

Zunächst langsam und dann – mit der Erfindung der Schrift – immer schneller schufen Menschen einen gigantischen Informationsspeicher, den ersten, der nicht mehr nur auf Gene und Gehirne angewiesen ist. In diesen Speicher floß das Erfahrungswissen vieler tausend Generationen ein, und nun strömt die Flut der Erkenntnisse moderner Wissenschaften hinzu. Wie alle erfolgreichen Revolutionen – auch jene im Laufe der Evolution des Lebens – zerstörte die Erkenntnis-Explosion der Spezies *Homo sapiens* die bestehende Balance: Wir wurden auf Kosten anderer Lebewesen immer erfolgreicher.

Wir lernten, das Feuer zu zähmen, Tiere und Pflanzen zu züchten, Metalle zu schmelzen, Atome zu spalten. Und wir vergaßen über unsere Erfolge – beinahe – die Tatsache, daß unser Körper wie jeder Organismus auf die fehlerlose Funktion der großen Kreisläufe des Lebens angewiesen ist: auf den ununterbrochenen Nachschub von Luft und Wasser und Nahrung.

Unsere Wissenschaftler erkannten, in welchem gewaltigen, stabilen Gebäude aus physikalischen und chemischen Naturgesetzen wir leben. Sie kamen der Kraft auf die Spur, dank der die Sonne seit Jahrmilliarden die Erde im lebensfreundlichen Temperaturbereich hält. Sie loteten die Äonen der Erd- und Weltgeschichte aus und zeigten dabei, daß die äußeren Bedingungen für das Leben auf der Erde vermutlich noch in Jahrmilliarden günstig sein werden. Sie enträtselten die Ordnung der chemischen Elemente und entdeckten, wie geschickt das Leben mit relativ weni-

Albert Einstein steht für den Erfolg und für die Tragik der modernen Wissenschaft. Er beschrieb den Kosmos, wie wir ihn mit unseren Sinnen nicht begreifen können. Seine Formel $E = mc^2$ nahm in der Theorie vorweg, was die Atombombe in der Praxis bewies.

gen atomaren Bausteinen eine unermeßliche Fülle organischer Substanzen zu erzeugen vermag – zum Aufbau einer ebenso unermeßlichen Fülle verschiedener Organismen.
Die atemberaubende Formenfülle macht es bis heute Laien schwer, zu glauben, daß die ganze Vielfalt der belebten Welt auf »natürliche« Ursachen zurückgehen soll. Auch viele Naturwissenschaftler hegten Zweifel, ob die von Charles Darwin begründete Evolutionstheorie als Erklärung für die Arten- und Formenfülle wirklich ausreicht – und ob Leben überhaupt mit den bekannten physikalischen Gesetzen vereinbar sei. Die Einwände der Kritiker fußten zum Teil auf einem universellen physikalischen Gesetz, dessen Entdeckung neben der Evolutionstheorie zu den wichtigsten Erkenntnissen des 19. Jahrhunderts zählt: auf dem zweiten Hauptsatz der Thermodynamik oder Wärmelehre. Er besagt, daß Wärme nicht allein (also ohne äußeren Arbeitsaufwand) von einem kühleren in einen wärmeren Körper übergehen kann. Diese scheinbar banale Erkenntnis bedeutet nichts weniger, als daß das Weltall immer kühler wird, daß alle Energie ohne äußeres Zutun von einem hohen zu einem niederen Niveau strömt – und daß ein Perpetuum mobile, eine ewig laufende Maschine, deshalb unmöglich ist.
Wie aber konnte sich unter diesen Voraussetzungen auf der urtümlichen Erde Materie ohne äußeres Zutun selbst organisieren? Wie konnte das Leben, wie können Lebewesen den unaufhaltsamen Trend von höher- zu niederwertiger Energie umkehren? Wie kann aus Chaos Ordnung entstehen?
Die Antworten auf diese Fragen liegen natürlich noch nicht in allen Einzelheiten vor – falls sie jemals völlig befriedigend gegeben werden können. Immerhin konnte das scheinbare Paradoxon zwischen dem zweiten Hauptsatz der Wärmelehre und seiner vermeintlichen Verletzung durch Lebewesen inzwischen theoretisch befriedigend erklärt werden: In bestimmten Bereichen des Universums, fernab vom sogenannten thermodynamischen Gleichgewicht, können sich »offene Systeme« bilden – Materieansammlungen, die das eherne Gesetz unterlaufen, indem sie aus der Umgebung Energie aufnehmen und so für gewisse Zeit den unabänderlichen Trend in die alles erstarrende Abkühlung aufhalten (für diese komplizierte Theorie wurde dem belgischen Chemiker Ilya Prigogine 1977 der Nobelpreis verliehen).
Zu den »offenen Systemen« zählen natürlich auch alle Lebewesen (und Maschinen). Auch sie müssen Energie von außen aufnehmen. Pflanzen und Algen fangen mit ihrem Blattgrün (»Chlorophyll«) Sonnenlicht ein und wandeln die Strahlungsenergie in chemische Energie um; bei diesem »Photosynthese« genannten Vorgang verwandeln die Gewächse Wasser und das ungiftige, in der Luft vorkommende Gas Kohlendioxid mit Hilfe des Lichts in Zuckermoleküle, wobei als »Abfallstoffe« Sauer-

stoff und Wasser übrigbleiben. Die so gewonnenen Zuckermoleküle speichern die eingefangene Sonnenkraft in Form von chemischer Energie. Sie sind die Grundsubstanz für alle weiteren Lebensstoffe – nicht nur der Pflanzen, sondern aller Organismen, aller Tiere und Menschen: Sie alle hängen auf Gedeih und Verderb vom biochemischen Trick der Pflanzen ab.

Wie aus Chaos Ordnung entsteht

Nur Pflanzen sind »Primärproduzenten«, während pflanzenfressende Tiere zur Gruppe der »1. Konsumenten« und fleischfressende Tiere sowie Parasiten zu den »2. Konsumenten« zählen. Die toten Überbleibsel von Pflanzen und Tieren werden zum größten Teil von im Boden lebenden Mikroorganismen zersetzt und damit – als Pflanzendünger – wieder für den Stoffkreislauf der belebten Natur nutzbar gemacht (ein Teil der Nährstoffe geht in Sümpfen und Mooren sowie am Boden von Seen und Meeren verloren; solche Ablagerungen können sich im Laufe der Erdgeschichte zu Kohle-, Erdöl- und Erdgaslagerstätten, zu »fossiler Energie«, umwandeln).
Durch den Trick der Photosynthese, der von einzelligen Algen oder Bakterien vor vermutlich mehr als zweieinhalb Milliarden Jahren »entdeckt« worden war, lösten die Organismen mit Blattgrün ihre Energiekrise für alle Zeiten, in denen die Sonne ausreichend Licht zur Erde strahlt. Forscher errechneten, daß Pflanzen auf dem Land durchschnittlich nur 0,3 Prozent der einfallenden Sonnenenergie ausnutzen, die zumeist einzelligen Pflanzen des Meeres (das »Phytoplankton«) sogar nur 0,07 Prozent. Immerhin summiert sich diese Energieernte jährlich zu einem Betrag, der zehnmal höher liegt als der gegenwärtige Energieverbrauch der ganzen Menschheit.
Die eindrucksvolle Leistung der grünen Gewächse gibt freilich bei genauerer Betrachtung keinen Anlaß zur Sorglosigkeit. Denn die von ihnen eingefangene Sonnenenergie würde schon heute kaum ausreichen, wäre die Menschheit – wie noch vor wenigen hundert Jahren – mit ihrer Energie- und Nahrungsversorgung vollständig auf die laufende pflanzliche Produktion angewiesen: Gut neunzig Prozent der heute von uns verbrauchten Energie stammt aus der »Überproduktion« der Pflanzenwelt in vergangenen Jahrmillionen – aus Kohle-, Öl- und Gaslagerstätten. Wir brauchen heute mehr Energievorräte auf, als die Natur in der gleichen Zeit zurücklegen kann: Wir gehen der Natur ans Eingemachte.
Aber auch wenn die Menschheit lernen würde, ihren Kraft- und Wärmebedarf aus nichtfossilen Energiequellen zu decken (etwa aus der direkten Nutzung des Sonnenlichts oder der Atomkraft), wäre der Weg nicht frei zu unbegrenztem Wachstum. Denn wir sind ja als Konsumenten der ersten oder zweiten Art auf pflanzliche Nahrung angewiesen. Und hier, bei der Weitergabe von

Energie in Form von Nahrung, gilt wie überall der zweite Hauptsatz der Thermodynamik: Bei jedem Schritt geht unwiderruflich Energie in Form von Wärme verloren. Schätzungen zufolge können Pflanzenfresser maximal zehn Prozent der in ihrer Nahrung enthaltenen Energie verwerten. Tiere, die Pflanzenfresser fressen, vermögen wiederum allenfalls ein Zehntel der Kraft nutzbar zu machen – also nur noch ein Prozent der ursprünglich von den Pflanzen eingefangenen Sonnenenergie.
Auch wenn dieser Nutzungsgrad durch menschlichen Erfindergeist etwas verbessert würde, bleibt die Tatsache bestehen, daß dem Leben auf der Erde strenge Grenzen gesetzt sind. Für uns heißt das: Will die Menschheit ihre Mischkost aus pflanzlicher und tierischer Nahrung beibehalten, dann ist die Tragfähigkeit der Erde schon bei 7,5 bis 15 Milliarden Menschen erschöpft. Zur Erinnerung: 1980 lebten etwa 4,5 Milliarden Menschen.
Der Ausflug in die abstrakte Welt der Physik zeigt die äußeren Grenzen, die dem Leben insgesamt und auch der Menschheit gezogen sind. Die Energiefrage ist nicht nur das Kernproblem moderner Wirtschaftssysteme (und damit auch des Umweltschutzes), sie ist auch der zentrale Faktor für jede Art von Leben. Nun haben Physiker in diesem Jahrhundert herausgefunden, daß unsere Welt, daß das Universum voller Energie steckt – Energie, die erst in unvorstellbar fernen Zeiten am tiefsten Punkt der vom zweiten Hauptsatz der Thermodynamik beschriebenen Kraft-Kaskade angelangt sein wird. Seit Albert Einsteins berühmter Formel $E = mc^2$ – Energie ist gleich Materie mal dem Quadrat der Lichtgeschwindigkeit – wissen die Physiker, daß Materie in Energie verwandelt werden kann (und umgekehrt), daß jede Art von Materie im Prinzip nichts anderes als eingefrorene Energie ist: Die Atombombe ist ein furchtbarer Beweis für die Richtigkeit dieser Theorie.
Lebewesen sind jedoch empfindliche Systeme. Sie brauchen ihre Energie in wohldosierten Päckchen. Sie sind auf einen ruhigen Winkel im Universum angewiesen, in dem sie die Gesetze der Chemie ohne großen Kraftaufwand zu ihren Zwecken einsetzen können. Ein solcher Winkel ist die Erde seit nun schon mehr als vier Milliarden Jahren: Unser Planet umkreist die Sonne in genau dem »richtigen« Abstand, um weder verbrannt zu werden noch zu Stein und Bein zu gefrieren.
Wie wir alle wissen, erreicht uns die Strahlungsenergie der Sonne – die ja aus urgewaltigen Kernverschmelzungsprozessen im Sonneninneren stammt – in angenehmer Verdünnung.

Das Wunder des Lebens beruht auf Energie und einer Handvoll Elemente

Bei der Analyse, aus welchen chemischen Elementen Lebewesen bestehen, fanden Chemiker heraus, daß alle Organismen offensichtlich mit

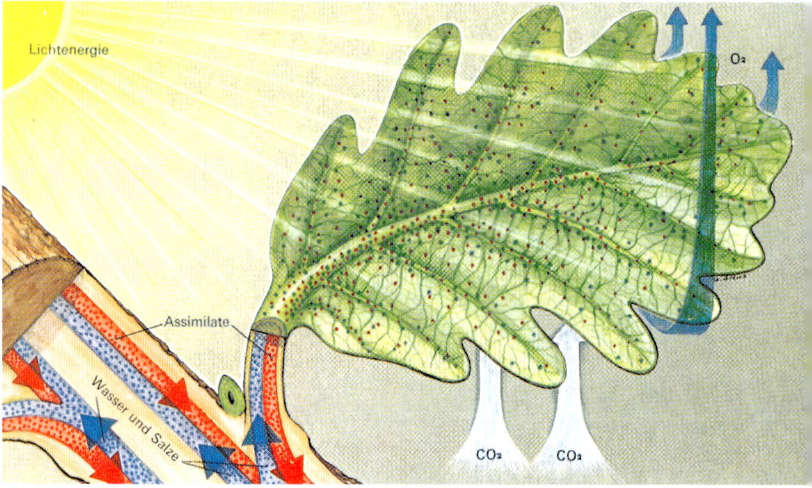

weniger als zwei Dutzend der insgesamt 92 natürlich vorkommenden Elemente auskommen. Atome setzen sich aus drei verschiedenen Teilchen zusammen: die elektrisch positiv geladenen, schweren Protonen und die fast ebenso schweren, elektrisch neutralen Neutronen bilden den Atomkern; die mehr als tausendmal leichteren, negativ geladenen Elektronen »kreisen« in großem Abstand um den Kern und bilden die – für alle chemischen Reaktionen entscheidende – Atomhülle. Die Elemente sind nach der Zahl ihrer Protonen im Atomkern durchnumeriert: Element Nr. 1 ist Wasserstoff mit nur einem Proton, Element Nr. 92 ist Uran, mit 92 Protonen das schwerste in der Natur vorkommende Element.

Trotz dieser Fülle verschiedenartiger Atome bestehen Lebewesen im wesentlichen aus den vier Elementen Kohlenstoff, Sauerstoff, Wasserstoff und Stickstoff. Dazu kommen kleinere Mengen Schwefel, Phosphor, Kalium und Kalzium sowie etwa ein Dutzend andere, zum Teil nur in winzigen Mengen benötigte Elemente. Das schwerste in Organismen natürlich vorkommende Atom ist Jod mit der Ordnungszahl 53.

Den Chemikern fiel sehr schnell auf, daß das Element Nr. 6, nämlich Kohlenstoff, eine zentrale Rolle in der Chemie von Organismen spielt: Kohlenstoff ist ein besonders verbindungsfreudiges Element. Dank seiner Fähigkeit, auf immer neue Weise mit sich selbst und mit anderen Elementen ketten- und ringförmige molekulare Verbindungen einzugehen, ist Kohlenstoff in 96 Prozent der inzwischen mehr als vier Millionen bekannten chemischen Verbindungen beteiligt. Nur magere vier Prozent aller Moleküle zählen nicht zur

Die größte »Erfindung« der belebten Natur ist uns so selbstverständlich, daß wir sie gewöhnlich gar nicht beachten: die Photosynthese. Bei ihr benutzt das Chlorophyll (das Blattgrün) der Pflanzen die Energie des Sonnenlichts, um aus den Grundsubstanzen Wasser und Kohlendioxid mit einem noch nicht ganz verstandenen chemischen Trick Zuckermoleküle herzustellen. Von diesem Trick leben wir alle.

»organischen Chemie«, wie die Chemie der Kohlenstoffe genannt wird. Leben ohne die Vielfalt der Kohlenstoffverbindungen erscheint undenkbar.

Ein »anorganisches« Molekül spielt allerdings eine ebenso wichtige Rolle für lebende Wesen wie die Kohlenstoff-Verbindungen: Wasser. Diese Verbindung aus zwei Wasserstoffatomen und einem Sauerstoffatom, in der chemischen Formelsprache H_2O genannt, war die entscheidende Zutat des Planeten Erde zur Entstehung des Lebens: Jede lebende Zelle besteht zu rund 70 Prozent aus Was-

ser; von den verbleibenden 30 Prozent Trockensubstanzen entfallen wiederum 95 Prozent auf Kohlenstoffverbindungen und nur fünf Prozent auf Mineralstoffe.

Ähnlich wie bei der Auswahl der chemischen Elemente beschränkt sich das Leben auch bei den Kohlenstoffverbindungen auf einige Grundtypen.

Die vier wichtigsten Baustein-Typen sind alle große organische Verbindungen aus mitunter vielen Millionen einzelnen Atomen. Zu diesen »Makromolekülen« zählen die Eiweißverbindungen (Proteine), die Kohlenhydrate (Zucker und Zucker-

Die Pflanzen fangen Sonnenenergie ein und produzieren damit Nahrung, von der auch wir und unsere Nutztiere leben. Neben Energie braucht jedes Lebewesen eine Reihe von chemischen Grundstoffen, zumeist Kohlenstoffverbindungen, aber auch Mineralstoffe und vor allem Wasser. Das klingt einfach.

Doch auch hinter der »primitiven« Landwirtschaft dieser Bergbauern (unten) steckt hochkomplizierte Biochemie.

verbindungen), die Lipide (Fette und fettähnliche Substanzen) und die sogenannten Kern- oder Nukleinsäuren (diese ungeheuer langen Moleküle speichern die Erbinformationen im »Nukleus«, im Kern der Zelle).

Viele der etwa 100 kleineren organischen Molekül-Typen im lebenden Gewebe sind sogenannte Monomere: kleine Einheiten, die zu riesigen Polymeren – kettenförmigen Makromolekülen – verknüpft werden. Andere kleine Kohlenstoff-Verbindungen dienen als Speicher für chemische Energie oder als Lastenträger, die Riesenmoleküle mit dem nötigen Energie- und Stoffnachschub versorgen.

Diese ungeheuer komplizierte chemische Maschinerie einer Zelle wird schließlich durch elektrisch geladene Teilchen, sogenannte Ionen, und Mineralstoffe wie Kalium, Eisen oder Phosphor vervollständigt. Leben ist freilich mehr als die Summe seiner Atome oder Moleküle, wie Wissenschaftler schmerzlich erfahren mußten, die es physikalisch definieren wollten.

Besonders anschaulich beschrieb der in den Vereinigten Staaten lebende ungarische Biochemiker und Nobelpreisträger Albert Szent-Györgyi, der Entdecker des Vitamins C, die Schwierigkeiten bei der Suche nach der entscheidenden Antwort: »Bei der Jagd nach dem Geheimnis des Lebens begann ich meine Forschungen in der Histologie (der Gewebelehre). Da ich mit der Information unzufrieden war, die mir die Struktur der Zelle über das Leben geben konnte, wandte ich mich der Physiologie zu. Da ich die Physiologie zu kompliziert fand, beschäftigte ich mich mit Pharmakologie. Doch die

Situation war immer noch zu kompliziert, so daß ich Bakteriologie studierte. Aber selbst Bakterien waren zu komplex, und so tauchte ich in die molekulare Ebene hinab und studierte Chemie und physikalische Chemie. Nach zwanzig Jahren Arbeit kam ich zu dem Schluß, daß wir bis zur Ebene der Elektronen und in die Welt der Wellenmechanik hinuntergehen müssen, um Leben zu verstehen. Aber Elektronen sind nur Elektronen und besitzen überhaupt kein Leben. Offensichtlich hatte ich unterwegs das Leben verloren; es ist mir zwischen den Fingern hindurchgeronnen.« Das Eingeständnis des großen alten Biochemikers zeigt nicht nur, wie schwer die Frage »Was ist Leben?« zu beantworten ist. Immerhin bestätigen die Erkenntnisse der Biochemiker die lange gehegte Vermutung jener Biologen, die aus Vergleichen von Form und Funktion einer Vielzahl verschiedenartiger Geschöpfe auf einen gemeinsamen Ursprung aller Lebewesen geschlossen hatten.

Verwandt mit allen Lebewesen

Die Evolution. Oder: Unsere verwandtschaftlichen Beziehungen zum Leben auf der Erde

Der Blick zurück in die Entwicklungsgeschichte des Lebens macht nicht nur unsere verwandtschaftlichen Beziehungen zu allen Lebewesen deutlich. Er ist auch eine unentbehrliche Grundlage für jede vernünftige und erfolgreiche Naturschutzpolitik. Denn »nichts in der Natur macht einen Sinn, außer wenn es im Licht der Evolution betrachtet wird«, sagte einmal der 1975 verstorbene amerikanische Evolutionsbiologe Theodosius Dobzhansky.

Der rote Faden durch die Geschichte des Lebens – und das Band, das uns mit allen anderen Geschöpfen verbindet – ist ein fadenförmiges Riesenmolekül mit dem zungenbrechenden Namen Desoxyribonucleinsäure, kurz DNA genannt (nach der international gebräuchlichen englischen Abkürzung). Diese wundersam komplizierte Substanz ist der Träger der Erbinformationen jedes Organismus. Sie hält im Kern jeder Körperzelle die Baupläne für das jeweilige Lebewesen bereit und vermag dieses Wissen auch in Befehle für die entsprechenden zellulären Hilfsapparate umzusetzen. Die DNA kann die in ihr gespeicherte Information bei der Zellteilung mit einer schier unglaublichen Präzision verdoppeln. In ihr ist die geballte Kenntnis von der Umwelt gespeichert, die alle Ahnen des jeweiligen Lebewesens bis zurück zur Urzelle gemacht und über Milliarden von Generationen weitergegeben haben. Dieses Wissen ist auf eine simple und doch geniale Weise aufgezeichnet: Nur vier verschiedenartige molekulare »Buchstaben« sind zu »Worten« und »Sätzen« (den Genen), ja zu ganzen »Bibliotheken« (den Chromosomen) aneinandergereiht.

Erst in den letzten Jahren haben die Molekularbiologen gelernt, einzelne »Worte«, »Sätze« und sogar »Kapitel« aus der Bibliothek des Lebens zu entziffern. Nun erst beginnen die Biologen zu begreifen, welche raffinierten Lösungen das Jahrmilliarden währende Spiel der evolutionären Auslese und Anpassung von Geschöpfen auf molekularer Ebene, in den Genen, hervorgebracht hat. Und sie begreifen auch, welche einmaligen »Informationssammlungen« unwiederbringlich verlorengehen,

wenn Tier- oder Pflanzenarten durch unsere Unwissenheit oder Skrupellosigkeit ausgerottet werden.
Es ist, so gesehen, eine bittere Ironie, daß wir dabei unsere nächsten biologischen Verwandten besonders gefährden: alle hochentwickelten Tierarten, die sich – ähnlich wie der Mensch – besonders lange und intensiv um die Aufzucht ihres Nachwuchses kümmern. Solange die Veränderung von Umweltbedingungen durch eher bedächtige natürliche Prozesse ausgelöst wurde, war diese evolutionäre Strategie sehr erfolgreich. Seitdem jedoch der Mensch die Lebensbedingungen dieser Spezies ebenso rasch wie radikal ändert, verkehrt sich der Überlebensvorteil ins Gegenteil: Wegen der langen Generationenfolge und der vergleichsweise geringen Zahl an Nachkommen besteht für sie keine Chance, sich genetisch allmählich an die neuen Umweltbedingungen anzupassen – und sie sterben aus. Alle Arten mit rascher Generationenfolge und viel Nachkommenschaft sind dagegen besser gewappnet. Sie passen sich, wie viele Insekten- oder Mikrobenarten beweisen, sehr schnell an eine veränderte Umwelt an, weil fast immer eine Handvoll ihrer Nachkommen zufällig überlebensfähig ist.
Besonders die Insekten zeigen drastisch, daß die Evolution nicht stillsteht. Als klassisches Beispiel gilt der Fall einer englischen Schmetterlingsart. Diese Birkenspanner hatten sich im Laufe ihrer Entwicklung ein nahezu perfektes Tarnkleid zugelegt: Wenn sie auf der Rinde einer Birke sitzen, sind sie kaum zu sehen. Als im letzten Jahrhundert im mittelenglischen Industrierevier der Ruß aus den vielen Schloten die Bäume schwarz zu färben begann, wurden die hellen Birkenspanner leichte Beute der Vögel. Einige Schmetterlinge hatten jedoch den »Erbfehler« einer dunkleren Zeichnung auf den Flügeln. Vor der Schwärzung der Bäume waren sie wahrscheinlich die ersten Opfer. Doch nun überlebten sie eher als ihre helleren Artgenossen und vermehrten sich entsprechend rasch. Seit einigen Jahrzehnten läuft die Anpassung wieder in die andere Richtung, hin zu helleren Schmetterlingen: dank strengerer Umweltschutzmaßnahmen sind die Birken nicht mehr so verrußt.
Ohne Kenntnis der grundlegenden genetischen Ursachen, nur durch scharfsinnige Tier- und Pflanzenstudien, hatte der britische Naturforscher Charles Darwin Mitte letzten Jahrhunderts das grundlegende Prinzip dieser Anpassungsfähigkeit erkannt. Seine inzwischen immer wieder bestätigte Evolutionstheorie beruht nach den Worten des amerikanischen Biologieprofessors Stephen Jay Gould auf »zwei unbestreitbaren Tatsachen und einer unausweichlichen Schlußfolgerung«:

Jetztmensch und Urmensch in Ostafrika: Zur Demonstration ließ der Anthropologe Richard Leakey einen schwarzen Mitarbeiter von einem Maskenbildner zum »Homo habilis« verwandeln (Alter: 2 Mio. Jahre).

1. Kein Lebewesen gleicht exakt dem anderen, und diese Unterschiede vererben sich (zumindest teilweise) auf den Nachwuchs.
2. Lebewesen produzieren mehr Nachkommen, als selbst unter günstigsten Umständen überleben können.
3. Im Durchschnitt wird der Nachwuchs, der dank kleiner Unterschiede am besten den Umweltbedingungen angepaßt ist, überleben und sich weiter vermehren. Vorteilhafte Veränderungen werden sich deshalb durch natürliche Auslese in Lebewesengruppen (sogenannten Populationen) ansammeln.

Erfolge durch Egoismus, Schlamperei und Sex

Erst das Zusammenspiel von Genen, Einzelwesen und Populationen kann also evolutionäre Weiterentwicklungen auslösen: Zufällige Mutationen in den Genen sowie die Mischung väterlicher und mütterlicher Erbeigenschaften bei der sexuellen Fortpflanzung bilden ein unerschöpfliches Reservoir für neue Lebewesen. Die Umweltbedingungen, die auf jedes Individuum einzeln wirken, sortieren dann aus dieser Vielfalt die jeweils am besten angepaßten Organismen aus. Die so ausgelesenen Erbeigenschaften werden dann durch die überlebenden Einzelwesen in den »Gen-Pool« – in den gemeinsamen Topf der Erbeigenschaften einer Population – eingebracht. Große Gruppen sind dabei im Vorteil, da in ihrem Gen-Pool die für die jeweili-

Als Industrieruß die Rinde englischer Birken dunkel färbte, wurden helle Birkenspanner eher von Vögeln gefressen, so daß mehr dunkle Schmetterlinge überlebten (unten). Seitdem die Luft wieder sauberer ist, kehrt sich der Prozeß um.

Taubenschwärme auf dem Markusplatz in Venedig: Die Vögel sind ein Beweis für die Anpassungsfähigkeit vieler Tier- und Pflanzenarten. Der Lebensraum Stadt und die Duldung durch den Menschen begünstigt die Vermehrung der Tauben.

gen Lebensbedingungen geeigneten Erbinformationen häufiger vorhanden sind.
Bei kleinen Populationen kann dagegen eine »genetische Drift« auftreten – eine zufällige Kombination von Genen bei der geschlechtlichen Fortpflanzung, die sich über mehrere Generationen wiederholt und dabei möglicherweise sogar auch für eine Verschlechterung des Erbguts verantwortlich ist.

»Diese Tatsache hat für den modernen Naturschutz erhebliche Bedeutung«, schreibt Professor Hermann Remmert von der Universität Marburg in seinem Lehrbuch »Ökologie«. Denn »Naturschutzgebiete werden immer engräumiger, die hier überlebenden seltenen Pflanzen- und Tierformen stellen nur noch sehr kleine Restpopulationen einer einstmals sehr großen zusammenhängenden Population dar«. Stellt sich dann

in einer solchen kleinen Gruppe eine genetische Drift ein, kann es passieren, daß »ganz plötzlich diese Population zusammenbricht und ausstirbt«.

Das bessere Verständnis der Tricks und Strategien, mit denen das Leben im Laufe der Evolution seine Krisen überwand, könnte für die Lösung der anstehenden Umweltprobleme der Menschheit von entscheidender Bedeutung sein. »Sind ökologische Krisen wie jene, vor der wir stehen, in der Natur eigentlich seltene Ereignisse?« fragte der Konstanzer Biologieprofessor Hubert Markl seine Zuhörer in einer bemerkenswerten Rede im Sommer 1980. »Oder sind ökologische Krisen für Lebewesen etwas ganz Normales? Und wenn dem so wäre: Wie haben Lebewesen im Laufe ihrer Evolution solche Probleme gemeistert?«

Forscher wie Markl wollen wissen, was das Leben so erfinderisch macht. »Wir stoßen dabei auf Phänomene, die im Reich des Lebendigen ebenso verbreitet sind«, sagte der Konstanzer Biologe, wie sie gleichzeitig »in scheinbarem Widerspruch« zueinander stehen. Einerseits haben Lebewesen die Fähigkeit, ihre in der DNA gespeicherten Erbinformationen so gut wie fehlerfrei zu wiederholen, andererseits verfügen sie über Mechanismen, die »die Übereinstimmung zwischen den Erbanlagen von Eltern und Nachkommen drastisch mindert, ja zum Teil unmöglich machen. Wir stoßen dabei auf Egoismus, Schlamperei und Sex«: auf den Egoismus der Gene, sich möglichst fehlerfrei zu kopieren, auf die Schlamperei des genetischen Apparats, über unvermeidliche Mutationen hinaus bestimmte Unregelmäßigkeiten in den Erbträgern in Kauf zu nehmen, und auf die zufällige Mischung von Erbinformationen bei der sexuellen Fortpflanzung, die eine verschwenderische Fülle genetisch neuer Kombinationen zu erzeugen vermag.

Aber ist das nicht eine riskante Strategie? »Die ungeheuer weite Verbreitung der sexuellen Fortpflanzung bei Organismen zeigt, daß es sich für das Leben gelohnt hat, diese Risikokosten zu zahlen«, argumentierte Markl. »Diese verschwenderisch anmutenden Wagniskosten erweisen sich ... als Versicherungsprämien gegen die unvorhergesehenen Wechselfälle der Zukunft.«

In der Tat zeigt ein Blick auf »den ungeheuren Einfallsreichtum, mit dem in der Evolution besonders lebenstüchtige Typen in immer neu abgewandelten Modellen auf den Markt der ökologischen Nischen gebracht werden« (Markl), wie sehr sich das Wagnis für das Leben ausgezahlt hat: von Pol zu Pol, vom tiefsten Meeresgrund bis hinauf zu den Gipfeln der Hochgebirge haben Lebewesen die Erde in Besitz genommen. Neben der Spezialisierung hat das Leben sich zwei weitere Prinzipien zu eigen gemacht. Zum einen werden einmal gemachte »Erfindungen« weiter verbessert, teilweise durch Arbeitsteilung zwischen Zellen, Organismen oder Populationen, ja sogar durch ein Zusammenwirken aller Lebewesen auf der Erde. Markl: »Mit diesem Ökonomieprinzip kommt zur Geltung, daß die Natur zwar nicht sparsam, aber wirtschaftlich haushält.« Zum anderen haben lebende Systeme die bemerkenswerte Eigenschaft, die Umweltbedingungen in einem gewissen Rahmen zu stabilisieren. Diese Fähigkeit zur »Homöostasie«, wie die Fachleute das Gleichgewicht der Lebensfunktionen nennen, reicht von der Bewahrung der ursprünglichen ozeanischen Umweltbedingungen in der Zellflüssigkeit aller Organismen bis hin zu der Kontrolle globaler Kreisläufe: Die Biosphäre, also die Gesamtheit aller irdischer Lebewesen, scheint die Zusammensetzung der Luft sowie den Salzgehalt der Ozeane mit erstaunlicher Präzision konstant zu halten.

Ökologie: Keine Heilslehre, sondern die Haushaltslehre der Natur

In das wirtschaftlich haushaltende, seit Millionen von Jahren fein abgestimmte, unendlich vielfältige und erstaunlich anpassungsfähige System Leben griff der Mensch mit seiner groben Technik ein – mit großem Erfolg, wie wir alle wissen, aber auch mit tiefgreifenden Folgen. Nun dämmert uns, daß wir dabei sind, dieses System zu überlasten. Und nun beginnen wir auch zu erkennen, wie mühsam alle Wege aus der angespannten Lage sein werden: Beim Umwelt- und Naturschutz gibt es keine einfachen Lösungen.

Die Probleme liegen in der Komplexität des Lebens. Schon die genaue Beschreibung der Funktion eines einzigen Organismus übersteigt die Möglichkeiten der modernen Wissenschaften, wie uns spätestens beim Arzt oder im Krankenhaus schmerzlich bewußt wird. Um aber eine Lebensgemeinschaft – eine »Biozönose« – oder gar das »Ökosystem Erde« wirklich zu verstehen, müssen nicht nur die einzelnen Organismen und Arten, sondern auch ihre Beziehungen untereinander sowie mit der unbelebten Natur im Detail bekannt sein: eine so gut wie unlösbare Aufgabe. Und dazu kommt nun noch

Die Zebras und Gnus sind zusammen mit dem Gras, von dem sie leben, Teil des Ökosystems »ostafrikanische Savanne«, das Pflanzen und Tiere, aber auch Landschaft, Wetter und Klima formen.

erschwerend das selbstverständlich ebensowenig vorhersagbare menschliche Handeln.

Aber hatten nicht die modernen Naturwissenschaften große Erfolge mit ihrer Strategie, nach den einfachen Grundlagen unter der verwirrenden Vielfalt der Natur zu suchen? Solange sich Forscher um physikalische

und chemische Phänomene kümmerten, traf dies auch zu. Bei lebenden Systemen, so scheint es, hilft die Abstraktion nicht sehr viel weiter: Die Erfahrungen des Nobelpreisträgers Albert Szent-Györgyi bei der Suche nach dem Geheimnis des Lebens sollten vor allzu großen Erwartungen warnen.

Diese Warnung gilt allen, die sich von der Ökologie einen klar vorgezeichneten Weg aus den Umweltproblemen der Menschheit erhoffen. Der Begriff »Ökologie« wurde schon vor mehr als 100 Jahren von dem deutschen Biologen Ernst Haeckel geprägt. Fast ebenso alt ist der Ausdruck »Biozönose«, mit dem der Kieler Meereszoologe Karl Möbius 1877 eine »Lebensgemeinde« am Beispiel einer Austernbank im nordfriesischen Wattenmeer umschrieb. In den zwanziger Jahren dieses Jahrhunderts sprachen Biologen erstmals von »Ökosystemen«, wenn sie alle Lebewesen eines bestimmten Gebietes und deren Beziehungen zur unbelebten Natur beschrieben.

»Heute werden diese Ausdrücke neu entdeckt, sie werden modern, und jeder kleidet sich mit ihnen«, schreibt der Marburger Ökologe Hermann Remmert. »Aber Ökologie ist keine Heilslehre. Ökologie ist die Haushaltslehre der Natur, wie sie Ernst Haeckel definierte. Sie ist eine strenge Naturwissenschaft, sie hat es jedoch wesentlich schwerer als Physiologie, Genetik oder Biochemie ... Sie, die alte strenge Naturwissenschaft, steht plötzlich im Mittelpunkt des Interesses, sie muß Hilfe für Entscheidungen politischer Art geben und bewegt sich daher notwendigerweise aus dem rein naturwissenschaftlichen Bereich heraus. Das bedeutet für die Ökologie eine beachtliche Gefahr. Sie wird vielfach als eine Methode angesehen, deren Ergebnisse den Menschen zu stetig wachsendem Wohlstand und Glück verhelfen können. Nichts ist falscher als das.«

Der »Kampf ums Dasein« ist ein Wettbewerb der Spezialisten

Trotz dieses doppelten Dilemmas der Ökologie wagen Wissenschaftler den Versuch, mehr über die komplexen Systeme des Lebens herauszufinden – auch, um eventuell die Reaktionen und die Entwicklungen von Ökosystemen vorausbestimmen zu können. Sie haben ihr schwieriges Forschungsfeld in drei Untergebiete eingeteilt, die Hermann Remmert so beschreibt:

1. Die Autökologie (oder die Ansprüche des Organismus an die Bedingungen, unter denen er gedeihen kann),
2. die Populationsökologie (die in der Hauptsache die Frage untersucht, warum die Populationen von Mikroorganismen, Pflanzen und Tieren sich nicht unbegrenzt vermehren, sondern warum sie auf bestimmter, ungefähr gleichmäßiger Höhe bleiben) und schließlich
3. die Ökosystemforschung (die sich mit den Stoffkreisläufen und den Energieflüssen beschäftigt, die Funktionsweise von Ökosystemen

untersucht sowie die Stabilität und Elastizität von Ökosystemen abzuschätzen versucht).
Jedes Lebewesen, ob Mikrobe oder Mensch, konkurriert mit anderen Organismen um Nahrung oder Wasser oder Raum – oder gar um alle diese »Ressourcen« des Lebens auf einmal. Charles Darwin hatte in seiner Evolutionstheorie diesen vielleicht wichtigsten Aspekt der Autökologie klar erkannt und mit dem berühmten – und oft mißbrauchten – – Ausdruck »Kampf ums Dasein« umschrieben. Dieser »Kampf« wird freilich in den allermeisten Fällen nicht mit Zähnen und Klauen ausgetragen. Vielmehr erwies sich das Leben im Lauf der Evolution sehr erfinderisch, allzu direkter Konkurrenz mit einer Fülle von Maßnahmen auszuweichen. Durch die Spezialisierung ist die Konkurrenz zwischen verschiedenen Arten gewöhnlich gemildert. Der stärkste Wettbewerb herrscht vielmehr zwischen den Angehörigen der gleichen Spezies: Da sie die gleichen Ressourcen fürs Überleben benötigen, ist hier der Auslesedruck am größten. Die innerartliche Konkurrenz wurde damit zum »Motor der Evolution«.
Die verschwenderische Fülle verschiedenster Organismen darf freilich nicht darüber hinwegtäuschen, daß der Anpassungsfähigkeit Grenzen gesetzt sind – Grenzen, die in den letzten Jahrzehnten allzu häufig von uns Menschen verstärkt oder gar neu gezogen wurden. Wenn wir einen großen Teil der pflanzlichen Nahrung für uns und unsere Haustiere verbrauchen, natürliche Nahrungskonkurrenten – »Schädlinge« – mit Giften und Fallen bekämpfen, Lebensräume durch intensive Landwirtschaft, Verkehrswege, Luft- oder Wasserverschmutzung radikal ändern, dann setzen wir andere Lebewesen einem ökologischen Streß aus. Viele Arten sind dem nicht gewachsen und sterben deshalb aus. Andere Spezies werden dagegen durch die »Naturkatastrophe Mensch« (Hubert Markl) begünstigt und vermehren sich dann explosionsartig.
Die natürlichen Grenzen der Anpassung von Lebewesen an neue Umweltsituationen werden von einer Reihe ökologischer Faktoren bestimmt. So gelingt es nur ganz wenigen Tier- und Pflanzenarten, sowohl im Meer als auch im Süßwasser zu leben und damit »die stärkste ökologische Schranke, die wir kennen« (Remmert), zu überwinden. Andere wichtige Faktoren sind Temperatur und Ernährung, Licht, Sauerstoffangebot und – für Waldpflanzen – das Feuer. Zu diesen Umweltbedingungen kommt die Konkurrenz mit anderen Spezies und natürlich vor allem mit den eigenen Artgenossen. All diese Faktoren hat der Mensch zu seinen Gunsten zu verändern begonnen, als er gegen Ende der Steinzeit lernte, Tiere und Pflanzen zu züchten: Bauern und Viehzüchter spielen evolutionäres Schicksal, indem sie ihre Gewächse und Geschöpfe zu Lasten anderer Organismen bevorzugt behandeln. Wir waren zu dieser, nun ja, »schöpferischen« Leistung

nur fähig, weil mit unserer Spezies ein weiterer autökologischer Faktor von der Evolution auf die Spitze getrieben worden ist: die Fähigkeit aller Lebewesen, sich mit Hilfe bestimmter Sensoren – unseren Sinnesorganen – ein Bild von ihrer Umwelt zu machen. Je leistungsfähiger und vielfältiger diese Sensoren im Lauf der Evolution bei Tieren wurden, desto leistungsfähiger wurde auch das zentrale Nervensystem, das die Fülle der gewonnenen Informationen auszuwerten und in Aktionen umzusetzen hatte (von diesem Trend zu mehr Information und besserer Verarbeitung in der Evolution war schon auf S. 35ff. die Rede).
Wir Menschen können zwar bei einzelnen Sinnesleistungen mit keinem der Spezialisten im Tierreich mithalten. Dafür aber entwickelte unser Gehirn einige ganz neue Qualitäten, die gewonnenen Kenntnisse über die Umwelt auszuwerten: Es besitzt wie kein anderes die Fähigkeit, gemachte Erfahrungen zu speichern, zu analysieren und, darauf aufbauend, vorausschauend zu planen. Zu dieser »Intelligenz« kommt die Fähigkeit, mit Hilfe der Sprache und Schrift gemachte Erfahrungen anderen Gehirnen – Menschen – mitzuteilen, ja der eigenen Existenz »bewußt« zu werden. Wir haben damit die für alle anderen Geschöpfe geltenden Spielregeln der »ökologischen Neuro-(Nerven-)biologie« durchbrochen, indem wir unseren analytischen Verstand gleichsam als »sechsten Sinn« im Kampf ums Dasein einsetzen. Die Technik mit all ihren Produkten ist, so gesehen, nichts anderes als der verlängerte Arm (das geschärfte Auge etc.) dieses neuartigen Sinnesorgans »denkendes Gehirn«.
Gegen eine so rasch – im evolutionären Sinn – weiterentwickelte Konkurrenz wie den Menschen hatten unsere angestammten tierischen Nachbarn in derselben »ökologischen Nische« keine Chance: Großtiere wie Bär und Wolf und Auerochse wurden aus menschlichen Siedlungsräumen verdrängt und ausgerottet.

Das große Zahlenspiel des Lebens, Populationsökologie genannt

Zu den grundlegenden ökologischen Faktoren, der zwischen- und innerartlichen Konkurrenz sowie der ökologischen Neurobiologie kommen einige weitere lebensbeeinflussende Umstände: periodische Veränderungen wie Tag und Nacht, die Jahreszeiten, Regen- und Trockenperioden. Lebewesen haben sich mit staunenswerter Präzision an die jeweils herrschenden natürlichen Rhythmen angepaßt, wie beispielsweise der herbstliche Laubabwurf, der Winterschlaf bestimmter Tiere oder der Vogelzug zeigen.
Selbst wenn Ökologen all diese Faktoren einzeln untersuchen, vermögen sie noch keine verläßlichen Voraussagen zu machen, wie sich eine bestimmte Lebensgemeinschaft unter veränderten Bedingungen entwickeln wird. Denn alle einzelnen Umweltbedingungen können sich

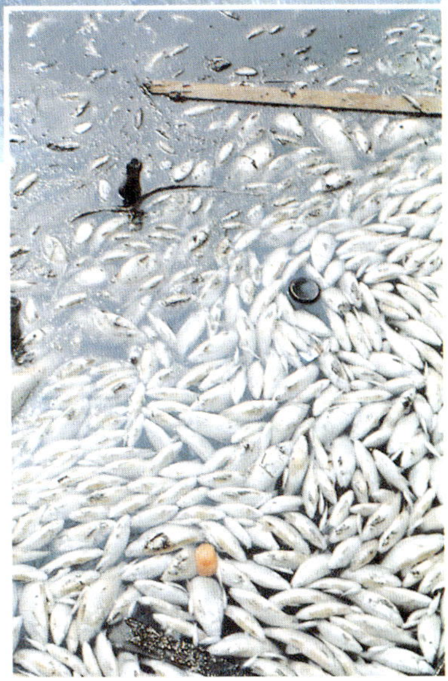

Grenzen der Anpassung: Nur wenige Tiere können wie die Lachse (oben) in Süß- und Salzwasser leben. Schon geringe Veränderungen, etwa Sauerstoffarmut im Wasser, können zu Fischsterben führen.

gegenseitig auf sehr subtile Weise beeinflussen. Manche Faktoren wie etwa das Klima oder der Salzgehalt wirken unabhängig voneinander. Andere wiederum beeinflussen sich auf vorhersagbare Weise, zum Beispiel die Temperatur und der Sauerstoffgehalt des Wassers. »Unter sonst gleichen Bedingungen steht also einem Tier in kaltem Wasser mehr Sauerstoff zur Verfügung«, erklärt Professor Hermann Remmert aus Marburg. Bei höherer Temperatur steigt der Sauerstoffbedarf, während »die Menge des zur Verfügung stehenden Sauerstoffs sinkt. Die im technischen Umweltschutz häufig vorgebrachte Meinung, daß Temperaturerhöhungen um ein weiteres Grad in einem Flußsystem unerheblich seien, ist daher als Voraussage falsch.«

Viele ökologische Faktoren beeinflussen sich schließlich auf derart verwickelte Weise, daß eine Vorhersage so gut wie unmöglich wird. Remmert nennt in diesem Zusammenhang ein für uns Menschen besonders brisantes Beispiel: »Die Wirkung karzinogener (krebserregender) Substanzen auf den Menschen multipliziert, ja potenziert sich, wenn die Atemluft Schwefeldioxid enthält. Schwefeldioxid stoppt die Bewegung der die Lunge reinigenden Wimpern; auf diese Weise bleiben eingeatmete karzinogene Substanzen sehr lange in der Lunge, ihre Wirkung kann sich voll entfalten.«

All diese Umweltfaktoren und ihre Beziehungen zueinander bilden freilich wiederum nur einen Teil des verwinkelten Gebäudes Ökologie. Denn einzelne Organismen sind immer Teile einer größeren Gemeinschaft – ihrer jeweiligen Population. Diese »Grundeinheit der ökologischen Vorgänge« ist Remmert zufolge »locker« definiert: »Man kann von der Uhupopulation der Fränkischen Alb sprechen, wenn man ganz regelmäßig genetischen Austausch in den Vordergrund stellt; man kann von der mitteleuropäischen Uhupopulation sprechen, wenn man den vorhandenen, aber relativ seltenen Austausch mit der Thüringer und der alpinen Population mit ins Auge faßt.«

Das große Zahlenspiel der Lebewesengruppen, Populationsökologie genannt, bewegt sich zwischen den genetischen Gesetzmäßigkeiten und den äußeren Umwelteinflüssen. Da beide, wie beschrieben, äußerst vielgestaltig sind, entarten die schönen Berechnungen der Populationsökologen rasch zu (unlösbaren) Gleichungen mit nahezu unendlich vielen Unbekannten. Eine Rechnung geht freilich immer auf – für die Ökologen, nicht aber für die Populationen: Da alle Lebewesen mehr Nachwuchs in die Welt setzen, als für den Ersatz der gestorbenen Artgenossen nötig ist, kommt es zwangsläufig zu einer Bevölkerungsexplosion, falls nicht bestimmte Regulationsprozesse rechtzeitig eingreifen. Die Kunst der Forscher besteht nun darin, die hemmenden Mechanismen herauszufinden.

Wie brennend die Probleme der Populationsökologen sind, zeigt die explosive Entwicklung der menschlichen Bevölkerung: 1960 lebten rund drei Milliarden Menschen. Im Jahr 2000 werden es gut sechs Milliarden und nochmals 120 Jahre später könnten es rund 50 Milliarden sein. Ein solches Wachstum ist natürlich auf Dauer für keine Lebewesenart möglich. Hermann Remmert: »Wäre es unbegrenzt, so würde die Erde nach kurzer Zeit gleichmäßig mit diesem Organismus bedeckt sein und sich dann schließlich mit Lichtgeschwindigkeit ausdehnen.«

In Wirklichkeit ähnelt das Wachstum aller biologischen Prozesse, wenn es in einer Grafik aufgezeichnet wird, einem stark abgeflachten, nach rechts geneigten »S«: Diese sogenannte sigmoide Kurve des »logistischen Wachstums« beginnt langsam, schwingt dann in relativ kurzer Zeit steil nach oben, um anschließend unter der »Decke« – genannt »Kapazität der Umwelt« – flach auszulaufen. Die Kapazität eines Lebensraumes (aber auch die Tragfähigkeit der ganzen Erde) ist keineswegs eine feste Größe. Das Leben selbst erhöhte im Laufe der Erdgeschichte durch »evolutionäre Erfindungen« den Spielraum nach oben: Heute trägt die Erde mehr Lebewesenarten mit einem größeren Gesamtgewicht als vor einer Milliarde Jahren.

Eine ähnliche Entwicklung durchläuft im Prinzip die Menschheit, wenn auch mit vergleichsweise explosiver Geschwindigkeit. Vor 10000 Jahren konnte die Erde nur rund fünf Millionen Jäger und Sammler ernähren. Die Erfindung der Landwirtschaft und technisch-wissenschaftliche Durchbrüche vergrößerten die Tragfähigkeit der Erde bis heute um das Tausendfache auf knapp fünf Milliarden Menschen. Doch nun hat diese Wachstumslawine ein Ausmaß erreicht, das ein baldiges Abflachen der Zuwachskurve vermuten läßt: Wenn das Modell vom »logistischen Wachstum« auch auf die Entwicklung der Menschheit zutrifft (und kein Ökologe zweifelt ernsthaft daran), dann beginnen die »begrenzenden Faktoren« bereits zu greifen – ein Vorgang, den wir Umwelt- und Wachstumskrise nennen.

Dabei spielt die gewiß hohe Kopfzahl der Menschen noch nicht einmal die Hauptrolle, wie ein Blick auf das wirtschaftliche Leistungsvermögen der Industrie- und Entwicklungsländer zeigt. Die Grenze der Tragfähigkeit der Erde errechnet sich aus der Zahl der Menschen und deren Verbrauch an Nahrung, Rohstoffen und Energie.

Globale Modelle sind allerdings viel zu kompliziert. Deshalb beschränken sich Ökologen bei der Erforschung der Bevölkerungsentwicklung bestimmter Tier- oder Pflanzenpopulationen auf überschaubare, einigermaßen abgeschlossene Lebensräume. Bei diesen Arbeiten stießen die Forscher auf die Tatsache, daß »auf längere Sicht gesehen, wir bei allen Organismen bei ungefähr konstanten Umweltbedingungen auch eine ungefähr konstante Populationsdichte haben« (Remmert). Nur: Wie und warum halten Tier- und Pflanzenarten eine »mittlere Bevölkerungsdichte« ein?

Räuber und Beute und das Problem des optimalen Ertrages

Da sind zunächst einmal die sogenannten abiotischen Faktoren wie die klimatischen Bedingungen und der Nährstoffgehalt der Böden. Jede Spezies ist von Natur aus an einen idealen, »heimatlichen« Lebensraum angepaßt. Werden die Lebensbedingungen schlechter, etwa durch Wassermangel oder sinkende Temperaturen, so »dünnt« sich die jeweilige Art »aus«, um schließlich ganz zu verschwinden.

Die Dichte einer Population hängt freilich nicht allein von den grundlegenden Faktoren der unbelebten Natur ab. Eine ebenso wichtige Rolle spielt die jeweils verfügbare Nahrungsmenge, die ja zumindest bei Tieren völlig von der Leistungsfähigkeit anderer Organismen abhängt. »Ein normales Tier ist ein hungriges Tier«, schreibt Hermann Remmert, weshalb die Populationsdichte in nahrungsreichen Gebieten höher liegt. »Dennoch ist eine Beziehung

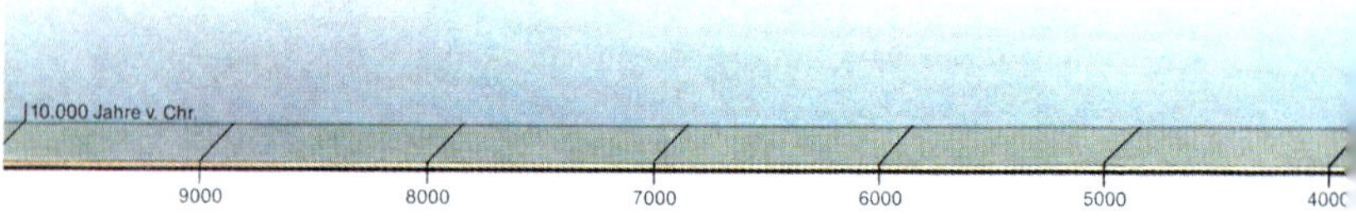

zwischen Nahrungsangebot und Populationsdichte von Tieren nur sehr schwer herzustellen.« Zwei weitere biologische Faktoren überlagern nämlich das Verhältnis zwischen einem Lebensraum und der Zahl der darin lebenden Organismen: die Beziehungen zwischen Räuber und Beute sowie die sogenannte Selbstregulation innerhalb von Populationen.

Räuber-Beute-Systeme beschränken sich nicht nur auf uns vertraute Tiere wie etwa Luchs und Hase. Auch Krankheitserreger, Parasiten, parasitär lebende Organismen und Pflanzenfresser haben mit den eigentlichen Raubtieren gemein, »daß sie einen lebenden Organismus zumindest zunächst einmal schädigen und auf diese Weise vielleicht eine Populationskontrolle durchführen können« (Remmert). Dabei kann der »Räuber« – etwa ein Blauwal – sehr viel größer als seine Beute – die winzigen, Krill genannten Krebstierchen – sein, aber auch annähernd gleich groß (wie Spinnen oder Schlupfwespen) oder gar sehr viel kleiner (etwa Krankheitserreger und Parasiten).

Die Wachstumskurve der Erdbevölkerung für die letzten zwölf Jahrtausende weist nach, daß die Zahl der Menschen erst in den letzten drei Jahrhunderten zu »explodieren« begann. Die Kästchen zeigen den Einfluß der Pest im Mittelalter (links) und der industriellen Revolution (rechts) auf das Wachstum.

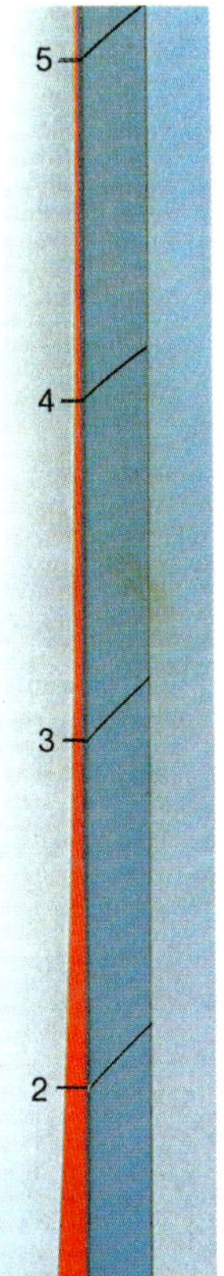
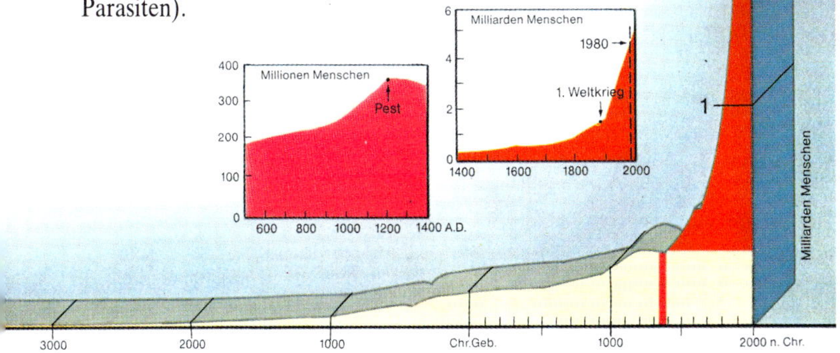

Schafe auf der Weide sind ein Symbol für friedvolle Natur – und doch sind die Tiere als »Räuber« Teil eines Systems, dessen »Beute« das Gras ist. Schafe wiederum sind die »Beute« des Menschen: Das System ist stabil, wenn nur der Zuwachs geerntet wird.

Gerade die nicht so augenfälligen Räuber-Beute-Systeme sind für unsere Umweltprobleme von entscheidender Bedeutung: Intelligent eingesetzte Räuber können bestimmte Schädlinge auf Feldern und Kulturen in Schach halten – so wie schon vor 100 Jahren in Kalifornien Marienkäfer gegen Schildläuse in Zitrusplantagen eingesetzt wurden (und nach zehn Jahren die Plage unter Kontrolle hatten). Andererseits besteht zunehmend die Gefahr, daß »Räuber« in Form von Insekten, Parasiten oder Krankheitskeimen sich über hochgezüchtete Kulturpflanzen hermachen. Denn diese haben meist die natürlichen Abwehrkräfte ihrer wildwachsenden Vorfahren verloren, werden auf riesigen Flächen angebaut (»Monokulturen«) und müssen deshalb aufwendig mit chemischen Schädlingsbekämpfungsmitteln geschützt werden: Unsere auf Wohlgeschmack und leichte Verdaulichkeit getrimmten Nutzgewächse schmecken auch anderen Lebewesen.
Überhaupt entspricht der Mensch in den Augen der Ökologen »einem Räuber im weitesten Sinne«, wie es Hermann Remmert ausdrückt. Räuber-Beute-Beziehungen sind generell in einer gemeinsamen, wechselseitigen Entwicklung, einer »Co-Evolution«, entstanden. Ökologische Versuche ergaben, daß die Anwesenheit von Räubern die Gesamtzahl der Beute-Organismen unter eine theoretisch mögliche Bestandsgröße senkt und damit eine Sättigung des Wachstums verhindert. Dies aber bewirkt, daß die »Produktivität« – der Zuwachs während einer bestimmten Zeit – bei der Beute hoch bleibt: Die Beute-Population »rennt« wie ein Hamster im Laufrad, ohne jedoch von der Stelle zu kommen.
Dieses »Problem des optimalen Ertrages« ist die Kernfrage in der Diskussion um die Auswirkungen der modernen Landwirtschaft auf unsere natürliche Umwelt geworden.
So gibt die scheinbar praxisferne Grundlagenforschung der Ökologen sehr handfeste Richtlinien für die künftige Entwicklung der Nahrungsmittelversorgung der Menschheit.

Eine Eule greift sich ihre Beute. Auf den ersten Blick scheint klar, daß der Greifvogel die Zahl der Mäuse kontrolliert. Ökologisch gesehen kann jedoch umgekehrt auch eine durch andere Ursachen ausgelöste Schwankung der Mäuse-Population der Zahl der Eulen bestimmen.

Auch die Natur kennt eine Lohn-Preis-Spirale

Zum einen zeigt die Analyse der Räuber-Beute-Systeme, daß die »Ernte« des Zuwachses einer Beutepopulation – sei es Vieh auf der Weide oder Kartoffeln auf dem Akker – eine prinzipiell natürliche Aktion ist (also kein Frevel gegen die Natur). Zum anderen aber machen

diese Erkenntnisse deutlich, daß uns als »Räubern« Grenzen gesetzt sind: Wir dürfen die Kuh nicht schlachten, die wir melken wollen.

Auch wir durchlaufen mit den Schädlingen und Krankheitserregern eine gemeinsame Entwicklung, eine Co-Evolution, die einer Lohn-Preis-Spirale vergleichbar ist: Treibt der Mensch durch neue Techniken oder Chemikalien einen höheren »Lohn« – sprich Ernte – ein, reagiert die Natur mit einem höheren »Preis«, sprich mit höherer Widerstandskraft der Nahrungskonkurrenten.

Wie erfinderisch die Natur sein kann, beweisen die »raffinierten« Strategien vieler Spezies, sich in langjährigen Zyklen explosionsartig zu vermehren und nach der »Überschwemmung« des Lebensraumes für lange Zeit »auf Tauchstation« zu gehen. Ein besonders berühmtes Beispiel sind gewisse Zikadenarten Nordamerikas: Von diesen singenden Insekten kommt in einem bestimmten Landstrich meist nur eine Brut vor, die alle 13 oder 17 Jahre schlüpft und dann in großen Mengen an die Erdoberfläche krabbelt. Während das plötzliche massenhafte Auftreten der dreizehn- oder siebzehnjährigen Zikaden die natürlichen oberirdischen Räuber (vor allem Singvögel) völlig verwirrt, verlieren alle von den Larven lebenden Jäger unter der Erde schlagartig ihre Futterquelle und verhungern.

Außer diesen Zikaden überlisten unter anderem Waldbäume (Buchen), Wanderheuschrecken und Maikäfer, aber auch Schneehasen, Mäuse und Lemminge ihre natürlichen Feinde mit plötzlichen Massenvermehrungen. Diese »Strategien der Feindvermeidung« dienen häufig zugleich der »Selbstregulation«, mit der eine Art eine mittlere Populationsdichte einhält (die »Selbstregulation« entspringt natürlich nicht einer höheren Einsicht, das Wort beschreibt nur einen ökologischen Vorgang).

Auch menschliche Gesellschaften haben Formen der Bevölkerungskontrolle entwickelt, bei denen sich freilich körperliche und kulturelle Faktoren vermengen. So halten zum Beispiel die *Kung*, ein im Südwesten Afrikas lebendes Volk »steinzeitlicher« Jäger und Sammler, ihre Kopfzahl konstant, weil die Mütter unter anderem ihren Neugeborenen etwa vier Jahre lang die Brust geben und so eine Art »natürliche Empfängnisverhütung« wirksam werden lassen. »Man möchte der heutigen Menschheit«, sagt Hubert Markl, »ein wenig mehr ›Steinzeitmoral‹ wünschen, hätte dies Wort nicht eine völlig falsche Bedeutung erlangt.«

Schließlich hat sich der angeblich »primitive Steinzeitmensch« Markl zufolge »an der ökologischen Grenze biologisch-kulturell ziemlich stabil eingerichtet«.

Wanderheuschrecken fallen unregelmäßig über Landstriche her und fressen alles kahl (rechts: Schwarm in Äthiopien). Vermutlich löst eine zu hohe Bevölkerungsdichte die Wanderung aus.

Ökosysteme und die großen Kreisläufe: Wie stabil ist das Wirkungsgefüge der Natur?

Wie können wir, die wir uns mitten in einer explosiven Entwicklung befinden, uns »biologisch-kulturell stabil einrichten«? Der Schlüssel zu einer weniger gefährdeten Welt liegt sicher im besseren Verständnis der Ökosysteme. Was not tut, ist eine tiefere Einsicht in die gegenseitigen Beziehungen und die Balance, die das schier unüberschaubar vielfältige System Leben mit der unbelebten Natur eingegangen ist – und ständig neu eingeht. Das ist freilich leichter gesagt als getan: Wer ein Ökosystem wirklich verstehen will, muß mehr als nur die physikalischen und chemischen Grundlagen, die klimatischen und geologischen Bedingungen eines bestimmten Lebensraumes kennen. Er sollte auch verstehen, wie die einzelnen Pflanzen-, Tier- und Mikrobenarten sich im Laufe der Erdgeschichte entwickelt haben – und wie sie sich in ihrer Entwicklung gegenseitig beeinflußten und immer noch beeinflussen (also ihre Evolution und Co-Evolution). Dazu kommt selbstverständlich eine intime Einsicht in die Aut- und Populationsökologie. Aber reichen all diese Kenntnisse aus, um ein Ökosystem beschreiben und sogar Voraussagen über seine künftige Entwicklung machen zu können?

»Ein Ökosystem ist ein Wirkungsgefüge von Lebewesen und der anorganischen Umwelt«, definiert der Göttinger Ökologe Professor Matthias Schaefer sein Forschungsfeld. »Die Hauptfunktion eines Ökosystems liegt im Kreislauf der Stoffe: Grüne Pflanzen (Primärproduzenten) produzieren über die Photosynthese organische Substanz aus anorganischen Stoffen, Tiere (Konsumenten) konsumieren sie, schließlich gibt es Lebewesen (Destruenten, Zersetzer), die die organischen Stoffe wieder remineralisieren und als Nährstoffe dem System erneut zur Verfügung stellen. Damit verbunden ist ein Energiefluß durch das Ökosystem.« Von da an wird's kompliziert, wie die »Stufenfolge der biologischen Systeme« deutlich macht: Das grundlegende biologische System ist die Zelle; Zellen fügen sich zu Geweben, Organen und schließlich vielzelligen Lebewesen zusammen; viele Organismen bilden Bevölkerungsgruppen (Populationen); viele Pflanzen-, Tier- und Mikroben-Populationen bilden zusammen mit der nichtbelebten Natur ein Ökosystem. Bei jeder dieser »Integrationsstufen« entstehen, so Schaefer, »neue Qualitäten in der Gesamtfunktion, die nicht von der darunterliegenden Integrationsstufe erklärt oder verstanden werden können. So läßt sich das Ökosystem Buchenwald nicht durch die Untersuchung aller Populationen von Arten, aus denen es aufgebaut ist, verstehen.« Mit anderen Worten: Ein Ökosystem ist mehr als die Summe seiner Bestandteile, es verfügt über eine »gewisse Selbstregulation« (Schaefer).

In dem knappen halben Jahrhundert seit der Einführung des Begriffs »Ökosystem« haben Biologen einige handfeste Theorien und Arbeitshypothesen über diese »Grundeinheit ökologischer Forschung« zusammengetragen. Sie erkannten, daß sich das »Ökosystem Erde« ohne allzu großen Verlust an Wirklichkeitstreue in Teilgebiete gliedern läßt – aber auch, daß die Grenzen zwischen diesen Untersystemen fließend sind. Sie fanden heraus, daß »es eine gemeinsame große Co-Evolution der Glieder eines Ökosystems gibt«, wie Hermann Remmert schreibt, die »notgedrungen in Richtung auf Optimierung des Ökosystems« läuft. Und sie entdeckten, daß die Ökosysteme unserer Erde »ein sehr verschiedenes Alter« haben.

Die ältesten noch heute existierenden Lebensgemeinschaften sind Remmert zufolge »wohl das tropische Korallenriff und der tropische Regenwald. Beide zeichnen sich durch hohe Artenzahl und hohe Konstanz aus, durch einen schnellen Umsatz von Stoff und Energie, durch eine Bindung fast aller lebensnotwendigen Stoffe in den Organismen und durch ein vollständiges Recycling (= Wiederverwenden) der biologisch wesentlichen Stoffe.«

Zunächst schien die Suche nach den Grundgesetzen der Ökosysteme einfach: Bei gleichen klimatischen Bedingungen, so lautete ein »Klimax« genanntes Dogma der Ökologen, müsse sich auf Dauer und unabhängig von den Bodenverhältnissen immer das gleiche Ökosystem entwikkeln – in Deutschland zum Beispiel ein Rotbuchenwald. Seien die Umweltbedingungen vielfältig, so entwickelten sich viele Arten mit jeweils wenigen Individuen. Dagegen würden einseitige Umweltbedingungen die Entwicklung weniger, dafür aber um so »kopfstärkerer« Arten begünstigen. Und je mannigfaltiger die Arten seien, desto stabiler wäre demnach das Ökosystem, desto länger könne es unverändert (»konstant«) bestehen. Eine Konsequenz dieser »Zehn Gebote« der Ökologie war ein geradezu erbsündhaftes Schuldgefühl bei umweltbewußten Bürgern: Allein der Mensch mußte demnach für die überall sichtbaren Abweichungen vom Ideal verantwortlich sein.

Von Nahrungsketten und Nahrungsnetzen

Amerikanische Ökologen haben nach dem Zweiten Weltkrieg als erste intensiv die Nahrungsnetze in den Laubwäldern gemäßigter Klimazonen untersucht. Das Schaubild auf S. 70/71 zeigt ein vereinfachtes Nahrungsnetz eines Laubwaldes im Nordosten der Vereinigten Staaten;

das Schema läßt sich auch auf mitteleuropäische Laubwälder übertragen. Laubwälder zeichnen sich gegenüber Nadelwäldern durch größere pflanzliche – und damit auch tierische – Vielfalt aus. Vorherrschende Baumarten sind hier Eiche, Buche und Ahorn mit Einsprengseln von Weiden, Pappeln und Amerika-Platanen an feuchteren Stellen. Das auffälligste Merkmal solcher Wälder ist der herbstliche Laubabwurf. Diese Eigenart erlaubt vielen Bodenpflanzen ein schnelles Wachstum im Spätwinter und Frühjahr, bevor sich das Blätterdach schließt. Die üppige Fülle verschiedenster zarter Blätter im Frühjahr deckt den Tisch für unzählige Insekten, vor allem Raupen und Käfer. Von diesen Insekten leben wiederum andere Insekten und viele Vögel, darunter nicht wenige Zugvögel. Tote Pflanzen und Tiere werden von den Humusbewohnern verarbeitet.

Verletzliche Vielfalt und robuste Einförmigkeit

Inzwischen führte die zunehmende Belastung aller irdischer Ökosysteme durch den Menschen zu der mit nahezu religiösem Eifer ausgetragenen Debatte über Schuld und Sühne der »Umweltkatastrophe«. Wenig beachtet von der Öffentlichkeit, mußten freilich die Ökologen ihre Theorien korrigieren: Sie erwiesen sich, gemessen an der Wirklichkeit, als zu starr – vor allem, wenn sie aus evolutionärer Sicht betrachtet wurden.

Das »ökologische Stabilitätsideal« ist Hubert Markl zufolge »zu kurzsichtig gesehen«, da »in evolutionärer Zeitperspektive die wenigsten Ökosysteme konstante Eigenschaften, vor allem aber Artenzusammensetzung, besitzen«. Wie sehr die Begriffe »Klimax« und »Konstanz« überschätzt worden waren, zeigt – schmerzlich – das Beispiel der tropischen Regenwälder, das Markl anführt: »Ein einförmiger nordischer Nadelwald kann gegen Eingriffe erstaunlich robust sein, der in Artenvielfalt überschäumende tropische Regenwald dagegen ist so verletzlich, daß einsichtige Ökologen ihn heute eine nicht erneuerbare Ressource unserer Erde nennen.« Erfahrungen aus Südamerika zeigen, daß der dampfende Dschungel nach der Rodung nicht zurückkehrt, ja, daß eine Regenwaldlandschaft in kurzer Zeit in ein wüstenähnliches Gebiet verwandelt werden kann. »Naiv wird oft von natürlichen Ökosystemen gesprochen, die nicht dem Einfluß des Menschen unterworfen sind oder waren«, kritisiert Hermann Remmert. »Heute gibt es solche natürlichen Systeme nicht mehr.« Der Marburger Ökologe schlägt deshalb vor, Gebiete festzulegen, die »wenigstens von der Vegetation her als naturnah zu bezeichnen sind«.

Vergleiche zwischen solchen naturnahen Systemen und alten, vom Menschen geschaffenen, wie beispielsweise etwa die Lüneburger Heide, würden zeigen, »wie weit ein echtes ›Ökosystem‹ sich mit dem Menschen evoluierte«.

Tropische Korallenriffe sind vermutlich die ältesten existierenden Ökosysteme der Erde. Die Gründe, weshalb der Clownfisch ungestört zwischen den giftigen Tentakeln der Seeanemone leben kann (rechts), sind noch nicht bekannt.

Imperialisten in der Nahrungskette

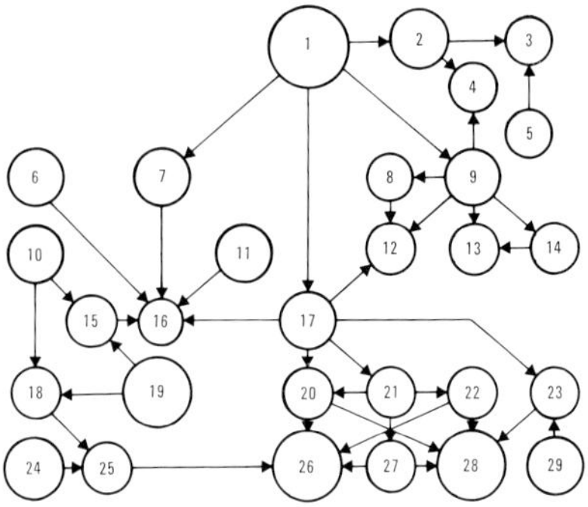

Ein einfaches Nahrungsnetz im Laubwald

1. Falke
2. Grasmücke
3. Raupe der Wintermotte
4. Blattlaus
5. Baumwanze
6. Grauhörnchen
7. Bodendrossel (»Towhee«)
8. Schlupfwespe
9. Am. Rotschwänzchen
10. Eule
11. Weißbrust-Kleiber
12. Raupe einer Mottenart
13. Gallwespe
14. parasitäre Wespe
15. Maus
16. Eicheln, Bucheckern
17. Haubenmeise
18. Spitzmaus
19. Fuchs
20. Springschwanz
21. Wolfsspinne
22. Tausendfüßler
23. Käferlarve
24. Walddrossel
25. Regenwurm
26. Pilze und Bakterien
27. Milbe
28. rottendes Holz
29. Specht

Eines ist klar: Bei der Ökosystemforschung geht es auch um die Zukunft der Menschheit. Wir stehen am oberen Ende einer Nahrungskette (manche Ökologen sprechen von einem »Nahrungsnetz«), deren einzelne Glieder aller Landwirtschaft und Viehzucht zum Trotz wir bei weitem nicht übersehen.

Am besten vermögen Ökologen noch den Energiefluß durch Nahrungsketten zu beschreiben. Denn hier gelten die ehernen Gesetze der Wärmelehre (siehe Seite 37): Nach dem universell wirksamen zweiten Hauptsatz der Thermodynamik fließt Energie immer von einem höheren Niveau zu einem niederen. Dieses »Entropie-Gesetz« gilt natürlich auch für jede Nahrungskette. Zwar ist jedes Lebewesen, meinte einmal der englische Philosoph und Nobelpreisträger Bertrand Russell, »eine Art Imperialist, der soviel von seiner Umwelt wie möglich in sich und seinen Nachwuchs umzuwandeln versucht«.

Aber dieser Art der energetischen Freibeuterei sind durch das Entropie-Gesetz strenge Grenzen gesetzt. Das machte der amerikanische Chemiker Tyler Miller vor einigen Jahren am Beispiel einer sehr einfachen Nahrungskette deutlich: Bei jeder Stufe der Nahrungskette Gras–Grashüpfer–Frosch–Forelle–Mensch gehen jeweils 80 bis 90 Prozent der im Körper der Beute gespeicherten Energie unwiderruflich verloren. »Dreihundert Forellen sind nötig, um einen Menschen ein Jahr lang zu ernähren. Die Forellen wiederum müssen 90000 Frösche fressen, die 27 Millionen Grashüpfer fangen müssen, die von 1000 Tonnen Gras leben.«

In ausgereiften Ökosystemen, etwa tropischen Regenwäldern, können sich extreme Abhängigkeiten zwischen einzelnen Pflanzen- und Tierarten ausbilden. So sind viele Kolibris auf Blüten bestimmter Pflanzen angewiesen.

Die vor Leben überschäumenden tropischen Regenwälder scheinen auf den ersten Blick unverletzlich. In Wirklichkeit sind sie von menschlichen Eingriffen besonders bedroht: Werden sie abgeholzt, kehrt die Vielfalt nie wieder.

Auf den ersten Blick mag es so aussehen, als hätte die Natur nicht besonders effiziente Organismen hervorgebracht. Schon die (Land-)Pflanzen fangen bei der Photosynthese durchschnittlich nur etwa 0,3 Prozent der im Licht enthaltenen Sonnenenergie ein. Doch der geringe »Wirkungsgrad« hat seine guten Gründe. Zum einen setzt die allen Lebewesen gemeinsame Biochemie Grenzen. Zum anderen verbraucht jedes Tier bei

der Nahrungssuche, bei der Fortpflanzung, der Flucht vor Feinden und einfach bei der Aufrechterhaltung der Lebensfunktionen einen großen Teil der mit der Nahrung aufgenommenen Energie.
Bei der Nahrungsverwertung »verbrennt« der Organismus in seinen Zellen Zuckermoleküle. Dieser Prozeß macht weniger als die Hälfte der im Zucker gebundenen Energie nutzbar. Wir nennen ihn Atmung (bei dieser »kalten Verbrennung« verbindet sich Zucker mit Sauerstoff, wobei Arbeitsenergie, Wärme, Kohlendioxid und Wasser freigesetzt werden).
Alle Organismen schließlich, die durch Zufall oder dank wirksamer Abwehrmaßnahmen nicht gefressen werden, sterben irgendwann. Die in ihrem Körper enthaltene Energie wird von den »Zersetzern« im Boden ebenfalls nur zu einem kleinen Prozentsatz genutzt, während die organischen Stoffe zum größten Teil abgebaut und wieder als Rohstoffe in den Nahrungskreislauf eingeschleust werden. Remmert: »Die mit Abstand größten Energieumsätze beim Abbau der chemischen Energie finden daher (auf dem Festland) in der Bodenschicht statt.«
Wie sparsam Lebewesen in Wirklichkeit mit Energie umgehen, zeigt ein Vergleich mit der energieintensiven Landwirtschaft. Bei der Rindermast zum Beispiel stecken die Bauern zwanzigmal mehr Energie, gemessen in Kalorien, in Viehfutter und -haltung, als sie am Ende als Steak oder Hackfleisch gewinnen.

Die großen Kreisläufe der Erde werden vom Leben mitgeprägt

Energie ist freilich nur die halbe Geschichte einer Nahrungskette. Die andere Hälfte umfaßt alle zum Leben notwendigen Rohstoffe: vor allem Eiweißverbindungen und lebenswichtige Spurenelemente. Dabei kann es vorkommen, daß unerwünschte oder gar gefährliche Stoffe angereichert werden. Sie können den Konsumenten auf dem Gipfel der Nahrungspyramide – oder dessen Nachwuchs – vergiften. Solche Stoffe können chemische Elemente wie das giftige Schwermetall Quecksilber sein, aber auch künstlich hergestellte, langlebige Chemikalien wie das Insektengift DDT: Umweltgifte à la DDT erreichen meist erst in den Endkonsumenten bedrohliche Werte und wirken sich vor allem bei der Fortpflanzung verheerend aus. Betroffen von dieser tückischen Anreicherung sind vor allem Greifvogel-Arten (sie gelten deshalb als besonders empfindliche »Bio-Indikatoren«, als biologische Frühwarnsysteme). Betroffen ist freilich auch der Endkonsument Mensch: Trotz eines seit vielen Jahren wirksamen DDT-Verbotes enthält die Milch deutscher Mütter heute noch bedenklich große Mengen des Giftes.
Auch die Nahrungsketten sind, wie die Ökosysteme selbst, mehr als die Summe ihrer Energie- und Materialströme. Denn die beteiligten Arten – und auch Individuen – besitzen eine gewisse »Entscheidungsfreiheit«. Sie

verhindert, daß das Fressen und Gefressenwerden wie nach dem Lehrbuch abläuft; sie bewirkt, daß die künftige Entwicklung von Nahrungsketten (und Ökosystemen) niemals exakt vorausgesagt werden kann – und sie kann verhindern, daß Nahrungsketten (und Ökosysteme) einen stabilen Zustand erreichen.

Wir greifen massiv in die großen Kreisläufe der Natur ein

Schon heute haben die Arbeiten der Ökologen praktische Auswirkungen für den Naturschutz und vor allem für die Landwirtschaft. Da ist zum Beispiel das »Problem des optimalen Ertrags«, das Landwirtschaft als prinzipiell möglichen Bestandteil eines Ökosystems zuläßt.
Und da ist die Erkenntnis aus der Beschäftigung mit den vernetzten oder nur verketteten Nahrungsströmen, daß »Kulturpflanzenbestände weniger leicht Massenvermehrungen von ›Schädlingen‹ ausgesetzt sind, wenn sie nicht als Monokulturen angelegt werden« (Remmert), sondern gemeinsam mit einer oder mehreren anderen Nutzpflanzenarten.
Was ebenfalls bleibt, ist die Erkenntnis, daß bei lebenden Systemen, auch bei Ökosystemen, nichts auf Dauer unverändert besteht. »Allgemein wird offenbar die Konstanz von Ökosystemen und ihrer Glieder ganz wesentlich überschätzt«, kommentiert Remmert. Dies birgt eine Hoffnung und eine Gefahr für uns: Die Hoffnung, daß die Natur zumindest einen Teil unserer Umweltsünden auszugleichen vermag – und die Gefahr, daß wir bei für uns lebenswichtigen Ökosystemen einen Stein ins Rollen bringen, der eine katastrophale ökologische Lawine auslöst.
Noch wissen wir sehr wenig über unsere Rolle im Ökosystem Erde. Und noch sind wir nicht fähig, die großen Systeme der Natur zu kontrollieren. Schon die grobe Bilanz der wichtigsten Kreisläufe sollte uns Respekt vor dem System einflößen, das uns hervorbrachte und uns am Leben erhält: Alle dreihundert Jahre wälzt die lebende Natur das in der Atmosphäre enthaltene Kohlendioxid um, alle 2000 Jahre wird die gewaltige Sauerstoffmenge der Luft von Pflanzen und Algen vollständig erneuert, alle zwei Millionen Jahre durchläuft das Wasser der Erde einmal vollständig die Biosphäre. Diese gewaltigen »Fließbänder für Rohstoffe und Abfallprodukte«, wie der britische Umweltforscher Jim Lovelock die großen Kreisläufe nennt, sind zugleich ein kostenloser Service zur Beseitigung des vom Menschen produzierten Drecks.
Lovelock versucht seit einigen Jahren zusammen mit Kollegen das zu beschreiben, was etablierte Ökologen als »hoffnungslos kompliziert« bezeichnen: das Ökosystem Erde.
Der Lebensraum des Menschen ist heute die ganze Erde. Bedroht sind nicht nur Pflanzen und Tiere. Auch die »Zahl der Menschen, die die Erde letztendlich ›tragen‹ kann, würde drastisch sinken«, warnt der Amerikaner Lester Brown in seinem Buch »Der 29. Tag«.

Unsere Umwelt befindet sich in ständigem Wandel. Angetrieben von der Sonnenenergie durchmischt die »Wettermaschine« der Atmosphäre unablässig die Lufthülle. Wasser verdunstet in großen Mengen aus dem Meer und wird vom Wind auf das Festland verfrachtet (Details siehe Seite 187–191). Aber auch die Erdkruste ist, in geologischen Zeiträumen, Veränderungen unterworfen, die vom Erdinneren ausgehen. Die Wege der für das Leben wichtigsten Stoffe sind in dem Schaubild aufgezeichnet.

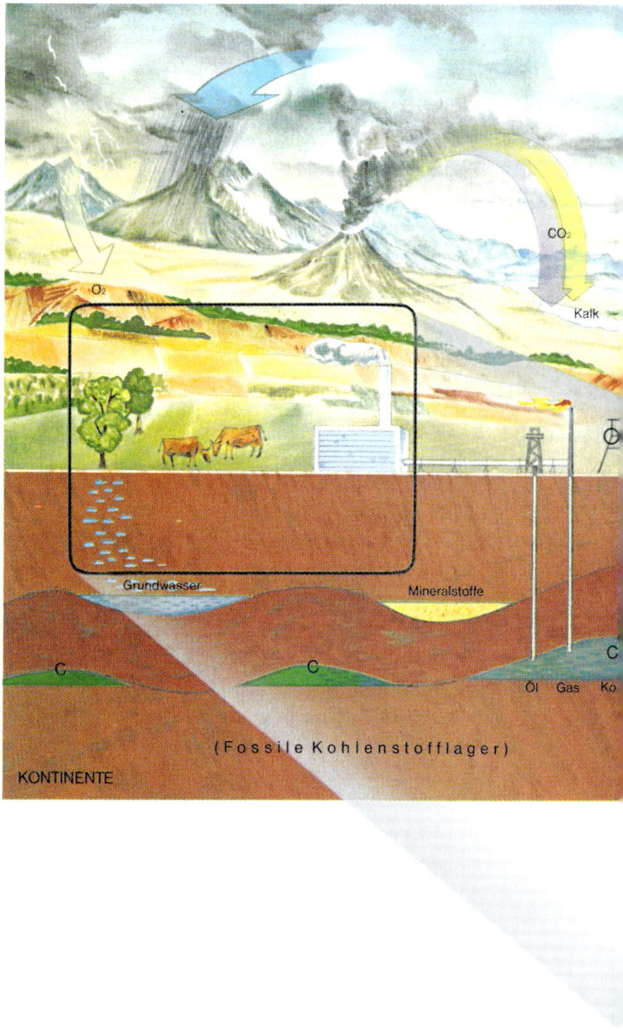

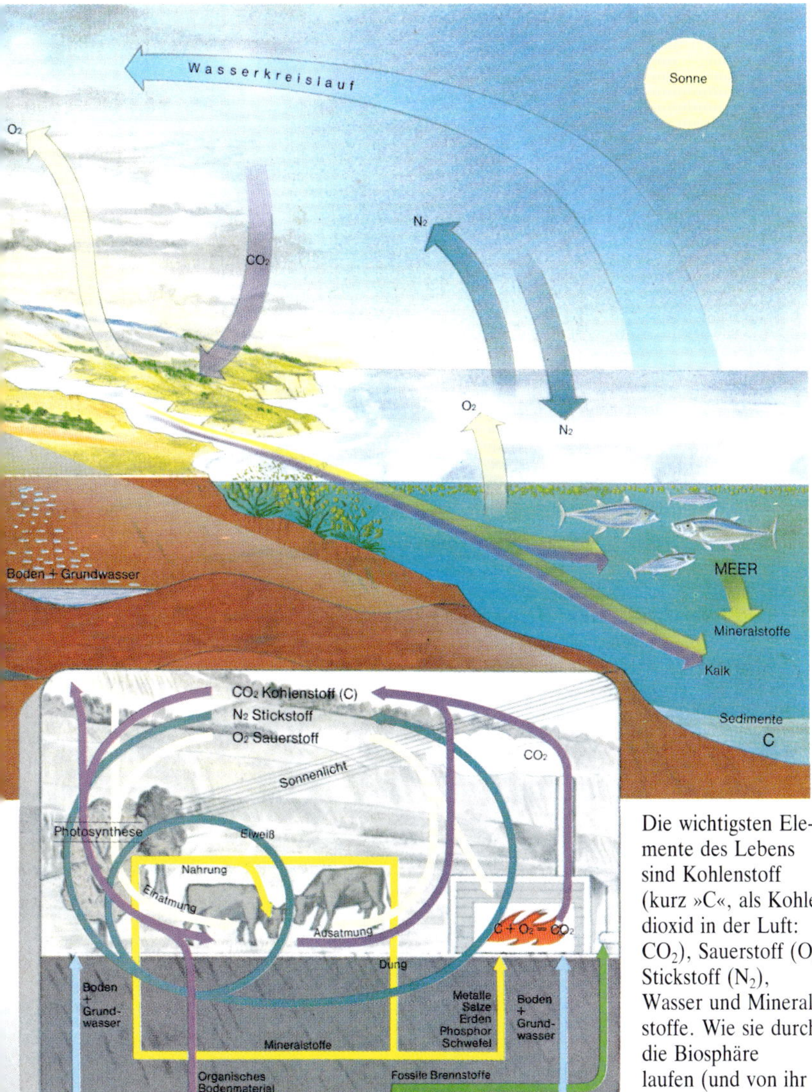

Die wichtigsten Elemente des Lebens sind Kohlenstoff (kurz »C«, als Kohlendioxid in der Luft: CO_2), Sauerstoff (O_2) Stickstoff (N_2), Wasser und Mineralstoffe. Wie sie durch die Biosphäre laufen (und von ihr auch gesteuert werden), zeigt der Ausschnitt: ein kompliziertes Zusammenwirken.

»Es kann sein, daß die Ökologie wegen der schieren Komplexität der Systeme, mit denen sie sich abmüht, niemals eine nützliche Wissenschaft sein wird«, schrieben die beiden britischen Biologen Martin Holdgate und J. W. L. Beament 1977 in einer »Enzyklopädie der Ignoranz«. Dennoch muß der Versuch unternommen werden, wie der bekannte amerikanische Umweltforscher Barry Commoner argumentiert: »Die Welt wird nicht durch einen einzigen Fehler, den irgendein cleverer Plan korrigieren kann, an den Rand der ökologischen Katastrophe gedrängt, sondern durch eine Phalanx einflußreicher wirtschaftlicher, politischer und gesellschaftlicher Kräfte, die den Lauf der Geschichte bestimmen. Jeder, der sich vornimmt, die Umweltkrise zu beheben, versucht damit auch den Lauf der Geschichte zu ändern.«

Ursache und Wirkung menschlicher Eingriffe in die Biosphäre werden erst allmählich erkannt. Ein Beispiel ist der gewaltige Pestizideinsatz der Landwirte: Manche Gifte reichern sich in der Nahrungskette an und schädigen die Fortpflanzung unter anderem von Vögeln.

Die Technik verleiht uns eine gewaltige Macht: Bäume fällen ist eine Sache von Minuten geworden.

Wir und die Natur

Das Schalenmodell:
Im Zentrum der Zerstörung sitzen wir alle

Der Mensch sei nicht das Maß aller Dinge, argumentieren Naturfreunde immer wieder, wenn sie sich für die Belange bedrohter Tiere oder Pflanzen einsetzen. Falsch: Beim Naturschutz *ist* der Mensch das Maß aller Dinge. Ohne uns gäbe es die modernen Umweltprobleme nicht – und ohne unseren guten Willen, unsere Aktionen (und sei es die Einsicht, ein Stück Natur in Ruhe zu lassen) wird sich die Situation weiter verschlechtern. In der modernen Umweltgesetzgebung beginnt sich das »Verursacherprinzip« durchzusetzen: Wer Dreck macht, soll für die Folgen aufkommen. Viel wichtiger als die Frage nach der Schuld, deren Wurzeln sich ohnehin im Dunkel der Geschichte und der Ämter verlieren, scheint die Bewußtmachung der innig verknüpften Zusammenhänge zwischen unserem alltäglichen Leben und dessen Auswirkungen auf die natürlichen Lebensgrundlagen. Deshalb soll in diesem Kapitel der Versuch unternommen werden, die Folgen unserer Existenz für die Umwelt in fünf »Schalen« – ähnlich denen einer Zwiebel – von innen nach außen aufzuzeigen: von einer innersten, persönlichen Schale über die Sphäre einer überschaubaren Gemeinde, einer Region und einer Nation bis hin zu der äußeren Schale, die den ganzen Globus umfaßt. Das Schalenmodell macht deutlich, wie sehr der Bürger eines modernen Industrielandes in ein globales Versorgungs-(und Verschmutzungs-)Netz eingebettet ist. Unsere Bedürfnisse mögen harmlos erscheinen, doch als Teil einer millionenfach verstärkten Bewegung – als Autofahrer, Konsument, Ferienreisender – tragen wir zur Belastung der Natur bei.

Der Mensch im Mittelpunkt...

Diese Zeichnung zeigt die Welt aus der Sicht eines einzelnen Menschen: Er liegt, scheinbar wohlgeborgen, im Zentrum eines bis ans Ende der Erde reichenden Versorgungsnetzes. Die Symbole auf den einzelnen Schalen deuten die wichtigsten Aktivitäten der Menschheit an.

... hat außer Rechten auch Pflichten

Die Folgen unseres hohen Lebensstandards bleiben oft für den einzelnen Menschen unsichtbar. Eine Auswahl der wichtigsten Umweltprobleme ist auf den aufgeschnittenen Stirnflächen der einzelnen Schalen aufgelistet: eine weltweit wirksame Zerstörung der Natur.

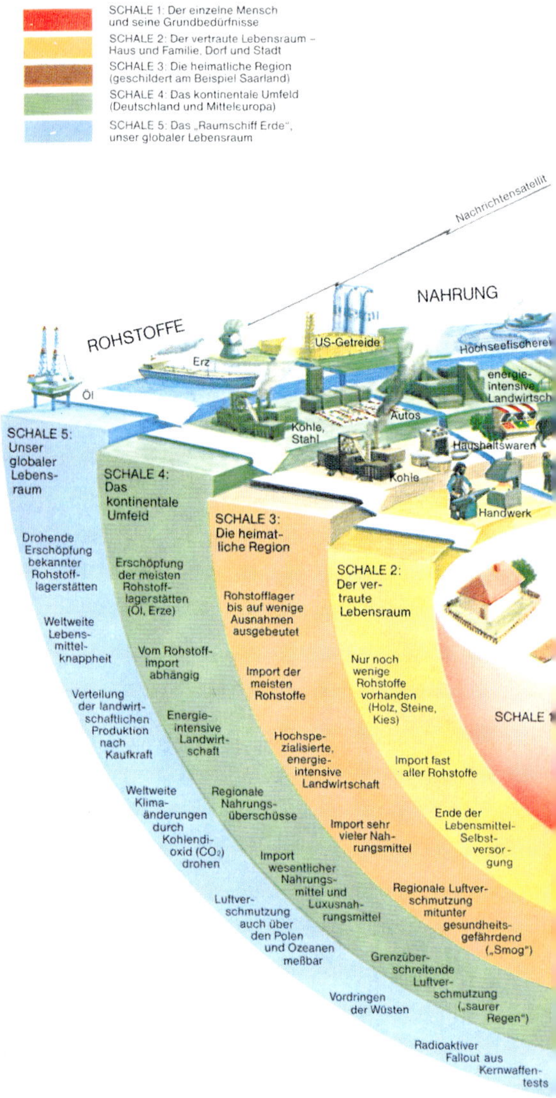

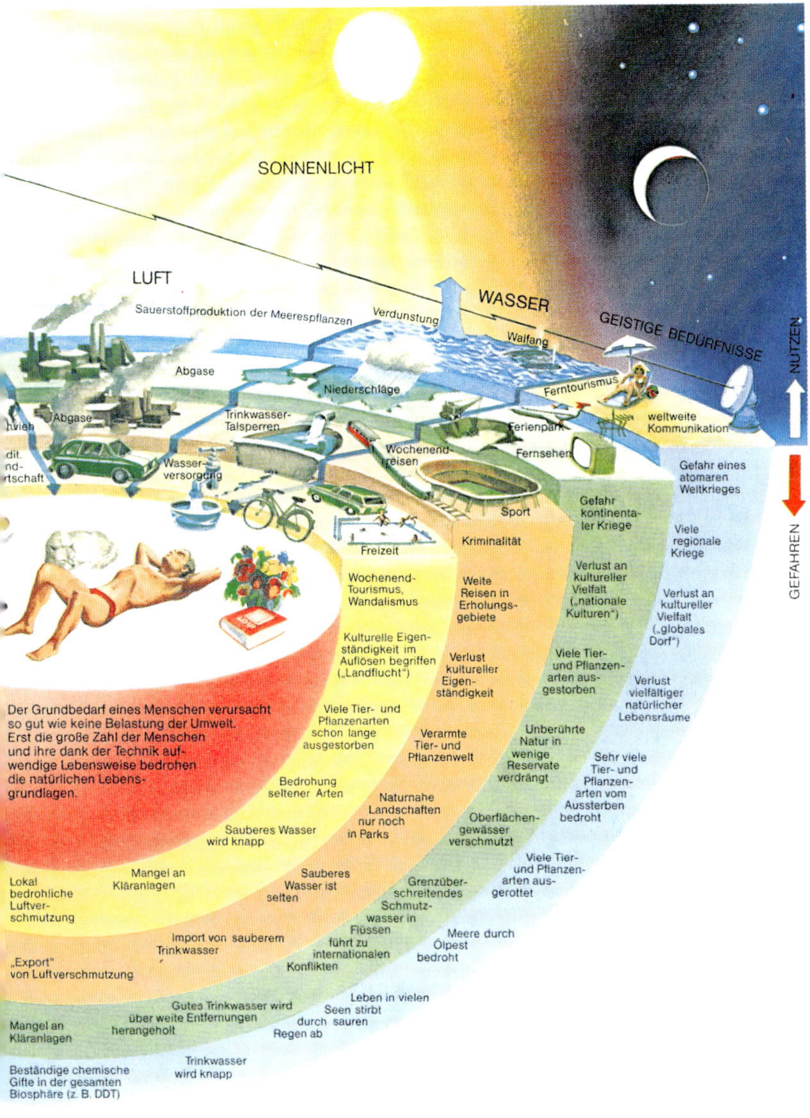
SONNENLICHT
LUFT
Sauerstoffproduktion der Meerespflanzen
Verdunstung
WASSER
Walfang
GEISTIGE BEDÜRFNISSE
NUTZEN
GEFAHREN
Abgase
Niederschläge
Ferntourismus
Abgase
Trinkwasser-
Talsperren
weltweite
Kommunikation
Ferienpark
Wochenend-
reisen
Fernsehen
Wasser-
versorgung
Sport
Freizeit
Kriminalität
Gefahr eines
atomaren
Weltkrieges
Gefahr
kontinenta-
ler Kriege
Viele
regionale
Kriege
Wochenend-
Tourismus,
Wandalismus
Weite
Reisen in
Erholungs-
gebiete
Verlust an
kultureller
Vielfalt
(„nationale
Kulturen")
Verlust an
kultureller
Vielfalt
(„globales
Dorf")
Kulturelle Eigen-
ständigkeit im
Auflösen begriffen
(„Landflucht")
Verlust
kultureller
Eigen-
ständigkeit
Viele Tier-
und Pflanzen-
arten aus-
gestorben
Verlust
vielfältiger
natürlicher
Lebensräume
Der Grundbedarf eines Menschen verursacht
so gut wie keine Belastung der Umwelt.
Erst die große Zahl der Menschen
und ihre dank der Technik auf-
wendige Lebensweise bedrohen
die natürlichen Lebens-
grundlagen.
Viele Tier- und
Pflanzenarten
schon lange
ausgestorben
Verarmte
Tier- und
Pflanzenwelt
Unberührte
Natur in
wenige
Reservate
verdrängt
Sehr viele
Tier- und
Pflanzen-
arten vom
Aussterben
bedroht
Bedrohung
seltener Arten
Naturnahe
Landschaften
nur noch
in Parks
Oberflächen-
gewässer
verschmutzt
Sauberes Wasser
wird knapp
Viele Tier-
und Pflanzen-
arten aus-
gerottet
Lokal
bedrohliche
Luftver-
schmutzung
Mangel an
Kläranlagen
Sauberes
Wasser ist
selten
Grenzüber-
schreitendes
Schmutz-
wasser in
Flüssen
führt zu
internationalen
Konflikten
Meere durch
Ölpest
bedroht
„Export"
von Luftverschmutzung
Import von sauberem
Trinkwasser
Mangel an
Kläranlagen
Gutes Trinkwasser wird
über weite Entfernungen
herangeholt
Leben in vielen
Seen stirbt
durch sauren
Regen ab
Beständige chemische
Gifte in der gesamten
Biosphäre (z. B. DDT)
Trinkwasser
wird knapp

Wasser und Luft – natürlich (über-)lebensnotwendig

Aphrodite, schaumgeboren, in vollkommener Gestalt dem Meer entstiegen: So huldigt die griechische Mythologie der antiken Göttin der Liebe – und damit auch dem Element, aus dem sie auftauchte. Aus dem Wasser ging das Leben hervor, ohne Wasser kann kein Organismus existieren: eine Binsenweisheit, die allerdings von vielen Menschen in Industriegesellschaften vergessen oder verdrängt wird.

Auch wir tragen, wie alle Landlebewesen, das Erbe unseres ozeanischen Ursprungs in uns. Wasser macht gut 60 Prozent unseres Körpergewichtes aus (das sind 36 Kilo bei einer 60 Kilo schweren Frau oder 48 Kilo bei einem 80-Kilo-Mann). Obwohl wir Süßwasser zum Leben brauchen, hat unser Organismus seinen evolutionären Ursprung im Salzwasser nicht »vergessen« – konnte ihn nicht vergessen: Ohne Mineralsalze, allen voran Kochsalz (Natriumchlorid), wären die Zellen unseres Körpers nicht funktionsfähig, weshalb etwa Blut (Salzgehalt: 0,9 Prozent) und Zellplasma leicht salzhaltig sind.

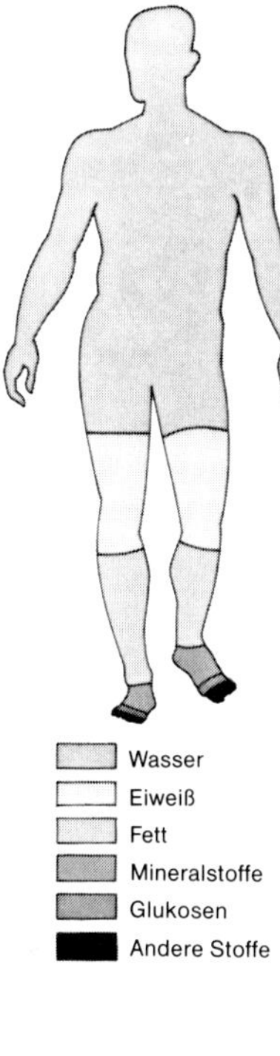

Die Zusammensetzung unseres Körpers verrät, daß unsere evolutionären Vorfahren dem Meer entstiegen: Rund 60 Prozent unseres Körpergewichts sind Wasser. Je knapp 16 Prozent sind Eiweiß und Fett, der Rest andere Stoffe.

Der Wasserbedarf eines Menschen ist, gemessen am Angebot, gering. Doch das getrunkene Wasser ist längst der kleinste Posten in unserem täglichen Verbrauch. Nicht die Menge, sondern die Sauberkeit des Wassers macht Sorgen.

In unserer mitteleuropäischen Klimazone braucht der Körper durchschnittlich zwei Liter Wasser pro Tag. Sie werden nicht nur durch Getränke, sondern auch durch die in den Speisen enthaltene Flüssigkeit aufgenommen. Ein raffiniertes Regelsystem, an dem die verschiedenen Körperorgane und -drüsen unter dem Oberkommando des Durstzentrums im »Hypothalamus« genannten Teil des Zwischenhirns beteiligt

Schale 1: Luft zum Leben

Abgase stammen vor allem aus Verbrennungsprozessen:

Kohlendioxid: ungiftig, kann aber das Erdklima verändern (Erwärmung durch »Treibhauseffekt«).

Kohlenmonoxid: geruchloses giftiges Gas.

Schwefeldioxid: farbloses, stechend riechendes Gas; reizt die Schleimhäute; kann sich zu Schwefelsäure verbinden (»saurer Regen«): schädigt Wälder und greift bestimmte Gesteine an.

Stickstoffoxide: können die Atemorgane reizen; sie fallen bei der Verbrennung mit hohen Temperaturen an.

Staub: enthält oft gesundheitsschädliche chemische Stoffe (z. B. Benzpyren), krebserregende Fasern (Asbest) und Schwermetalle (Blei, Quecksilber).

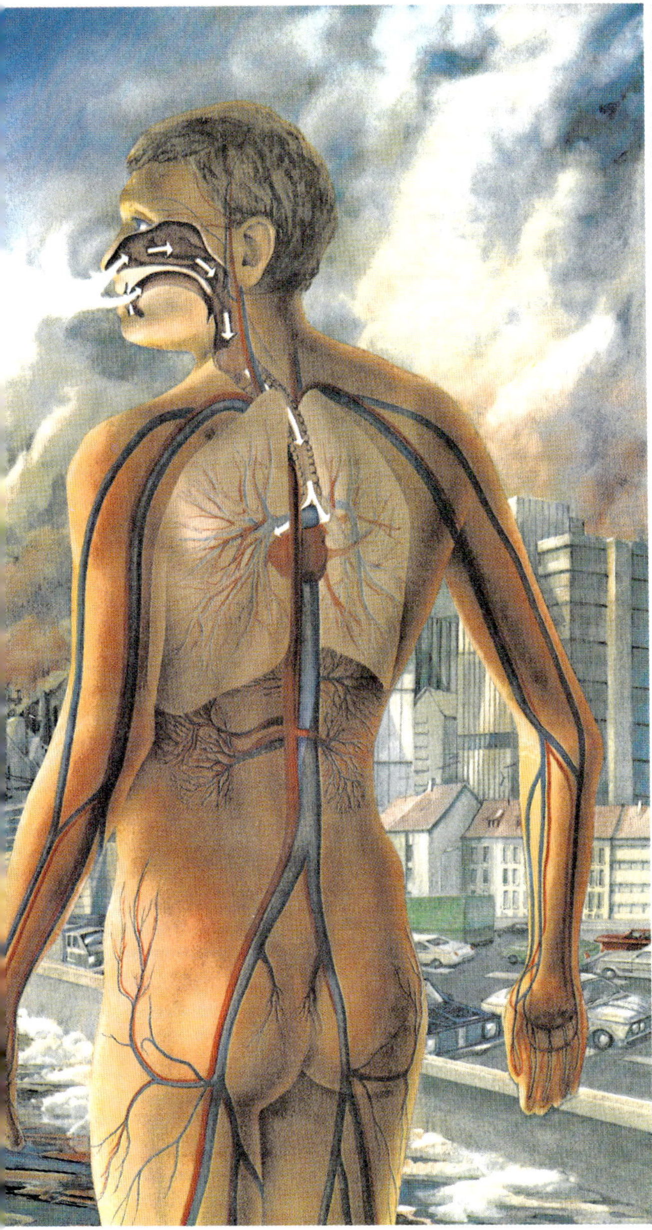

Blutkreislauf: bringt Sauerstoff aus der Lunge in die Zellen, transportiert das »Abgas« Kohlendioxid von dort zur Lunge, die es ausatmet.

Nase: als Sitz des Geruchsorgans ist sie eines der wichtigsten Frühwarnsysteme bei Umweltverschmutzungen (»Gasgeruch«).

Augen: durch Luftverschmutzung in Mitleidenschaft gezogen. Rauch, Staub und Gas reizen die Augenschleimhäute.

Ohren: zunehmend durch Lärm belastet; Hörschäden, psychische Störungen (z. B. durch Schlafentzug).

Stimmorgan: durch verschmutzte Luft gereizte Hals- und Rachenschleimhäute gefährden die Sprechfähigkeit.

Lunge: pumpt jeden Tag rund 15000 Liter Luft in und aus unserer Lunge. Abgase und Stäube können die Lunge schwer schädigen.

sind, sorgt für einen gleichmäßigen Wasserpegel – im Notfall durch das Auslösen des extrem starken Durstgefühls.
Zwei Liter pro Kopf und Tag sind natürlich lächerlich wenig auf einem Planeten, dessen Oberfläche zu zwei Dritteln von Wasser bedeckt ist, auf einem Kontinent wie Europa, der wie kein zweiter von der Natur mit dem lebenserhaltenden Naß versorgt wird. Aber unsere körperlichen Bedürfnisse sind, der schieren Menge nach, beim Wasserverbrauch schon längst viertrangig. Im Jahr 1983 verbrauchte jeder Bürger der Bundesrepublik Deutschland, Babys und Greise eingeschlossen, in seinem Haushalt Tag für Tag 140 Liter Wasser: für Körperpflege, Spülen, Wäschewaschen (und ein kleines bißchen zum Trinken). Zusammen mit dem Verbrauch in Gewerbe und Industrie, Kraftwerken und Landwirtschaft summiert sich das zu der gewaltigen Menge von 1430 Liter Wasser pro Kopf und Tag nur aus dem öffentlichen Versorgungsnetz. Mit anderen Worten: Mit dem Wasser, das die Deutschen an einem einzigen Tag in Wirtschaft und Haushalt verbrauchen, könnten sie fast zwei Jahre lang ihren Durst löschen, könnten theoretisch 43 Milliarden Steinzeitmenschen leben.
Aber selbst der enorme, 715fache Mehrverbrauch eines Bürgers des ausgehenden 20. Jahrhunderts gegenüber einem Steinzeitmenschen würde die Kapazität des natürlichen Wasserkreislaufs noch nicht überfordern, wäre da nicht der Schmutz, der kristallklares Trinkwasser in stinkendes Abwasser verwandelt. Wasser wird auf der Erde nie »knapp« sein, wohl aber trinkbares Wasser.
Noch mehr als Wasser steht Luft so selbstverständlich und in so gewaltigen Mengen zur Verfügung, daß eine Knappheit undenkbar ist. Allerdings übersteigt der Sauerstoffbedarf unserer Verbrennungsmaschinen den Bedarf unserer Lungen bei weitem: Ein Mensch braucht beim flotten Spazierengehen (Geschwindigkeit gut sechs Kilometer in der Stunde) durchschnittlich etwa 37 Liter Luft und 1,6 Liter Sauerstoff in der Minute; ein VW-Käfer, gewiß kein großes Auto, saugt schon im Leerlauf pro Minute rund 310 Liter Luft an und verbraucht 65 Liter Sauerstoff. Bei einer Geschwindigkeit von 100 Kilometern in der Stunde verbraucht ein kleiner Mittelklassewagen in jeder Minute so viel Sauerstoff wie ein normal gehender Mensch in vier Stunden. Während freilich die »Biomaschine Mensch« (wie auch alle anderen Lebewesen) bei der »kalten Verbrennung« der Atmung nur harmloses Kohlendioxid-Gas und Wasserdampf ausatmen, pusten die Verbrennungsmaschinen eine ganze Reihe gesundheitsschädlicher Stoffe durch ihre Auspuffe: geruchloses, giftiges Kohlenmonoxid, die Atemorgane reizende Stickstoffoxide, Rußpartikel mit zum Teil krebserregenden Substanzen wie Benzpyren.
Wie beim Wasserkonsum trägt also auch beim Luftverbrauch die direkt zum Leben notwendige Menge so gut wie gar nicht zur Verschmutzung bei.

Erst unser technischer Bedarf, angefangen vom Holzherd zum Kochen und Heizen bis hin zum weit entfernten Kohlekraftwerk, läßt die Umweltbilanz ins Negative kippen. Dabei ist weder Luft- noch Wasserknappheit das Problem, sondern die Sauberkeit dieser beiden Grundelemente jeden Lebens. Schon heute gefährden die Abgase und Stäube aus technischen Prozessen – vom Autofahren bis zur Eisenverhüttung – in vielen Gegenden die Gesundheit von Mensch, Tier und Pflanze. Würden wir wie Robinson auf einer einsamen Insel leben, könnte uns dies kaltlassen. Aber in Industrienationen schlägt der Schmutz auf uns zurück (s. S. 88/89).

Schale 1: Nahrung – Baumaterial und Brennstoff für den Körper

Ein Baby an der Mutterbrust symbolisiert Geborgenheit, eine perfekte Versorgung mit allem, was zum Leben und Wachsen wichtig ist – Nahrung und Flüssigkeit und Liebe. Der Säugling nimmt einen privilegierten Platz ein, aber auch einen gefährdeten: Er ist das allerletzte Glied der Nahrungskette, noch eine Stufe höher als seine Mutter, die ihn ernährt. Mit der Milch erhält er alle Rohstoffe und Energie außer dem Sauerstoff der Luft, die er zum Aufbau seines kleinen Körpers und zum Aufrechterhalten seines Stoffwechsels benötigt.

Seit einigen Jahrzehnten saugen Babys freilich mit der Muttermilch auch biologisch schwer abbaubare Chemikalien ein. Sie werden durch die Nahrungskette bis zum Körper der Mutter angereichert und über die Brustdrüsen an den »Endverbraucher« Säugling weitergegeben: sogenannte Chlorkohlenwasserstoffe wie das berühmt-berüchtigte Insektengift DDT. Würde das Produkt »Frauenmilch« im freien Lebensmittelhandel angeboten, müßte es nach den geltenden »Höchstmengenverordnungen« wegen zu hohem Giftgehalt aus dem Verkehr gezogen werden. Die Vorteile des Stillens überwiegen jedoch nach nahezu einhelliger Meinung der Experten das Risiko.

Doch das Dilemma bleibt – gleichsam als Symbol dafür, wie wir durch unseren unbedachten Umgang mit künstlich erzeugten Substanzen die Natur, uns selbst und besonders unsere Kinder gefährden. Noch mehr als bei den beiden Grundsubstanzen Luft und Wasser (ohne die wir es allerdings nur wenige Minuten bzw. Tage aushalten können) zeigt unser Bedarf an Nahrung, wie sehr wir in das System des Lebens eingebaut sind, wie wir von ihm auf Gedeih und Verderb abhängen.

Wir sind, biologisch gesehen, Allesfresser und zugleich Endglieder der Nahrungskette. Zoologisch zählen wir zu den größten Landlebewesen, und entsprechend hoch ist unser »Futterbedarf«. Grob gerechnet verzehrt ein Mensch im Lauf von 70 Jahren etwa 1400mal sein eigenes Gewicht – darunter etwa drei Ochsen, acht Schweine und 300 Hühner. Pro Jahr verdaut und verwertet unser

Essen ist ein selbstverständlicher Genuß geworden. Dennoch ist die Grundfunktion geblieben: Nährstoff- und Energieaufnahme.
Der normale Tagesbedarf eines Menschen liegt bei gut 8000 bis 12500 Joule (etwa 2000 bis 3000 Nahrungskalorien). Eine Nahrungsmenge aus 250 g Kohlenhydraten, 100 g Eiweiß und 100 g Fett enthält knapp 10000 Joule.

Körper – je nach Bedarf – zwischen einer halben und einer ganzen Tonne Nahrung pflanzlicher oder tierischer Herkunft.

Wie jeder Organismus ist auch unser Körper auf einen ständigen Energienachschub in Form von Nahrung angewiesen. Die Energie ist in chemischer Form in den Molekülen der Nährstoffe gebunden; sie wurde in jedem Fall zu Beginn der Nahrungskette von Pflanzen mit Hilfe der Photosynthese aus dem Sonnenlicht gewonnen. Auf dem Weg durch den Verdauungstrakt wird die Nahrung in ihre einfachen Bestandteile zerlegt, die dann vom Kreislauf aufgenommen und zu den einzelnen Körperzellen transportiert werden können: Zuckermoleküle (Bausteine der Kohlenhydrate und Stärken), Aminosäuren (Bausteine der Eiweißstoffe) sowie Fettsäuren und Glyzerine (Bausteine der Fette). In einem raffiniert geregelten, komplizierten Prozeß »verbrennen« die Zellen diese Nährstoffeinheiten mit dem aus der Luft aufgenommenen Sauerstoff.

In diesem verzögerten, »kalten« Feuer wird chemische Bindungsenergie frei und als Wärme oder (Muskel-)Arbeit genutzt. Wie beim »heißen« Feuer bleibt Kohlendioxid zurück, das von der Lunge an die Luft wieder abgegeben wird (und Wasser, das mit dem Harn den Körper verläßt).

Die zweite, ebenso wichtige Funktion der Nahrungsaufnahme ist die Versorgung mit Rohstoffen. Eiweißstoffe, bei Erwachsenen täglich etwa 30 Gramm, dienen vor allem als Ersatz für verlorengegangenes Körpergewebe. Dazu kommen etwa 15 verschiedene Vitamine, hochkomplexe organische Moleküle, die nur in winzigen Mengen benötigt werden. Salze, allen voran Kochsalz, sowie andere Mineralstoffe wie Kalium, Calcium, Phosphor und Schwefel sind als Bausteine für Knochen oder Gewebe und als Schlüsselsubstanzen im Stoffwechsel unentbehrlich. Ebenfalls »essentiell« sind etwa ein Dutzend Spurenelemente, zumeist Me-

Das Baby an der Mutterbrust trinkt aus einer besonders stark belasteten Quelle: Muttermilch enthält viel mehr schwer abbaubare Chemikalien als Kuhmilch. Denn der Mensch ist Endverbraucher, er steht am Ende der Nahrungskette, in der sich Gifte wie beispielsweise DDT anreichern.

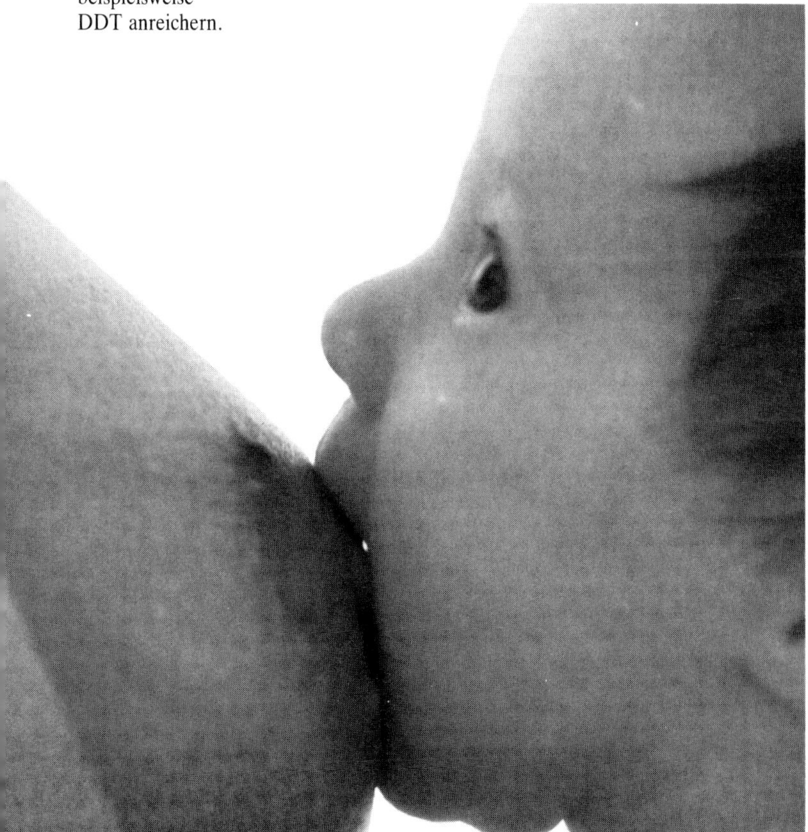

talle wie Eisen, Kupfer und Zink. Darüber hinaus nehmen wir eine Reihe anderer, entbehrlicher Elemente und unverdauliche Ballaststoffe mit der Nahrung auf (letztere werden freilich sofort mit dem Stuhl wieder ausgeschieden).
Nicht nur nützliche oder zumindest harmlose Stoffe gelangen auf diese Weise in den Körper. Mit der Umweltverschmutzung stiegen deshalb die Werte für giftige Spurenelemente wie Blei, Kadmium und Quecksilber, aber auch für gefährliche Chemikalien.
Wie bei Arzneimitteln bestimmt auch hier die Dosis die Wirkung. Da ein großer Teil der Schadstoffe in der Nahrung auf menschliches Handeln zurückgeht (zum Beispiel auf die Bekämpfung von Nahrungskonkurrenten durch Pestizide), gilt die Zurückdrängung dieser Gifte aus der Nahrungskette als besonders wichtige Stoßrichtung des Umweltschutzes – nicht nur im Interesse aller, denen der Appetit vergangen ist, sondern auch im Interesse der gesamten belebten Natur.

Schale 1: Hüllen für Leib und Seele

Einst, in der Morgendämmerung der Menschheit, lebten unsere Vorfahren von dem, was ihnen die Natur vor Ort anbot: Sie atmeten die warme trockene Luft ostafrikanischer Savannen, tranken mit anderen Großtieren an Wasserstellen, aßen, was sie an Früchten sammeln oder als Jäger erbeuten konnten.

Von diesem »natürlichen« Zustand ist einzig das Atmen, der am wenigsten beeinflußbare grundlegende Lebensvorgang, vom menschlichen Veredelungsdrang so gut wie verschont geblieben (von Zigarettenrauch oder Parfümdüften einmal abgesehen). Jede Hausbar und jedes kalte Büfett zeigt drastisch, wie aus der simplen Versorgung mit Wasser und Nahrung ein biologisch-kulturell unglaublich verflochtener Bereich

Nur noch wenige Europäer leben so wie die Lappen im Norden Skandinaviens nahezu ausschließlich von dem, was sie selbst »ernten«. Die Lebensgrundlage der Lappen sind die Rentiere; sie liefern Nahrung, Kleidung und (mit ihren Häuten) auch Behausung.

des menschlichen Lebens erwuchs – eine Vielfalt, die erst durch eine immer größere Beherrschung der natürlichen Nahrungsquellen möglich wurde.

Am weitesten von den ursprünglichen Grundbedürfnissen eines Menschen entfernte sich freilich unser Bedarf an Kleidung und Behausung. Der aufrechtgehende, werkzeugbenutzende »nackte Affe« hatte sein tierisches Haarkleid vermutlich schon vor zwei oder drei Millionen Jahren verloren, wahrscheinlich noch bevor die Wanderung der Frühmenschen von Afrika aus in alle Regionen der Alten Welt – und damit auch in kalte Zonen – einsetzte. Erst in gemäßigten oder kühlen Klimabereichen aber wurde Kleidung ein entscheidender Faktor fürs Überleben. Die Häute und Felle erlegter Tiere bedeckten bis zur »Erfindung« der Landwirtschaft vor rund 10000 Jah-

ren nahezu ausschließlich die Blößen der Steinzeitmenschen (ein Faktor, der die gesellschaftliche Stellung der Jäger gegenüber den Sammlerinnen wahrscheinlich mitentscheidend stärkte).

Holz und Häute waren einst die wichtigsten Rohstoffe

Älter noch als schützende Kleidung sind Schutzhütten aus Reisig, deren »Fundamente« – zu Kreisen zusammengelegte Feldsteine – in Ostafrika ausgegraben wurden. Während der Eiszeit benutzten frühmenschliche Jäger Hütten oder Zelte aus Tierhäuten, mitunter getragen von Mammutstoßzähnen. Und schon zu Beginn der Eiszeit, vor rund 600000 Jahren, kannte der Mensch das Feuer. Holz blieb bis ins Industriezeitalter der wichtigste Rohstoff für den Haus- und Werkzeugbau, für die Feuer des Haushalts wie für jene der (seit mindestens 6500 Jahren bekannten) Metallschmelzen. Doch trug die Menschheit nach der »Erfindung« der Landwirtschaft und der dadurch ausgelösten »ersten Bevölkerungsexplosion« immer mehr Kleidungsstücke aus der Produktion der Bauern und Viehzüchter – Stoffe aus Wolle oder Pflanzenfasern, vor allem Flachs.

Die Landwirtschaft beschleunigte die kulturelle Entwicklung: Mit den ersten Hochkulturen entstanden auch »Moden«. Kleidung war, zumindest in den Oberschichten, nicht mehr nur Kälteschutz; Häuser und Hütten dienten nicht länger allein

Das Häuschen mit dem verschämt rustikalen Herzen ist in Mitteleuropa fast nur noch im Museumsdorf zu finden. Hier beglich der Mensch für Jahrhunderte seine Rechnung mit der Natur: Mit seinen Fäkalien gab er die entliehenen Nährstoffe zur Wiederverwertung zurück.

Ein Mistkäfer bei seiner für die Gesundheit des Ökosystems ungemein wichtigen Arbeit: Der »Pillendreher« ist ein Teil des kostenlosen Abfallbeseitigungssystems der Natur, das noch bis vor kurzem alle unsere Abfälle schnell und sauber zu beseitigen vermochte.

dem Überleben. Heute, in den westlichen Wohlstandsgesellschaften, wird uns der ursprüngliche (Über-) Lebenszweck unserer Hüllen erst wieder richtig bewußt, wenn zum Beispiel katastrophale winterliche Verhältnisse unsere energieintensiven technischen Systeme ausfallen lassen. Unser Pro-Kopf-Verbrauch an natürlichen und synthetischen Fasern, an Holz und Baustoffen, an Metallen und vor allem an fossilen (in der Erdvergangenheit von der Natur erzeugten) Brennstoffen wie Kohle und Öl hat sich entsprechend schwindelerregend entwickelt. Als Schlüsselfaktor gilt der Energieverbrauch. Er ist heute in unserer vollmechanisierten, automatisierten Welt in nahezu jedem Produkt, jeder Dienstleistung ein entscheidender Wert. Ein Vergleich mit dem »Besitz« vieler Bewohner der unterentwickelten »Dritten Welt« gibt eine

ungefähre Vorstellung von den bescheidenen Ansprüchen eines mitteleuropäischen Normalbürgers vor vielleicht 150 oder 200 Jahren. Noch deutlicher zeigt ein einfaches Rechenexempel unsere gestiegenen Ansprüche an die materielle Versorgung: 1983 verbrauchte jeder Bürger der Bundesrepublik Deutschland im Durchschnitt (und umgerechnet) rund sechs Tonnen Steinkohle sowie etwa 600 Kilogramm Holz. Wären wir – wie noch vor 200 Jahren – völlig auf Holz als Brennstoff angewiesen, würde der im Holz enthaltene Heizwert gerade den sechzehnten Teil unseres Energiebedarfs decken.

Bis vor kurzem galt der hohe Verbrauch an Rohstoffen und Energie uneingeschränkt als Zeichen einer besonders hochentwickelten Zivilisation.

Doch der hohe Bedarf kann vor Ort nicht mehr gedeckt werden. Umweltverschmutzung und Entfremdung von den natürlichen Lebensgrundlagen sind dann die unvermeidlichen Folgen.

Der materielle Aufschwung zog freilich keine ähnlich schnelle geistig-seelische Entwicklung nach sich. Im Gegenteil: Die größere materielle Unabhängigkeit des einzelnen Bürgers und die Anonymität des modernen Produktionsprozesses lösten die alten Familien- und Sippenbande auf. Nur noch wenige Menschen leben in Europa in schicksalhaft zusammengeschweißten Familienverbänden, die in gemeinsamer Arbeit Nahrung, Kleidung und Behausung herstellen, so wie es manche Lappen-Sippen im Norden Skandinaviens bis auf den heutigen Tag halten: Ihre Lebensgrundlage sind die Rentierherden, die alle zum Überleben notwendigen Dinge liefern.

Die althergebrachte Lebensweise der Jäger und Sammler, der nicht mechanisierten Bauern und der Nomaden mag aus unserer heutigen Sicht hart sein. Aber sie bescherte eine Fülle von Erfolgserlebnissen, ein überschaubares Dasein und eine feste Gruppenbindung.

Schale 1: Robinson wär' kein Problem

»Was kann ein einzelner schon ausrichten?« Dieser resignierende Stoßseufzer ist in politischen Diskussionen oft zu hören. Auch wenn es um den Umwelt- und Naturschutz geht, fehlt die entschuldigende Floskel kaum: »Was kann ich einzelner Mensch der Natur schon viel Böses antun?«

An einem stillen Örtchen kann jeder von uns seine Rechnung mit der Natur begleichen. Er oder sie gibt die geliehenen Rohstoffe bis auf die im Körpergewebe benötigten Substanzen wieder zurück; die Energie ist freilich, die Thermodynamik will es nicht anders, zu unbrauchbarer Abwärme entwertet worden. Zurück geben wir auch mit jedem Ausatmen das »Rauchgas« der kalten Verbrennung in unserem Organismus – Kohlendioxid. Alle diese Ausscheidungen sind Rohstoffe im Kreislauf der belebten Natur: Bodenlebewesen und Mikroben bereiten unseren

Stuhl und Urin zu Nährstoffen für die Pflanzenwelt auf, die aus den mineralischen Rohstoffen zusammen mit unserem »Abgas« Kohlendioxid und mit Hilfe von Sonnenlicht neue organische Substanz (und damit Nahrung) herstellt, wobei das »Abfallprodukt« Sauerstoff in die Luft entweicht.

So harmonisch verläuft die Beziehung von Mensch und Natur freilich fast nirgendwo mehr auf der Erde. In unseren Träumen vom Robinson-Dasein auf einer einsamen Insel schließen wir – vermutlich unbewußt – die »Versöhnung« mit der Natur ein. Doch der Traum ist allenfalls noch im Einzelfall zu verwirklichen, wie eine einfache Rechnung zeigt: Um ohne große Belastung für die Natur (und ohne allzu große Anstrengungen bei der Nahrungsversorgung) leben zu können, bräuchte ein erwachsener Mensch in einer angenehmen Klimazone etwa einen Quadratkilometer fruchtbares Naturland. Da die Landfläche der Erde knapp 150 Millionen Quadratkilometer beträgt, von denen wiederum nur etwa zehn Prozent (also 15 Millionen Quadratkilometer) fruchtbar genug für eine solche Robinsonade sind, würden allein die Einwohner Nordrhein-Westfalens die Erde »überbevölkern« (auf etwa fünf bis zehn Millionen schätzen Anthropologen in der Tat die Zahl der sich als Jäger und Sammler ernährenden Erdbevölkerung zu Beginn der landwirtschaftlichen Revolution).

Wir befinden uns also in einem zwiespältigen Dilemma: Mit hohem technischen Aufwand konnte die Menschheit eine hohe Bevölkerungsdichte bei gleichzeitig – zumindest im Westen – hohem materiellen Lebensstandard erreichen. Parallel dazu wurde die Versorgungskette immer länger, arbeiteten immer mehr Spezialisten mit immer größerer technischer Effizienz an immer kleineren Abschnitten. Dies hatte zwangsläufig zur Folge, daß die direkte Einsicht in Ursache und Wirkung verlorenging und heute nur unvollständig (und schwer verständlich) durch die Erkenntnisse der Ökologie ersetzt werden kann.

So kommt es, daß mancher Bürger betont »umweltbewußt« lebt und dennoch durch die Wahrung eines minimalen technischen Lebensstandards – wahrscheinlich unbewußt – mehr Umweltprobleme schafft als eine ganze Sippe Nomaden oder mittelalterlicher Bauern (wenn auch wesentlich weniger als sein mit allen technischen Spielereien des ausgehenden zwanzigsten Jahrhunderts ausgestatteter Nachbar). Am einfachsten läßt sich dieses Problem der versteckten Umweltbelastung am Beispiel der früheren und heutigen Nahrungsmittelversorgung aufzeigen.

Eine Nomadensippe oder ein Bauer, der nur sich und seine Familie versorgte, wußte aus Erfahrung, daß bestimmte Grenzen der Landnutzung nicht überschritten werden durften, wenn die Erträge – und damit das Überleben – auch in der nächsten Saison gesichert sein sollten. Jedes Mitglied einer solchen vorindustriellen Lebensgemeinschaft kannte von Kindesbeinen an die Mühen und die Fährnisse bei der Beschaffung des täglichen Brotes, war sich bewußt, daß für den Winter und für Trockenzeiten Vorräte angelegt werden mußten. Wer sich nicht an das ererbte Wissen hielt oder wem es an der nötigen Einsicht mangelte, bezahlte mit dem Leben.

Der Bürger eines Industrielandes ist dagegen materiell weit besser abgesichert, wenn auch zu einem hohen ökologischen Preis. Ein Arbeiter, der am Fließband Autos montiert, ein Arzt, der sich auf Hautkrankheiten spezialisiert, oder ein Kaufmann, der mit Kaffee handelt, braucht sich keine Sorgen um den nächsten Winter zu machen: Andere Spezialisten tun das für ihn, und zwar so erfolgreich, daß auch der umweltbewußte Zeitgenosse im Februar Weintrauben, im Juni Orangen und überhaupt alle möglichen Nahrungsmittel zu allen Jahreszeiten konsumieren kann. Die Umweltkosten für diesen Schlaraffenland-Konsum tauchen allenfalls mit Verspätung und abstrakt über den Preis der Produkte auf: Wer denkt schon daran, wieviel Urwald für die billigen Bananen gerodet, wieviel Gift vor der Ernte versprüht und wieviel Energie für den Transport aufgewendet werden mußte?

»Wenn ein Mensch an einem großen Fluß ganz allein wohnt«, beschreibt der Ökologe Hermann Remmert das Problem der großen Zahl, dann kann er »sogar einen großen Sack Gift in den Fluß tun, ohne daß irgend etwas passiert. Erhöht sich die Zahl der Menschen, so hat der Mann davon Vorteile: Es gibt Arbeitsteilungen, der Mann kann in den Nächten ruhig schlafen... Er hat aber auch Nachteile: ... Wird die Zahl noch größer, dann werden eines Tages die Kosten für die Annehmlichkeiten, die die große Zahl von Menschen mit sich bringt, nicht mehr bezahlbar sein.«

Ob dieser ökologische Offenbarungseid nicht schon bald geleistet werden muß, hängt von jedem einzelnen Bürger ab. Denn die Umweltbelastung bei der Produktion von einem Kilogramm Rindfleisch für den Sonntagsbraten oder für das Pfund Stahl der Bratpfanne ist zwar aus unseren Augen, aber damit noch lange nicht aus dieser Welt. »Es gibt nur eine Art von Umweltverschmutzung«, schreibt der britische Umweltforscher Jim Lovelock, »Menschen«.

Schale 2: Der ländliche Raum

Wie die Menschen lernten, gemeinsam die Natur zu zähmen

Gemeinsamkeit macht stark: Wie ein roter Faden durchzieht dieses Motto die Geschichte der Menschheit bis zurück in die dunkelsten Anfänge. Anthropologen haben auf der Suche nach der treffendsten Beschreibung, der typischsten Eigenart der Spezies *Homo sapiens* den Begriff vom »sozialen Tier« geprägt. Erst die Gruppe ermöglichte den Aufstieg des Menschen: Die Jäger- und Sammler-Sippen der Steinzeit zähmten das Feuer (und ließen die Flamme nie mehr erlöschen), jagten die mächtigsten Tiere der Eiszeit, besiedelten selbst das ferne Australien. Und nur die Gruppe mit ihrem sorgfältig bewahrten traditionellen Wissen vermochte einen Ausweg zu finden, als die steinzeitlichen Jäger- und Sammler-Kulturen an den Grenzen ihres Wachstums angelangt waren: Statt der Nahrung bis ans Ende der Welt nachzulaufen, zähmten Menschen die Natur, züchteten sie Pflanzen und Tiere.

Die Erfindung der Landwirtschaft hatte mehr (und raschere) Folgen als jede andere technische Entwicklung, Faustkeil und Feuer eingeschlossen: Sie verbreiterte die Nahrungsbasis (bis heute um das Tausendfache), machte dauerhafte Siedlungen möglich und dadurch erst die Entwicklung komplizierter sozialer Systeme bis hin zur technischen Zivilisation.

So tief hat sich das Bild der dörflichen Gemeinschaft in den Jahrtausenden seit der Einführung der Landwirtschaft in unser Weltbild eingeprägt, daß heute viele Bürger die ursprüngliche, in Mitteleuropa bis auf kümmerliche Reste verschwundene bäuerliche Lebensweise als eine Art paradiesischen Urzustand menschlicher Gesellschaften ansehen. In Wirklichkeit verdrängten die Bauern und Viehzüchter die »unberührte« Natur (und damit auch die Jäger- und Sammler-Gruppen) in klimatisch extreme Randgebiete wie Wüsten, tropische Regenwälder und Polarzonen.

Im Vergleich mit den steinzeitlichen Jäger- und Sammler-Kulturen, die sich über Jahrhunderttausende, ja Jahrmillionen hinweg ökologisch behutsam Nischen in der natürlichen Umwelt eroberten, sind die bäuerlichen Gesellschaften der letzten zehntausend Jahre – aus der Sicht der Natur gesehen – brutale Empor-

kömmlinge gewesen. Einzig die atemlos dahinhastende technisch-wissenschaftliche Entwicklung der letzten zwei Jahrhunderte läßt uns zurückblickend die bäuerliche Selbstversorgerkultur wie einen geradezu unveränderlich stabilen »ökologischen Friedensvertrag« mit der Natur erscheinen.

Wir unterschätzen dabei, um wieviel schneller die »kulturelle Evolution« sich gegenüber der biologischen entwickelte. Anders als bei der steinzeitlichen Jagd wurde nun nicht mehr der natürlich anfallende Mehrertrag abgeschöpft (der zugleich die Größe der menschlichen Bevölkerung bestimmte), sondern das jeweilige Ökosystem von vornherein zum Zweck höherer Erträge für die menschliche Ernährung umgekrempelt: Aus dem Partisanenkrieg wurde, drastisch ausgedrückt, ein Flächenbombardement. Immerhin ließ die einfache Landwirtschaft eine gewisse Co-Evolution zwischen Kultur- und Naturlandschaft zu. Dafür sorgte allein schon die Notwendigkeit, Äcker nach einigen Ernten brachliegen zu lassen, damit sich die Böden erholen konnten.

Dennoch: Gemessen an ihrem Wissen über die natürliche Umwelt übertrafen und übertreffen die Bewohner traditioneller Dörfer die Bürger der Städte und industrialisierten Landgemeinden bei weitem. Weltweit leben rund zwei Milliarden Menschen, knapp die Hälfte der Weltbevölkerung, immer noch in den althergebrachten Dorfgemeinschaften der Entwicklungsländer. Doch die vererbten Kenntnisse, die bäuerliche und handwerkliche Vielseitigkeit sowie der sparsame Umgang mit lokalen Rohstoffen, fallen immer mehr der Spezialisierung zum Opfer, wie dies in den USA und Westeuropa schon weitgehend geschehen ist.

Das traditionelle Dorf war ursprünglich eine Kulturinsel in einem Ozean nahezu unberührter Natur. Es bot seinen zumeist eng versippten Bewohnern einen gewissen Schutz vor den Launen der Natur. Die Dorfgemeinschaft versorgte sich weitgehend selbst; die geringen Überschüsse wurden gegen Waren, die nicht vor Ort produziert werden konnten (etwa Metallgegenstände), eingetauscht. Der soziale Zusammenhalt war groß, aber der wirtschaftliche Erfolg der Dörfler führte zu neuen Problemen: die Bevölkerungszahl stieg, neues Land mußte urbar gemacht werden, Unterschiede zwischen Arm und Reich entstanden, das Klima für technische und züchterische Verbesserungen war günstig. Ein bis heute anhaltender Wettlauf zwischen Storch und Pflug, zwischen Bevölkerungszahl und Nahrungsmittelproduktion setzte ein – auf Kosten der Umwelt. Der Ozean unberührter Natur schrumpfte zu Tümpeln in einem Kontinent der Kulturlandschaften.

Wie das Symbol einer besseren Vergangenheit wirkt Critzum in Ostfriesland mit seinen rund um den Kirchhof gescharten Häusern. Aber es ist auch ein Symbol für den Sieg des Menschen über die Natur.

Schale 2:
Viele Hände für das tägliche Brot

Die traditionelle Landwirtschaft ernährt zwar viel mehr Menschen als das Sammeln von Wildfrüchten und die Jagd, aber sie hat einen hohen Preis: regelmäßige, harte Arbeit. Wie heute noch in vielen Entwicklungsländern hieß Landarbeit die längste Zeit der Geschichte Handarbeit, gelegentlich erleichtert durch die Zugkraft von Arbeitstieren. Mehr Kinder hieß zunächst mehr Hände, dann erst mehr Münder – so wie heute noch häufig in der Dritten Welt: In Ländern wie Tschad oder Papua-Neuguinea arbeiten gut 85 Prozent der Bevölkerung in der Landwirtschaft (in der Bundesrepublik Deutschland 1983 dagegen nur

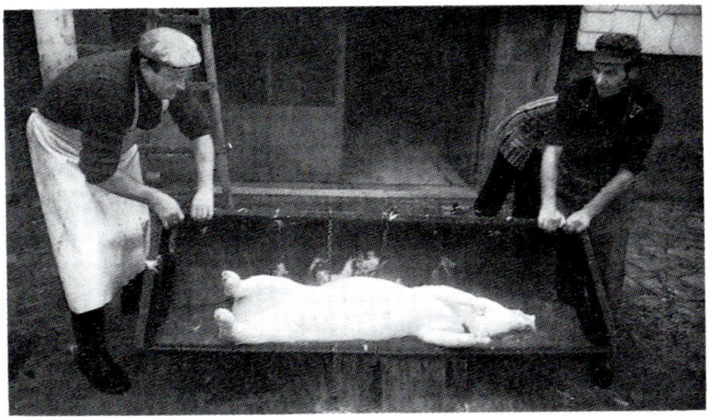

Die Bilder auf dieser Doppelseite sind noch nicht völlig historisch: Es gibt in Mitteleuropa noch einige Höfe, wo Bauern auf dem Acker buckeln, um Unkraut zu jäten oder Kartoffeln oder andere Feldfrüchte zu ernten. Maschinen und Chemikalien haben freilich weitgehend die Muskelkraft ersetzt. Auch die Hausschlachtung des mit Küchenabfällen gemästeten Schweines wird selten. Die Industrialisierung von Ackerbau und Viehzucht bringt neben Umweltproblemen auch das Ende einer alten Kultur.

3,5 und in den Vereinigten Staaten zwei Prozent).

Die menschliche Muskelarbeit weist jedoch aus der Sicht der Natur zwei entscheidende Vorteile gegenüber der Maschinenkraft auf. Erstens dauert es viel länger, bis eine Natur- in eine Kulturlandschaft verwandelt ist. Und zweitens braucht die traditionelle Landwirtschaft viel weniger Energie, um eine bestimmte Menge Nahrung zu erzeugen: Für jede »investierte« Arbeitskalorie erhält ein Muskelkraft-Bauer, der Kartoffeln anpflanzt, etwa 20 Nahrungskalorien zurück (den Überschuß fangen die Kartoffelpflanzen bei der Photosynthese aus dem Sonnenlicht ein); sein motorisierter, Kunstdünger und Pestizide verstreuender Kollege »erntet« nur etwas mehr als zwei Kalorien. Intensive Viehhaltung ist sogar ein energetisches Zusatzgeschäft: Rund zehn Kalorien müssen aufgewendet werden, um eine Kalorie in Form von Mastochsenfleisch zu gewinnen.

Der Zwang, immer mehr hungrige Münder zu sättigen, veränderte freilich schon früh das Idealbild vom Bauerndorf, das völlig vom eigenen Land lebt und von »Spezialisten für alles« bewohnt wird. Technische Verbesserungen forcierten die Arbeitsteilung: Schmiede, Müller und Metzger fanden in den Dörfern ihr Auskommen, andere traditionsreiche Handwerksberufe erblühten in zentral gelegenen Marktorten. Der Hunger der Nicht-Bauern öffnete einen Markt für landwirtschaftliche Produkte. Stadt und Land begannen sich auf diese Weise gegenseitig hochzuschaukeln.

Solange der Bevölkerungsdruck durch die Erschließung neuen Akkerlandes, durch Rodung oder Kolonisation, aufgefangen werden konnte, lebten Land und Leute nicht schlecht von der Muskelkraft-Landwirtschaft. Eine solche Phase wirtschaftlichen Aufschwungs war die Zeit der Gotik in Mitteleuropa, besonders aber in Deutschland: Damals wurde durch intensive Waldrodung sehr viel neue landwirtschaftliche Nutzfläche gewonnen, die die Gründung vieler neuer Siedlungen ermöglichte und die Bevölkerungskurve nach oben schnellen ließ.

Die »Eroberungen« der Muskelkraft-Bauern konnten jedoch nicht immer gehalten werden. Der intensivere Landbau erschöpfte die Böden rascher, neues Land ließ sich nach Rodungswellen kaum noch urbar machen, Klimaumschwünge ließen die Ernten schlechter ausfallen. Hungersnöte und Krankheiten wie die Pest, die sich wegen mangelhafter hygienischer Verhältnisse ausbreiteten, lösten soziale Unruhen und auch blutige politische Wirren aus. Kriegsgewinnler waren der Wald, der aufgegebenes Ackerland zurückeroberte, und neue Techniken.

Das Ende der alten Dorfkultur mit ihrer muskelintensiven Landwirtschaft zeichnete sich in den Industriestaaten Europas und Amerikas schon Mitte letzten Jahrhunderts ab: Die Mechanisierung erzwang eine größere Spezialisierung innerhalb der Dörfer, der motorisierte Verkehr förderte eine kontinentale, ja globale Arbeitsteilung bei der Nahrungsproduktion.

Schale 2: Mit der Axt im Walde

Wenn Historiker die Kulturgeschichte der Menschheit in große Abschnitte einteilen, dann sprechen sie von der Stein-, Bronze- und Eisenzeit. Sie könnten mit gleichem Recht die Ära der vorindustriellen Dorf- und Stadtgemeinschaften als »Holzzeit«

bezeichnen: Bis in das 19. Jahrhundert hinein ist die Geschichte Mitteleuropas eine Geschichte der wechselhaften Beziehung zwischen Mensch und Wald. Es ist die Geschichte einer radikalen Umweltveränderung, die wir als Augenzeugen der gegenwärtigen Umweltkrise der angeblich so naturfreundlichen traditionellen Wirtschaftsweise des vorindustriellen Zeitalters gar nicht zutrauen mögen.
Mitteleuropa ist, den heutigen klimatischen Gegebenheiten entsprechend, eine Region, die ohne menschlichen Einfluß fast vollständig von Wäldern bedeckt wäre. Während der Eiszeit hatten die Bäume hier freilich den Gletschern oder der arktischen Tundra weichen müssen. Als das Klima vor etwa zehntausend Jahren wieder milder wurde, eroberte sich der Wald von seinen eiszeitlichen Rückzugsgebieten im Süden Europas aus nach und nach das im Eishauch verlorengegangene Terrain zurück. Dabei spielten allerdings schon sehr frühzeitig die ersten Bauern mit ihren Rodungen eine Rolle: Nach der Eiszeit konnte sich in Mitteleuropa niemals mehr ein rein natürliches Ökosystem entwikkeln.
Schon zur Römerzeit war das alte »Germanien«, das zeitgenössische Geschichtsschreiber aus dem lichten Süden wegen seiner scheinbar endlos finsteren Urwälder abschreckte, keineswegs mehr ein zusammenhängendes Waldgebiet. Bronzezeitliche Landwirte hatten schon früher große Gebiete, die eben und trocken und von fruchtbaren Böden bedeckt waren, gerodet und als Ackerland oder Viehweide benutzt.
»Axt und Hausvieh verwandelten weite Urwaldareale in Nutzwald, ohne daß dies geplant gewesen wäre«, schreibt der Münchner Forstwissenschaftler Professor Richard Plochmann in einem Beitrag zu dem Buch »Rettet den Wald«: »Vergleichbar den Jahrringen am Baum mögen so die Rodungsinseln der ersten Bauernhöfe im Waldmeer gewachsen sein, immer in der Gefahr, vom Wald wieder überwachsen zu werden.«
Auf diesen Inseln im Wald lebten nach dem Untergang Roms auf dem Gebiet der Bundesrepublik Deutschland rund 600000 Menschen – ein Hundertstel der heutigen Bevölkerung.
Die große Rodungswelle des Mittelalters, vor allem unter den Frankenkönigen und -kaisern, verwandelte dann innerhalb von wenigen Jahrhunderten drei Viertel des Waldes in Ackerland. Aber auch das stehengebliebene Viertel Wald kam nicht ungeschoren davon. Holz aus den verbleibenden Forsten war die einzige Energiequelle für Heizungen und Kochstellen, aber auch für die mittelalterliche »Industrie«.
In erzreichen Gebieten wie dem Harz, im Siegerland oder in der Oberpfalz (dem »Ruhrgebiet des Mittelalters«) wurde in großem Maßstab Bergbau und Erzverhüttung betrieben. Dafür wurde Holz und nochmals Holz gebraucht.
Die Köhlerei, heute ein fast ausgestorbenes Handwerk, hatte Hochsai-

son: Für jede Tonne Eisen, die geschmolzen und geschmiedet wurde, waren etwa 50 Kubikmeter Holz – meist in Form von Holzkohle – nötig (das entspricht 50 Baumstämmen von 14 Meter Länge und einem mittleren Durchmesser von 30 Zentimetern).
Da allein in der Oberpfalz Ende des 15. Jahrhunderts jährlich rund 10000 Tonnen Eisen produziert wurden, waren die Grenzen des Wachstums für die Industrien des Holzzeitalters abzusehen.
Nicht nur die Erzverhüttung, auch die Gewinnung von Salz, Glas und Kalk fraß ungeheure Mengen Holz. Im Jahr 1350 produzierten zum Beispiel die Sudpfannen der niedersächsischen Stadt Lüneburg rund 30000 Tonnen Salz. »250000 bis 300000 Kubikmeter Holz wird man dazu wohl benötigt haben«, schätzt Professor Plochmann. Allein für die Pfannenheizung mußte demnach »das gesamte Holz von 14 bis 17 Quadratkilometer Wald eingeschlagen werden, das Bau- und Leitungsholz, besonders aber das Faßholz zum Versand des Salzes, nicht gerechnet. Wer glaubt, es sei eine Urlandschaft, was im Naturpark Lüneburger Heide heute mit viel Mühe und hohen Kosten erhalten wird, irrt... Die Heide kam erst, als eine nimmersatte Saline den Wald aufgefressen hatte.«
Der universell verwendbare Werkstoff Holz war darüber hinaus das mit Abstand wichtigste Baumaterial (weshalb die hölzernen Städte und Dörfer des Mittelalters immer wie-

Die Köhlerei war einst die Basis aller metallverarbeitenden Handwerksbetriebe: Ohne Holzkohle konnte kein Eisen geschmolzen werden.

Heute ist die Flößerei ein ziemlich selten gewordenes Handwerk.
Einst waren die Flößer die wichtigsten Spediteure überhaupt: Aus den waldreichen Gebirgen brachten sie Bauholz und Brennholz in die Städte, aber auch riesige Stämme den Rhein oder die Elbe hinab bis zur Küste, wo einst ein anderes Gewerbe blühte: der Segelschiffbau.

der abbrannten) und dazu Rohstoff für Gegenstände aller Art.
Außerdem trug der Wald – als »Nährwald« für die Schweinemast und als Weide für das Vieh – direkt zum Überleben der rasch wachsenden Bevölkerung bei. Dann hielten sich die absolutistischen Fürsten mehr Wild, als dem Wald guttat. Und schließlich exportierten Flößer gigantische Holzmengen den Rhein und andere Flüsse hinab an die Küste, wo die Stämme als Werkstoff der Schiffsbauer den europäischen Kriegs-, Kolonial- und Handelsflotten den nötigen Auftrieb gaben.
Eigentlich hätte die herkömmliche Holzwirtschaft nach all dem Raubbau im letzten Jahrhundert mangels Wald den Kollaps erleiden müssen. Doch das heraufdämmernde Industriezeitalter mit dem neuen Energieträger Kohle – und den sich dadurch öffnenden Importmöglichkeiten – rettete die restlichen Wälder (die freilich zum Teil sogleich von Brennholz- in Nutzholzplantagen verwandelt wurden). Mit der alten dörflichen Kultur und dem traditionellen Handwerk ging es jedoch so oder so zu Ende. Mechanisierung und Chemisierung der Landwirtschaft beendeten zum größten Teil die harte körperliche Arbeit und lösten die Landflucht aus. Die Dörfer verwandelten sich nach und nach in hochrationalisierte Nahrungsproduktionsstätten der Industriegesellschaft, in denen wie in der Stadt das Werkzeug aus der Fabrik und der Brennstoff aus dem Tankwagen kommt.
Die Rettung der Wälder und die Vermeidung eines katastrophalen

Zusammenbruchs des Holzzeitalters hatten freilich einen hohen Preis, der erst uns so recht bewußt wird: Statt von der erneuerbaren Energiequelle Holz hängt das Schicksal der alten (und neuen) Industriestaaten von den nicht erneuerbaren Brennstoffen Öl und Kohle ab. Mehr noch: Die traditionellen Bauern- und Handwerkergesellschaften verwandelten mit ihren bescheidenen technischen Möglichkeiten die Oberfläche aller Kontinente dieser Erde.

Schale 2: Handel und Glaube – die Kultur zieht Kreise

Die überschaubare bäuerliche Welt vergangener Tage lebte nicht allein von der Luft und dem Wasser, dem Brot und dem Holz, das die Heimatscholle bot. Denn menschliche Gesellschaften waren auch vor der Einführung moderner Kommunikationsmöglichkeiten nur in extremen

Der Mensch zähmte die Natur nicht nur des täglichen Brotes wegen. Kulturelle Errungenschaften wie Handel, Glaube und Krieg hinterließen auffällige, sofort als »unnatürlich« erkennbare Spuren in der Landschaft – so wie die großen Steinringe von Stonehenge in England (oben) oder die von einer kreisförmigen Mauer umringte Stadt Nördlingen im bayerischen Schwaben.

Fällen völlig von der Außenwelt getrennt: Fälle, die es im Herzen eines längst von den Menschen unterworfenen – »kultivierten« – Kontinents Europa nicht gab.
Der Austausch von Ideen und Gütern reicht weit in das Dunkel der Altsteinzeit zurück. Der Handel mit Feuerstein oder Obsidian (Vulkanglas) und die Ausbreitung neuer Bearbeitungstechniken für Werkzeuge oder Schmuck ist viel älter als die Landwirtschaft. Älter als das Bauerndorf ist deshalb auch der Handelsplatz, der Vorläufer der Stadt.

Das biblische Jericho, im Tal des Jordan gelegen, blickte zu Jesus' Zeiten schon auf eine ununterbrochene 8000jährige Stadtgeschichte zurück. Städte waren die Kristallisationskerne neuer Ideen und neuer Techniken, sie machten die Erfindung der Schrift und des Rades möglich. Die Schrift – genauer: die Keilschrift – wurde vor etwa fünf Jahrtausenden von den Sumerern im Zweistromland aus einzelnen, mit Symbolen versehenen Tontäfelchen entwikkelt, die damals als eine Art »Warenbegleitbrief« benutzt worden waren. Das Rad, ebenfalls eine sumerische Erfindung, wurde etwa ein halbes Jahrtausend früher vermutlich für Kultfahrzeuge entwickelt; sein praktischer Einsatz kam erst später: zunächst für Kampfwagen, dann auch für Transportzwecke.
In den ersten Metropolen der Menschheit – etwa im sumerischen Uruk, im altägyptischen Hierakonpolis, im chinesischen Tschengtschu oder (sehr viel später) im antiken Rom – kam mitunter die kritische Masse für die Entstehung neuer Religionen und Weltreiche zusammen. »Die Menschen arbeiteten nicht in erster Linie für ihren eigenen Vorteil«, beschreibt der amerikanische Anthropologe John E. Pfeiffer die Morgendämmerung der Zivilisation. »Sie brauchten besondere Gründe dafür, weshalb sie gegen ihre bessere Einsicht lang und hart arbeiteten. Sie beachteten die Gebote der Götter, wie sie die Könige verkündeten, die dann mit der Zeit selbst zu Göttern wurden.«

Kein anderes Baudenkmal als die großen ägyptischen Pyramiden zeigt deutlicher, daß Glaube Berge versetzen kann. Die bis heute eindrucksvollen Monumente von Gizeh und Sakkara markieren zugleich den Übergang von der einfachen Bauerngesellschaft mit regional herrschenden Häuptlingen und Fürsten zum komplizierten, zentral gelenkten Staatswesen. Die gigantischen Grabmale der Pharaonen entstanden alle in der kurzen Zeit zwischen 2650 und 2500 v. Chr. – eine auch für moderne Zeiten bewundernswerte Organisations- und Arbeitsleistung, die einer interessanten Theorie zufolge die Völker im Niltal endgültig zum fast drei Jahrtausende überdauernden ägyptischen Reich zusammenschweißte.

Der Handel bereitete den neuen Ideen und Religionen Wege bis in die entlegensten Regionen der jeweils bekannten Welt und schaffte zugleich seltene Rohstoffe oder kunstvolle Handwerksprodukte von einem Ende der Alten Welt zum anderen – von Spanien bis China. Handel und Glaube hinterließen Spuren in der Natur, wie sie die Welt zuvor nicht kannte: schnurgerade Wege, riesige Kreise, Rechtecke, Würfel oder eben Pyramiden. Wie mit einem Lineal zog die Zivilisation die Trennlinie zwischen Natur und Kultur. Organisierte Planung galt fortan als höchste Menschentugend.

Mittel- und Nordeuropa lag anfänglich abseits der frühen zivilisatorischen Zentren. Zwar hinterließen die Erbauer der Großstein-(»Megalith«-)Monumente wie jener berühmten Steinringe von Stonehenge in England unübersehbar ihre Spuren in der Landschaft. Und das Römische Weltreich prägte in Süddeutschland und entlang des Rheins seinen kulturellen Stempel in das weitgehend noch wenig vom Menschen geformte Waldland »Germanien«. Aber erst die Karolingische Zeit und dann vor allem die Gotik verknüpfte den Fleckerlteppich verstreuter bäuerlicher Kulturen mit einem dichten Verkehrsnetz. An dessen Schnittpunkten entstanden wehrhafte, reiche Städte, von denen nur wenige, wie Nördlingen, ihr ursprüngliches Gesicht in unsere Zeit hinüberretteten. Doch aus dem im Mittelalter geprägten Muster aus Dörfern, Städtchen und Handelswegen erwuchs die moderne westliche Industriegesellschaft. Sie verdrängte freilich die ältere Kultur so rasch und veränderte dabei das Landschaftsbild derart gründlich, daß vielen Menschen die untergegangene Epoche rückblickend als »gute alte Zeit« vorkam – als eine Art Paradies, in dem der Mensch noch mit Gott und der Natur versöhnt gewesen sei.

Schale 2: Trügerische Idylle und neue Probleme

Die »gute alte Zeit« ist ein dehnbarer Begriff. Aus unserem heutigen Blickwinkel spielt gewiß etwas romantisch verklärte Wehmut mit, wenn wir über die letzte nicht-industrielle Kulturstufe unserer Ge-

Die Lüneburger Heide mit ihren Wacholderbüschen und Heidschnucken-Herden ist das Ergebnis einer jahrhundertelangen Waldzerstörung.

schichte reden, über die untergegangene Welt der Dörfer mit ihrer Muskelkraft-Landwirtschaft und der überschaubaren Städte mit ihrem total vom Holz abhängigen Handwerk. Denn diese Schale menschlicher Aktivitäten, die in Industrieländern nur noch in kümmerlichen Resten vorhanden ist (weshalb dieser Abschnitt des Buches fast ausschließlich in der Vergangenheit spielt), bettete den einzelnen Menschen fester in seine natürliche und kulturelle Umwelt ein als heute – fester aber auch, als uns inzwischen vermutlich lieb wäre. Aus der Sicht der Natur war jener Abschnitt der Geschichte freilich weder besonders gut, noch liegt er besonders weit zurück.

Verglichen mit der begradigten, parzellierten, zersiedelten Welt der Gegenwart mögen die kargen Olivenhaine Griechenlands, der spröde Charme der Lüneburger Heide oder die sattgrünen Almen der Alpentäler in der Tat wie Idealbilder natürlicher Landschaften erscheinen. Aber was uns an ihnen entzückt, ist das Ergebnis einer Jahrhunderte und Jahrtausende währenden Umweltveränderung: Es dauerte so lange, weil Muskeln statt Motoren wüteten.

Verglichen mit einer unberührt gelassenen Natur würden uns die Almhänge und Heidehügel wahrscheinlich immer noch besser gefallen. Denn ohne Menschen wären Deutschland und Griechenland mit dichtem, schier undurchdringlichem Urwald bedeckt, wäre Europa von wilden Tieren bevölkert, die es zum Teil nicht einmal mehr in Zoos zu bewundern gibt. Diese natürlichen Ökosysteme hätten sich selbst im Gefolge der Klimaschwankungen seit der letzten Eiszeit verändert, freilich nur vergleichsweise geringfügig und in einer Richtung, die wir nachträglich nicht bestimmen können: Was würde auf den Ägäischen Inseln wachsen, hätten die alten Griechen nicht die Wälder abgeholzt? Welches Klima herrschte in der Heide, wäre das Holz der Gegend nicht in die Sudöfen der Salzsieder Lüneburgs gewandert?

Natürlich haben wir keinerlei Berechtigung, diese schwerwiegenden

Eingriffe unserer Altvorderen in das Gefüge der Natur besserwisserisch zu kritisieren: Sie mußten sich ihre Umweltschäden sauer erarbeiten. Und wir sind nicht sonderlich konsequent, wenn wir, wie der 1982 verstorbene US-Biologe René Dubos kritisierte, »sowohl die Wildnis als auch jene Umwelt erhalten wollen, die durch die Zerstörung der Wildnis geschaffen wurde«. Wir können allenfalls ahnen, wie wichtig bessere Kenntnisse über die Folgen unserer Aktivitäten sind (und auch Aktionen zur Verhütung eben dieser Folgen), wenn wir sehen, wie der bescheidene Lebensbedarf und die unvergleichlich schlechteren technischen Möglichkeiten der bäuerlich-handwerklichen Gesellschaft das Antlitz der Erde umkrempelten.

Bescheiden, ja »naturnah« waren die Eingriffe der alten Bauern in die Natur freilich, wenn sie mit den Attacken der vollmotorisierten und -chemisierten Landwirtschaft von heute verglichen werden. Aus ökologischer Sicht schuf die vorindustrielle Landwirtschaft sogar Lebensräume, die vielfältiger waren und mehr Tier- und Pflanzenarten beherbergten als die eher gleichförmigen Wälder, die noch früher Mitteleuropa nahezu lückenlos bedeckten. Die auch optisch reizvolle Mischung aus Feldern, Weide- und Brachland, getrennt durch Hecken und Obstgärten und umgeben von landwirtschaftlich nicht nutzbaren Wald- oder Moorflächen, fiel inzwischen allzu häufig der Flurbereinigung zum Opfer. Die »Ausräumung der Landschaft«, die Begradigung von Wasserläufen und die Entwässerung der Feuchtgebiete zerstörte brutal die mit der Muskelkraft-Landwirtschaft entstandenen artenreichen Ökosysteme.

Auch die alten Bauerndörfer und Kleinstädte mit ihren Hausgärten, ihren Scheunen, Ställen und Speichern boten einer Vielzahl von »Kulturfolgern« neue Lebensräume. So wurden eine ganze Reihe von Tierarten Begleiter des Menschen, ohne jemals gezähmt zu werden: Turmfalken und Steinmarder ebenso wie Hausmaus und Hausratte, Sperling und Schwalbe. Doch auch mit dieser Vielfalt des Lebens in Keller und Giebel ist es weitgehend aus, seitdem Fachwerk durch Beton, Speisekammern durch Kühlschränke und Hauskatzen durch hochwirksames Rattengift ersetzt wurden.

Kaum jemand wird der Hausmaus und der Hausratte nachweinen, aber ihr Rückgang – beide Arten stehen auf der »Roten Liste« gefährdeter Tierarten in der Bundesrepublik Deutschland – spiegelt dramatisch die einschneidenden Veränderungen im Lebensraum Dorf und Stadt wieder: Wenn schon diese beiden Überlebenskünstler um ihre Existenz kämpfen, wie sieht es dann bei weniger fruchtbaren, uns aber sympathischeren Tierarten aus? So gesehen sind die Bemühungen um die Erhaltung alter Dorf- und Stadtkerne mehr als nur kulturhistorische Aktionen: Sie könnten helfen, Ökosysteme in die Zukunft zu retten, die zwar von Menschen geschaffen wurden, gleichwohl aber vielfältig sind.

Einige der beliebtesten bäuerlichen Landschaften Mitteleuropas, die uns heute als besonders »heil« und naturnah erscheinen, sind in Wirklichkeit völlig vom Menschen geprägt. Das riesige Obstbaugebiet des Alten Landes bei Hamburg (links) entstand durch Eindeichung und Entwässerung. Die »liebliche« Almlandschaft der Alpen ist das Ergebnis ausgedehnter Waldrodungen vergangener Jahrhunderte (unten: Oberstaufen im Allgäu).

Schale 3: Die industrialisierte Region

Beispiel Saarland – ein Revier mit dicker Luft und trübem Wasser

Es klingt heute paradox. Aber als vor mehr als 150 Jahren die Schlote zu wachsen begannen, da war der Wald gerettet. Kohle löste Holz als Brennstoff ab und ermöglichte eine billige Massenproduktion von Eisen (das wiederum in vielen Bereichen Holz als Bau- und Werkstoff verdrängte). Die neuen Wirtschaftszentren, von denen aus die industrielle Revolution im wahrsten Sinne des Wortes angefeuert wurde, entstanden um die Kohlenminen, zumeist mitten in bäuerlichen Landschaften.
Zechen sind, gemessen an einem Brennholzwald, ungemein konzentrierte Energiequellen. Und so wurde »dieses Neben- und Miteinander von Bäumen und Schloten« möglich, das der saarländische Schriftsteller Ludwig Harig in einem Bericht über seine Heimatregion in der Zeitschrift »Geo« beschrieb, »dieses winzige Montangebiet im Walde, das der Durchreisende flüchtig bemerkt, wenn er im Zug oder im Auto eine Viertelstunde an grauen Hinterhöfen und an schwarzen Schlackenhalden vorbeifährt.«

Das winzige Montangebiet im Walde, das Saarland, ist sozusagen ein überschaubares Industriezentrum der ersten Stunde, ein sehr lebendiges Beispiel für die Spezialisierung nicht mehr nur einzelner Leute oder Stadtviertel, sondern ganzer Landstriche. Die konzentrierte Energiequelle Kohle konzentrierte mehr Menschen und Dreck in den engen Tälern der Saar und ihrer Nebenflüsse, als zur Holzzeit möglich gewesen wäre: Gut eine Million Bürger leben

Flechten gelten eigentlich als die »harten Burschen« der Natur: Sie vermögen selbst auf nacktem Fels zu existieren. Doch in Stadtzentren und Industrierevieren tun sich die gegen Schwefeldioxid empfindlichen Flechten schwer.

Wie ein Urtier ragt das Stahlwerk Röchling in Völklingen aus Arbeitersiedlungen. Kohle und Erz brachten Wohlstand; Luft- und Wasserverschmutzung waren der Preis. Der wirtschaftliche Schwung ist hin, doch die Luft ist wieder sauberer.

im 2573 Quadratkilometer kleinen Saarland, mithin durchschnittlich 410 Menschen auf jedem Quadratkilometer (Bundesrepublik: 244 Einwohner je Quadratkilometer). Fast zwei Drittel der Saarländer sowie der größte Teil der Zechen- und Industriebetriebe drängen sich freilich entlang eines schmalen, U-förmigen Korridors von Neunkirchen über Saarbrücken und Völklingen bis Dillingen.

Gut zehn Millionen Tonnen Kohle holen die Kumpel noch immer jährlich aus der Erde, auch wenn das Schwarze Gold in den Zeiten billigen Öls nicht mehr so gefragt war und die Region vom einst umstrittenen Zankapfel im Zentrum Europas zum Armenhaus am Rande der Bundesrepublik absank. Ein ordentlicher Teil der Saarkohle wandert sogleich in die Hochöfen, etwa in die des Stahlwerks Röchling in Völklingen (siehe Foto auf S. 117).

Das Werk ragt nicht nur wie ein Urtier aus den bescheidenen Arbeitersiedlungen, es entwickelt auch neben einem gewaltigen Appetit auf Eisenerz und Kohle einen monströsen Durst: Es schluckt sieben Millionen Kubikmeter Wasser im Jahr, mehr als doppelt so viel wie die rund 45000 Einwohner Völklingens konsumieren. Auch der Atem eines solchen Giganten schlägt sich schwer in der Statistik (und Umgebung) nieder: Mehr als 11000 Tonnen Staub rieselten 1970 auf die 35 Quadratkilometer große Stadt, rund 320 Gramm pro Quadratmeter. Seitdem freilich haben Umweltschutzmaßnahmen den Dreckauswurf um mehr als zwei Drittel auf »nur« noch 3322 Tonnen Staub in der Meß-Saison 1977/78 gesenkt. Auch andere Städte sind inzwischen weniger belastet.

Dennoch bleibt das grenznahe Kohle- und Stahlrevier ein Sorgenkind der Naturschützer. »Die Vorsorge für die Umwelt«, heißt es in einem Bericht der Landesregierung, wird nicht »überall zur vollständigen Beseitigung oder Verhinderung von Schäden am Naturhaushalt führen können.« Immerhin mauserte sich das Ballungsgebiet in den letzten Jahren zu einer Art Testgebiet für Umweltschutzmaßnahmen. Bei den Bestandsaufnahmen zeigte sich, daß die Grenzen der Belastung nach mehr als hundert Jahren konzentrierter Schwerindustrie teilweise bedenklich überschritten sind: Der jährliche Wasserbedarf der Region liegt über dem natürlichen Angebot, und die Luft im Zentrum der Städte sowie im Dunstkreis der Fabriken läßt nicht einmal mehr Flechten wachsen, jene als besonders widerstandsfähig angesehenen Lebensgemeinschaften aus Algen und Pilzen. Wissenschaftler der Universität Saarbrücken benutzen Tafeln mit verschiedenen Flechten-Arten, die in einem bestimmten Raster über das Industriegebiet verteilt werden, als »Bio-Indikatoren«. Bei diesen Studien mit den besonders gegen Schwefeldioxid empfindlichen Gewächsen zeigte sich, daß die Innenstädte und Industriezentren regelrechte »Flechtenwüsten« sind. Reinluftzonen fehlen im gesamten Saarbrücker Stadtgebiet. Nur drei Stellen in der »äußeren Kampfzone« konnten von den Forschern mit dem Prädikat »fast rein« bewertet werden.

Wie bedenklich es um die Luftqualität des »Montangebietes im Walde« zum Teil steht, verrät die Analyse der Schadstoffrückstände in den Flechten. Dabei vergeben die Wissenschaftler Noten von eins (sehr gut) bis zehn (ungenügend). Gebiete um ein Hüttenwerk und um eine

Altölverbrennungsanlage erhielten zum Beispiel die Note »Zehn«. Die Arbeiten dienen unter anderem auch als Gutachten zur ökologischen Bewertung von Bebauungsplänen: In den Flechtenwüsten sollen wenigstens keine Menschen wohnen müssen.

Schale 3: Tausche Kohle gegen Körner

Wie alle Industriezentren ist auch das Saarland auf einen intensiven Warenaustausch angewiesen: Mit der Spezialisierung sinkt der Grad der Selbstversorgung. Der wirtschaftliche Erfolg bleibt jedoch grundsätzlich an den natürlichen Nachschub an sauberer Luft und frischem Wasser gekoppelt. An der Saar kann dieser kostenlos von der Natur besorgte »Import« stellenweise den Bedarf allerdings nicht mehr decken.

Dafür führt die Region – ungewollt – Abgase und Abwässer aus dem benachbarten Industriegebiet im französischen Lothringen ein: Das Saarland ist wahrlich ein Testfall für ernsthafte Maßnahmen zur Erhaltung der natürlichen Umwelt.

Bergbau und Industrie, die wirtschaftliche Basis der Bevölkerung, tragen allerdings nur einen – wenn auch sehr großen – Teil zur Umweltbelastung bei. Da die meisten produzierten Waren aus der Region exportiert werden, könnte der bei ihrer Herstellung abfallende Schmutz und Lärm als eine Art »Import« angesehen werden: Dreck, der anderen Landstrichen erspart bleibt. Ein beträchtlicher Teil der Belastung ist jedoch hausgemacht, eine Folge des energie- und rohstoffintensiven Lebensstils – etwa jene jeweils mehr als 50000 Tonnen Schwefeldioxid und Stickoxide aus saarländischen Schloten und Auspuffen. Oder die rund 500 Kilogramm Abfall pro Einwohner und Jahr, die in 28 zentralen Mülldeponien oder -verbrennungsanlagen weggeschafft werden müssen. Regierungsamtlichen Berechnungen zufolge soll dieser Abfallberg bis 1985 auf 566 Kilogramm pro Einwohner oder insgesamt 642000 Tonnen im Jahr anwachsen. Für das Jahr 2000 erwarten die saarländischen Planer sogar 782000 Tonnen – falls nicht vorher ein Umdenken einsetzt.

Schließlich trägt ein Wirtschaftszweig sein Scherflein zur Belastung der natürlichen Lebensgrundlagen bei, der Industrie und Haushalt zusammenhält: der Verkehr. Natürlich braucht ein so konzentriertes Gebilde aus Menschen und Maschinen leistungsfähige Arterien zur Aufrechterhaltung des Stoffwechsels: Wasserstraßen, Schienenwege und heutzutage vor allem Autos, Autos, Autos. Im Jahr 1960 fuhren die Saarländer rund 95000 Kraftfahrzeuge, zwanzig Jahre später aber mehr als 400000. Diese motorisierte Armada verbrauchte im Jahr 1979 knapp 130000 Tonnen Kraftstoff und hinterließ – außer einer Lärmschleppe – unter anderem 21000 Tonnen Blei und 57000 Tonnen Ruß entlang der Straßen.

Nur ein kleiner Teil der motorisierten Divisionen transportiert wirklich Lebenswichtiges, nämlich Lebensmittel. Zwar ist etwa die Hälfte der Fläche des Saarlandes als Acker- oder Weideland, Obst- oder Gemüsegarten genutzt (ein Drittel der Fläche des Saarlandes ist von Wald bedeckt, während der verbleibende Rest von Gebäuden, Hofflächen, Verkehrswegen und Gewässern eingenommen wird.

Aber diese landwirtschaftliche Nutzfläche könnte die rund 2000 Tonnen Nahrung, die täglich zur Sättigung der runden Million Saarländer nötig sind, allenfalls dann erzeugen, wenn überall nur Kartoffeln angebaut und konsumiert würden. Da jedoch auch an der Saar die ansonsten geliebten »Grumbiere« (Kartoffeln) gerne mit etwas Fleisch und Gemüse angereichert, mit einem Bier begossen und zum Abschluß mit etwas Obst oder anderem Süßen zugedeckt werden, müssen in das Saarland also mehr als zwei Drittel ihrer Lebensmittel aus anderen deutschen Regionen oder aus dem Ausland eingeführt werden.

Zumindest etwas autark wollen viele Saarländer, anders als die Bewohner

Das früh industrialisierte, kleinräumige Saarland ist immer noch zur Hälfte Ackerland. Bei der stagnierenden, auf Kohle und Stahl basierenden Wirtschaft spielt die Nebenerwerbslandwirtschaft eine große Rolle: Frauen ernten Rüben im Tagelohn (links). Wein wächst knapp außerhalb der Landesgrenzen im rheinland-pfälzischen Saartal sowie an den Hängen hinter dem renommierten Weinbauort Ockfen (unten).

anderer Industriezentren, freilich auch heute noch sein: So schnell war im vergangenen Jahrhundert die Schwerindustrie über die kleinbäuerliche Region gestülpt worden, daß die herkömmliche Landwirtschaft, als arbeitsintensiver Nebenerwerb betrieben, in vielen Hausgärten überlebte.
Und solche Gärten gibt es viele, da mehr als die Hälfte aller Saarländer im eigenen Haus wohnt (Bundesgebiet: ein Drittel). Von der Landwirtschaft allein leben können an der Saar allerdings nur zwei Prozent der Erwerbstätigen.

Schale 3: Dicht besiedelt und doch noch grün

Aus gut 900 Kilometer Höhe schoß der amerikanische Erderkundungssatellit »Landsat 1« im April 1976 diese Aufnahme des deutsch-französischen Grenzgebiets. Das Saarland liegt etwas oberhalb des Bildzentrums (siehe Karte). Sein U-förmiges Industrierevier, das sich von Neunkirchen über Saarbrücken und Völklingen bis Saarlouis zieht, ist auch aus dem All sichtbar. Der von Kohle und Stahl geprägte Korridor ist das Sorgenkind der Naturschützer.

Die Landschaft sei »nicht so beschaffen, daß alle Welt zusammenläuft und den Atem anhält«, beschreibt Ludwig Harig seine Heimat, »aber ihre angenehme Welligkeit und ihr freundlicher Schmelz, die gemäßigten Hügel und die beruhigenden Täler flößen Zutrauen ein und beschwichtigen jedes aufgebrachte Gemüt«. Die professionellen Fremdenverkehrswerber des kleinsten Bundeslandes (mit Ausnahme der Stadtstaaten) behaupten sogar kurz und bündig: »Grün ist die Saar.«
Auf Weltraumfotos sieht die Saar in der Tat grün aus. Aber in dem Getüpfel aus dunkleren Wäldern und helleren Fluren des deutsch-französischen Grenzgebiets fällt selbst aus fast 1000 Kilometer Höhe deutlich das weit offene »U« auf: der von Kohle und Stahl geprägte Korridor von Neunkirchen bis Dillingen. Ganz wäre es ja auch kaum glaubhaft, daß ausgerechnet die Saarländer es geschafft hätten, den Kuchen zu essen und gleichzeitig zu behalten. Sie haben natürlich ein ordentliches Stück ihrer Region, fast ein Sechstel, überbaut und asphaltiert. Aber die »angenehme Welligkeit« zwang sie, sich auf langgestreckte Täler zu konzentrieren. So verschwanden die besten Ackerböden entlang der Flüsse unterm Beton, während droben auf den Hügeln, auf immerhin einem Drittel der Landesfläche, der Wald einigermaßen ungestört wachsen darf – vor allem der Laubwald: nicht weil die saarländischen Forstbeamten naturnaher eingestellt wären als ihre Kollegen in anderen Bundesländern, sondern weil die schwefelsau-

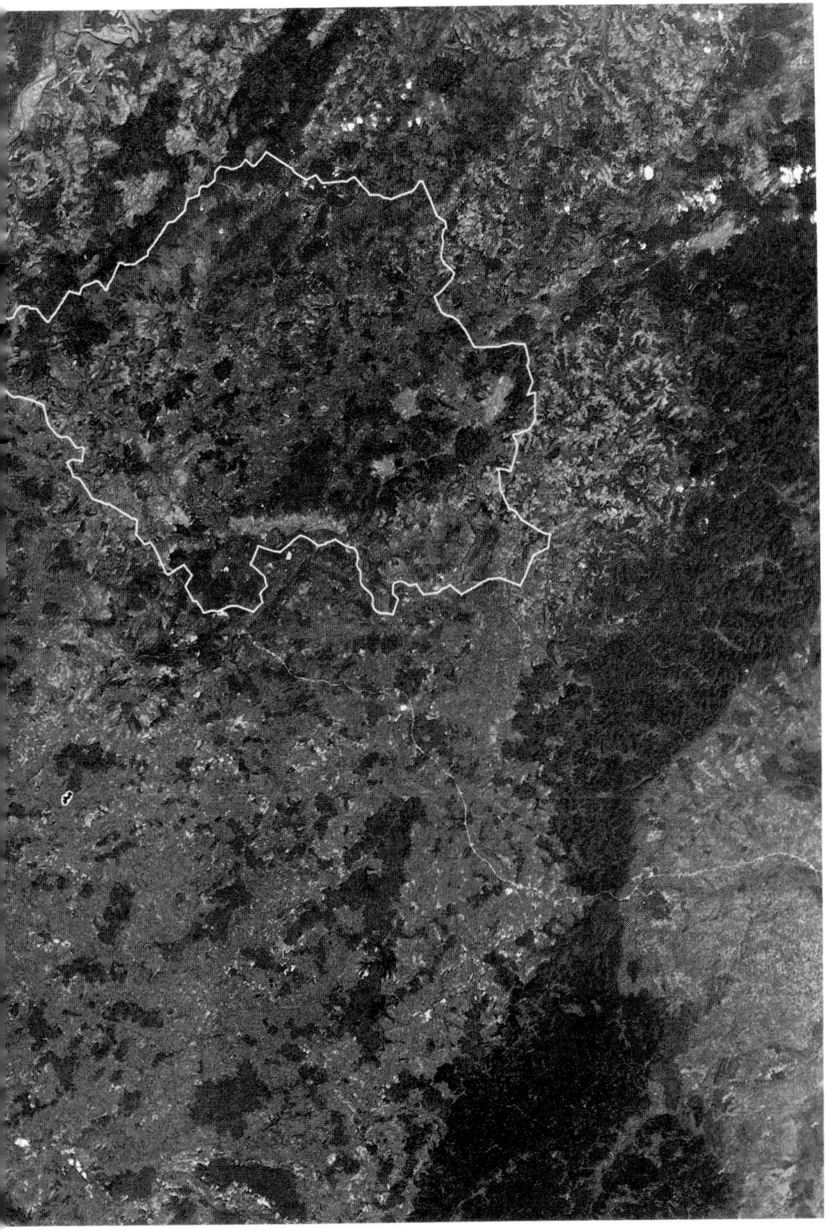

ren Abgase des Industriereviers in den Tälern die etwas empfindlicheren Nadelgehölze nicht so recht wachsen lassen.

Immerhin geben die Saarländer vor, erkannt zu haben, daß der Landschaft als der Synthese aller Umweltfaktoren eine entscheidende Rolle zufällt, besonders, wenn im statistischen Durchschnitt 410 Menschen auf jedem Quadratkilometer leben müssen. Raumordnung sei »vorbeugender Umweltschutz«, heißt es im »Bericht 1979« des 1975 gegründeten saarländischen Ministeriums für Umwelt, Raumordnung und Bauwesen.

Politik heißt in einer Industrieregion vor allem Wirtschaftspolitik. Und so wird, wie das Ministerium sogleich eingesteht, »ein gewisses Maß an Zersiedelung insbesondere des Verdichtungsraumes allen Bemühungen der Raumordnung zum Trotz unvermeidlich sein, und die Ballung der Industrie im Saartal wird – ökonomischen und technischen Zwängen folgend – eher zu- als abnehmen.«

Die Gefahr der Zersiedelung ist im welligen Montangebiet tatsächlich groß. Zum einen breitete sich das Industrierevier über ein dichtes Netz kleiner und mittlerer Städte aus. Zum anderen sprengt der moderne Autoverkehr mit Leichtigkeit die althergebrachten, engen Gemeindegrenzen. Und drittens steigen die Raumansprüche, erlaubt die moderne Massenkommunikation, auch außerhalb des Stadtkerns urban zu wohnen. Kommt nun in den alten Ortskernen Lärm und schlechte Luft hinzu, ist die Stadtflucht nicht mehr aufzuhalten. Oder doch? »Waldgebiete, Landschaftsschutzgebiete und Gebiete mit Rohstofflagerstätten stehen *nicht* zur Disposition«, erklärt das Umweltministerium in seinem »Bericht 1979«, um 22 Seiten später einzugestehen: »Die Waldflächenbilanz im Saarland schließt trotz zahlreicher Aufforstungen jährlich mit einem Fehlbetrag von 100 bis 150 Hektar ab.«

Auch wenn der Stadtbrei eingedämmt werden kann, ist die Gefahr für die Landschaft nicht beseitigt. Straßen, Hochspannungsleitungen und andere Verkehrswege zerstükkeln sie in immer kleinere – und deshalb ökologisch weniger wertvolle – Areale. Nun, nachdem ein engmaschiges Verkehrsnetz die Landschaft fesselt, sollen die Auswirkungen des Straßenbaus »auf die Natur, vor allem auf den Naturhaushalt, kritisch überprüft« werden.

Sehr spät erfolgt nun im Saarland die Aufstellung eines ökologischen Katasters als Landschaftsinformationssystem.

Und in den Ballungsgebieten untersuchen Umweltforscher, wie sich die Belastungen auf Flechten und Fichten, Eidechsen und Insekten auswirken. Heraus kommen Bebauungspläne, die zumindest den Menschen etwas aus der Abluft der Schlote nehmen sollen.

Schließlich sind die Städte, wie der Biogeograph Paul Müller von der Universität Saarbrücken sagt, die eigentlichen »Handlungsbiotope« des Menschen.

Nach hundert Jahren Bergbau ist das Saarland in die Flaute geraten. Theoretisch würden die Kohlenlager bei gleichbleibender Förderung weitere 280 Jahre reichen. Doch seit der Stahlkrise ist die Zukunft der Kumpels der Grube »Göttelborn« eher düster.

Schale 3: Wie lange reicht der Reichtum unter der Erde?

Bei all den negativen Auswirkungen, mögen sich wirtschaftlich weniger informierte Zeitgenossen fragen, hätten die Bewohner einer derart belasteten Industrieregion doch längst schon in saubere Gebiete flüchten müssen. Wer es sich leisten kann,

flüchtet in der Tat – ein Stückchen ins Grüne, das dann ebenfalls belastet wird.

Eine totale Flucht bleibt den allermeisten Bürgern freilich verwehrt, denn sie leben ja – direkt oder indirekt – von dem, was aus dem Bauch der Erde geborgen und mit großem Aufwand veredelt wird.

Nicht nur die Bevölkerungszahl des Saarlandes, die sich in nur wenigen Generationen verzehnfachte, verdeutlicht drastisch den radikalen Umschwung von der Muskel- zur Maschinenwirtschaft. Auch der Rückgang des Anteils der landwirtschaftlichen Produkte am gesamten Wirtschaftsaufkommen der Region, gemessen am Wert, zeigt den Wandel: Die gesamte Land- und Forstwirtschaft trägt nicht einmal ein Prozent zum Bruttosozialprodukt des Landes bei.

Dennoch werden alle Bewohner dieser Region mehr als satt – weil sie, unter anderem, die Erntekammer einer schon längst verflossenen geologischen Epoche ausbeuten: die Saar-Kohle.

Kohlebergbau ist ein Griff ins Eingemachte der Erde

Die Region (und auch die gesamte industrialisierte Welt) machte sich durch die Nutzung der fossilen Energie frei vom zwar reichlichen, aber auch reichlich dünn gestreuten Energieangebot der Sonne. Der Griff ins Eingemachte der Natur erlaubte, zusammen mit neu entwickelten Techniken, einen weitaus höheren Energieumsatz und damit einen größeren materiellen Wohlstand – auf Kosten der natürlichen Umwelt und mit dem Risiko, die Vorräte in absehbarer Zeit zu erschöpfen. 2800 Millionen Tonnen wirtschaftlich abbaubare Kohle liegen noch unter dem Saarland.

Das würde, wenn die Schätzungen stimmen, für weitere 280 Jahre bei gleichbleibender Förderung von jährlich zehn Millionen Tonnen Kohle ausreichen.

In den letzten Jahrzehnten machte freilich nicht die Endlichkeit der Reserven, sondern vor allem die Konkurrenz des billigen Öls den Saar-Kumpels Sorgen. Die klassische Ehe aus Kohle und Stahl erwies sich außerdem im fortgeschrittenen Industriezeitalter in zunehmendem Maß als gestört.

Zechenstillegungen und eine anhaltende Stahlflaute ließen das Sozialprodukt je Einwohner (also die Summe aller Wirtschaftsleistungen) im hochindustrialisierten Saarland auf den drittniedrigsten Wert aller Bundesländer absinken: Mit 24188 Mark im Jahr 1983 betrug er etwa die Hälfte des Wertes für den Stadtstaat Hamburg. Dennoch soll der Kohlebergbau im Saarland eine Zukunft haben: Die Landesregierung hofft auf besonders saubere Kohlekraftwerke (das schornsteinlose Modellkraftwerk Völklingen wurde 1982 nach rund 500 Millionen Mark Baukosten in Betrieb genommen) und auf die künftige Veredelung von Kohle bei hohen Temperaturen zu Gasen und flüssigen Treibstoffen.

Ein weiterer Blick auf die Statistik verrät eine doppelte Benachteiligung des klassischen Montanreviers: Die saarländische Wirtschaft lebt zur guten Hälfte vom Bergbau und »produzierenden Gewerbe«, (der Industrie), die beide sowohl besonders krisenanfällig als auch umweltbelastend sind.
Mit anderen Worten: Die Saarländer erhalten für ihre Arbeit weniger Geld, aber mehr Dreck als der Durchschnittsdeutsche.
Umweltprobleme verursachen dabei nicht nur Bergbau und Schwerindustrie. Auch die im Saarland wichtige keramische Industrie, deren Sanitärprodukte in der ganzen Welt als Symbole der Sauberkeit gelten, hat ihre Probleme: Im Wasser der Saar unterhalb eines großen keramischen Werkes in Mettlach registrierten Umweltforscher die höchsten Konzentrationen der giftigen Schwermetalle Blei und Kadmium im gesamten Fluß. Wie belastet die Saar ist, zeigte sich im kalten Januar des Jahres 1985 besonders drastisch: Als breitere Ströme schon zufroren, blieb sie vom Winter unberührt – aufgeheizt durch Kraftwerke, frostgeschützt durch Chemikalien.
Der dreckigste Fluß der Region, ja ganz Europas, ist jedoch die Rossel. Dieser der Saar zufließende »Abwasserkanal« ist in seinem gesamten Unterlauf bereits biologisch tot. Allein die Phenolfracht dieses Flusses überstieg im Jahre 1983 den zulässigen Grenzwert um das 200fache. Die Rossel fließt von Frankreich nach Deutschland.

Schale 3: Natur im Industrierevier – von Menschen Gnaden

»Vermeidbare Beeinträchtigungen von Natur und Landschaft sind zu unterlassen«, heißt es im »Saarländischen Naturschutzgesetz« vom 1. April 1979, »unvermeidbare Beeinträchtigungen sind durch besondere landespflegerische Maßnahmen auszugleichen.«
Von der ursprünglichen Natur ist im Saarland freilich nach mehreren Jahrtausenden intensiver Nutzung durch den Menschen so gut wie nichts übriggeblieben. Zwar weist die Statistik zwei Fünftel der Fläche des Landes, immerhin 1105 Quadratkilometer, als Landschaftsschutzgebiet aus. In diesen Gebieten ist indessen, wie der engagierte Journalist Horst Stern schreibt, »vom Autobahnbau bis zur Industrieansiedlung praktisch alles möglich und wird auch laufend gemacht«.
Was unterm Strich bleibt, sind 17 winzige saarländische Naturschutzgebiete von zusammen 1,83 Quadratkilometer Fläche – weniger als ein einziger ordentlicher Stadtpark, weniger als ein Promille der Landesfläche. Dennoch berichtet die Botanikerin und Frau des früheren Bundeskanzlers, Loki Schmidt, Positives von einem Besuch des Naturschutzgebietes Wolferskopf, ganze zehn Kilometer von der Dunstglocke des Industriegebiets Dillingen/Saarlouis entfernt: »Die Fülle der Büsche und Bäume... ist kaum zu fassen.«

Das nur 40 Hektar (0,4 Quadratkilometer) große Gebiet ist Unterschlupf für 28 Orchideenarten und andere, zum Teil sehr seltene Pflanzen und Tiere.

Selten sind überall in Mitteleuropa auch weitgehend ungestörte Flußlandschaften. Für den Lauf der Saar unterhalb von Merzig bis zur Einmündung in die Mosel im Bundesland Rheinland-Pfalz traf dies bis vor kurzem stellenweise noch zu (auch wenn die Wasserqualität zu wünschen übrigließ). Denn der Fluß war, kurioserweise, nur von Dillingen aufwärts bis zur Grenze schiffbar (von wo aus Anschluß an das französische Kanalnetz besteht). Mit der Ruhe an der unteren Saar, die bei Orscholz eine landschaftlich ungemein reizvolle Schleife zieht, ist es allerdings seit Mitte der siebziger Jahre vorbei: Mit einem Kostenaufwand von mehr als einer Milliarde

Das dicht besiedelte Saarland weist einige noch naturnahe Enklaven auf: 17 Naturschutzgebiete (Fläche: 1,83 km^2). Im winzigen Schutzgebiet Wolferskopf (0,4 km^2) vermag die hierzulande seltene Gottesanbeterin, eine Fangschrecke, zu überleben.

Wenige Kilometer unterhalb des saarländischen Industriereviers zieht die Saar bei Orscholz in friedlicher Landschaft ihre schönste Schleife. Doch das Bild täuscht: Der Fluß wird zur Großschiffahrtsstraße ausgebaggert, die Wälder sind durch säurehaltige Abgase bedroht. In der »biologischen Kampfzone« Saarbrückens haben Bäume einen schweren Stand. Oft hilft nur noch die Reparatur durch den Baumchirurgen (links).

Mark wurde der eher schmale Fluß auf 90 Kilometer Länge, von seiner Mündung bis Saarbrücken, als Großschiffahrtsstraße ausgebaut – ein Vorhaben, das dem saarländischen Umweltministerium zufolge »unvermeidbare Verluste an biologisch wertvollen Teilflächen« verursacht hat.

Der Verlust soll nun mit einem Trostpflaster von 40 Millionen Mark für landespflegerische Maßnahmen aufgefangen werden: 40 von 1000 Millionen.

Wir haben bisher nur »die Spitze des Eisbergs« gesehen, »wenn wir über Belastung und Belastbarkeit von Ökosystemen sprechen«, schreibt der Saarbrücker Ökologe Professor Paul Müller in seinem Bericht »Informationsgehalt von Tieren für die Bewertung saarländischer Landschaften und Fließgewässer«, und weiter: »Wir bewirken – zunehmend schneller – immer mehr Dinge, deren Auswirkungen wir nicht mehr übersehen können. Es darf angenommen werden, daß sich auch der Gesetzgeber dieser Zusammenhänge nicht immer bewußt sein dürfte, oder ihre Bedeutung für den Menschen in der Umgebung des Fließgewässers gering einschätzt, da bisher ›noch niemand daran gestorben ist‹.«

Schale 4: Ballungsraum Mitteleuropa

Der total kultivierte Kontinent und sein krankes Herz an der Ruhr

Wenn die Folgen menschlicher Aktivitäten für die Natur einem Eisberg glichen, dann läge dessen Spitze am Zusammenfluß von Rhein und Ruhr: Duisburg gilt den Fachleuten als die »am stärksten belastete Region«. Die Symptome sind ähnlich wie im Saarland, nur ist im Rhein-Ruhr-Raum alles eine Nummer größer. Denn das industrielle Herz Deutschlands ist zugleich das Zentrum des wirtschaftlichen Ballungsraumes Mitteleuropa – und der wiederum ist der am stärksten industrialisierte Großraum der Erde.

Wo gehobelt wird, da fallen Späne. Doch wo ein ganzer Kontinent hobelt, da fällt mehr ab, als die Bewohner der Werkstatt auf Dauer ertragen können. »Eine Landschaft fürs Grobe«, nannte die Hamburger Wochenzeitung »Die Zeit« das Ruhrgebiet, und Peter Menke-Glückert, bis 1982 Leiter der Abteilung Umweltangelegenheiten im Bonner Bundesinnenministerium, beklagt die »Opferstrecke« des Ruhrgebietes: »Seit über 100 Jahren ist eine besondere Umweltsituation geschaffen worden, die nicht von heute auf morgen verändert werden kann. Schon seit über 100 Jahren wachsen bestimmte empfindliche Pflanzen in bestimmten Bereichen des Ruhrgebiets nicht mehr. Etwa 100 Tierarten gibt es dort nicht mehr. Bestimmte Pflanzen wachsen nur verkümmert. Die Belastungen für die Menschen sind ganz unverhältnismäßig hoch... Das ist der Preis, den wir für unsere Industriekultur, für den Wohlstand, für die Art, in der wir bisher gelebt haben, bezahlt haben und einstweilen noch zu zahlen haben werden.«

Die Fichte ist in Duisburg praktisch ausgestorben. Und auch den Menschen, zähe Individuen fürwahr, beginnt die Situation im wahrsten Sinne des Wortes zu stinken: Bei einer Untersuchung der Geruchsbelästigung an 26 Stellen der Stadt Duisburg fiel das Urteil der befragten Bewohner bei aller Gewöhnung verheerend aus – nach einer Skala von 0 (»äußerst angenehm«) bis 8 (»äußerst unangenehm«) lagen manche Gegenden mit einem Durchschnitt von 6,7 knapp unter »sehr unangenehm«.

Geruchsbelästigung und Fichtensterben sind die Kehrseiten einer Region von 30 mal 30 Kilometer, in der knapp ein Zehntel der westdeutschen Bevölkerung lebt und rund 30

Prozent aller wesentlichen Umweltschadstoffe der Bundesrepublik niedergehen. Im Ruhrgebiet wird pro Quadratmeter so viel Energie freigesetzt wie in kaum einem anderen, ähnlich großen Gebiet der Erde: 17 Watt pro Quadratmeter, zehnmal mehr als im bundesdeutschen Durchschnitt, fast tausendmal mehr als durchschnittlich auf den Kontinenten. Diese hohe »Energieflußdichte« beginnt, das Klima zu verändern – und sie verursacht zusehends industrielle Wachstumsprobleme. Denn die ohnehin mit Abwässern überlasteten Flüsse, wie beispielsweise der Rhein, können schon heute nicht mehr das Kühlwasser der Kraftwerke aufnehmen.

Kühltürme aber kosten mehr und verändern bei geballter Anordnung das lokale und auch das regionale Klima. Das Ruhrgebiet ist dabei, die Grenzen der Tragfähigkeit seiner natürlichen Grundlagen zu überschreiten.

Mehr Industrie, das beginnen Stadtväter im Kohlenpott zusehends zu begreifen, ist hier nicht mehr zu verkraften. Überdies wird auch der »Export« von Umweltschadstoffen aus dem Revier in alle Welt wegen internationaler Proteste immer schwieriger: Höhere Schornsteine sorgen fernab der Ruß-Reviere für ein Wald- und Seensterben, Industrieabwässer verschmutzen Rhein und Nordsee. So gesehen verkehren sich imposante Statistiken in bedenkliche. An der Ruhr und direkt anschließend am Niederrhein leben rund 11 Millionen Menschen, etwa ein Fünftel aller Westdeutschen. Doch auch die Bundesrepublik und ihre mitteleuropäischen Nachbarstaaten sind überaus dicht besiedelt und hoch industrialisiert: Im Umkreis von etwa 1000 Kilometer um Duisburg leben auf knapp zwei Millionen Quadratkilometern mehr als 300 Millionen Menschen – etwa 1,3 Prozent der Landfläche der Erde bietet Heimat für mehr als sieben Prozent der Menschheit. In diesem Raum wird jede fünfte Tonne Kohle der Welt gefördert, jede vierte Tonne Eisen und Stahl gegossen sowie auch jede sechste Tonne Fleisch konsumiert.

Hier läuft jedes dritte Personenauto der Weltproduktion vom Band, hier wird rund ein Viertel aller Wirtschaftsleistung der Menschheit erbracht. So gesehen ist es fast ein Wunder, daß es im zentralen Europa überhaupt noch Luft zum Atmen und Wasser zum Trinken gibt. Aber es ist kein Wunder, wenn in der Luft über dem Ruhrgebiet mindestens 300 verschiedene, nicht gerade gesunde Stoffe gefunden werden und 80 Prozent der bundesdeutschen Bevölkerung ihr Trinkwasser erst in speziellen Gewinnungsanlagen aufbereiten lassen müssen.

Mehr als ein Prozent des Volkseinkommens gibt die Bundesrepublik Deutschland derzeit für Umweltschutz aus.

Das verhütet Schlimmstes, aber es macht, wie Helmut Klausch vom Siedlungsverband Ruhrkohlenbezirk Essen sagte, »aus dem Ruhrgebiet kein Kurgebiet«.

Im Schatten der Hochöfen und Hüttenwerke des Ruhrgebiets sprießt seit mehr als einem Jahrhundert immer wieder frisches Grün. Die grünen Tupfen können jedoch nicht darüber hinwegtäuschen, daß die Natur im industriellen Herz Europas eine Opferstrecke durchlief.

Schale 4: Rückstände im Schlaraffenland

Die Qualität der Luft mag zu wünschen übriglassen und das Trinkwasser von fernen Seen oder Grundwasserspeichern hergepumpt sein. Aber die Nahrungsversorgung, das Angebot an hochwertigen Lebensmitteln, läßt im Ballungszentrum Mitteleuropa nichts zu wünschen übrig, die

Die hohe Kaufkraft der Bürger der Europäischen Gemeinschaft verwandelte weite Teile Hollands in gläserne Landschaften. In den riesigen Gewächshäusern werden mit gewaltigem Energieaufwand für Heizung und Düngung rund ums Jahr Kopfsalat (rechts), Gurken, Paprika und andere Gemüsesorten gezogen. Mit den steigenden Energiepreisen kommt diese Art der Nahrungsproduktion allerdings in eine Kostenklemme.

Preise natürlich ausgenommen. Oder?

Die mehr als 60 Millionen Westdeutschen und auch die rund 270 Millionen Bürger der Europäischen Gemeinschaft (EG) leben, gemessen am Weltmaßstab, reichlich dicht gedrängt.

Doch ihre Heimat zählt zu den klimatisch begünstigten, fruchtbarsten Gebieten der Erde: rund 60 Prozent der Fläche sind landwirtschaftlich nutzbar. Und dank garantierter Preise, einer intensiven Landnutzung, viel Mechanisierung und Chemisierung sowie einem gewaltigen Energieaufwand gelang und gelingt es den Ländern der EG, nicht nur sich selbst mit Nahrung zu versorgen, sondern auch noch mit erschreckender Regelmäßigkeit ebenso riesige wie kostspielige Überschüsse zu erzeugen: 1983 lagerten allein die öffentlichen Vorratsstellen 853000 Tonnen Butter und 980000 Tonnen Magermilchpulver ein.

Selbst Getreide wächst in solchen Mengen, daß es in flächenmäßig weit größere Länder wie etwa die Sowjetunion exportiert werden kann: 1981 exportierten die EG-Bauern mehr als 18 Millionen Tonnen Getreide,

mehr als einen Zentner pro Kopf der Bevölkerung.
Theoretisch würden solche Superernten mehr als ausreichen, um die Europäer von jeder Lebensmitteleinfuhr unabhängig zu machen. In der Tat betrug der Selbstversorgungsgrad der EG 1983 rund 108 Prozent. Dennoch importiert die Gemeinschaft gewaltige Mengen landwirtschaftlicher Erzeugnisse, vor allem Futtermittel für die riesigen europäischen Viehbestände. Der enorme Aufwand füllt die Lebensmittelabteilungen der Supermärkte mit Eßwaren aus aller Welt und in nahezu jeder gewünschten Menge, als sei das Schlaraffenland nun Wirklichkeit geworden.
Unser wählerisch gewordener Geschmack hat freilich mehr als nur finanzielle Folgen: Er förderte einige für den Zustand der natürlichen Umwelt wie der Nutztiere sehr bedenkliche Entwicklungen in der Landwirtschaft.
Im Zug der Mechanisierung verließen allein in den Jahren seit 1960 mehr als zehn Millionen Menschen in der EG die Landwirtschaft. In der Bundesrepublik halbierte sich seit dem Krieg nahezu die Zahl der Bauernhöfe, während die durchschnittliche Betriebsfläche von 8,1 Hektar

(1949) auf 16,1 Hektar (1983) anstieg. Die größeren Flächen werden in der Bundesrepublik von inzwischen rund anderthalb Millionen, in der EG von mehr als fünf Millionen Schleppern beackert. Statt Heerscharen von Erntehelfern holen 170000 Mähdrescher in Westdeutschland das Getreide ein, und in den Ställen übernimmt eine halbe Million Melkmaschinen die Arbeit des Melkens.

Diese intensive, spezialisierte und mechanisierte Landwirtschaft verbraucht längst viel mehr Energie, als sie schließlich in Form von Nahrungsmitteln produziert. Und weil sie Ackerbau und Viehzucht den maschinellen Bedürfnissen angepaßt hat, klagen Ökologen über riesige, von aller sonstigen Vegetation leergeräumte Felder, über intensive Mineraldüngung und allzu großen Einsatz chemischer Gifte gegen sogenannte Unkräuter, Pilze und Insekten, über nicht artgerechte Massentierhaltung.

Unerwünschte Rückstände in der Umwelt wie in der menschlichen Nahrung vergällen empfindlichen Zeitgenossen die Freude am üppig gedeckten Tisch. Schließlich wächst die Zahl der Kritiker, denen in einer Welt der Nahrungsmittelknappheit zu viel verschwendet wird: Ein großer Teil der Getreideproduktion und Riesenmengen Futtermittel, die oft sogar aus armen Entwicklungsländern importiert werden, wandern in die Mägen von Mast- und Milchvieh – die dann Butter- und Fleischberge liefern.

Schale 4: Die Landschaft – hoch verdichtet und flach zersiedelt

»Die 248000 Quadratkilometer der Bundesrepublik Deutschland sind zu neun Zehntel Natur«, behauptete die Bonner Bundesregierung 1979 in einer weit verbreiteten Zeitungsanzeige. Naturschützer sehen das anders: Für sie ist Natur nicht alles, was grün ist, sondern nur, was nicht den Eingriffen des Menschen unterliegt – und da bleibt in der Bundesrepublik wie in Mitteleuropa wenig übrig. Denn die 53 Prozent Landesfläche (EG: 61 Prozent), die Acker- oder Grünland sind, und auch die 29,5 Prozent des Bundesgebietes (EG: 21 Prozent), auf denen Wald wächst, werden von der Land- und Forstwirtschaft teilweise äußerst intensiv genutzt.

Keine zehn Prozent für Häuser und Fabriken, Straßen und Plätze – das klingt nach einem erträglichen Maß. Doch die Statistik verrät nichts über die Verteilung dieser zehn Prozent in der Landschaft: Sie bilden ja keinen zusammenhängenden Block, sondern ein allumfassendes Netzwerk, das Grünland in zunehmend kleinere Areale zerstückelt. Zwischen 1965 und 1974 nahmen in der Bundesrepublik, der »Arbeitsgemeinschaft für Umweltfragen« zufolge, die Waldflächen täglich um 11 und das Gartenland um 13 Hektar ab, während die Verkehrsflächen täglich um 31 und die Gebäudeflächen gar um 68 Hektar zunahmen. Kritiker klagen

Die zweite industrielle Revolution veränderte das Gesicht vieler deutscher Landschaften und Städte stärker als der Zweite Weltkrieg. Frankfurt am Main, die Finanzmetropole der Bundesrepublik, büßte durch Krieg und Bauboom das in Jahrhunderten gewachsene Gesicht ein. Nur am Markt zu Füßen des Doms blieb eine (wieder-aufgebaute) Häuserzeile erhalten (links: vor dem Krieg; unten: im Jahr 1980).

deshalb gegen die »Ströme von Beton« und melden »Land unter«.
Fläche ist, wie Bodenpreise und Mieten jedem Bürger drastisch zeigen, ein begrenztes Gut. Da unsere Art zu leben aber auf Zuwachs ausgerichtet ist, gerät die Landschaft zwischen zwei extreme Entwicklungen – und damit unter die (Auto-)Räder: In den Ballungszentren verdichten sich die Citys immer weiter und wachsen deshalb in die Höhe (siehe Frankfurt), während gleichzeitig immer mehr Menschen vor den Folgen der Verdichtung (Bodenpreise, Umweltbelastung, Lärm) »ins Grüne« flüchten und somit die Zersiedelung fördern. So breiten sich die Stadtregionen, in denen schon 1975 gut 43 von 61 Millionen Bundesbürgern lebten, auf Kosten der grünen Umgebung aus. Bis zum Jahr 2000 sollen aus den alten Kernstädten weitere 17 Prozent der Einwohner in das Umland abwandern – zum Wohnen, denn gearbeitet wird weiterhin in der Stadt. So bringt die Verstädterung des Landes durch den verstärkten Pendlerverkehr mit Autos noch mehr Straßen, mehr Lärm und mehr Abgase.
»Unser ›Lieblingskind‹ Auto ist zugleich ein Sorgenkind des Umweltschutzes«, sagte Ex-Bundeskanzler Helmut Schmidt 1980. »Wir haben das ›Lieblingskind‹ ein bißchen weniger fett ernährt in den letzten Jahren.« Dennoch hat sich der Bestand an Personenwagen in wenig mehr als zehn Jahren auf über 25 Millionen (1984) verdoppelt, und verdoppelt hat sich zwischen 1967 und 1984 auch die Zahl der deutschen Autobahnkilometer von 3500 auf über 8000. Der Preis für die motorisierte Freiheit ist hoch, nicht nur wegen der jährlich gut 10000 Verkehrstoten: Etwa 50 Prozent der Westdeutschen fühlen sich durch Lärm belästigt, davon etwa 80 Prozent durch Verkehrslärm, der wiederum hauptsächlich von Kraftfahrzeugen verursacht wird. Und je dichter das Straßennetz wird, um so kleiner werden die ruhigen Zonen: Bei einer Untersuchung über die Dichte des Straßennetzes im größtenteils ländlichen Regierungsbezirk Tübingen zeigte sich, daß selbst dort nur 7,7 Prozent aller unzerschnittenen Flächen größer als 50 Quadratkilometer sind, während ein Drittel kleiner als zehn Quadratkilometer ist.
Die hohe Mobilität der Bevölkerung durch das Auto und die, gemessen an früher, viel größere Freizeit verursachten überdies gerade in den noch »heilen« Landschaften zunehmend Probleme: Rund die Hälfte der Fläche der Bundesrepublik Deutschland gilt als »Wochenendfläche«, als Naherholungsgebiet. Dazu kommen, teilweise deckungsgleich, 73 »Feriengebiete«, die immerhin zwölf Prozent der Landesfläche einnehmen. In beliebten Touristenzonen, etwa an der Ostseeküste, verdoppelt der Zustrom der Erholungssuchenden während der Saison die Einwohnerzahl (und damit auch die Umweltbelastung). Und in stadtnahen Wäldern wächst am Wochenende die Bevölkerungsdichte auf großstädtische Norm: Bis zu 900 Personen tummeln sich an einem Tag in einem belie-

bigen Quadratkilometer Wald am Stadtrand Stuttgarts – einem Verdichtungsraum, wie das »Umweltgutachten 1978« feststellt, dem »im Zeitraum 1945 bis 1974 1120 Hektar Wald verlorengingen, davon allein 415 Hektar während des letzten Jahrzehnts«.

Schale 4:
Energie und Rohstoff aus fernen Regionen

In manchen deutschen Ballungsräumen ist nicht nur naturnahe Landschaft knapp. Im Ruhrgebiet zum Beispiel fehlt inzwischen auch Platz für den Wirtschaftszweig, der dem Kohlenpott seinen Namen verlieh: Den Kohlenbergwerken mangelt es an Raum für Abraum. Bis zum Jahr 2000 sollen im Gebiet des »Siedlungsverbandes Ruhrkohlenbezirk« etwa 13 Quadratkilometer mit dem tauben Gestein aus den Zechen zugeschüttet sein (mit jeder Tonne Kohle fördern die Ruhrkumpel auch 800 Kilogramm Abraum).
Die Enge des Reviers ist, volkswirtschaftlich gesehen, um so schwerwiegender, als die Kohle – Steinkohle an der Ruhr, Braunkohle westlich von Köln – der größte verbliebene Bodenschatz der Bundesrepublik Deutschland ist, der einzig nennenswerte heimische Beitrag zur Energieversorgung des Landes: Würde die derzeitige (1984) Förderung von knapp 120 Millionen Tonnen Steinkohleneinheiten beibehalten, reichten die wirtschaftlich abbaubaren Vorräte für rund 280 Jahre.
Nach lange rückläufiger Förderung hat sich die Produktion stabilisiert. Vor allem die im Tagebau gewinnbare Braunkohle der Ville soll dafür sorgen, daß die Schornsteine der E-Werke weiter rauchen und die Lichter nicht ausgehen: gut 120 Millionen Tonnen schürften die riesigen Schaufelradbagger 1983. Im gleichen Jahr begannen die Arbeiten in der gigantischen Tagebaugrube »Hambach«, die einmal größer als der Chiemsee sein wird und dazu 500 Meter tief.
All dieses Bergeversetzen in der engen Heimat kann freilich heute nur ein gutes Drittel des westdeutschen Energiebedarfs decken. 1983 verbrauchte die Bundesrepublik den Energiegehalt von umgerechnet 362 Millionen Tonnen Steinkohle, 43 Prozent davon in Form von importiertem Erdöl. Knapp die Hälfte der Energie ging in die Haushalte, ein Drittel in die Industrie und ein Fünftel in den Verkehr. Tatsächlich genutzt wurde freilich weniger als ein Drittel der Energie, der Rest verpuffte – teils aus technisch-physikalischen Gründen – ungenutzt.
Energie, heute vor allem Öl, ist der Lebensstoff jeder Wirtschaft. Für den Import von Öl und Gas gab die Bundesrepublik 1983 rund 78 Milliarden Mark aus, also rund 1270 Mark pro Einwohner. Dagegen summierte sich die Einfuhrrechnung für alle Metalle und Erze auf »nur« rund 25 Milliarden Mark. Doch Metalle und andere Grundsubstanzen sind genauso wichtig für das Wohlergehen einer Nation – und sie sind in deutschem Boden ebenso rar wie

Erdöl: Nur 1,3 von 39,4 Millionen Tonnen Eisenerz kam 1982 aus dem Inland, während der Aluminium-Rohstoff Bauxit sowie Chrom und Molybdän, Nickel, Vanadium und Wolfram zu 100 Prozent eingeführt werden mußten. Einzig Salz und Steine birgt der deutsche Boden in ausreichenden Mengen.

Diese ungeheure Flut importierter Grundsubstanzen hält die hochentwickelte Schwer- und Veredelungsindustrie am Laufen, verhilft den Deutschen wie ihren europäischen Nachbarn zu geradezu sagenhaftem materiellen Wohlstand – zumindest aus dem Blickwinkel der zumeist armen Lieferländer betrachtet. Eine weiterhin ungebremste Einfuhr entspräche einem »Energie- und Rohstoffkolonialismus, den wir nicht wollen«, erklärte 1978 der damalige Bundesforschungsminister Volker Hauff. Auf jeden Fall bedeutet unser Wunsch nach Öl und Metallen, mit denen wir unter anderem unsere Autos bauen und fahren können, eine gigantische Auslagerung potentieller Umweltverschmutzung in andere Regionen der Erde. Nur wenn ein Supertanker an europäischen Küsten strandet und eine Ölpest droht, wird

Erzhalden im Hamburger Hafen symbolisieren, wie stark die Industrienation Bundesrepublik Deutschland auf ununterbrochenen Nachschub an Energie und Rohstoffen angewiesen ist (links). Die Importe werden unter anderem zu Maschinen »veredelt«, von denen wiederum gut ein Viertel exportiert wird (unten: Autoproduktion bei VW).

manchem Bürger bewußt, daß er mit seinem aufwendigen Lebensstil mit zu solchen Umweltkatastrophen beiträgt.

Schätzungen zufolge gibt es in unseren hochkomplizierten Industriegesellschaften etwa 20000 verschiedene Berufe. Diese ungeheure Spezialisierung führte zu Wohlstand, aber auch zu einer Art Betriebsblindheit für Grundsätzliches – zum Beispiel für die realistische Einschätzung unseres tatsächlichen Energiebedarfs: Jeder Bundesbürger verbrauchte 1983, statistisch gesehen, den Energiegehalt von 6000 Kilogramm Steinkohle oder – umgerechnet – den kalorischen Nahrungsbedarf von 46 Erwachsenen.

Lebten wir wie im alten Rom ohne Maschinen, müßte sich die Bundesrepublik demnach ein Heer von fast drei Milliarden Sklaven halten. Unsere Maschinen proben jedoch keinen Aufstand. Doch ganz ohne Folgen, auch für unser Wohlergehen, ist die energetische Orgie allerdings nicht.

Schale 4: Der Müll der fetten Jahre

Im Naturhaushalt wie im menschlichen Körper gilt der Grundsatz: Die Dosis bestimmt, ob ein Stoff heilkräftig oder giftig wirkt. Offensichtlich kann die Natur in Mitteleuropa eine gewaltige Dosis Mensch samt menschengemachter Energie und Abfälle aufnehmen.

Denn erst jetzt werden größere Auswirkungen auf das Naturprodukt menschlicher Körper sichtbar – eine Entwicklung, die, was Wunder, mehr zum Naturschutz beiträgt als tote Fische oder Fichten.

Rund 50 Milliarden Mark geben Staat und Wirtschaft allein in der Bundesrepublik Deutschland jährlich für den Umweltschutz aus; etwa ebenso hoch dürften die wirtschaftlichen Schäden (ohne Krankheitskosten) der Umweltverschmutzung, vor allem durch Korrosion, sein.

Ob freilich die gewaltige Geldmenge, rund drei Prozent des Volkseinkommens, ausreicht, Schaden von Mensch und Natur abzuwenden, darf bezweifelt werden. Zu sehr sind die Umweltinvestitionen auf die Behebung der sicht-, riech- und hörbaren Folgen unseres immer noch leichtfertigen Umgangs mit der Natur ausgerichtet – auf die Beseitigung von Rauchwolken, die Säuberung stinkender Flüsse, die Eindämmung wuchernder Siedlungen.

Ein erfolgreiches Beispiel für das Kurieren der Symptome (und nicht der Ursachen) ist die besser gewordene Müllbeseitigung. Jährlich karren die Müllmänner der Bundesrepublik rund 22 Millionen Tonnen Haus- und Sperrmüll zu den Deponien und in die Verbrennungsanlagen – gut 60000 Tonnen täglich oder ein Kilogramm pro Einwohner und Tag. Auf europäischer Ebene kommen pro Jahr rund 40 Millionen Tonnen oft giftiger und gefährlicher chemischer Abfälle zusammen (das ist fast ein Pfund pro Tag für jeden EG-Bürger). Ein Rückgang ist, allen Maßhalteappellen zum Trotz, noch nicht zu sehen.

Hier werden nicht nur einmalige Rohstoffvorräte auf den Müll geworfen oder durch den Kamin gejagt. Die Aktivitäten, die zu den Müllgebirgen führen, haben auch subtile, kaum sichtbare Folgen für die natürliche Umwelt: Da sterben Tier- und Pflanzenarten aus, die nur der Fachmann kennt, da werden einmalige Biotope unwiderruflich gestört, die mit viel Aufwand geschützt worden waren.

Einigermaßen ungestört lassen die Bürger der Bundesrepublik die Natur nur in einem Fleckerlteppich von etwa 1200 Naturschutzgebieten, die zusammengenommen nicht einmal ein Prozent der Republikfläche einnehmen. Einigermaßen: »Aufgrund mangelhafter Fürsorge durch die zuständigen Stellen haben viele Naturschutzgebiete so stark gelitten, daß ihre Schutzwürdigkeit in Frage gestellt ist«, bemängelt das »Umweltgutachten 1978«. »In rund 50 Prozent der Naturschutzgebiete finden Freizeitaktivitäten und Erholung statt

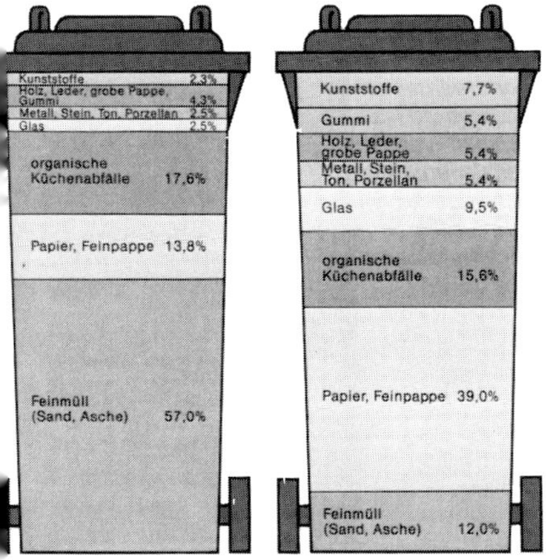

In Stuttgart wurde der Hausmüll 1950 und 1980 nach seinen Bestandteilen sortiert. Dem Gewicht nach sank innerhalb von 30 Jahren der Anteil an Feinmüll (Sand, Asche) von 56,8 auf 12 Prozent, während Papier und Feinpappe von 13,8 auf 39 Prozent zunahmen.

Jeder Bürger der Bundesrepublik Deutschland wirft im Jahr durchschnittlich 360 Kilogramm Abfall in den Müll. Bei einer fünfköpfigen Familie kommt eine »Jahresproduktion« von rund 60 Mülltonnen mit je 30 Kilogramm Fassungsvermögen zusammen.

und in fast jedem sechsten führen Belastungen durch Besucher zu nachhaltiger Störung.« Meist weniger auffällig sind auch die Folgen der Umweltbelastung für den Menschen selbst. Nur bei spektakulären Giftkatastrophen wie in Seveso und Bhopal wird die Gefahr allgemein sichtbar. Sonst leiden vor allem die Frontkämpfer der technischen Zivilisation, die Arbeiter in gefährliche Stoffe verarbeitenden Fabriken, still und einzeln an den Folgen zu hoher Dosen. Die Gefahr lauert an Tankstellen und in Metallwerkstätten, hinter den Teermaschinen von Straßenbautrupps und vor den Bohrern der mit Asbest hantierenden Handwerker: die Gefahr, wegen einer bestimmten Tätigkeit an einer bestimmten Krankheit zu erkranken. Die unselige Verknüpfung von Arbeitsplatz und Tumorleiden fiel schon im Jahr 1775 dem Londoner Arzt Percivall Pott auf, der eine ungewöhnliche Häufung von Hodenkrebsfällen bei Schornsteinfegern bemerkte. Pott zog damals den richtigen Schluß, daß Substanzen im Ruß den Berufskrebs verursachten. Seitdem sind immer mehr Zusammenhänge zwischen Krebserkrankungen und bestimmten berufsbedingten Ursachen ans Licht gekommen (ebenso wie neue Erkenntnisse über die Verbindungen anderer Leiden mit Schadstoffen am Arbeitsplatz). Ärzte entdeckten, daß Blasenkrebs durch den künstlichen roten Farbstoff Fuchsin ausgelöst werden kann, daß Röntgenstrahlen Hautkrebs verursachen, daß Leukämie (»Blutkrebs«) auf Benzol, einem Benzinzusatz, zurückgehen kann.

Beschäftigte in der Asbest-Industrie erkranken auffällig häufig an Lungen- oder Rippenfellkrebs, Arbeiter in der PVC-Produktion tragen ein höheres Leberkrebsrisiko, Chemiearbeiter leiden öfter an Blasenkrebs. Niemand weiß, wie viele krebserregende Stoffe existieren. Die offizielle deutsche Liste der »Maximalen Arbeitsplatz-Konzentrationen« (MAK-Liste) enthielt 1983 dreizehn Stoffe und Stoffgruppen, die »beim Menschen erfahrungsgemäß bösartige Geschwülste zu verursachen vermögen«, 140 Stoffe, die sich bislang nur im Tierversuch als krebserregend erwiesen haben, sowie 67 Chemikalien, bei denen »ein nennenswertes krebserzeugendes Potential zu vermuten ist«.

Aber auch außerhalb der Werkhallen, im Abwind der Schlote, Schmelzöfen und Auspuffe, summieren sich die Gesundheitsschäden, vor allem bei Kindern: Giftige Schwermetalle wie Blei, Quecksilber und Kadmium hemmen das geistige Wachstum und führen im Extremfall zu furchtbaren Lähmungen. Rückstände von biologisch schwer abbaubaren Chemikalien, zum Teil für den Pflanzenschutz eingesetzt, werden über die Nahrung aufgenommen – und, im Fall werdender oder stillender Mütter, an Ungeborene oder Neugeborene weitergegeben.

Heftig umstritten unter den Experten ist der Anteil der Umweltverschmutzung an den allgemeinen Krebserkrankungen. Der Mensch

»schwimme in einem Meer von Carcinogenen« (krebserregenden Substanzen), weshalb »bis zu 80 Prozent aller Krebserkrankungen« auf »Langzeitvergiftungen« zurückgingen – behaupten die einen. Andere, wie Professor Dietrich Schmähl vom Deutschen Krebsforschungszentrum (DKFZ) in Heidelberg, meinen, »wir haben bis heute keinerlei wissenschaftliche Hinweise, eine bestimmte Prozentzahl... mit einer chronischen Umweltbelastung durch Chemikalien« in Zusammenhang zu bringen.

Auch der Sommer 1984 veröffentlichte »Krebsatlas der Bundesrepublik Deutschland« vermag den Zusammenhang zwischen Umweltgiften und Krebs nicht eindeutig zu belegen. DKFZ-Experte und Mitautor Professor Gustav Wagner: »Luftverschmutzung stellt keinen wesentlichen Risikofaktor dar.«

Schale 5: Das »globale Dorf«

Spuren des Menschen von Pol zu Pol

Im letzten Jahrhundert gab es sie noch, die »weißen Flecken« auf der Weltkarte. Sie sind längst verschwunden. Dafür mehren sich die Spuren unserer Neugierde, unserer Suche nach den Schätzen der Erde von Pol zu Pol. »Wie gründlich der Mensch seine Spuren hinterläßt«, berichtete im Sommer 1980 die Hamburger Meeresbiologin Petra Deimer von einer Reise in die Antarktis mit dem Touristen-Expeditionsschiff »MS World Discoverer«, »wird auf der (dem Kontinent vorgelagerten) Vulkaninsel ›Deception Island‹ deutlich. Der schwarze Sand ist übersät mit Abfall, der sich im südlichen Kühlschrank der Erde besonders gut hält« – Abfall einer verlassenen Walfangstation.

Selbst der ferne, eisstarrende antarktische Kontinent kann inzwischen per Kreuzfahrtschiff von jedermann angesteuert werden. Längst haben sich in dem von 14 Nationen gemeinsam verwalteten Südpolargebiet die Forscher festgesetzt (die Bundesrepublik Deutschland wurde 1981 mit der Errichtung einer Forschungsstation das 14. Mitglied des Antarktis-Clubs). Schon jetzt erreichen jedes Jahr 2000 Tonnen Fracht und rund

16000 Tonnen Mineralölprodukte die Antarktis – und »nur ein kleiner Teil davon wird jemals wieder weggebracht«, wie eine amerikanische Fachzeitschrift bemerkte. Unbeabsichtigt gelangen mit den Menschen jedoch auch Bakterien, Pilze und Viren in die beinahe sterile südpolare Umwelt.

Selbst die entlegensten Regionen der Erde sind heute Pauschaltouristen zugänglich: Bei organisierten Ausflügen an den Rand des Südpolarkontinents Antarktika können Normalbürger kalbende Gletscher (links) und brütende Pinguine aus nächster Nähe fotografieren.

DDT und andere Gifte, von der ozeanischen Nahrungskette weitergereicht, wurden bereits in antarktischen Tieren wie Pinguinen gefunden. Dennoch gilt die Eiswüste am Südpol den Fachleuten als Maßstab der Reinheit.

Mehr Spuren menschlicher Aktivitäten machen Forscher in der Arktis aus, die ja fast vollständig von hochindustrialisierten Ländern eingekreist ist. »Schadstoffe wie Schwermetalle, Pestizide, Schwefeloxide, polychlorierte Biphenyle und selbst radioaktive Rückstände finden immer häufiger ihren Weg in das Nordpolarmeer«, meldete das britische Forschungsmagazin »New Scientist« im März 1980. »Es kann gut sein, daß in Zukunft die Eskimos in Barrow (Alaska) ein beträchtliches Interesse dafür haben werden, was die Europäer in die Irische See pumpen.«

Deutlich sind auch die Spuren der rund viereinhalb Milliarden Köpfe zählenden Menschheit im Luft- und Wassermeer – vor allem die Spuren des reichen Viertels der Menschheit: »Der überwiegende Teil der globalen, aus Umweltverschmutzung rührenden Gefährdungen wird von den Industrieländern erzeugt«, heißt es im »Umweltgutachten 1978«.

Dreck in der Luft ist freilich längst nicht mehr ein typisches Merkmal der Industrieländer. In den krebsartig wuchernden Metropolen der Dritten Welt bleibt inzwischen der Bevölkerung viel eher die Luft weg: In der brasilianischen Zehn-Millionen-Stadt São Paulo löste der allzu hohe Gehalt an giftigem Kohlenmonoxid 1978 gleich 35mal amtlich verfügten Alarm aus.

Schlimmer noch steht es in vielen Entwicklungsländern (und etlichen Industrienationen) um die Versorgung mit Trinkwasser: Zwei Drittel der Bevölkerung armer Staaten muß beispielsweise auf eine regelmäßige Versorgung mit hygienisch einwandfreiem Wasser in ausreichenden Mengen verzichten.

Der meiste Schmutz landet schließlich in den Ozeanen. Sie zeigen, ihrer Größe zum Trotz (zwei Drittel der Erdoberfläche sind von Meeren bedeckt), deutliche Spuren davon, selbst fernab der Küsten. »An 43 der 57 Reisetage hatten wir im Tauchnetz Ölklumpen aufgefangen«, notierte Thor Heyerdahl nach einer Atlantiküberquerung an Bord des Floßes »RA II« – Öl »aus den regelmäßigen Abfallmengen der gesamten Welttankerflotte«.

Schale 5: Gesucht: Nahrung für viereinhalb Milliarden Menschen

Auch wenn die Zuwachsraten sinken: In den achtziger Jahren wächst die Menschheit um jährlich etwa 80 Millionen Köpfe, und das trotz einer in den Entwicklungsländern erschreckenden Kindersterblichkeit. Pessimisten sehen angesichts solcher Zahlen keine Möglichkeit, wie die Erde so viele Menschen ernähren könnte.

Ökologen errechneten, daß die Pflanzenwelt genug Nahrung produziert, um auch eine doppelt so große

Die Erschließung neuer Nahrungsquellen auf den Südkontinenten sicherte die Versorgung des Nordens (unten: Rinderherde in Argentinien). Neu eingeführte Tiere wie etwa das Kaninchen in Australien fraßen ganze Landstriche kahl (links vom Zaun).

Weltbevölkerung ausreichend zu ernähren. Rund 15 Millionen Tonnen Kohlenstoff, jener Schlüsselsubstanz aller Lebewesen, sind in den Körpern der heute lebenden Menschen enthalten, wie der Wiener Autor Georg Breuer kalkulierte: »Das ist eine bloße Kleinigkeit, gemessen an den etwa 800000 Millionen Tonnen, die in den Pflanzen enthalten sind.« In der Tat braucht niemand zu hungern – wenn er genug Geld hat.

Doch damit beginnen die Schwierigkeiten. Nahrungsüberschüsse produzieren – das heißt: Getreide exportierten – neben den beiden weniger entwickelten Ländern Argentinien und Thailand nur die Industrienationen mit großen Landflächen. Deren Überschüsse wandern freilich zum größten Teil in die Mägen von Rindern, Schweinen und Hühnern, die sich die reichen Länder halten, um ihren immensen Appetit auf Fleisch, Milchprodukte und Eier mehr als ausreichend zu stillen. Wenn dieser Fleischhunger weiter anhält, steigt nach den Worten des amerikanischen Agronomen Sylvan Wittwer »der Nahrungsbedarf ins Unendliche«.

Der Gipfel der landwirtschaftlichen Produktion pro Kopf der Erdbevölkerung scheint allerdings schon erreicht zu sein. Keine großen Reserven gibt es auch beim Ackerland. Schlimmer noch: Rund 3000 Quadratkilometer bestes Ackerland gehen jedes Jahr als Bauland und für Verkehrswege verloren, etwa 800000 Quadratkilometer (das entspricht der Fläche Frankreichs und der Bundesrepublik Deutschlands) verlieren Jahr für Jahr gigantische Mengen Mutterboden, den der Wind verweht oder das Wasser wegwäscht, weil die schützende Pflanzendecke durch Abweiden, Pflügen oder Eggen entfernt worden war.

Rund 14 Millionen Quadratkilometer, das sind elf Prozent der Erdoberfläche, können ohne größere Einschränkungen landwirtschaftlich genutzt werden. Theoretisch wäre es möglich, noch einmal die gleiche Landfläche unter den Pflug zu nehmen. Aber diese Reserve befindet sich größtenteils in Klimazonen, die sich aus ökologischen Gründen nur bedingt für intensive Landwirtschaft eignen: Halbwüsten und Steppen sowie tropische Regenwälder. So sind die Aussichten für die 500 Millionen bis eine Milliarde schwer unterernährten und hungernden Menschen schlecht, daß in Zukunft ihr Gebet »Gib uns unser täglich Brot heute« in gewünschtem Maß in Erfüllung geht.

Schale 5: Wachsende Wüsten, schrumpfende Wälder

Das Ausmaß und die Geschwindigkeit der Naturzerstörung außerhalb der Industrienationen wurde erst im letzten Jahrzehnt bewußt. Besonders gefährliche Entwicklungen haben in den trockenen Grasländern am Rande der Wüsten, in den tropischen Regenwäldern und in der arktischen Tundra eingesetzt – Entwicklungen, die nach Meinung vieler Forscher für das Erdklima und damit für alle Lebewesen ernste Folgen haben können.

Das bislang schlimmste Beispiel, wie Unkenntnis gepaart mit ungebremstem Wachstum eine ganze Region bedrohen kann, ist die Dürrekatastrophe in der afrikanischen Sahel-Zone. Dieses Gebiet zwischen der Sahara-Wüste im Norden und der regenreicheren Sudan-Region im Süden zieht sich als etwa 500 Kilometer breiter Streifen vom Atlantik bis zum Roten Meer quer durch den Kontinent. Seit 1969 (und bis 1984) fielen dort weniger als die Hälfte der in den Jahrzehnten zuvor üblichen Niederschläge – eine Trockenperiode, wie sie immer wieder vorgekommen war. Diesmal jedoch hatten die Herden der Nomaden (und damit auch die Zahl der Menschen) dank neu gebohrter Wasserstellen, besserer medizinischer Versorgung und anderer Entwicklungen so stark zugenommen, daß es zur Katastrophe kam: das Vieh verdurstete, Hunderttausende verhungerten, die karge Pflanzendecke wurde nahezu vernichtet, die Wüste breitete immer weiter sich aus.

Offensichtlich hatte »man die Bedingungen für feuchtere Jahre überschätzt und mögliche Trockenjahre zu wenig einkalkuliert«, kommentiert der Hamburger Wirtschaftsgeograph Professor Horst Mensching das ökologische Desaster. Ja, »die Zunahme des Wüstencharakters (Desertifikation) in weiten Sahelgebieten ist durch menschliche Einflußnahme möglicherweise überhaupt erst eingeleitet worden«. Trotz der bitteren Erfahrungen nimmt die Desertifikation auch in anderen Regionen der Erde zu. Wahrscheinlich noch gravierender ist freilich der Raubbau in den tropischen Regenwäldern: Nach Schätzungen der Welternährungsorganisation FAO werden jährlich rund 150000 Quadratkilometer – das entspricht zwei Drittel der Bundesrepublik – dieses üppigsten aller Ökosysteme vernichtet.

Die westafrikanische Republik Elfenbeinküste wird bald, so ist zu befürchten, ihre einst das halbe Land bedeckenden Tropenwälder völlig abgeholzt haben.

Und selbst im riesigen Amazonas-Regenwald sind die Schäden, etwa entlang der Prestige-Straße Transamazonica, unübersehbar geworden: Einmal zerstört, wächst der Regenwald nicht wieder zur ursprünglichen Üppigkeit heran, da die im Boden enthaltenen Nährstoffe davongeschwemmt werden.

Weltweite Naturzerstörung: verdurstetes Tier in der Sahel-Zone, Kahlschlag in Sibirien, Waldbrand in Kali fornien, brennender Öltanker.

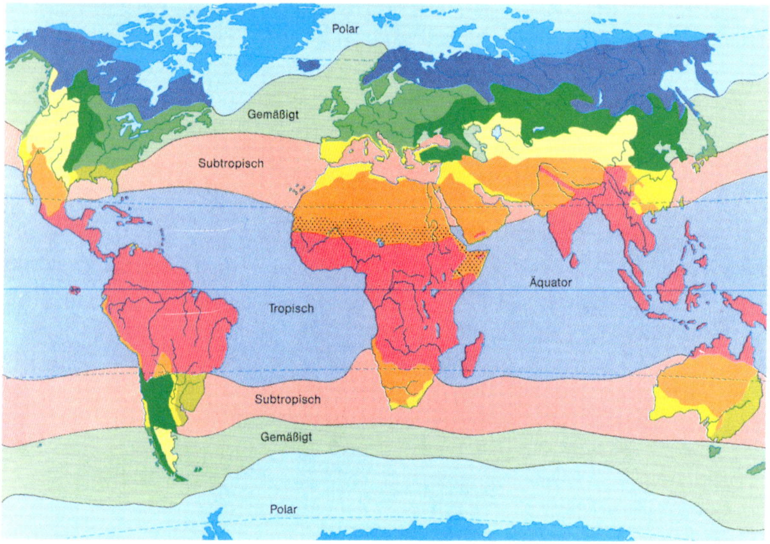

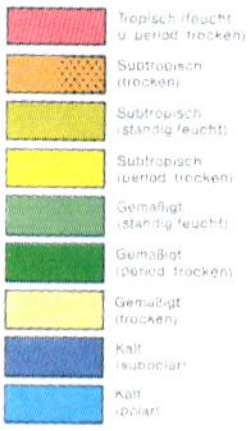

Die Klimazonen der Erde

Die Oberfläche der Erde kann, je nach Äquator- oder Polnähe, in vier Klimatypen unterteilt werden: tropisch, subtropisch, gemäßigt und polar. Jede Klimazone ist wiederum nach Eigenschaften wie Niederschläge oder Landschaftsform unterteilt, woraus eine große Zahl verschiedener Ökosysteme resultiert.

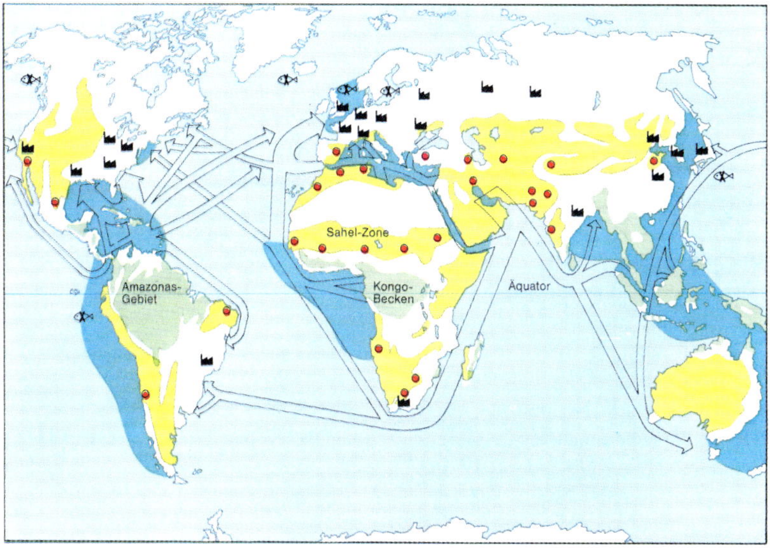

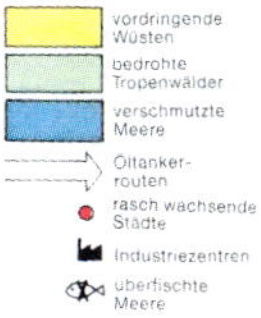

Die gefährdeten Zonen der Erde

Die Weltkarte der Umweltgefährdung zeigt auf einen Blick, welche Ökosysteme besonders bedroht sind: Übermäßige Nutzung verwandelt Halbwüsten und Steppen in richtige Wüsten, Abholzungen vernichten die letzten tropischen Regenwälder, Abwässer bedrohen Küstengewässer, Rand- und Binnenmeere.

Schale 5: Die Schätze der Erde – in wenigen Jahrzehnten verschleudert

Die Nutzungsmöglichkeiten von Akkerboden und Siedlungsraum mögen durch das Klima begrenzt sein, die von Rohstofflagern sind es nicht. Nach fast zweihundert Jahren Industrialisierung und Jahrzehnten des Massenkonsums in den westlichen Ländern sind die leicht zugänglichen Bodenschätze der Erde verbraucht oder zu klein, den ins Ungeheure gestiegenen Bedarf zu decken.

Seit Jahren schwärmen Geologen und andere Spezialisten für die Suche nach neuen Erz-, Öl- oder Kohlelagern in die unwirtlichsten Regionen der Erde aus. Sie suchen nach Erdöl in der arktischen Inselwelt Kanadas und nach Kupfer im unwegsamen Bergwald Neuguineas, nach Metallen wie Mangan auf dem Meeresboden und nach Erdgas unter den Dauerfrostböden Sibiriens: Die riesige Maschinerie der technischen Zivilisation will mit Millionen, nein: Milliarden Tonnen Brenn- und Rohstoffen jährlich am Laufen gehalten werden. Von ihrem möglichst ununterbrochenen Nachschub hängen Wohl und Wehe des reichen Viertels der Menschheit ab, aber auch die Existenz der rund eine Milliarde Köpfe zählenden Stadtbewohner in der Dritten Welt.

Die schwer zugänglichen Schätze haben ihren Preis – ökonomisch wie ökologisch. Aber spätestens seit den gewaltigen Preiserhöhungen des Kartells erdölexportierender Länder (OPEC) in den siebziger Jahren sind die Industriestaaten in Ost und West bereit, einen hohen Preis für eine politisch sichere Energieversorgung zu zahlen. So hat eine einzige kanadische Ölgesellschaft bis Ende 1980 knapp eine Milliarde Dollar für Probebohrungen in der arktischen Beaufort-See investiert, dem Meeresgebiet nordöstlich der berühmten Ölfelder von der Prudhoe Bay in Alaska. Umweltschützer befürchten freilich, die Unrast im Eismeer könnte Wale und Robben (und damit die Lebensgrundlage der Eskimos) vertreiben. Außerdem dauert es in dem empfindlichen arktischen Ökosystem sehr viel länger, bis Schäden in der dünnen Pflanzendecke völlig verheilen. Eine auslaufende Bohrung – ein »blowout« – könnte die kalte See auf Jahrzehnte hinaus mit Öl verseuchen, da der mikrobielle Abbau hier viel länger dauert als in wärmeren Gewässern.

Der Sprit aus fernen Landen fließt zum größten Teil in die Benzin- und Heizöltanks einiger weniger Länder. Jeder US-Amerikaner verbraucht im Jahr, statistisch gesehen, doppelt soviel Energie wie ein Westdeutscher, zehnmal soviel wie ein Mexikaner und hundertmal soviel wie ein Indonesier. Daneben verbraucht ein US-Bürger während seines Lebens, wie Statistiker errechneten, durchschnittlich 700 Tonnen mineralische Rohstoffe. »Bei diesen Zahlen wird einem klar, daß selbst ein Amerika mehr ist, als die Welt ertragen kann«, schreibt der Amerikaner

Die weltweite Verflechtung des Handels läßt keine Region mehr unberührt. Nachdem die leicht zugänglichen Rohstofflagerstätten auf der Nordhalbkugel der Erde ausgebeutet sind, werden nun die Südkontinente geplündert. Vor allem Australien entwickelte sich schnell zum führenden Rohstofflieferanten der Welt (unten: Kupfer-, Blei- und Silbermine in Mt. Isa, Queensland).

Jeremy Rifkin in seinem Buch »Entropie«. Westeuropa steht freilich den USA inzwischen wenig nach. Zusammengenommen verbraucht das Viertel der Menschheit in den Industrieländern 90 Prozent aller Rohstoffe: So gesehen sind die Industrieländer die am stärksten überbevölkerten Regionen der Erde.

Rohstoffe werden freilich nicht nur teurer, sie werden auch knapper. Zwar gehen Geologen davon aus, daß nicht alle wirtschaftlich abbaubaren Lagerstätten schon bekannt sind (und die enormen Vorkommen an Kupfer, Kohle, Eisen und Uran, die in den letzten Jahren allein in Australien und Neuguinea entdeckt wurden, bestätigen das). Aber dennoch ist klar, daß die Vorräte nicht ewig reichen: Bei gleichbleibend steigender Förderung wären die 1984 bekannten, wirtschaftlich abbaubaren Lagerstätten von Erdöl in 35 Jahren, Kupfer in 60 Jahren, Eisen in 220 Jahren und Steinkohle in 120 Jahren erschöpft. Kein Wunder, daß sich Länder mit solchen Lagerstätten zu fragen beginnen, wie schnell sie eigentlich ihre Schätze verschleudern wollen.

Die befürchtete oder tatsächlich schon eingetretene Verknappung der Rohstoffe kurbelt nicht nur die heftige Suche nach neuen Vorkommen in ökologisch empfindlichen Gebieten der Erde an. Sie bewirkt auch eine große Umschichtung des Wohlstandes in der Welt, wie die längst legendären »Öl-Scheichs« zeigen. Der ehemalige deutsche Bundeskanzler Willy Brandt warnte als Vorsitzender der sogenannten »Nord-Süd-Kommission« für internationale Entwicklungsfragen, es sei »eine gefährliche Illusion anzunehmen, daß abgeschottete Inseln des Wohlstandes und der Sicherheit auf Dauer Bestand haben können«. Ohne ein gewisses Maß an internationaler politischer und wirtschaftlicher Stabilität lassen sich jedoch langfristige Programme zur Erhaltung der natürlichen Lebensgrundlagen nicht durchführen. Menschen, die kaum das Nötigste zum Leben haben, sind Argumenten für einen strengeren Schutz der natürlichen Umwelt ihrer Heimat kaum zugänglich – vor allem, wenn solche Maßnahmen ihre wirtschaftliche Situation weiter zu verschlechtern drohen.

Schale 5: Raumschiff Erde – eine Oase des Lebens

Nur 24 Menschen hatten bisher Gelegenheit, mit eigenen Augen unsere Heimat im All als Ganzes zu sehen: Die amerikanischen Astronauten erlebten sie auf ihren Flügen zum Mond als blauweiße Kugel im Raum – als Raumschiff Erde.

Kein Bild verdeutlicht besser, daß sich die Spezies *Homo sapiens* den ganzen Planeten (und sogar etwas Weltraum darum herum) als »ökologische Nische« erobert hat. Die Spuren des *Homo faber*, des technisch begabten Menschen, zeichnen seit dem Jahr 1969 die Oberfläche des Mondes (wo sie kein Wetter, keine Erosion gnädig verwischt). Seine

Die Mondfahrer sahen als erste (und bisher einzige) Menschen die Erde als kleine, blau-weiße Kugel in einem lebensfeindlichen Weltraum. Der Blick zurück auf unsere Heimat im All machte die Verwundbarkeit des »Raumschiffes Erde« schlagartig deutlich.

ferngelenkten Roboter stehen – Schrott des Raketenzeitalters – auf den unwirtlichen Nachbarplaneten Venus und Mars.
Und während dieses Buch geschrieben wird, sind drei amerikanische Raumsonden dabei, unser Sonnensystem zu verlassen und als erste von Menschenhand geschaffene Körper in den interstellaren Raum zu fliegen: Einer kosmischen Flaschenpost gleich, tragen alle drei Grußbot-

schaften an Unbekannt – für alle Fälle.

Zurück auf der Erde bleiben die Sorgen einer zerstrittenen Menschheit: Ist die Tragfähigkeit des Raumschiffs Erde schon erschöpft? Oder haben sich einige Passagiere nur, zum Leidwesen des großen Restes, zu breit gemacht? Und wird das automatische, lebenserhaltende Selbstreinigungssystem unseres Planeten, werden die großen Kreisläufe der Natur überhaupt ausreichen, all die Rückstände der inzwischen erdumspannenden technischen Zivilisation zu beseitigen?

Der Blick der Mondfahrer machte zwei Dinge so klar wie nie zuvor: Erstens sitzen alle Menschen im gleichen Boot, und zweitens hängen sie – allen technischen Erfolgen zum Trotz – auf Gedeih und Verderb vom fehlerlosen Funktionieren der natürlichen Systeme ab. Auch wenn wir weit davon entfernt sind, nur einen der großen Kreisläufe zu beherrschen, so sind wir doch inzwischen in der Lage, Sand ins globale Getriebe der Natur zu streuen.

Die Spuren des Menschen finden sich seit 1969 auch auf dem Mond, wo sie weder Regen noch Wind gnädig verwischen: Sie werden für Jahrmillionen erhalten bleiben. Die Ausflüge der Apollo-Astronauten werden freilich so schnell nicht wiederholt werden.

Wir (und das heißt vor allem Amerikaner und Europäer, also jeder von uns) erzeugen mit unserer Technik eine Fülle langlebiger Rückstände, deren Wirkungen auf die natürliche Umwelt noch längst nicht überschaut werden: Verändert die massive Anreicherung von Kohlendioxid aus Verbrennungsprozessen in der Luft das Erdklima? Welche Folgen haben die biologisch schwer abbaubaren, giftigen Chemikalien langfristig für das Leben? Was geschieht mit dem zum Teil für Jahrhunderttausende strahlenden radioaktiven Müll, der aus kerntechnischen Prozessen entstanden ist?
Die Krankheiten des Ökosystems Erde sind gewöhnlich nicht so leicht sichtbar wie die Ölpest nach einem Tankerunglück, wo Ursache und Wirkung für jedermann offen zutage liegen. Außerdem gibt es für fast jeden ökologisch bedenklichen Eingriff in die Natur mehr oder minder überzeugende wirtschaftliche oder politische Argumente. Und der Mangel an Kenntnissen über die möglichen vielfältigen Auswirkungen menschlicher Aktivitäten auf globaler Ebene wird nicht – ähnlich dem juristischen Grundsatz »im Zweifel für den Angeklagten« – nach dem Motto »im Zweifel für die Natur« ausgelegt, sondern eher umgekehrt.
Die globale Sicht hat freilich auch einen Nachteil: Sie verwischt die regionalen und lokalen Probleme. Wenn es zu Katastrophen kommt, dann wahrscheinlich nicht überall und gleichzeitig. Überdies tendieren ökologische Katastrophen dazu, fast heimlich, nur bei einzelnen Organismen einer Art zu beginnen.
Eine dieser »heimlichen Katastrophen«, die ihren Zoll unter Menschen fordert, ist die im Westen weitgehend unbeachtet gebliebene Rückkehr der Malaria: Die Krankheitserreger zeigen eine zunehmende Unempfindlichkeit gegen Arzneimittel, ebenso wie die sie übertragenden Moskitos immun werden gegen Insektengifte – und deshalb schnellt die Zahl der Malariakranken nach oben, allein in Indien von 40 000 im Jahr 1966 auf sechs Millionen im Jahr 1976. Aber auch die Bewohner von Industrieländern sind keineswegs vor umweltbedingten Krankheiten gefeit, wie die deutliche Zunahme vor allem der Lungenkrebs-Erkrankungen zeigt (wobei hier die »Opfer« meist auch – als Tabakraucher – die »Täter« sind).
Wir benutzen heute die »ökologische Nische Erde« selbst im Privatleben so, als hätte es nie etwas anderes gegeben: Wir essen neuseeländische Lammkoteletts und Grönlandkrabben mit der gleichen Selbstverständlichkeit, mit der wir japanische Autos mit Benzin aus arabischem Öl betanken. Wir buchen Kreuzfahrten in die Antarktis und Ausflüge nach Neuguinea, wir telefonieren mit Freunden in Kalifornien wie mit Nachbarn nebenan und bekommen in Bruchteilen von Sekunden alle wichtigen Ereignisse auf dem Globus ins Haus gefunkt. Wir leben in einem globalen Dorf. Werden wir es in Ordnung halten können?

Professor Dr. Hermann Remmert:
Wir und unsere Welt

Hermann Remmert ist seit 1976 Professor am Fachbereich Biologie der Philipps-Universität Marburg. Der 1931 geborene Zoologe erforscht unter anderem die physiologische Anpassung von Tieren an ihren Lebensraum, die Physiologie der »inneren Uhr« von Tieren sowie Ökosysteme, etwa auf Spitzbergen und am Südpol. Er gibt die Zeitschrift »Oecologia« heraus, schrieb das Lehrbuch »Ökologie« und war Präsident der deutschen »Gesellschaft für Ökologie«.

Leben zwei Menschen an einem schönen klaren Fluß, so werden sie genügend zu essen und zu trinken finden, und sie werden auch Möglichkeiten zum Bau eines Hauses haben. Aber sie werden von Hochwässern, von Räubern, von Krankheiten bedroht; Zeit für das, was wir heute »Selbstverwirklichung« nennen, gibt es nicht. Leben zwanzig Menschen hier, so wird man ein wenig Mühe zur Beseitigung des Unrats aufwenden müssen und gleichzeitig wird eine Arbeitsteilung insofern stattfinden können, als besonders jagdbegabte Angehörige der Gruppe eben der Jagd nachgehen, andere dem Hausbau, der Feldarbeit oder sonstigen Tätigkeiten. Bei zweihundert Personen wird der Aufwand für die Beseitigung des Unrates schon erheblich; auf der anderen Seite kann man nun vielleicht bereits einen Lehrer beschäftigen. Bei zweitausend Menschen braucht man wahrscheinlich mindestens einen Polizisten; bei zwanzigtausend werden die Aufwendungen für die Beschaffung der Nahrung aus weitem Umkreis, für die Beseitigung der Abfälle, für die Behandlung von Kranken, für die Erziehung der Kinder schon sehr groß. Bei zweihunderttausend sind Straßen notwendig, bei 2000000 werden die Kosten, die einfach aufgrund der Zahl der Menschen an einer Stelle auftreten, ungeheuer.

Zwar gibt es Vorteile: So viele Theater, so viele spezialisierte Geschäfte, ein derart reiches Warenangebot sind nur bei so hoher Dichte möglich. Aber die Kosten (sprich Energie) für alle diese notwendigen Dienstleistungen schnellen ins Ungeheure,

die Schere zwischen Vorteilen der hohen Bevölkerungszahl und ihren Nachteilen klafft weit auseinander.
Damit ist die Situation der heutigen Menschheit charakterisiert. Die »reichen« Industrieländer haben überwiegend eine so hohe Populationsdichte, daß sie die notwendigen Dienstleistungen (die letzten Endes als Kosten, als Arbeit und damit als Energie definierbar sind) nicht mehr aufbringen können. Die Vorteile der hohen Bevölkerungsdichte haben sich ins Gegenteil verkehrt.
Nichts bleibt mehr übrig, um anderen Ländern zu helfen, die auf dem Wege zu einer ähnlich hohen Bevölkerungsdichte sind, in denen aber aufgrund klimatischer Gegebenheiten und (oder) aufgrund der Bodenverhältnisse weder Industrie noch Landwirtschaft möglich oder vom Energiestandpunkt her gesehen sinnvoll sind.
Wir können offenbar nicht an jedem Punkt der Erde die Bevölkerungsdichte von Mitteleuropa ertragen und ernähren – es sei denn, wir haben Energie im Überschuß. Davon kann nicht die Rede sein. Und wenn wir sie hätten (wie mit Blick auf die Kernfusion gelegentlich angenommen wird), würden die so freigesetzten ungeheuren Energiemengen (für Klimaanlagen, Wasserentsalzung, Düngung) das Klima unserer Erde in unvorhersehbarer Weise verändern.
Wenn die Menschheit in unserem Sinne menschenwürdig (also mit einem gewissen Wohlstand, einer gewissen Sicherheit, in Freiheit, mit der Möglichkeit zur Selbstverwirklichung) weiterleben will, wird diese Menschheit der Tatsache der zu hohen menschlichen Bevölkerungsgröße ins Auge schauen und ihr begegnen müssen. Selbst wenn die Menschheit auf der Stelle die Kinderzahl so reduzieren würde, daß nur noch die Todesfälle ausgeglichen würden, würde sich die Menschheit noch einmal verdoppeln: Die meisten jetzt lebenden Menschen sind so jung, daß sie erst in einigen Jahren ins fortpflanzungsfähige Alter kommen werden. Die Probleme, die uns so bevorstehen, haben eine schreckliche Dimension.
Was kann die Menschheit tun?
Es hilft nichts: Wir müssen jeden Weg gehen, der zu einem Abbau der Bevölkerungszahl auf friedlichem Wege führt. Tabus und religiöse Dogmen müssen überdacht werden. Ideologien müssen gründlich auf ihren Gehalt getestet werden: Wo fängt die Freiheit an, die wir wirklich brauchen?
Solange das Fahren großvolumiger Autos mit hoher Geschwindigkeit, solange hoher Nikotin- und Alkoholverbrauch, solange eine unbeschränkte Haustierhaltung als Ausdrücke persönlicher Freiheit angesehen werden und nicht diskutiert werden, wird sich nichts ändern. Solange man ohne Rücksicht auf verfügbare Energie jeden Fleck der Erde »entwickeln« will und die hier lebende Bevölkerung zur Vermehrung er-

muntert, belastet man die Umwelt in unverantwortlicher Weise.
Man wird dahin kommen müssen, einen Teil dieser persönlichen Freiheit einzuschränken, um nicht Schlimmeres zu erleben. Man wird akzeptieren müssen, daß Menschen in Ballungsgebieten größere Geldmengen zur Verfügung stehen als Menschen in naturnäheren oder Naturräumen: Die Menschen in Ballungsgebieten sind stärkerer Belastung ausgesetzt, ihre Wohnqualität ist geringer. Man wird akzeptieren müssen, daß diese Menschen aus Ballungsgebieten in Naturräume reisen können, weil nur hier eine wirkliche Erholung möglich ist. Man wird akzeptieren müssen, daß Naturräume und naturnahe Räume erhalten bleiben.
Man wird aber auch akzeptieren müssen, daß es Ballungsräume geben wird und geben muß, daß eine Mineraldüngung unserer Felder notwendig ist. Alles andere ist Geschwätz und führt zu nichts anderem als dem, was die alten Griechen schon kannten, als sie den unbequemen Mahner Sokrates mit naturreinem Schierling vom Leben zum Tode beförderten.
Auch wenn die restlichen Naturräume so naturnah wie nur möglich gelassen werden sollten, wird man sie nicht völlig sich selbst überlassen können. Sie lassen sogar eine gewisse Nutzung durch den Menschen zu. Sie brauchen keine Naturschutzgebiete zu sein, in denen jeder Eingriff verboten ist. Man denke an die Tundragebiete Skandinaviens, in denen seit Jahrhunderten die Rentiere genutzt werden: Diese Wirtschaftsform ist beispielhaft für die mit hoher Sicherheit einzig wirklich nutzbringende und dazu rentable Wirtschaftsform in den Trockengebieten dieser Erde. Die Sahelzone würde mit einer solchen Wirtschaftsform Menschen ernähren können, ohne endgültig Wüste zu werden. Ähnliches gilt für Steppen und Randwüstengebiete in vielen Regionen. In Südafrika funktionieren solche Wildtierfarmen bereits mit großem Erfolg.
Der Ökologe muß bescheiden hinzusetzen, daß selbst die größten Nationalparks nicht ausreichen, um ein wirklich ausbalanciertes Pflanzen- und Tierleben zu gewährleisten. Mit dem Eingriff des Menschen, der Grenzen für den Nationalpark setzte, sind überall zusätzliche Probleme entstanden, die durch die Übervermehrung einzelner Tierarten charakterisierbar sind. Die Erfahrungen mit den großen Nationalparks dieser Erde haben gezeigt, daß kein System so ausbalanciert ist, wie die ökologische Theorie es verlangt. Die ökologische Theorie gilt nur für viel größere Räume. In die Tierwelt und die Pflanzenwelt selbst großer Nationalparks muß man eingreifen, und man sollte das – da es nun einmal notwendig ist – auch zum Wohle der Menschheit tun.
Man sollte große Landwirtschaftsgebiete gleichzeitig als Erholungsge-

biete nutzbar machen und hier, soweit überhaupt möglich, Naturnähe belassen: Auf der einen Seite brauchen wir die Erholungsgebiete, zum zweiten dienen sie als klimatische Ausgleichsräume sowie als Auffangräume für die Abfälle der Ballungsräume, und zum dritten ist es furchtbar schwer, wenn nicht unmöglich, vorauszusehen, was in einem hemmungslos vom Menschen genutzten Gebiet geschehen wird.

Manche Gebiete scheinen hier viel zu ertragen – andere nicht. Viele Urwaldgebiete voll strotzenden Lebens haben sich nach »Kultivierung« als karge Sandwüsten entpuppt; die kalifornische Sardine (die John Steinbeck zu seinem Roman »Die Straße der Ölsardinen« inspirierte) wurde durch Überfischung vernichtet und nun durch einen wirtschaftlich wertlosen Fisch ersetzt (das Ökosystem wurde also vollendet und irreversibel gestört). Heute befürchten Fachleute das gleiche bei den Walen: Der wirtschaftlich wertlose Zwergwal hat sich sehr stark vermehrt und scheint nun nach dem »Greifen« einiger Schutzbestimmungen den wertvollen Blauwal an einer Neuvermehrung zu hindern.

Ökologische Forschung wird heute mit großem – wenn auch nicht genügend großem – Aufwand betrieben. Letzten Endes kommt man überall zu dem gleichen Ergebnis. Notwendig dazu wäre jedoch eine ähnliche aufwendige ökonomische Forschung.

Der Ökologe, der mit Ökonomen zusammenarbeiten möchte, schaut leicht verblüfft auf die hier durchweg angewandten Primitivmethoden.

Eine Förderung sehr aufwendiger ökonomischer Forschung erscheint notwendig: Wozu haben wir sonst solch ungeheuren Computer entwikkelt? Und: Vielleicht sollte man sich ein Beispiel an einigen sozialistischen Ländern nehmen, die den Spruch entwickelten: »Wir können nur verbrauchen, was wir erarbeitet haben.«

Dennoch: Dieser Spruch ist falsch. Wir dürfen nur *weniger* verbrauchen, als wir erarbeitet haben, denn wir müssen einen erheblichen Teil unseres Erarbeiteten in die Erhaltung und die Wiederherstellung unserer Umwelt stecken – und sei es in Gebieten, die viele tausend Kilometer entfernt sind.

Wir sind ein Teil der Natur, wir brauchen die Natur. Aber wir können nicht ohne ein beträchtliches Maß an Technik leben.

Wenn wir es schaffen, unsere Bevölkerung zu begrenzen, wenn wir es schaffen, dem Mißbrauch von Nahrungsmitteln Einhalt zu gebieten, wenn wir akzeptieren, daß verschiedene Regionen verschieden »entwikkelt« sind und bleiben werden und bleiben müssen, wenn wir akzeptieren, daß nicht hoher Energieverbrauch die Würde der Freiheit des Menschen ausmacht – wenn wir das alles akzeptieren, dann kann die Menschheit durchaus überleben.

Im Donnern der Brandung vermengen sich die drei antiken Elemente Wasser, Luft und Erde.

Die unbelebte Natur: verschmutzt

Eine Zwischenbilanz der Umweltschäden

Von den Gipfeln der Berge bis in die Tiefen der Meere

Die große Umweltdiskussion, die Anfang der siebziger Jahre in die breite Öffentlichkeit drang und noch lange anhalten wird, kann mit zwei schmerzlichen, langwierigen Erkenntnisprozessen aus der Geschichte verglichen werden: mit der »kopernikanischen Revolution« und der Debatte um die Evolutionstheorie Charles Darwins. Kopernikus zeigte, daß Erde und Menschheit nicht im Mittelpunkt des Universums stehen. Darwin machte deutlich, daß der Mensch kein speziell geschaffenes »Ebenbild Gottes« ist, sondern das Produkt einer langen Evolution. Nun wird uns bewußt, daß uns dieser Planet samt seinen Kreaturen (die ja Darwin zufolge alle irgendwie mit uns verwandt sind) nicht völlig kostenlos zur Ausbeutung zur Verfügung steht.

Das »alte« Weltbild entspricht dem Schalenmodell aus dem vorigen Kapitel: der Mensch im Mittelpunkt, die Natur zu Diensten.

Diese bequeme anthropozentrische Vorstellung ist allerdings gefährlich. Denn sie verführt uns, negative Entwicklungen in der natürlichen Umwelt isoliert zu sehen, lediglich das Symptom zu kurieren und möglicherweise damit noch mehr Unheil anzurichten.

Das Bewußtsein, unentrinnbar in ein kaum überschaubares Getriebe aus Natur und Technik eingebunden zu sein, löst bei vielen Bürgern Furcht aus. Denn es zeigt etwa den Deutschen, daß sie in Sachen Umwelt »in der schlimmsten Situation aller Industrieländer sind«, wie es der Aachener Ingenieur Heiner Bonnenberg bei einer internationalen Kernenergiekonferenz im September 1980 einmal ausdrückte: »Wir sind eine ›Megalopolis‹ mit einem Mangel an Umwelt.«

Die Spuren des Menschen sind überall. Kaum ein Gebiet der Erde, das noch nicht betreten worden ist; kaum eine Region des Meeres, in der keine Ölspuren sichtbar sind; kaum ein Raum der Atmosphäre, in dem nicht die Spuren einer längst globalen Luftverschmutzung meßbar wären. In den dichter besiedelten Landschaften der Industrienationen ähnelt der Raubbau an der unbelebten Natur schon heute mitunter der Umwelt-Apokalypse auf dieser Zeichnung. Nur der »Import« weniger verschmutzter Luft und sauberen Wassers durch die natürlichen Kreisläufe macht Leben in den Ballungsräumen auch heute noch möglich. Wie lange noch?

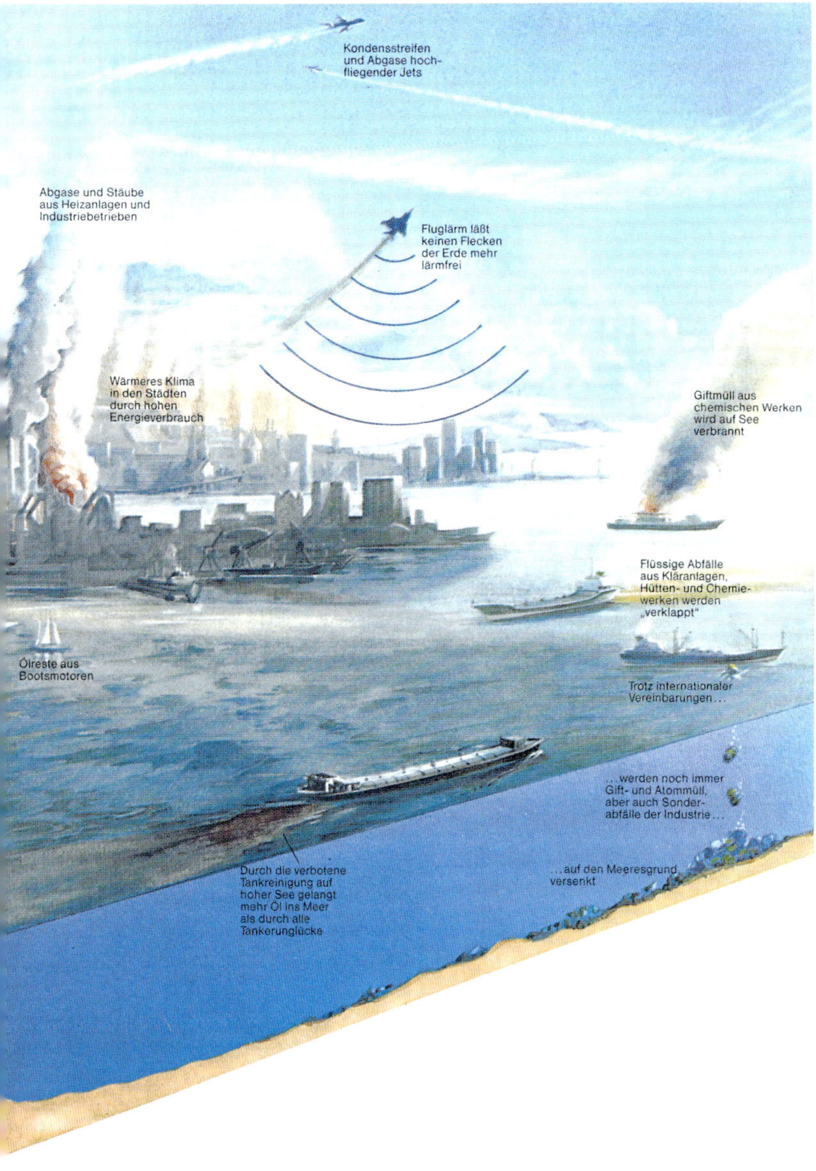

Kondensstreifen und Abgase hochfliegender Jets
Abgase und Stäube aus Heizanlagen und Industriebetrieben
Fluglärm läßt keinen Flecken der Erde mehr lärmfrei
Wärmeres Klima in den Städten durch hohen Energieverbrauch
Giftmüll aus chemischen Werken wird auf See verbrannt
Flüssige Abfälle aus Kläranlagen, Hütten- und Chemiewerken werden „verklappt"
Ölreste aus Bootsmotoren
Trotz internationaler Vereinbarungen ...
... werden noch immer Gift- und Atommüll, aber auch Sonderabfälle der Industrie ...
... auf den Meeresgrund versenkt
Durch die verbotene Tankreinigung auf hoher See gelangt mehr Öl ins Meer als durch alle Tankerunglücke

Luftverschmutzung
Graue Schleier im lichten Kleid der Erde

Der Versuch hatte einen würdigen Rahmen und den erwarteten Erfolg. Am 19. Mai 1980 fuhr ein Mittelklassewagen auf den historischen Haidplatz der alten Reichsstadt Regensburg. Männer verbanden den Auspuff mit der Einlaßöffnung eines 523 Kubikmeter fassenden Ballons (das entspricht dem Rauminhalt eines großen Einfamilienhauses). Dann sprang der Motor wieder an, und nach nur einer guten Stunde war das Werk vollbracht: Eine mit giftigen Abgasen prall gefüllte Kugel schwebte über dem Platz.

Der Anschauungsunterricht in Sachen alltäglicher Luftverschmutzung zeigt deutlicher als die Millionen-Tonnen-Statistiken, was wir – zumeist ohne Nachdenken – aus Auspuffen und Schornsteinen hinter uns lassen: Im Jahr 1984 waren es allein in der Bundesrepublik Deutschland zum Beispiel gut drei Millionen Tonnen Schwefeldioxid, noch etwas mehr Tonnen Stickoxide, eine halbe Million Tonnen Staub mit Tausenden von Tonnen giftiger Schwermetalle und Chemikalien. Offenbar ist

Rauchende Schlote galten bisher als Symbol der wirtschaftlichen Leistungskraft, des Wohlstandes und des Fortschritts. Nach dem ungeheuren industriellen Wachstum seit dem Zweiten Weltkrieg sind die Abgasfahnen aus Kraftwerken, Industriebetrieben und häuslichen Schornsteinen ein globales Problem geworden, das regional die Grenzen des Zumutbaren längst überschritten hat (links: Smogalarm im Ruhrgebiet, Januar 1979).

nun die Grenze der seit Jahrzehnten währenden Luftverschmutzung zumindest in Mitteleuropa erreicht: Nach der Übersäuerung von Seen und Flüssen durch den »sauren Regen« breiten sich seit Anfang der achtziger Jahre die eindeutig auf Luftschadstoffe zurückgehenden Waldschäden aus.

Schlechte Luft ist kein neues und kein deutsches Problem. Schon 1880 forderte eine Wolke aus Rauch und Nebel – nach den englischen Worten »smoke« und »fog« kurz »Smog« genannt – in London rund tausend Opfer.

Im Jahr 1952, bei der schlimmsten Smog-Katastrophe der britischen Hauptstadt, starben sogar rund 4000 Menschen.

Heute ist Smog auch außerhalb von London oder der kalifornischen Autofahrer-Stadt Los Angeles kein Fremdwort mehr. Am 17. Januar 1979 erlebten die Bewohner des westlichen Ruhrgebiets zum ersten mal die »Alarmstufe eins« der Smog-Verordnung des Landes Nordrhein-Westfalen.

Und Mitte Januar 1985 mußte gar im ganzen Kohlenpott fünf Tage Smogalarm bis zur (höchsten) Stufe 3 gegeben werden: privater Autoverkehr war untersagt, Kraftwerke mußten auf schwefelarme Brennstoffe umstellen.

Als Luftverunreinigungen bezeichnet das deutsche Bundesimmissionsschutzgesetz jede Abweichung von der natürlichen Zusammensetzung der Luft. In der Bundesrepublik regelt seit 1974 die »Technische Anleitung zur Reinhaltung der Luft« (kurz: TA Luft), wieviel von welchem Schadstoff kurz- oder langzeitig auf einen Quadratmeter Fläche einwirken darf (»Emissionen« sind die ausgesandten Verunreinigungen, »Immissionen« die auf ein bestimmtes Gebiet einwirkenden Substanzen oder Belästigungen).

Die 1983 neugefaßte TA Luft sowie die im gleichen Jahr beschlossene »Großfeuerungsanlagenverordnung« wurden von der Bonner Regierung »als erhebliche Verbesserung der Luftbelastung« gelobt. Beide Verordnungen sind jedoch kaum geeignet, eine Wende etwa im Kampf gegen das Waldsterben herbeizuführen. Beide erlauben vor allem bestehenden und damit meist besonders schmutzigen Kraftwerken (»Altanlagen«) zum Teil noch bis 1993, die Umwelt wie bisher zu verpesten.

Aber auch die Vorschriften für Neuanlagen hinken weit hinter dem technisch Möglichen und ökologisch Notwendigen nach. So wird die »Politik der hohen Schornsteine« (mit nun maximal 250 Meter hohen Schloten) fortgesetzt und damit ebenfalls die weiträumige Verteilung vor allem von Schwefeldioxid und Stickoxiden, den Verursachern des »sauren Regens«.

Dabei hatte Japan schon gezeigt, wie's gemacht wird: Dort wurde der jährliche Schwefeldioxid-Ausstoß durch strikte Rauchgasreinigung von 4,4 Millionen Tonnen (1970) auf rund 1,8 Millionen Tonnen (1978) gesenkt.

Nicht nur Menschen und Bäume leiden unter der Schadstoff-Flut. Auch Kulturdenkmäler werden von schmutziger Luft angegriffen: Schwefeldioxid und Stickoxide verbinden sich mit Regen oder Tau zu schwefliger oder salpetriger Säure, die dann Steine zerfressen (rechts: zerstörtes Marmormosaik; oben und unten: Schäden und Ausbesserungsarbeiten am Kölner Dom).

Luft, die Steine erweicht und Wälder umbringt

Die Fülle der Schadstoffe läßt ahnen, welch komplexes Gemisch aus Gasen und Stäuben die Luft heute ist. Im Großraum Köln enthält sie – laut Luftreinhalteplan – rund 1000 verschiedene Stoffe. Jeder dieser Stoffe bleibt verschieden lang in der Atmosphäre: Schwefeldioxid ist nach zehn Tagen verschwunden (oder hat sich in »sauren Regen« verwandelt); feine Stäube (Aerosolpartikel) halten sich einen bis zwanzig Tage; Kohlendioxid verweilt etwa zwei bis fünf Jahre in der Luft. Jeder dieser Stoffe kommt aus jeder Abgas speienden Anlage in unterschiedlichen Quantitäten: Staub gelangt vor allem aus Kraftwerken, bei der Eisen- und Stahlerzeugung sowie durch die Schornsteine der Haushalte in die Luft; Dreiviertel des Schwefeldioxid-Ausstoßes kommen aus Kraftwerks- und Industrie-Schloten, die auch etwa ein Drittel der Stickoxide liefern; die Hälfte der Stickoxide entströmt Auto-Auspuffen; Autos und Hausbrand steuern das meiste Kohlenmonoxid bei.

Die meisten Luftverunreinigungen sind, zumal in höheren Konzentrationen, für lebende Organismen schädlich. Obwohl dies schon lange bekannt ist, hat sich die Luftqualität insgesamt kaum gebessert: Der Ausstoß an Verunreinigungen lag 1980 in der Bundesrepublik mit rund 14 Millionen Tonnen etwa auf gleicher Höhe wie 1970. Verschoben haben sich allerdings die Anteile der einzelnen Schadstoffe an der Gesamtbelastung. Vor allem der leicht sichtbare (und auch relativ leicht herauszufilternde) Staub gelangt heute in wesentlich geringeren Mengen in die Luft. Da freilich eben dieser Staub einen Teil der aus Schwefeldioxid und Stickoxiden entstehenden Säure »abpufferte«, wurde mit seiner Entfernung ungewollt der »saure Regen« noch gefördert.

Dank des Benzin-Blei-Gesetzes sank seit 1976 die Bleikonzentration in der Luft westdeutscher Städte um das Zweieinhalbfache; besser ist freilich völlig bleifreies Benzin, das erst seit

Im Abwind einer Bleihütte bei Nordenham an der Unterweser kam es 1972 zu einer Tier-Katastrophe: 130 Kühe gingen an Bleivergiftung ein, nachdem wegen eines defekten Filters weit mehr Blei als gesetzlich erlaubt unbemerkt in die Umgebung der Hütte gelangt war.

der Katalysator-Diskussion von 1984 auf dem Vormarsch ist.
Auch der Anteil der krebserzeugenden Kohlenwasserstoffe und des ebenso gefährlichen Benzpyrens, beides hauptsächlich Produkte der Verbrennung in Automotoren, ging drastisch zurück. Dagegen steigt der Gehalt an Stickstoffdioxid seit einigen Jahren an: eine Folge der besseren Verbrennung in Motoren und Kesseln.
Eben diese Stickoxide tragen wesentlich mit zum Waldsterben (und anderen Schäden) bei: Sie bilden zusammen mit der Luftfeuchtigkeit Salpetersäure und damit einen Teil des »sauren Regens«; sie werden durch das ultraviolette Sonnenlicht in Photooxidantien umgewandelt, die Blätter und Nadeln schädigen (siehe Waldsterben Seite 292ff.).
Einer US-Studie zufolge gehen allein in den Vereinigten Staaten jährlich etwa 140000 Todesfälle direkt oder indirekt auf Luftverschmutzung zurück, vor allem auf Schwefeldioxid. Untersuchungen an Kindern haben gezeigt, daß schon relativ geringe Konzentrationen dieses Gases die Anfälligkeit für Infektionen der unteren Atemwege erhöht; viele Ärzte und Eltern sehen einen direkten Zusammenhang zwischen Luftverschmutzung und Erstickungshusten (»Pseudo-Krupp«). Erwachsene im besonders belasteten Ruhrgebiet leiden häufiger an chronischem Husten oder chronischer Bronchitis. Duisburger Kinder haben eine höhere Bleikonzentration in den Zähnen als ihre Altersgenossen in revierfernen Städten. Freilich: Selten läßt sich die Wirkung eines bestimmten Schadstoffs auf einen bestimmten Organismus schlüssig nachweisen – etwa im Fall der 130 bleivergifteten Kühe, die 1972 im Abwind einer Bleihütte bei Nordenham an der Unterweser verendeten (das Werk produziert freilich unverändert weiter, da der Schaden »nur« auf einen defekten Filter zurückging).
Eine Studie des Instituts für Umweltschutz der Universität Dortmund kam 1980 zu dem Ergebnis, daß Schadstoffe (vor allem Schwefeldioxid) in der Bundesrepublik jährlich Gebäude- und Korrosionsschäden in Höhe von fast dreieinhalb Milliarden Mark verursachen. Dazu kommen Verluste an landwirtschaftlichen Produkten in Höhe von rund 125 Millionen Mark pro Jahr.
Die gesamten volkswirtschaftlichen Verluste durch Luftverschmutzung in der Bundesrepublik Deutschland schätzte das Umweltbundesamt in Berlin für das Jahr 1979 (also vor dem sichtbaren Beginn des Waldsterbens) auf 40 bis 70 Milliarden Mark – das sind umgerechnet rund 1000 Mark pro Einwohner.
»Besonders betroffen von der Luftverschmutzung sind Baudenkmäler und Kunstwerke«, klagt das Umweltbundesamt. »Für die laufenden Renovierungsarbeiten am Kölner Dom zum Beispiel müssen jährlich rund drei Millionen DM aufgewendet werden, 60 bis 80 Millionen DM wird die in den nächsten 20 Jahren erforderliche Erneuerung und Ergänzung von Sandsteinen kosten.«

Wärmeinseln in der Heimat, saurer Regen in der Ferne

Stadtluft macht frei, heißt es im Volksmund. Gesund macht sie sicher nicht: In diesen »inneren Kampfzonen« der Umweltverschmutzung, in denen nicht einmal die sonst so zähen Flechten wachsen können, ist nicht nur die Luft anders als draußen im Lande, sondern auch das Wetter und Klima.

Hier sind »mindestens fünf nicht unabhängige Ursachenkomplexe in äußerst wechselhafter gegenseitiger Überlagerung und Beeinflussung wirksam«, beschreibt Dr. Hubert Emonds von der Technischen Hochschule Aachen das Stadtklima. Die Bebauung verhindert einen ungestörten Frischluftnachschub – weshalb in neueren Plänen auf »Frischluftschneisen« geachtet wird – und sorgt so für bis zu eineinhalbmal weniger Wind als im Freiland. Zugleich ist es in der Stadtluft und im Stadtboden um zwei bis fünf Prozent trockener, obwohl es (wegen der Staubteilchen in der Luft) etwa zehn Prozent mehr Regentage gibt. Trotz der Dunstglocke, die gut ein Zehntel der Sonneneinstrahlung verschluckt, nehmen die Beton- und Asphaltland-

München schmort im eigenen Schmutz: Eine wärmere Luftschicht hat sich über die bayerische Landeshauptstadt gelegt und läßt – wie ein Deckel auf dem Topf – die Abgase aus Heizung, Industrie und Verkehr nicht mehr abziehen. Während am Boden die Schadstoffwerte bedenklich ansteigen, herrscht in der Höhe bei klarer Luft eine hervorragende Fernsicht bis zu den knapp 100 Kilometer entfernten Alpen.

schaften rund zehn Prozent mehr Strahlungswärme auf.

Dazu kommt, in steigenden Mengen, die Abwärme aus technischen Prozessen: Im Ruhrgebiet machte sie schon im Jahr 1970 etwa ein Drittel der natürlichen Energiebilanz aus.

Schließlich liegt über den Ballungszentren die schon von weitem, oft aus mehr als 100 Kilometer Entfernung sichtbare Dunstglocke: ein trübes Gemisch, in dem manche Schadstoffe bis zu zweitausendmal höher konzentriert sind als in der reinen Atmosphäre.

Ein solches »Reizklima« besonderer Art hat natürlich auch gesundheitli-

che Folgen, nicht nur bei Smog-Wetterlagen, wenn eine wärmere Luftschicht wie ein Deckel über der Stadt liegt und den Abzug der Verunreinigungen verhindert. Das Innenministerium von Baden-Württemberg zählt unter anderem als häufigste Erkrankungen »Reizerscheinungen der Augen sowie der Luftwege«, »entzündliche Veränderungen der Lungen«, »Tumore« sowie »allgemeine Leistungs- und Konzentrationsschwäche« auf.
Für Tiere stellt das Stadtklima einen besonderen evolutionären Streß dar, der manche Arten vertreibt, andere – und nicht unbedingt die vom Menschen erwünschten – aber fördert. Die Dunstglocke beeinflußt auch die Pflanzenwelt: Schwefeldioxid und Fluor-Wasserstoff rotten Nadelbäume in stadtnahen Wäldern aus, Fluorverbindungen vor allem aus Aluminiumwerken lassen Gewächse in stadtnahen Gärtnereien und Feldern eingehen (so geschehen in Hamburg).
Kein Wunder, daß in den am stärksten betroffenen Ballungsräumen wie dem Rhein-Ruhr-Revier bereits eine Art »Luftraumbewirtschaftung« eingeführt wurde: Das Regierungspräsidium Düsseldorf läßt neue Industriebetriebe nur zu, wenn auch »belastbare Luft« vorhanden ist, die eine gewisse »Luftreserve« jedoch nicht antasten darf.
Lange Zeit galt schon die großräumige Verdünnung der Schadstoffe als »Umweltschutz«. Mit bis zu 350 Meter hohen Schornsteinen soll vor allem das anfallende Schwefeldioxid aus den überlasteten Ballungsräumen gepustet werden (siehe auch Seite 172). In der Tat sank die Belastung in der Umgebung der Super-Schlote. Dafür leiden nun revierferne Gebiete: Schwefeldioxid, aber auch Stickstoffoxide aus Autoabgasen verbinden sich mit der Feuchtigkeit der Luft zu Schwefel- oder Salpetersäure und fallen dann als »saurer Regen« zur Erde.
Die »sauren Grüße« aus den Industriezentren schädigen Wälder fernab der Reviere. Luftströmungen verfrachten die säurehaltige Luft aus Mittelengland und dem Ruhrgebiet bis nach Skandinavien, aus dem Raum Chicago nach Labrador, ja aus Japan über 5000 Kilometer ins ferne Alaska.
Über 20000 Seen sind in Skandinavien, wo kalkarmes Wasser die Säure nicht neutralisieren kann, betroffen; etwa ein Fünftel aller größeren Seen sind fischleer.
Hier hilft kein noch so hoher Schornstein, sondern nur radikale Abgasreinigung.

Eiszeit oder Sintflut? Gefahr für das Klima aus Schloten und Vulkanen

Ein rußender Schornstein kann gereinigt werden. Wie aber wirken sich die Gase und Stäube, die wir in die Atmosphäre pusten, auf das weitgehend noch unverstandene Klimageschehen unseres Planeten aus?
Sorgen bereiten den Klimatologen vor allem zwei Verunreinigungen mit freilich gegenläufiger klimatischer

Wirkung: Kohlendioxid und Feinstäube (Aerosole). Kohlendioxid ist ein Abfallprodukt aller Verbrennungsprozesse, auch der »kalten Verbrennung« in Organismen, also auch im Menschen. In der Lufthülle der Erde wirkt Kohlendioxid ähnlich wie ein Glasfenster: Es läßt die Sonnenstrahlen einfallen, absorbiert aber die von der Erdoberfläche abgestrahlte Wärme. Aerosole und manche Gase hingegen blocken einen Teil der Sonnenstrahlung ab und bewirken damit einen Temperaturrückgang in den dichteren Luftschichten.

Am weltweiten Kohlenstoffkreislauf ist die Menschheit inzwischen mit etwa zwanzig Prozent beteiligt – besser gesagt: Die jährlich etwa zehn bis zwanzig Milliarden Tonnen Kohlendioxid, die wir ins Luftmeer pumpen, werden also nicht wieder vollständig in den biologischen Kreislauf rückgeführt.

So wenig 0,035 Prozent für Laien auf den ersten Blick sein mögen, als Kohlendioxid in der Luft können sie ungeheure Folgen haben. Denn mehr Kohlendioxid verstärkt den Treibhauseffekt und führt damit zu höheren Temperaturen. Eine Verdoppelung des Gehalts auf 0,06 Prozent würde beim heutigen Verbrauch an fossilen Brennstoffen und bei der anhaltenden Waldvernichtung (Wald ist ja eine riesige »Kohlenstoff-Senke«) in nur 50 Jahren eintreten. Nach Klima-Modellrechnungen könnte dies einen durchschnittlichen Temperaturanstieg von fünf bis 15 Grad Celsius an den Polen und von anderthalb bis drei Grad im weltweiten Mittel bewirken.

Auch eine Reihe natürlicher Vorgänge auf der Erde können das Klima beeinflussen – etwa die urgewaltigen Vulkanausbrüche. Als am 18. Mai 1980 der Vulkan St. Helens im amerikanischen Bundesstaat Washington mit der Gewalt von 500 Atombomben des Hiroshima-Typs explodierte und etwa zwei Kubikkilometer Gestein in den Himmel sprengte, da erhöhte er auch mit einem Schlag die gesamte in der Atmosphäre enthaltene Aerosol-Menge um 25 bis 50 Prozent. Außerdem fauchte der Berg mehr als hundert Tage jeweils etwa 2000 Tonnen Schwefeldioxid aus.

Wie dies auf das Klimageschehen wirken kann, fanden Forscher bei der Untersuchung von Bohrkernen mit uraltem Eis aus Grönland: Nach besonders heftigen Ausbrüchen sank die Temperatur, weil ein Schleier aus Schwefeldioxid und Feinstaub in großer Höhe Sonnenlicht abblockte. Eine Vulkankatastrophe in Indonesien ließ im Jahr 1816 den Sommer in Europa, Asien und Nordamerika ausfallen.

Ähnlich wie die Feuerberge könnte auch der »menschliche Vulkan« so viel Staub und Gas aufwirbeln, daß die Temperaturen sinken. Auf jeden Fall bieten Vulkan-Explosionen Gelegenheit, Klima-Theorien zu überprüfen. Generell nehmen die Klimatologen jedoch an, daß bei weiterem Kohlendioxid-Anstieg auch die Temperaturen steigen werden. Würden die Eismassen der Polkappen

vollständig schmelzen, stiege weltweit der Meeresspiegel um rund 80 Meter.
Globale Klimafolgen schlimmsten Ausmaßes hätte höchstwahrscheinlich ein Atomkrieg. Unter dem Schlagwort »nuklearer Winter« diskutieren Forscher und Politiker seit 1983 die möglichen Folgen eines größeren nuklearen Schlagabtausches: Rauch und Staub aus den resultierenden Bränden könnten die Erde jahrelang in Wolken hüllen, so daß eine Art Mini-Eiszeit die Überlebenden heimsuchen würde.

Lärm liegt in der Luft

»Eines Tages wird der Mensch den Lärm ebenso unerbittlich bekämpfen müssen wie die Cholera und die Pest«, prophezeite Robert Koch, Medizin-Nobelpreisträger und Begründer der modernen Bakteriologie, um die Jahrhundertwende. Und noch einmal hundert Jahre früher klagte der Philosoph Arthur Schopenhauer über das »vermaledeite, infernalische Peitschenknallen der Fuhrleute in den hallenden Gassen der Städte, welches dem Leben alle Ruhe und Sinnigkeit nimmt«. Was würden diese Lärmopfer heute sagen, da sich der Krach seitdem verachtfacht hat?
Etwa 40 Prozent der Bürger in Industrieländern wie der Bundesrepublik Deutschland oder Großbritannien fühlen sich zeitweise oder dauernd durch Lärm belästigt, die Hälfte davon durch das »Umweltproblem

Mit Urgewalt sprengte der Vulkan Mount St. Helens im US-Bundesstaat Washington am 18. Mai 1980 425 Meter seines fast 3000 Meter hohen Gipfels in die Luft: Eine Chance für Forscher, diese massive »natürliche« Luftver-

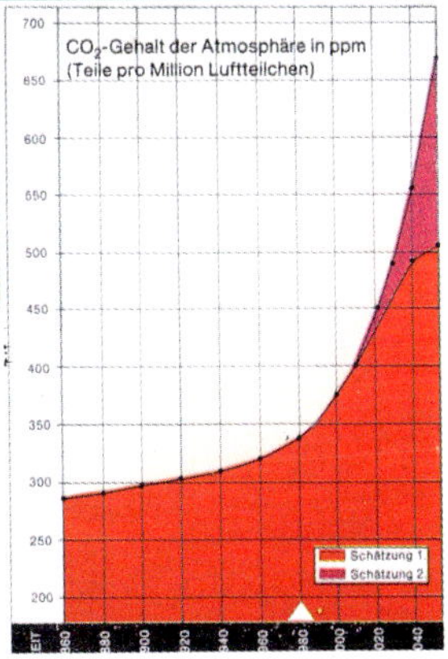

schmutzung zu studieren. Der »menschliche Vulkan« pustet seit 150 Jahren immer mehr Kohlendioxid (CO_2) aus Verbrennungsprozessen in die Atmosphäre. Der CO_2-Anstieg (siehe Grafik) könnte im kommenden Jahrhundert zu einer katastrophalen Erwärmung des Erdklimas führen.

Die Meinungen der Experten über die Auswirkungen der weltweiten Luftverschmutzung auf das Erdklima gehen weit auseinander. Stimmt die These vom Temperaturanstieg durch die Kohlendioxid-Zunahme (»Treibhauseffekt«), dann könnten die Polkappen teilweise schmelzen und zu katastrophalen Überschwemmungen führen (oben: Sturmflut an der Nordseeküste). Kommt es dagegen zu einer globalen Abkühlung, dann könnte der langfristige Trend zu einer neuen Eiszeit beschleunigt werden (links: Eisberge vor Grönland).

Nummer eins«, wie der Präsident des Berliner Umweltbundesamtes, Heinrich von Lersner, es nannte – das Auto. Auch Flugzeuge (4,5 Millionen Gestörte), Gewerbebetriebe (1,8 Millionen) und Eisenbahnen (eine Million) reißen Bürger aus dem Schlaf oder rauben ganz einfach ihre Ruhe. Nachbarn und bellende Hunde und nicht zuletzt eineinhalb Millionen deutsche Motorrasenmäher tragen die unerwünschten Luftschwingungen selbst in feinste Villenviertel. Und sogar draußen in den schönsten Landschaften ist den dröhnenden Motoren schwer zu entkommen: Rund ein Drittel der 144 Quadratkilometer großen Halbinsel Bodanrück im Bodensee wird in wenigen Jahren von den Straßen her »verlärmt« sein, wie die Fachleute sagen. Lärm vertreibt das Wild, doch ansonsten ist es eine vom Menschen verursachte Umweltbelastung, die voll auf den Menschen zurückschlägt. Taubheit und Schwerhörigkeit rückten inzwischen an die erste Stelle der Berufskrankheiten-Liste, auch wenn 1978 erstmals die Zahl der Opfer berufsbedingter Lärmschwerhörigkeit um zwölf Prozent auf »nur« noch 17634 Fälle zurückging. Freilich: Außer der Schwerhörigkeit gibt es keine aus medizinischer Sicht allgemein akzeptierte und qualitativ eindeutig nachweisbare Lärm-Krankheit. Dennoch »steht unzweifelhaft fest, daß Lärm uns ab bestimmten Intensitäten in mannigfacher Weise beeinträchtigt«, wie der Münchner Facharzt Maximilian Bajog schreibt.

Lärm ist zunächst, wie Physiker sagen, ein Schallereignis, eine Luftschwingung, deren Intensität mit dem Maß »Dezibel« gemessen wird:

Lärm aus ungezählten Motoren und Lautsprechern ist zu einer kaum mehr erträglichen Umweltbelastung geworden. In den Ballungszentren (links: Autobahn beim Frankfurter Flughafen) ist der Krach endemisch. Ein anderes Problem ist die Umweltbelastung durch kurzwellige Radiostrahlung und durch Mikrowellen: Kann die »elektromagnetische Umweltverschmutzung« zu gesundheitlichen Schäden führen?

Die Hörschwelle liegt bei null Dezibel (kurz: 0 dB [A]; das »A« steht für eine Korrektur des physikalischen Wertes, da das menschliche Ohr nicht alle Tonhöhen gleich laut wahrnimmt): leises Flüstern entspricht 30 dB (A) und damit der tausendfachen Schallintensität des Null-Wertes. Ein Personenwagen erzeugt etwa 70 dB (A) und ist somit rund zehntausendfach schallintensiver als das Flüstern; ein Düsenmotor liegt mit 140 dB (A) weit über der Schmerzschwelle, seine Schallintensität ist noch einmal zehnmillionenmal höher als die des Autos.

Lärm ist, wie Umweltforscher sagen, »ein Schallereignis, das bei betroffenen Personen in der jeweils aktuellen Situation bestimmte beeinträchtigende Wirkungen hervorruft« (so Erich Schröder vom »Deutschen Arbeitsring für Lärmbekämpfung«). Bei 30 dB beginnen generell psychische Reaktionen wie Konzentrationsschwächen oder Schlafstörungen, ab 65 dB reagiert unser Körper mit Streßsymptomen wie erhöhter Hormonausschüttung, ab 90 dB treten Hörschäden auf und ab 120 dB mechanische Schäden am ganzen Körper. Dazwischen gibt es freilich eine große Bandbreite subjektiven Empfindens: 70 dB am Tag wirken anders als bei Nacht (in der, dem deutschen Verkehrslärmschutzgesetz von 1980 zufolge, in reinen Wohngebieten immer noch maximal

52 dB herrschen dürfen), laute Rockmusik stört den Fan weniger als der ebenso laute Preßlufthammer.
Mit einer unüberschaubaren Zahl von Gesetzen, Vorschriften und Normen versuchen deutsche Politiker und Behörden, der Seuche Lärm Einhalt zu gebieten – ein schwieriges Unterfangen, denn jeder ist zwar für Ruhe, aber kaum jemand ist bereit, den Preis dafür zu bezahlen. So werden Lärmquellen wie Autos hinter Schallschutzmauern verbannt und die Betroffenen hinter Schallschutzfenster, ja, es werden »Ruhegebiete als Oasen für lärmgeplagte Stadtbewohner« in eigens freigehaltenen Flächen am Rand der Metropolen geschaffen. Nur schwer setzt sich dagegen die Verminderung des Lärms an der Quelle durch: Leisere Motoren und Maschinen können helfen, vor allem aber – weniger Krach machen. Denn der Mensch kann zwar die Augen schließen, nicht aber die Ohren.
Ein dem Lärm ähnliches Umweltproblem macht Fachleuten seit einigen Jahren Sorge: die »elektromagnetische Umweltverschmutzung«. Sie besteht aus kurzwelligen Radiostrahlungen, wie sie für Radio-, Fernseh- und Richtfunksendungen verwendet werden, aber auch von Hochspannungsleitungen oder Mikrowellenherden ausgehen. Diese Strahlungen verändern – »ionisieren« – zwar nicht die Moleküle des Körpergewebes, wie etwa die Röntgenstrahlung, können aber manchmal zu Überwärmungen von Körperteilen und so zu gesundheitlichen Schäden führen. Vor allem aber stört die »elektromagnetische Umweltverschmutzung« alle möglichen elektrischen und elektronischen Geräte.

Wasserverschmutzung

Trübe Teiche, ölige Ozeane: Auf der Suche nach sauberem Naß

Die Wasserverschmutzung hat in besonders stark belasteten Gewässern bedrohliche Ausmaße angenommen. An der deutschen Nordseeküste kann es vorkommen, daß Herbststürme das durch eine »Algenblüte« verschmutzte Wasser »aufschäumen« und hüfttiefe Schaumteppiche am Strand zurücklassen.

»Wie unpassend, diesen Planeten Erde zu nennen«, wunderte sich einmal der britische Science-fiction-Autor Arthur C. Clarke, »wo er doch ganz klar ›Ozean‹ heißen müßte.« Auf diesem ozeanischen Planeten sind wir nun, inmitten des Überflusses, auf der Suche nach sauberem Naß: Schmerzlich muß eine lange Zeit auf einseitiges Wachstum ausgerichtete Menscheit nun (wieder-)erkennen, daß Wasser wichtiger ist als Öl, daß letztendlich Wasser der begrenzende Faktor jeder menschlichen Entwicklung ist.

Von dem Wasser der Erde stehen uns nur 0,65 Prozent – also etwa ein Liter aus einer 150 Liter fassenden Badewanne – direkt als trinkbares Süßwasser zur Verfügung (der große Rest ist Salzwasser oder im Eis der Polkappen gebunden). Dennoch versorgt uns die Natur generös (und kostenlos), wie die Schemazeichnung des Weltwasserkreislaufs auf der folgenden Seite zeigt: Die immer noch gewaltige Menge von 37300 Kubikkilometern – sie entspricht dem Inhalt von 750 Bodenseen – in dieser Bilanz kann theoretisch alle

Jahre wieder genutzt werden. Erst wenn der Verbrauch darüber hinausstiege, müßten – theoretisch – die »Ausgleichsbecken« des Wasserkreislaufs auf dem Festland, die Grundwasservorkommen, verringert werden.

Noch gebraucht die Menschheit erst etwa 17 Prozent (oder den Inhalt von 130 Bodenseen) der theoretisch frei verfügbaren Wassermenge, also durchschnittlich 1500 Kubikmeter pro Mensch und Jahr. Davon löscht freilich allenfalls ein Kubikmeter (= 1000 Liter) direkt den Durst, während ein beträchtlicher Betrag in die Nahrungsproduktion fließt: Für jede erntefrische Tonne Feldfrüchte mußten die Pflanzen vorher rund 100 Tonnen Wasser aufnehmen und verdunsten. Doch diese Durchschnittszahlen sind graue Statistik: Erstens ist das nutzbare Wasser weder zeitlich noch geographisch gleichmäßig verfügbar, und zweitens schwankt der Bedarf pro Kopf zwischen landwirtschaftlich orientierten Gesellschaften der Dritten Welt und hochindustrialisierten Staaten um gut das Dreifache. Mehr noch: Die vielleicht 900 Kubikmeter pro Jahr (inklusive Landwirtschaft), die etwa ein Inder nach Gebrauch wieder an den Wasserkreislauf der Natur zurückgibt, sind weitaus weniger mit schädlichen Stoffen und Abwärme belastet wie die knapp 3000 Kubikmeter eines US-Amerikaners.

So kommt zu dem Wassermengenproblem ein – zunehmend ernsteres – Gewässergüteproblem. Die Menge spielt im relativ regenreichen Mittel-

Der Wasserkreislauf der Erde wird von der Sonne angetrieben. Unsere Schemazeichnung zeigt, wieviel Kubikkilometer (km^3) Wasser pro Jahr durchschnittlich aus dem Meer verdunsten, wieviel davon über den Ozeanen abregnet und wie »wenig« mit dem Wind auf das Festland verfrachtet wird. Auch das Festland hat einen Wasserkreislauf. Nutzbar sind in diesem Fall die Gewässer und das Grundwasser.

und Westeuropa eigentlich nur eine Nebenrolle: Sie verführte uns zu dem irrigen Glauben, Wasser sei geradezu unbegrenzt verschmutzbar. Auch die Bundesrepublik Deutschland ist kein wasserarmes Land. Jährlich fallen hier rund 200 Milliarden Kubikmeter Wasser – viermal der Inhalt des Bodensees – als Niederschläge. Dazu fließen aus dem Ausland, vor allem aus den Alpenländern, weitere 80 Milliarden Kubikmeter Wasser hinzu.

Bei einem Verbrauch von 32 Milliarden Kubikmeter jährlich »könnte man meinen, daß gegenwärtig noch alles in Ordnung sei«, wie die »Vereinigung Deutscher Gewässerschutz« schreibt. Da freilich mehr als die Hälfte der empfangenen Niederschläge wieder verdunstet und ein Drittel in den verschmutzten Flüssen zum Meer abfließt, bleibt nur rund ein Siebtel – 28 Milliarden Kubikmeter – als begehrtes, weil sauberes und kühles Grundwasser. Doch diese »erste und beste Versorgungsquelle für den Menschen« (Gewässerschutz-Vereinigung) reicht inzwischen, wie das kleine Zahlenspiel zeigt, nicht einmal mehr aus, um den gesamten Bedarf zu decken. So ver-

wundert es nicht, daß nur noch etwas mehr als die Hälfte des Wasserangebots im deutschen Versorgungsnetz aus dem Grundwasser kommt, der Rest aber aus Seen, Trinkwasser-Talsperren und »Uferfiltrat«-Brunnen im Grundwasserbereich großer Flüsse.
Freilich macht der Bedarf an wohlschmeckendem, hygienisch einwandfreiem Trinkwasser – von dem jeder Deutsche in seinem Haushalt täglich durchschnittlich 140 Liter verbraucht – nicht einmal ein Zehntel des gesamten Verbrauchs aus: Nur zum Trinken, Kochen, Waschen, bei der Lebensmittelproduktion oder in bestimmten Bereichen der Landwirtschaft ist Wasser bester Güte wirklich nötig. Schon für die Toilettenspülung, fürs Autowaschen und ebenso für die meisten industriellen Prozesse würde auch weniger perfekt geklärtes »Brauchwasser« genügen.
Zusammen mit den Verunreinigungen, die aus Müllkippen, gedüngten und gespritzten Feldern oder bei Ölunfällen in Grundwasser, Flüsse und Seen gelangen, ergibt sich eine ungeheure Schmutzflut. Sie endet notgedrungen immer irgendwann im Meer. Und da Wasser, mehr als alle anderen Flüssigkeiten, die Eigenschaft hat, Fremdstoffe gleichmäßig zu verteilen, reicht der Schmutztropfen menschlicher Herkunft schon heute, die riesige Badewanne reinen Ozeanwassers zu verunreinigen – so wie ein einziger Liter Öl eine Million Liter Trinkwasser ungenießbar machen kann.

Trinkwasser: Klar und kühl und knapp?

Das Wort »Brunnenvergifter« zählt zu den schlimmsten Schimpfworten: Jemand, der einst Gift in den Brunnen warf, gefährdete heimtückisch Leib und Leben eines ganzen Ortes. Heute sind die Brunnen meist geschlossene, automatische Anlagen, wird das Wort »Brunnenvergifter« nur noch im übertragenen Sinn gebraucht. Der Brunnenvergifter im Wortsinn ist deshalb nicht ausgestorben, er ist nur in die Anonymität entwichen. Nun heißt er verharmlosend »Gewässerverschmutzer«, hat den bösen Vorsatz gegen Bequemlichkeit oder »Wirtschaftlichkeit« eingetauscht und ist sich gewöhnlich gar nicht bewußt, daß er Gift in den einzigen Brunnen schüttet, aus dem alle Menschen (und andere Lebewesen) trinken: den Weltwasserkreislauf.
Geblieben ist die Heimtücke. Gestiegen sind dagegen die Giftmengen, und gestiegen ist auch deren Wirksamkeit: Zwei- bis viertausend Tonnen Blei entlädt allein der Rhein jährlich in die Nordsee, dazu 50 bis 120 Tonnen Quecksilber und 150 bis 700 Tonnen Kadmium. Zu diesen giftigen Schwermetallen kommt eine nicht abschätzbare Menge stabiler chemischer Verbindungen, über deren Verbleib in der Natur, über deren Weg durch die Nahrungskette zurück zum Menschen nur bruchstückhaftes Wissen vorliegt. Erst wenn auffällig viele Menschen an

Großstädte beziehen Trinkwasser oft aus mehr als 100 km Entfernung (unten: California-Aquädukt).

Die Lösung der Zukunft: konsequente Abwasserreinigung (ganz unten).

einem Ort erkranken oder sterben, so wie in den fünfziger und sechziger Jahren die Opfer der Quecksilbervergiftung einer ganzen Meeresbucht beim japanischen Minamata, wird die Spitze des Eisbergs sichtbar. Die generell gute Versorgung mit sauberem Trinkwasser in den Industrienationen geht auf ein Umweltproblem zurück, das wir beinahe schon vergessen haben: auf Seuchen, die durch infiziertes Wasser übertragen wurden.

Keine hundert Jahre ist es her, als Cholera-Epidemien in Städten wie Hamburg wüteten und Tausende von Opfern forderten. Scharfe Hygienevorschriften, ausgedehnte Wasserversorgungsnetze mit amtlich überwachten Brunnen und fast ebenso verzweigte Abwassersysteme sorgten in wenigen Jahrzehnten dafür, daß einst alltägliche Seuchen zu exotischen Krankheiten schrumpften.

Was für uns in Europa zum selbstverständlichen Standard gehört, soll in den achtziger Jahren mit dem »Internationalen Jahrzehnt der Trinkwasserversorgung und Hygiene« der Vereinten Nationen – geschätzte Kosten: 300 Milliarden Dollar – nun auch für alle Menschen der Erde erreicht werden.
Die reichen Industriestaaten haben freilich keinen Grund, überheblich zu sein. Erst in den letzten Jahren beginnen sie sich nämlich um das schmutzige Ende ihres schönen Wasserversorgungssystems zu kümmern: In einer Art »zweiter hygienischer Revolution« setzt sich die Erkenntnis durch, daß auch unsere Wasserwirtschaft Teil des großen Kreislaufs

Quellfrisches Wasser führen in Mitteleuropa nur noch Bäche hoch im Gebirge, so wie dieser Wildbach im Wallis.

ist und folglich nicht an der Einmündung des Hauptabwasserkanals am nächsten Fluß enden kann. Die Versäumnisse der Vergangenheit kommen nun teuer zu stehen – nicht nur ökologisch, sondern auch in Mark und Pfennig: Mehr als zehn Milliarden Mark investierten allein die westdeutschen Gemeinden während der siebziger Jahre in den Kläranlagenbau, und von 1980 bis 1985 hat sich dieser finanzielle Aufwand für die Abwasserreinigung noch einmal versechsfacht.

Die Milliardenbeträge sollen in der Bundesrepublik Deutschland über das seit 1981 geltende, viele Jahre umstrittene (und dabei verwässerte) »Abwasserabgabengesetz« eingetrieben werden. Nach einer komplizierten Formel werden die einzelnen Verschmutzungen und Belastungen im Abwasser einer Gemeinde oder eines Industriebetriebs in »Schadeinheiten« umgerechnet. Pro Schadeinheit mußten die Verschmutzer 1981 zwölf Mark zahlen. In den darauffolgenden Jahren erhöhte sich der Satz um jeweils sechs Mark, bis 1986 die Obergrenze von 40 Mark erreicht ist. Das so abgeschöpfte Geld sollte, das war die ursprüngliche Idee, zwei Zwecke erfüllen:

Zum einen bringt es Mittel für den Bau moderner, dreistufiger Kläranlagen (mechanisch, biologisch und chemisch), von denen es 1977 erst 88 – von knapp 8000 kommunalen Anlagen – gab.

Zum zweiten soll das Abwasserabgabengesetz Gemeinden wie Betrieben ohne eigene Kläranlagen das bisher so bequeme Wegschütten ungeklärter Abwässer finanziell verleiden – etwa in dem Sinne, daß es für die Verschmutzer billiger wird, eine eigene Anlage zu bauen, als Abgaben zu zahlen.

Selbst wenn alle Abwässer voll geklärt werden, wird die Gefahr für das Trinkwasser nicht gebannt sein. Saure Niederschläge bedrohen heute schon neben Seen und Flüssen auch Grundwasservorkommen – Grundwasser, das auch durch Nitrat aus übermäßiger Kunst- und Naturdüngung gefährdet ist (etwa in Weinbaugegenden oder Regionen mit Massentierzuchtbetrieben).

Wird der Rhein jemals wieder rein sein?

»Flußwasser«, sagen die Gewässer-Ökologen, »stellt sozusagen das Exkret einer Landschaft dar.« Das Exkret, der Ausfluß, Mitteleuropas ist vor allem die Brühe, die den Rhein hinabfließt. Der Niedergang des Stroms zur »Kloake Europas« gilt weltweit als schlechtes Beispiel für die Unfähigkeit benachbarter Völker, gemeinsam einen Fluß sauberzuhalten.

Es klingt heute wie ein Märchen, aber einst war der 1320 Kilometer lange Rhein Deutschlands fischreichstes Gewässer. 1885 fingen die Fischer 130000 Lachse, 1930 noch 10000 und 1950 ganze 3000 der nun so teuren Edelfische. Heute ist die Lachsfischerei tot.

Die Zahl der Rheinverschmutzer – und deren industrielle Potenz – ist zum Fürchten: In den Strom fließen direkt oder über seine Nebenflüsse die nur teilweise geklärten Abwässer von 60 Millionen Menschen (darunter 35 Millionen Deutsche). Ein Viertel der organischen Abwasserfracht des Rheins wird allein von zwei Zellstoffabriken eingeleitet. »Das ist mehr«, schrieb 1983 das Umweltbundesamt in Berlin, »als wenn sechs Millionen Menschen täglich ihre Notdurft in den Rhein verrichten würden!« Jahrzehntelang galt das Aussterben der Fische als unabdingbarer Preis des Fortschritts. Als freilich im Juni 1969 eine niemals genau festgestellte Menge des Pflanzenschutzmittels Thiodan in den Fluß gekippt wurde und das bisher größte Fischsterben im Rhein verursachte, war nichts mehr zu beschönigen.

Fast genau zehn Jahre später floß wiederum Thiodan ins Wasser, diesmal aus dem Chemiewerk Griesheim der Hoechst AG am Unterlauf des Mains. Es richtete einen meßbaren Schaden von mindestens 200000 Mark an – vor allem in Form eines »Leichenzuges« toter Fische. »Wir hätten nicht gedacht«, erstaunte sich das hessische Umweltministerium, »daß der Main auf seinem Unterlauf wieder so viel Fische hat!«

Hoechst, einer der größten Chemiekonzerne der Erde (zwei andere, Bayer und BASF, haben ebenfalls ihren Hauptsitz im Rheintal), entnimmt nach eigenen Angaben täglich 630000 Kubikmeter Wasser aus dem Main bei Frankfurt-Höchst und leitet pro Tag bis zu 75 Tonnen Säuren –

Der Rhein ist zur Kloake von 60 Millionen Menschen verkommen. Die Rheinfischerei lohnt nur noch in einigen stillen Seitenarmen des Oberrheins (unten). Am Deutschen Eck bei Koblenz verdünnt die sauberere, dunklere Mosel die trübe Rhein-Brühe (rechts unten) Am Ufer des Niederrheins sammeln sich Abfallberge: das Treibgut aus sieben Ländern (rechts oben).

»gefahrlos« und »schadlos« – sowie »nur« 400 bis 500 Tonnen Salze in den Fluß: Mit dem Wörtchen »nur« bezog sich das Werk, bei weitem nicht der größte Rheinverschmutzer, auf die täglich gut 20000, jährlich etwa acht Millionen Tonnen Salz aus den elsässischen Kaliminen. Die Holländer am unteren Ende des Abwasserkanals empfangen jährlich rund 17 Millionen Tonnen Chlorverbindungen (zu denen auch Kochsalz zählt).

Rund 60000 chemische Stoffe und Substanzen bedrohen die Gewässergüte mitteleuropäischer Flüsse. Für

die Trinkwasserversorgung mit »uferfiltriertem Grundwasser«, von der allein im Rhein-Ruhr-Raum mehr als vier Millionen Menschen abhängen, sind die Schwermetalle besonders kritisch. Zwar meldete die »Arbeitsgemeinschaft Rhein-Wasserwerke« im Oktober 1980, daß sich die Rheinwasserqualität »eindeutig verbessert« habe: Seit 1974 hätten sich die schwer abbaubaren Stoffe »erheblich, und zwar um 50 bis 75

Der Tegernsee in den bayerischen Alpen (unten) wurde in letzter Minute vor dem »Umkippen« bewahrt. Heute fließen alle Abwässer der Ufergemeinden durch eine Ringleitung zur zentralen Kläranlage.
Phosphat aus Abwässern führt zu exzessivem Pflanzenwachstum (rechts).

Prozent«, verringert. Zumindest bei den Schwermetallen will aber der Heidelberger Professor German Müller keine Entwarnung geben.

Müller und seine Mitarbeiter untersuchen seit mehr als einem Jahrzehnt die Bodenablagerungen (Sedimente) auf dem Grund deutscher Flüsse und Seen. Im Dezember 1979 meldete er, seit 1971 habe sich »die Qualität der Rheinsedimente wesentlich verbessert«. Der Quecksilber- und Chromgehalt ging bis zu 67 Prozent zurück. Dafür stieg die Kadmium-Belastung im Bereich des Niederrheins noch bis 1983. Kadmium führte in den fünfziger Jahren in Japan zur katastrophalen Vergiftung von Tausenden von Menschen, deren Leiden man nach den Schmerzlauten der Betroffenen »Itai-Itai-Krankheit« nannte.

Für die noch im Rhein und anderen Flüssen lebenden Tiere, Pflanzen und Mikroben spielt der Sauerstoffgehalt des Wassers eine entscheidende Rolle. Kühles Wasser enthält mehr Sauerstoff. Alle Flüsse, vor allem aber der Rhein, werden zum sonstigen Schmutz auch noch mit der Abwärme aus Kraftwerken und anderen technischen Prozessen in Haushalt und Industrie befrachtet. Als Richtwert gilt eine Höchsttemperatur des Flußwassers von 28 Grad Celsius. Dem »Abwärmeprojekt Oberrheingebiet« zufolge liegt das Kühlvermögen aller deutschen Flüsse und Seen zusammengenommen bei einer Abwärmeleistung von 90 Milliarden Watt – ein Wert, der voraussichtlich Mitte bis Ende der achtziger Jahre erreicht wird.

Der See ist trüb, das Moor ist trocken

So wie der Rhein für die Flüsse kann der Bodensee, mit 539 Quadratkilometer Fläche der zweitgrößte Alpensee nach dem Genfer See, als Beispiel für die Probleme stehender Gewässer in Mitteleuropa gelten. Die riesige, rund 50 Kubikkilometer Wasser fassende und 252 Meter tiefe Wanne am Dreiländereck von Deutschland, Österreich und der Schweiz wird vom Rhein durchflossen, der – zusammen mit den anderen Zuflüssen – im See seine Schuttfracht aus den Alpen los wird (und ihn so langsam auffüllt).

Rund drei Millionen Menschen, darunter die Bewohner des 110 Kilometer entfernten Ballungszentrums Stuttgart, trinken und verbrauchen jährlich rund 100 Millionen Kubikmeter des aus 60 Meter Tiefe abgesaugten Seewassers. Vier Millionen Fremdenübernachtungen registrieren allein die Ufergemeinden in jedem Jahr.

Bei so viel Andrang kann selbst der größte See nicht sauber bleiben. Deshalb schlossen die Anliegerstaaten im Jahr 1960 ein Übereinkommen zum Schutz des Bodensees. Die gute Absicht konnte zunächst jedoch nicht verhindern, daß die Wasserqualität weiter absank. Und auch die bis 1980 vor allem in Abwassernetze und Kläranlagen investierten drei Milliarden Mark konnten das Gewässer nicht ganz aus der Gefahrenzone bringen.

Eine Chronik der Verschmutzung durch Schwermetalle und andere giftige Substanzen verraten die Ablagerungsschichten am Seegrund. Untersuchungen Heidelberger Forscher um Professor German Müller ergaben unter anderem, daß von 1900 bis etwa 1970 der Gehalt an Schwermetallen wie Kadmium, Zink, Quecksilber und Blei sowie an den potentiell krebserregenden »polyzyklischen aromatischen Kohlenwasserstoffen« allgemein sehr stark zunahm. Seitdem geht die Konzentration dieser Giftstoffe leicht zurück, und zwar parallel zum ebenfalls sinkenden Kohleverbrauch in Heizöfen.

Entscheidend für die biologische Qualität des Seewassers ist sein Sauerstoffgehalt. Seitdem um 1950 phosphathaltige Reinigungsmittel auf den Markt kamen, nimmt der Phosphorgehalt zu und der Sauerstoffgehalt ab: Das Gewäser wird »eutrophiert«. Gewöhnlich begrenzt der Gehalt an dem lebenswichtigen Element Phosphor das Wachstum der Algen und sonstigen Wasserpflanzen. Nachdem aber die Phosphor-Zufuhr von gut 300 Tonnen im Jahr 1935 auf knapp 2000 im Jahr 1974 hochschnellte (davon mehr als die Hälfte aus Waschmitteln), begannen sich die Algen zu vermehren, trübten das Seewasser und lösten mitunter Vergiftungen aus.

Um das »Umkippen« des Sees, den Zusammenbruch seiner Selbstreinigungskraft, zu verhindern, wurden und werden rings um das Gewässer Kläranlagen mit einer dritten, chemischen Reinigungsstufe gebaut, die

etwa 90 Prozent des Phosphats aus dem Abwasser ausscheiden (in der Bundesrepublik fließen jährlich etwa 110000 Tonnen Phosphate in die Gewässer).
Mehr noch als die großen sind die kleinen Seen gefährdet. Der nur knapp neun Quadratkilometer große Tegernsee in den bayerischen Alpen wird von den vielen Besuchern und Neuansiedlern fast erdrückt: Allein die Gemeinde Rottach-Egern verzeichnet eine halbe Million Übernachtungen im Jahr. Die an den See grenzenden Ortschaften entschlossen sich allerdings rechtzeitig, wenigstens die Gewässergüte zu retten: Sie bauten gemeinsam eine Abwasserringanlage samt einer zentralen Kläranlage.

Die Ozeane: Kloaken der Menschheit

Das Meer galt bisher als Symbol der Freiheit, der Unerschöpflichkeit, der Reinheit. Noch Ende der sechziger Jahre hätte der Meeresbiologe Professor Gottfried Hempel die Frage, »ob der Mensch das Meer ruinieren könne, mit Nein beantwortet«. Später, 1979, »würde ich sagen: er kann«.
Das Meer muß alles schlucken, was die Flüsse der Erde in es hineinschütten, was an Schadstoffen aus der Luft abregnet, was Menschen direkt einleiten oder hineinwerfen – und gibt doch nur (vom Fischfang der Menschen und Seevögel abgesehen) reines Wasser an die Atmosphäre und damit an das Festland zurück. Die Flüsse tragen, Schätzungen zufolge, jedes Jahr unter anderem 180000 Tonnen Blei aus natürlichen und 2,3 Millionen Tonnen aus menschlichen Quellen in den Ozean (eine halbe Million Tonnen des Schwermetalls gelangt zusätzlich mit dem Regen ins Meer). Von den bisher produzierten rund anderthalb Millionen Tonnen DDT dürften inzwischen zwei Drittel im Meerwasser sein.
Gewiß, all diese Stoffe kommen in ein ungeheuer großes, zusammenhängendes Wasserbecken. Doch die Lebensfülle der Weltmeere konzentriert sich zum allergrößten Teil in wenigen Regionen – und zwar in jenen, die wir besonders stark mit unseren Abfällen und Schadstoffen belasten. Nur eine vergleichsweise dünne Schicht an der Wasseroberfläche bietet den mikroskopisch kleinen Wasserpflanzen, dem schwebenden »Phytoplankton«, ausreichend Licht für die Photosynthese. Vom Phytoplankton leben alle Meerestiere, das winzige »Zooplankton« ebenso wie die Fische und die Wale. Wie alle Pflanzen braucht auch das Phytoplankton neben Licht bestimmte Nährstoffe. Diese sind in den flachen Küstengewässern des Schelfbereichs und in den Aufquellzonen nährstoffreichen Tiefenwassers am Rand der Kontinentalschollen besonders reichhaltig vorhanden.
In dieses komplizierte, lebenserhaltende Geschehen greifen wir nun mit groben Mitteln ein. Einerseits schöpfen hochmoderne Fangflotten das obere Ende der ozeanischen Nahrungskette, die Fische und Wale, ri-

goros ab. Andererseits gelangen viele der unangenehmen oder gar giftigen Abfallstoffe, die wir auf dem Land loswerden wollen, immer noch in die biologisch besonders produktiven Schelf- und Randmeere.

Die Folgen dieses Raubbaus sind nun schon seit zwei Jahrzehnten sicht- und spürbar. Schon Ende der fünfziger Jahre brach die englische Heringsfischerei zusammen: inzwischen wandelte sich der frühere Arme-Leute-Fisch zur teuren Delikatesse – eine Entwicklung wie beim Lachs. Um die verbliebenen Fischbestände balgen sich die Küstenländer in jahrelangen Verhandlungen. Niedere Zuteilungsquoten in Nord- und Ostsee trieben die deutsche Fischerei bereits an den Rand des Ruins. Und was den Fangbooten vor allem in der Deutschen Bucht, einem der trübsten Gewässer der Welt, noch ins Netz geht, ist oft »Gammel«, wie die Fischer klagen: unverkäuflicher, von Geschwüren entstellter Fisch.

Die Ursache der Verschlechterung sehen Fischer und Umweltschützer vor allem in den ganz offiziell – nach den internationalen Abkommen von London und Oslo – genehmigten

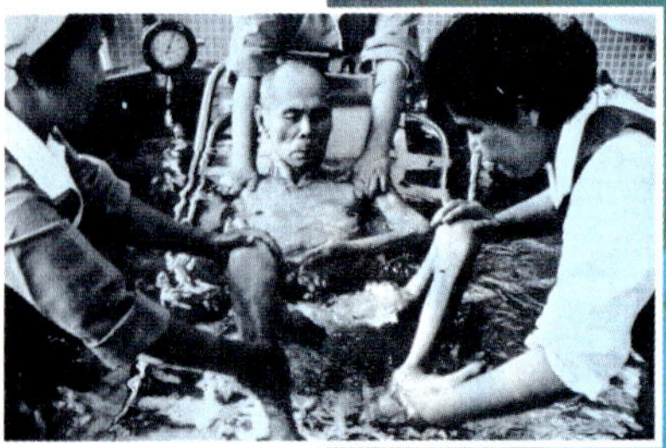

Weil ein Industriebetrieb jahrelang quecksilberhaltige Abwässer in eine japanische Meeresbucht abließ, erkrankten 121 Menschen nach dem Genuß verseuchter Fische, 46 starben (oben). Unvermögen und Leichtsinn führen immer wieder zu Tankerunfällen (rechts).

Erst wenn etwas knapp und damit teuer wird, so scheint es, lernen wir es schätzen. Einst galt Lachs als Arme-Leute-Essen, und vor wenigen Jahren noch war der Hering ein Billigfisch. Meeresverschmutzung und Überfischung lassen volle Netze, wie sie das untere Foto zeigt, seltener werden.

Einleitungen per Verklappung (also Verwirbelung hinter dem fahrenden Einleitungsschiff). Sechs Millionen Tonnen Industrieabfälle verklappten die Länder der europäischen Gemeinschaft im Jahr 1978, darunter rund 850000 Tonnen verdünnte Schwefelsäure aus der Titandioxid-Produktion, einem Abfallstoff aus der Farbenindustrie, der zu 87 Prozent in der Nordsee endet. »Die Bundesrepublik sieht sich«, wie es im »Umweltgutachten 1978« heißt, »nicht in der Lage, auf die Verklappung im Meer zu verzichten.« Immerhin bewirkten die Proteste, allen

voran von der couragierten Umweltschutzgruppe »Greenpeace«, daß 1984 die (deutsche) Dünnsäure-Einleitung gegenüber 1980 halbiert und die (deutsche) Abfallverbrennung auf See ganz eingestellt wurde. Bis 1989 soll die Verklappung ganz eingestellt werden, ja die Abfallbeseitigung in der Nordsee überhaupt.
Ähnlich wie im Fall der Nordsee stehen auch andere internationale Vorhaben zur Reinhaltung regionaler Meere vor schier unüberwindlichen Schwierigkeiten – ob an der Ostsee oder am Mittelmeer, am Persischen Golf oder an der Karibik: Überall geht noch der schnelle nationale Gewinn vor die langfristige Pflege des gemeinsamen Erbes Meer.

Ölpest: Wie lange kann sich das Meer noch selber säubern?

Für Augenzeugen ist es ein »Alptraum«, der manche an das »Ende der Welt« denken läßt: Eine schwarze, stinkende, glitschige Flut bedeckt Strände, trieft von Klippen, erstickt unter sich alles Leben – die Ölpest fordert ihre Opfer. Ist sie ein unvermeidlicher Preis für den gewaltigen Durst unserer Zivilisation nach Erdöl?
Gewiß, es gibt andere Schadstoffe, die in größeren Mengen ins Meer gelangen oder viel giftiger sind als Erdöl. Die Ölpest ist freilich für jedermann sichtbar.
Von der jährlichen Ölförderung von 2760 Millionen Tonnen (1983) werden etwa zwei Drittel über die Welt-

Am 16. März 1978 zerschellte der Supertanker »Amoco Cadiz« an den Klippen vor Portsall (großes Bild). 223000 Tonnen Öl verdreckten die bretonische Küste (unten). Tankerunfälle verursachen etwa ein Zwölftel der Ölpest. Mehr als die Hälfte des Öls stammt aus Abwässern vom Festland.

meere »bewegt«. Zu jeder Zeit schwimmen in den bis zu 500000 Tonnen fassenden Tankern rund 100 Millionen Tonnen Erdöl auf den Weltmeeren. Jährlich ergießen sich etwa zehn Millionen Tonnen Öl ins Meer: Mehr als die Hälfte kommt mit Flüssen oder direkt eingeleiteten Abwässern angeschwommen; ein gutes Sechstel steuert die Schiffahrt bei (deren Einleitungen gefährden allerdings die Seevögel besonders stark). Für einen bestimmten Küstenstrich sind die direkten Wirkungen eines

einzigen großen Ausflusses natürlich schlimmer als der schleichende, unablässige Zustrom kleinerer Mengen fürs ganze Meer. Den traurigen Rekord für die größte bei Tankerunglücken ausgelaufene Ölmenge hält (bis Ende 1984) die Kollision der beiden Supertanker »Atlantic Empress« und »Aegean Captain« im Juli 1979 vor der Antilleninsel Tobago: 290000 Tonnen. Berühmter noch ist der Fall der »Amoco Cadiz«: Als dieser Supertanker unter liberianischer Flagge am 16. März 1978 vor dem französischen Städtchen Portsall an den Klippen zerschellte, verkleisterten 223000 Tonnen Öl rund 400 Kilometer Strände und Felsküsten der Bretagne. Allein die Verluste an Schnecken und Muscheln werden auf mindestens 100000 Tonnen geschätzt.

Die größte Ölpest aus einer einzigen Quelle verursachte jedoch der »blowout« der Ölbohrung »Ixtoc 1« vor der Küste von Yukatan im Golf von Mexiko. Vom Tag des Unglücks am 9. Juni 1979 bis zur Abdichtung am 20. März 1980 strömten insgesamt 540 Millionen Liter (rund 480000 Tonnen) Öl im Wert von 185 Millionen Mark aus. Ein Teil des schwarzen Saftes verbrannte an der brodelnden Meeresoberfläche. Doch der größte Teil trieb mit den Meeresströmungen davon. Aber schon drei Monate nach dem Abdichten des Bohrlochs waren die mexikanischen und texanischen Strände wieder weiß, herrschten »gute Bedingungen zum Baden und Fischen«. Ähnlich verhielt es sich bei den zum

Todgeweiht erwartet ein ölverschmierter Seevogel sein Ende. Von Natur aus mit einem schlechten Geruchssinn ausgestattet, landete er auf der vermeintlich ruhigen Wasserfläche, die vom Öl einer Tanker-Havarie oder verbotenen Tankreinigung geglättet worden war.

Teil gewaltigen Ölverschmutzungen im Persischen Golf während des iranisch-irakischen Krieges. Was war mit dem Öl geschehen?

Erdöl ist ein Produkt der Natur und kann deshalb von ihr auch »überraschend schnell« wieder abgebaut werden, wie der deutsche Meeresmikrobiologe Wilfried Gunkel erklärt – vor allem in warmen Meeren. Nach dem Ausströmen ins Wasser breitet sich eine Öllache als zunehmend dünner Film aus. Die leichteren Bestandteile verdunsten, ein recht großer Teil wird durch die Wirkung des Sonnenlichts zersetzt.

Der verbleibend Rest bildet mit Seewasser halbfeste Klumpen und wird dann durch Mikroben weiter abgebaut – ein Vorgang, der in kalten Gewässern Jahrzehnte in Anspruch nehmen kann. Die Selbstreinigungskraft des Meeres hat dort enge Grenzen.

Landverbrauch und Bodenzerstörung

Wir haben uns die Erde untertan gemacht. Und nun?

Der Mensch ist das Produkt einer langen Entwicklung des Lebens auf dem Festland. Wir brauchen den Boden unter den Füßen, die Pflanzen, die daraus wachsen, und die Rohstoffe, die in der Erde lagern. Und wir brauchen die Landschaft, ein »Wirkungsgefüge«, das »Relief, Boden, Wasser, Klima, Pflanzendecke und Tierwelt« zu einer Einheit verbindet, wie der deutsche »Rat von Sachverständigen für Umweltfragen« trocken auflistet.

Die Experten vergaßen in ihrer Aufzählung den Faktor, der inzwischen tiefer in das Bild der Landschaft eingreift als jeder andere: den Menschen. Unsere Beziehungen zur Landschaft gehen freilich weit über rein materielle Eingriffe hinaus. »Nur wenn er seine Landschaft wiedererkennt, findet der Mensch sich selbst wieder, hat er die Gewißheit, wirklich ›zu Hause‹ zu sein«, sagt der portugiesische Landschaftsökologe Professor Francisco Caldeiro Cabral, »und das ist für sein psychisches Leben ebenso wichtig, wie es das ökologische Gleichgewicht für seinen Körper ist.«

Die psychologische Komponente wiegt schwer. Denn unsere Vorstellungen von einer »idealen Landschaft« wandeln sich schnell. »Wie rasch hat sich beispielsweise die Bedeutung von Fels und Eis als äußerster Schrecklichkeit zerschlissen und aufgelöst in der allgemeinen Lustbarkeit von Winterferien im Skigebiet«, schreibt der österreichische Architekt Friedrich Achleitner in dem von ihm herausgegebenen Buch »Die Ware Landschaft«. Erst vor etwa zweihundert Jahren gewann der Begriff »Landschaft« allmählich seine heutige Bedeutung (davor umfaßte er das, was wir heute »Region« nennen). So wie die alte Kulturlandschaft ein Produkt der Landwirtschaft ist, so ist unser Landschaftsbegriff ein Produkt des technischen Zeitalters: eine »nach rückwärts gewandte Utopie eines versunkenen, goldenen Zeitalters«, wie es die Wiener Kunstwissenschaftlerin Renate Trnek nennt.

Seit der Renaissance haben Maler den sich wandelnden Landschaftsbegriff in Bildern eingefangen. Im Venedig des 15. und 16. Jahrhunderts entstanden die ersten »Ideallandschaften«, die »einen Idealzustand der Natur« schildern, »den es zwar theoretisch geben könnte, der in

Wirklichkeit aber nicht zu finden ist« (Renate Trnek). Auch die heutigen Landschaftsvorstellungen seien zu einem großen Teil »nicht anhand von Natur schlechthin« erwachsen, sondern »letztlich erst am vorgeformten, geprägten ›Bild‹ von Natur« – zum Beispiel an den Gemälden jener »zentralen Figur romantischer Naturinterpretation«, an den Bildern von Caspar David Friedrich.

Die nach rückwärts gerichtete Utopie ist nicht unverständlich. »Lange Zeit lebten die Menschen *mit* der Landschaft und arbeiteten *in* ihr«, heißt es in Achleitners Buch. »Heute ist Landschaft entweder bloßes Produktionsmittel oder bloße Ware.« Mit dem Beginn der Industrialisierung haben sich »vier Raumtypen« ausgebildet, die im deutschen »Umweltgutachten 1978« folgendermaßen eingeteilt werden: 1. vorwiegend städtisch-industrielle Nutzung, 2. vorwiegend landwirtschaftliche Nutzung (darunter agrarische Vorranggebiete), 3. vorwiegend Ausgleichsfunktionen (etwa Naturparke und agrarische Problemgebiete), 4. vorwiegend Schutzfunktionen (Naturschutzgebiete und ähnliche Räume). Wie die Fläche der Bundesrepublik Deutschland genutzt wird, zeigt die Grafik auf Seite 209. Wie sich die Nutzung in den zehn Jahren zwischen 1966 und 1976 änderte, listet das »Umweltgutachten 1978« auf: Der Anteil der landwirtschaftlich genutzten Flächen sank um 1,7 Prozent, Waldflächen gingen um 0,3

Unsere heutigen Vorstellungen von »Ideallandschaften« wurden erst im letzten Jahrhundert geprägt. Vor allem Caspar David Friedrich (1774–1840) bestimmte mit Gemälden wie »Der einsame Baum« (links) das Bild einer Natur, die zumeist vom Menschen gezähmt war. Gemessen an dem gezeichneten Alptraum eines »total regulierten Tals« des Wiener Künstlers Max Peintner (oben) malte Friedrich allerdings eine heile Welt.

Prozent und »unkultivierte Moorflächen« um 7,4 Prozent zurück. Dagegen nahmen Gebäude- und Hofflächen um 25,6 Prozent und Flächen für Verkehrswege um 9,7 Prozent zu (die Autobahnfläche wuchs zwischen 1971 und 1975 sogar um 39,3 Prozent; die Siedlungszonen in der Bundesrepublik nahmen zwischen 1979 und 1982 um rund 180000 Hektar zu).

Zu der großräumigen »Versiegelung« des Bodens mit Asphalt und Beton kommt die Zerstückelung der

Landschaftsräume durch ein dichtes Verkehrsnetz, ihre Zersiedelung durch ausufernde Städte und Gemeinden, ihre Monotonisierung durch die mechanisierte Landwirtschaft – und schließlich die schleichende Vergiftung des Bodens durch »sauren Regen«, Schwermetalle und biologisch schwer abbaubare chemische Stoffe.

»Natur und Landschaft sind im besiedelten und unbesiedelten Bereich so zu schützen, zu pflegen und zu entwickeln«, heißt es im deutschen Bundesnaturschutzgesetz, Paragraph 1, Absatz 1, »daß 1. die Leistungsfähigkeit des Naturhaushaltes, 2. die Nutzungsfähigkeit der Naturgüter, 3. die Pflanzen- und Tierwelt sowie 4. die Vielfalt, Eigenart und Schönheit von Natur und Landschaft als Lebensgrundlagen des Menschen und als Voraussetzung für seine Erholung in Natur und Landschaft nachhaltig gesichert sind.« Schöne Worte, die in Taten umgesetzt werden müßten.

Bäuerliche Landschaft: Ausgeräumt und terrassiert

Lange bevor der erste Motorpflug seine Furchen zog, war die Umwandlung der Natur- in eine Kulturlandschaft in weiten Teilen Europas abgeschlossen. Nur wenige, besonders schwer oder gar nicht nutzbare Gebiete hatten die Land- und Forstmänner ausgespart: Was Sense, Pflug oder Beil verschonten, wurde einst gemieden, wird heute jedoch als kostbar, weil selten, geschätzt und geschützt. Aber nicht nur die verbliebenen Naturreservate, die in der Bundesrepublik Deutschland ohnehin weniger als ein Prozent der Fläche einnehmen, erscheinen schutzbedürftig. Auch die 53 Prozent als »landwirtschaftliche Nutzfläche« ausgewiesenen Gebiete sind gefährdet – gefährdet, ihren Charakter als althergebrachte, überschaubare und naturnahe Kultur-Landschaft zu verlieren.

An ihren Rändern dringen städtische Siedlungsformen ein, quer durch sie hindurch schlagen moderne Verkehrswege breite Schneisen. Die größten Veränderungen allerdings brachte (und bringt noch immer) der tiefgreifende Wandel des bäuerlichen Lebens. Es ist noch gar nicht lange her, da ernährte sich die Landbevölkerung weitgehend von dem, was sie selbst anbaute, und verkaufte die Überschüsse an die Stadt. Eine vielfältig gegliederte, kleinräumige Landschaft mit Äckern, Weiden und Gärten, Obstkulturen und Hecken war die Folge. Heute produzieren viele Landwirte nur noch wenige Produkte auf großen, monoton be-

Wie ein Festungsbollwerk sieht der Kaiserstuhl in Südbaden nach der nur am wirtschaftlichen Nutzen orientierten Flurbereinigung aus.

Rund 250 Millionen Mark kostete die maschinengerechte Umgestaltung der Weinberge vom Kaiserstuhl (unten). Der verunstaltete Berg ist ein Beispiel dafür, daß die Flächenbilanz der Bundesrepublik Deutschland nur in der Statistik überwiegend naturnah abschließt (rechts). Die Wirklichkeit sieht anders aus.

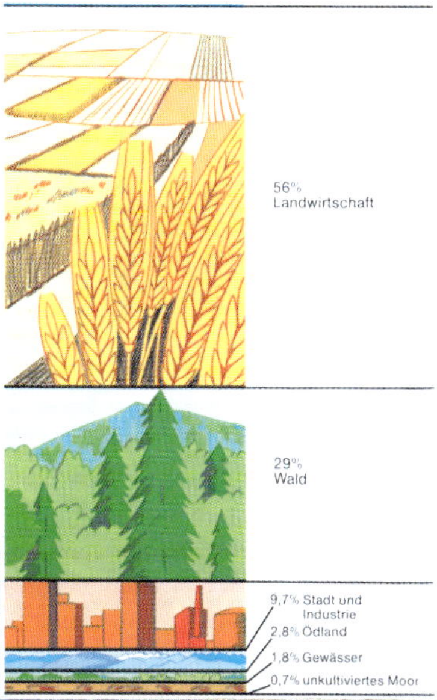

pflanzten Flächen für Absatzmärkte; was sie zum Leben brauchen, kaufen sie im Supermarkt. Der Rationalisierung der Landwirtschaft folgt die Rationalisierung der Landschaft.
Zur modernen Form der Pflanzenproduktion »gehört als Vorbedingung die Ausräumung der Landschaft vom Menschen«, stellen die beiden österreichischen Agrarforscher Josef Krammer und Günter Scheer fest. »Die tragfähige (rentable) Getreideproduktion braucht keinen Menschen, dafür jedoch Kapital und große Flächen. Die Monotonie einer Monokultur ohne Menschen ist unüberbietbar.« Aber nicht nur der Mensch wird vom Wandel der gewachsenen bäuerlichen Kulturlandschaft betroffen. Mit ihm werden auch typische Landschaften, zum Beispiel Hecken-, Terrassen-, Alm- oder Tallandschaften, »ausgeräumt«. Das führt »zu einem zunehmenden Verlust an Naturpotential«, klagt Professor Gerhard Olschowy, ehemaliger Leiter des Instituts für Landschaftspflege und Landschaftsökologie in Bonn, »die biologisch-ökologische Verarmung der natürlichen Umwelt schreitet fort«.
Gewiß, die Neugestaltung der landwirtschaftlichen Nutzflächen für die maschinelle Bewirtschaftung, die Zusammenlegung zerstückelter Äkker im Zug der Flurbereinigung erscheint unausweichlich – schließlich ist und bleibt die landwirtschaftliche Produktion einzige Nahrungsquelle für den allergrößten Teil der Menschheit. Doch die Flurbereiniger – und dann die Bewirtschafter

Ein Staubsturm rollt über den amerikanischen Mittelwesten: Diese Aufnahme aus den dreißiger Jahren dokumentiert eine der größten Umweltzerstörungen durch Landwirtschaft der Neuzeit. Die Urbarmachung der weiten Prärien ohne Rücksicht auf Landschaftsform, Niederschlagsmenge und Windeinwirkung führte nach wenigen Jahrzehnten zu gravierenden Bodenverlusten durch Staubstürme.

der neu zusammengelegten Flächen – bereinigen allzuoft radikaler als notwendig, wie Kritiker klagen: Da entstehen »Produktionssteppen«, in denen »der rechte Winkel und die gerade Linie« zum »Leitprinzip« erhoben werden; da werden nicht nur einige, sondern alle Bäume (und Hecken) gefällt; da wird »Wasserbau als Wasserklau« betrieben, so als sei »das Wasser des Bauern schlimmster Feind«.
Erst allmählich setzt sich die Erkenntnis durch, daß auch die Umgestaltung landwirtschaftlicher Flächen strikten Umweltverträglichkeitsprü-

fungen unterworfen werden sollte. Vielleicht wären mit mehr Vorsicht, mehr Weitblick solche brutalen Eingriffe in optisch reizvolle, biologisch vielfältige Kulturlandschaften wie am südbadischen Kaiserstuhl vermeidbar gewesen. Mit einem Kostenaufwand von mindestens 250 Millionen Mark wurden weite Teile des von Reben bewachsenen alten Vulkanberges zum Zwecke eines einfacheren und ertragreicheren Weinbaus per Planierraupe »bereinigt«. Mit »Ekel« beschrieb der engagierte Naturschützer und Journalist Horst Stern in der Zeitschrift »Geo« seine Eindrücke vom neugestalteten Badenberg bei Oberrotweil: »Mächtige Terrassen erheben sich wie Festungswälle, in steilen Sprüngen bis zu achtfach vertreppt, in den Himmel... Keine Rebe ist sichtbar und – als Ausdruck der Vogelfeindlichkeit der Winzer – kein Baum und kein Strauch... Vom Regen gerissene Erosionsrinnen sind sichtbar, Rutschungen auch. Es ist die nackte Barbarei.« Verstärkte Erosion, also Abtragung des Bodens durch Wind und Wasser, ist nur eine Folge kurzsichtiger Anpassung der Landschaft an die moderne Agrartechnik. Auch die Fruchtbarkeit des Bodens leidet unter allzu starker mechanischer und chemischer Bearbeitung: Sie schädigt die Bodenlebewesen vom Regenwurm über all die vielen Insektenarten bis hin zur stickstoffbindenden Bakterie, die erst aus dem Gemisch von organischen Abfällen und Mineralstoffen den wertvollen Humus machen können.

Bergbau und Industrie: Landschaften aus der Retorte

Niemand will in einer einigermaßen heilen Landschaft ein »neues Ruhrgebiet« hingebaut bekommen (wennschon, dann soll es eine »rauchlose Industrie« in einem bewaldeten »Gewerbepark« sein). Dennoch geschieht genau dies zum Beispiel entlang der Unterelbe. An dem wasserreichen, von Seeschiffen befahrbaren Strom finden Wirtschaftspolitiker und Manager »besonders günstige« Standorte für Kraftwerke und Industriekombinate. Die Folgen für die zuvor bäuerliche Küstenlandschaft faßte die »Arbeitsgemeinschaft Umweltplanung Niederelbe« mit den Worten zusammen: »Das Niederelbegebiet gehört zu den am schnellsten geplünderten Naturlandschaften Europas.« Industriebetriebe können notfalls verlagert, Bergbauunternehmen jedoch allenfalls stillgelegt werden – ein Unterfangen, das in Staaten wie der Bundesrepublik Deutschland, die den größten Teil ihrer Rohstoffe einführen müssen, allerdings kaum aus naturschützerischen Erwägungen erfolgt.
Die Blei- und Zinkhütte am Fuß des schon seit tausend Jahren ausgebeuteten Rammelsberges bei Goslar im Harz zeigt dies deutlich: Trotz einer alarmierend hohen Bleibelastung der Umgebung arbeitet sie weiter. Nur die Bewohner der nächsten Umgebung, deren Kinder zum Teil erschreckend hohe Blutbleiwerte auf-

weisen, werden seit 1980 nach einer heftigen öffentlichen Diskussion mit Staatshilfe umgesiedelt.
Der Untertage-Bergbau belastet die Landschaft vor allem mit Abraumhalden (sofern keine Bergsenkungsschäden durch nicht oder schlecht aufgefüllte Stollen und Flöze entstehen). Immerhin förderten die Bergleute an Ruhr und Saar 1983 mit den 89 Millionen Tonnen Steinkohle auch gut 50 Millionen Tonnen Abraum. Und auch ihre Kollegen vom Kali-Bergbau türmen Abraumkegel in die Landschaft.
Verglichen mit den größten Erdfressern Europas sind freilich selbst die Schuttberge des Ruhrgebiets sanfte Korrekturen des Landschaftsreliefs: Im rheinischen Braunkohlenrevier zwischen Köln und Aachen bewegen die Bagger nicht nur Berge, sondern ganze Landstriche. Rund 55 Milliarden Tonnen Braunkohle liegen in dem mit 2500 Quadratkilometer Ausdehnung größten zusammenhängenden Braunkohlengebiet des Kontinents. Seit mehr als hundert Jahren wird hier im Tagebau Kohle gefördert. 130 Millionen Tonnen waren es 1979, neun Zehntel davon wanderten sofort von den Baggern über Förderbänder in die Brennöfen der Kraftwerke am Rand des Reviers. Rund 16 Quadratkilometer groß ist allein der Tagebau Fortuna Garsdorf. Doch seit 1983 wird der neue Tagebau Hambach zum »Loch des Jahrhunderts« ausgeschürft, wie der »Kölner Stadtanzeiger« schrieb: 110 Quadratkilometer groß, 520 Meter tief, 4500 Millionen Tonnen Kohle, Arbeit bis zum Jahr 2030 – und danach der größte Trinkwasserspeicher Deutschlands.
Die herkulischen Unternehmen haben ihren Preis. Rund 200 Quadratkilometer Landschaft wurden bislang umgegraben, mehr als 25000 Menschen mußten umgesiedelt werden, fast 10000 werden dem Tagebau Hambach weichen müssen. Und doch: Diese größte Umweltzerstörung weit und breit geht relativ reibungslos vonstatten, denn die Tagebaugesellschaft Rheinbraun ist ge-

Tagebaugruben wie jene im rheinischen Braunkohlenrevier westlich von Köln bedeuten totale Landschaftszerstörung für Jahrzehnte. Die riesigen Schaufelradbagger fressen Tag für Tag rund 200000 Kubikmeter Erde oder Kohle. Bevor sie den begehrten Brennstoff schürfen können, müssen sie das mitunter mehrere Dutzend Meter mächtige Deckgebirge über den Flözen abtragen (Bild rechte Seite).

setzlich verpflichtet, die Landschaft wiederherzustellen – wenn möglich besser als zuvor. Bis 1976 waren 116 Quadratkilometer rekultiviert, mehr als die Fläche der Insel Sylt. Wo vor wenigen Jahren Bagger wühlten, breitet sich heute eine hügelige Kunstlandschaft aus. Sie ist zur Hälfte mit Wald bestanden, und ihre Akkerböden sind dank unverbrauchtem Lößboden aus der Tiefe fruchtbarer als zuvor. Seen von zusammen sieben Quadratkilometer Fläche lösten bereits eine Fremdenverkehrswerbung für die neugeschaffene »Rheinische Schweiz« aus. Das Riesenloch von Hambach, so befürchten Umweltschützer, wird jedoch zu einer Verarmung von Flora und Fauna führen und gleichzeitig gravierende Grundwasserabsenkungen zur Folge haben.
In anderen Gegenden mit weniger Bergbautradition, das zeigen neue Tagebauvorhaben etwa bei Braunschweig oder Kassel, stößt das Bergeversetzen auf mehr Widerstand bei der Bevölkerung.

Die Gäulandschaft im Stuttgarter Nordwesten war vor dem Zweiten Weltkrieg noch ein beschauliches, bäuerlich geprägtes Gebiet (links). Nach dem Krieg wurde das Land zu beiden Seiten der kerzengeraden Solitude-Allee in mehreren Wellen bebaut: Der Stadtteil Weilimdorf wuchs in nur zwei Jahrzehnten von 5000 auf rund 35000 Einwohner (oben: Stuttgart-Weilimdorf heute – ein Siedlungsbrei).

Siedlungsland: Stadtflucht + Landflucht = Vorstadtbrei

Wo's Arbeit gibt, da gibt's auch Brot: Nach diesem Motto zogen die Zentren der ersten industriellen Revolution Menschenmassen an wie Magneten Eisenfeilspäne. Das Ruhrgebiet, das klassische Industrierevier auf der Basis von Kohle und Stahl, war Anfang letzten Jahrhunderts von rund 270 000 Menschen besiedelt. Heute sind es gut zwanzigmal mehr, rund 5,6 Millionen. Und noch immer hat es, wie Helmut Klausch vom Siedlungsverband Ruhrkohlenbezirk sagt, »die Zeit seines ungezügelten Wachstums nicht voll überwunden«.

Heute wuchern die Städte freilich nicht mehr nur rund um Bergwerke und Hochöfen und Verwaltungszentren. Die zweite industrielle Revolution, die mit der Elektrifizierung einsetzte, brachte Veredelungsindustrien auch in ländliche Räume. Die Zerstörungen des Zweiten Weltkriegs, die anschließende Völkerwanderung von rund fünfzehn Millionen Flüchtlingen und Heimatvertriebenen, schließlich Massenmotorisierung und Massenwohlstand veränderten das Gesicht der Landschaft in der Bundesrepublik Deutschland stärker und in kürzerer Zeit als jemals zuvor in der Geschichte.

Zwischen dem Ende des Zweiten Weltkrieges und 1985 wurden die zerbombten Städte wieder aufgebaut, wurde eilig Wohnraum für Millionen Flüchtlinge errichtet, ging der Anteil der Beschäftigten in der Land- und Forstwirtschaft von 25 auf 3,5 Prozent zurück, stieg mit dem neuen Wohlstand der Wohnraumbedarf von 15 auf 35 Quadratmeter pro Einwohner. Ein Bündel von Ursachen – hohe Bodenpreise, Lärm, schlechte Luft, mangelnde sanitäre Einrichtungen in Altbauten – beschleunigte die »Stadtflucht«, den Wegzug ins Umland. Die Stadt- und Landflüchter trafen sich in Vorstadtsiedlungen – oft genug in Hochhäusern, die nach dem Urteil des Nürnberger Landschaftsarchitekten Reinhard Grebe »Ende der 60er Jahre ›Inbegriff‹ des modernen Lebens« waren und »auch in die kleinsten Dörfer maßstabslos und maßstabszerstörend verpflanzt« wurden. Die landschaftsfressende Bautätigkeit zeugte ein neues Wort: »Zersiedelung«, laut dem »Handwörterbuch der Raumforschung und Raumordnung« eine »Negativform menschlicher Siedlung«, die »nicht aus funktionellen Gründen vorgegeben ist«.

Welches Ausmaß die Zersiedelung angenommen hat, zeigt zum Beispiel der Stuttgarter Nordwesten um den Stadtteil Weilimdorf. Das Gebiet war schon zur Römerzeit besiedelt. Im Jahr 1763, als hier etwa 750 Menschen lebten, begann der württembergische Herzog Karl Eugen den Bau seines Lustschlosses »Solitude« auf der bewaldeten Höhe über dem Dorf. Seitdem durchzieht die schnurgerade Solitude-Allee die hügelige Gäu-Landschaft bis zum 15 Kilometer entfernten Ludwigsburger Schloß – eine dauerhafte Linie in einer heute total umgekrempelten Region.

Als der Ort 1933 von Stuttgart eingemeindet wurde, arbeitete nur noch ein Fünftel der rund 5000 Einwohner in der Landwirtschaft, mehr als die Hälfte aber in der Industrie, vor allem in den zehn Fabriken der Gemeinde. Nach dem Zweiten Weltkrieg zogen Wohnungsbaugesellschaften riesige Neubaugebiete mit bis zu vierzehnstöckigen »Punkthochhäusern« vor allem für Flüchtlinge und Heimatvertriebene hoch. In wenigen Jahren verwandelte sich so das Dorf am Rand der Großstadt in einen dichtbesiedelten Bezirk mit fast 40000 Einwohnern. Heute sind nahezu alle Äcker zwischen den Ortsteilen und den ebenfalls ausufernden Nachbarstädten verschwunden. Dafür krönt ein riesiger Müllberg das Konglomerat aus Reihenhäusern, Mietskasernen, Fabriken und Verkehrswegen.

»Besonders ungünstig« ist dem »Umweltgutachten 1978« zufolge die Flächenbilanz im Verdichtungsraum Stuttgart mit seinen mehr als 2,5 Millionen Einwohnern: Hier gingen seit dem Krieg rund 1200 Hektar Wald verloren, hier kann der Bedarf an – bei großzügiger Bewertung – »ökologisch unbedenklichen Flächen« gerade noch bis 1990 gedeckt werden. Aus dem Dilemma, das sich aus dem Wohnen im Grünen und der dadurch ausgelösten Zersiedelung ergibt, könnte dem »Umweltgutachten 1978« zufolge das Leitbild einer »durchgrünten Verdichtung« führen: eine Wiederbelebung der Kernstädte mit verkehrsberuhigten Straßen, Bäumen und menschengerechter Architektur.

Welche Sünden beim allzu sorglosen Ausweiten der Siedlungsflächen nach dem Zweiten Weltkrieg begangen wurden, zeigten die Skandale von Lekkerkerk in Holland, von Times Beach und Love Canal in den USA, vom Osnabrücker Stadtteil Brake: Die Siedlungen waren auf giftmüllhaltigem Grund errichtet worden.

Verkehrswege: Die kleingehackte Landschaft

Es war wie nach einem Rausch. Jahrzehntelang galten neue Straßen und besonders Autobahnen als Nonplusultra des modernen Fortschritts. 15000 Kilometer neue, kreuzungsfreie Betonschneisen sollten jedem Bundesdeutschen einen Autobahnanschluß in weniger als 15 Kilometer Entfernung garantieren. Wo die Straßen zu voll waren, sollten breitere oder parallel laufende Pisten Entlastung bringen, und wo die Straßen zu leer waren, sollten neue Autobahnen für Zufluß aus Ballungsgebieten sorgen: »Wahnsinn mit Methode«, wie die Hamburger Wochenzeitung »Die Zeit« kommentierte.

Nun ist der Kater da: Mehr Autos und mehr Straßen fördern die Zersiedelung und Zerschneidung der Landschaft, erhöhen die Umweltbelastung durch Lärm und Abgase, ohne die Mobilität des einzelnen Bürgers weiter zu verbessern. Eine Meinungsumfrage im Sommer 1980 kündigte den Stimmungsumschwung in Sachen Straßenbau an. Gleichzeitig strich die Bonner Regierung den »Bedarfsplan für Fernstraßen« auf insgesamt 10500 Kilometer Autobahnen zusammen. Nicht mehr Straßenbau um jeden Preis, sondern »vermeidbarer Verkehrsbedarf«, wie es im »Umweltgutachten 1978« heißt, sollte die Devise sein. Neubauvorhaben durch landschaftlich besonders reizvolle Gebiete wie den Schwarzwald oder das Rothaargebirge gerieten unter den Beschuß der Naturschützer und wurden zurückgenommen. Und nachdem zwischen 1971 und 1976 der Flächenbedarf für Autobahnneubauten um 39,3 Prozent stieg, sank seit 1980 der Neubau auf wenige Kilometer jährlich.

Zwar argumentieren die Straßenbauer, alle Verkehrswege der Bundesrepublik Deutschland würden nur 4,7 Prozent der Landesfläche einnehmen (1957: 3,8 Prozent). Aber es müssen auch, so der »Rat von Sachverständigen für Umweltfragen«, »die den Straßenkörper begleitenden bandförmigen ökologischen Wirkungsbereiche von Straße und Verkehr sowie die Zerschneidungseffekte berücksichtigt werden. Damit wird ein wesentlich erweiterter Flächenverbrauch deutlich.«

Welch dichtes Verkehrsnetz – Straßen, Schienen, Wasserstraßen – Mitteleuropa und vor allem die Bundes-

Wie Polypenarme umschlingen die Autobahnzu- und -abfahrten das Schloß Ramersdorf bei Bonn, eine einstige Deutschordens-Kommende (links): die total autogerechte Landschaft. Auch vor Schildbürgerstreichen machte die Straßenbauwut nicht halt: Die sechsspurige, 45 Millionen Mark teure Rheinbrücke in Konstanz führt ins Nichts (oben). In den Tod führt der Versuch vieler Tiere wie dieses Igels, eine Autostraße zu überqueren.

republik Deutschland in unzählige kleine Flächen zerstückelt, zeigt ein Blick in jeden Autoatlas. Allein das westdeutsche Verkehrsnetz umfaßte 1984 gut 173000 Kilometer »Straßen des überörtlichen Verkehrs«, darunter 8080 Kilometer Autobahnen. Mehr als 31 Millionen deutsche Kraftfahrzeuge dröhnen oder tukkern über diese schier endlosen Asphaltbänder; hinzu kommen jährlich rund 50 Millionen ausländische Autos im Durchreiseverkehr. Daneben unterhält die Bahn ein mehr als 28000 Kilometer langes Schienennetz, ziehen sich knapp 1500 Kilometer schiffbare Kanäle durchs Land, breiten sich elf Großflughäfen und 1755 andere Flugplätze in der Landschaft aus.

Eine Untersuchung im Regierungsbezirk Tübingen ergab, daß dort ein Drittel aller unzerschnittenen Flächen nie völlig frei von Autolärm ist. Unter Berücksichtigung aller Einflußfaktoren läßt sich errechnen, daß »um die Mitte der achtziger Jahre im Jahresmittel rund ein Fünftel des gesamten baden-württembergischen

Bodenseegebietes, im Seeuferbereich sogar ein Viertel der Flächen, einer Lärmwirkung von mehr als 40 dB (A) ausgesetzt sein wird« (»Umweltgutachten 1978«). Verkehrsbauwerke beeinflussen das Landschaftsbild, das örtliche Klima und das Grundwasser (im Winter zusätzlich durch Streusalz). Vor allem in Tallandschaften wie in der Oberrheinischen Tiefebene bündeln sich Straßen, Auto- und Eisenbahnen, Kanäle und Hochspannungsleitungen: Landschaften, in die nicht mehr Verkehrswege eingebettet sind, sondern die nur noch die Lücken zwischen den Transportadern füllen.
»Bisher ist die Frage nicht beantwortet«, heißt es im »Umweltgutachten 1978«, »welche gesellschaftliche Bedeutung die Verkehrsbedürfnisse in Zukunft unter Umweltaspekten einnehmen können und ob unsere Ansprüche an die verkehrliche Mobilität vielleicht überzogen sind.« Diese Aussage gilt leider auch noch im Jahr 1985.

Erholungslandschaft: Verbaut und zugemauert

Von allen Formen der Landschaftsnutzung und -benutzung ist dies die zwiespältigste: Wir suchen Landschaften eigens wegen ihrer Schönheit und Ruhe auf – und gefährden eben damit diese Schönheit und Ruhe. Der österreichische Tourismus-Kritiker Friedrich Achleitner bringt das in seinem Buch »Die Ware Landschaft« auf den Nenner: »Der Tourismus verschleißt sich fortwährend,

Ferienwohnungen und Hotels müssen nicht immer übereinandergetürmte Betonschachteln sein, die ohne Rücksicht auf die jeweilige Landschaft hochgezogen werden. Diese Feriensiedlung an der französischen Mittelmeerküste durchbricht das Rechteck-Schema.

immer neue Orte werden von der modischen Avantgarde aufgesucht, vom großen Troß der Mitläufer überschwemmt und schließlich wieder dem wirtschaftlichen Absinken anheimgegeben.«
Drei Phänomene leiteten diese neueste Version des »Macht euch die Erde untertan« ein. Breiter Wohlstand in den westlichen Insdustrieländern ermöglichte mehr Freizeit und zugleich – dank Massenmotorisierung und intensivem Verkehrswegeausbau – eine zuvor unbekannte Mobilität. Mitte der siebziger Jahre verfügten allein die Bürger der Bundesre-

Sonne, Sand und Discountpreise lockten Millionen Mitteleuropäer an spanische Strände (links: Benidorm). Die plötzlich anschwappende Touristenflut wurde von geschäftstüchtigen Hoteliers in eilig errichteten Betonsilos untergebracht. Nun ist der landschaftliche Reiz hin.

Wie die Mittelmeerküsten erlebten auch die Alpen, die andere große europäische Ferienlandschaft, einen landschaftsfressenden Bauboom. Vor allem der immer beliebter werdende Skiurlaub verwandelt rustikale Gebirgsdörfer in städtische Hochhaussiedlungen.

publik Deutschland über mehr als 110 Milliarden Stunden Freizeit pro Jahr, die sie zu schätzungsweise 760 Millionen Wochenendausflügen und rund 35 Millionen Urlaubs- oder Erholungsreisen nutzten.

»Freizeit in einer solchen Größenordnung«, wissen Georg Fritz und Walter Mrass von der »Bundesforschungsanstalt für Naturschutz und Landschaftsökologie« in Bonn, »wird zum Problem der Fläche.«

Freie Flächen sind jedoch knapp im dicht besiedelten, landwirtschaftlich intensiv genutzten Westeuropa. Ein touristisches Reiseziel soll jedoch auch, vor allen anderen Eigenschaften, »landschaftliche Reize« bieten, wie sich bei Meinungsumfragen herausstellte. In Deutschland sind das vor allem die Mittel- und Hochgebirgsgegenden sowie Nord- und Ostseeküsten, in Europa die Alpen und die Mittelmeerküsten – also Wasser und Gebirge und Wald.

In Deutschland liegen überdies die meisten Ferien- und Wochenendgebiete (die ohnehin weitgehend identisch sind) in bequemer Reichweite für Tagesausflügler. So ergießt sich an Sommerwochenenden zu den Dauerurlaubern noch ein Strom von schätzungsweise acht oder neun Millionen Kurzurlaubern in Gegenden, die eigentlich Ruhe und Erholung bieten sollen.

Mehr noch: Die attraktiven Gegenden ziehen auch mehr Neubürger an als andere Regionen. So nahm die Bevölkerung im bayerischen Alpenraum um 18 Prozent und im baden-württembergischen Bodenseebereich um 16 Prozent stärker zu als im Landesdurchschnitt. Und zu alledem sorgt ein Boom von Zweitwohnungen zusätzlich für die Zersiedelung der attraktivsten Landschaften. So erhalten eigentlich weniger dicht besiedelte Gegenden eine oft städtisch dichte Bebauung (und ein ebenso dichtes Verkehrsnetz), die freilich nur wenige Wochen im Jahr wirklich genutzt wird, wie ein Blick auf die Statistik zeigt: Im Sommer zählen zum Beispiel die deutschen Seebäder mehr als 22 Millionen Übernachtungen, im Winterhalbjahr nicht einmal ein Zehntel davon (an den Mittelmeerküsten dürfte dieses Verhältnis vermutlich noch weitaus schlechter sein).

Im Gebirge, vor allem in den Alpen, liegt die Auslastungsrate der Betten durch Sommer- und Wintersaison höher. Höher ist freilich auch die Belastung der ökologisch besonders empfindlichen Hochgebirgslandschaft, die ja noch vor wenigen Menschenaltern als besonders abschreckend galt und deshalb ihre Natürlichkeit bis weit in unsere Zeit retten konnte. Damit, so ist zu befürchten, ist es vorbei. »Kaum eine andere Freizeitaktivität hat in den vergangenen Jahren sowohl das Urlaubsverhalten als auch die beanspruchten Landschaften so geprägt wie der stark expandierende Wintersport«, stellten die Landschaftsökologen Fritz und Mrass fest. »Zahllose Eingriffe belasten die Bodendecke, den Wasserhaushalt, die Tierwelt und nicht zuletzt die optisch-ästhetische Qualität der Landschaft.«

Der flächenfressende, Schneisen in Bergwälder schlagende und Felsformationen hinwegsprengende »Ski-Zirkus« lockt zwar immer mehr Wintersportler in immer höhere (und damit für Dauerschäden anfälligere) Regionen. Aber er ruft auch zusehends den Zorn von Naturschützern hervor, die verhindern wollen, daß die Alpen zu einem »gigantischen Vorort von München und Mailand« verkommen. Oder daß die Bergbauern ihre »Alp dem Satan« – sprich: ortsfremden Baulöwen – verkaufen, der dann seine »Betonexkremente« in die Landschaft setzt (so der Schweizer Journalist Franz Weber). Die touristischen Exzesse wurden in einer Erklärung der Europaratskonferenz der Alpenregionen im September 1978 angeprangert: »Rechtsmittel zur Unterbindung der Bodenspekulation« und eine »Entzerrung der auf einzelne Alpenregionen mit hoher Konzentration zukommenden (touristischen) Nachfrage« seien nötig, denn »sobald der Fremdenverkehr eine bestimmte Dichte überschreitet, trägt er bereits die Selbstzerstörung in sich«.

Müll in der Landschaft: Materie am falschen Ort

Wenn Erdwissenschaftler in einer Gesteinsschicht besonders viele Versteinerungen (»Fossilien«) einer bestimmten Tier- oder Pflanzenart finden, dann sprechen sie von »Leitfossilien«. Die Leitfossilien des technischen Zeitalters wären demnach Cola-Dose und Plastiktüte: Kennzeichen einer unüberschaubaren Flut von Stoffen, die der einzelne Wanderer wie die Bevölkerung ganzer Städte nicht mehr haben möchte – Abfall. Was aber ist Abfall? Dem Bundes-Abfallbeseitigungsgesetz von 1972 zufolge ist es »eine bewegliche Sache, deren sich der Besitzer entledigen will«. »Abfall«, sagt Hans Werner Leonhardt von der Hessischen Landesanstalt für Umwelt, »ist Materie am falschen Ort« – wodurch deutlich wird, daß es »eine eigentliche Beseitigung im Sinne von Auflösen oder Nicht-mehr-Existieren gar nicht gibt«.

Um 1970 war spätestens unübersehbar geworden, daß wir auf dem Weg zum »Müllplanet Erde« waren. Die Wegwerf-Gesellschaft produzierte allein in der Bundesrepublik Deutschland rund 20 Millionen Tonnen Haushalts- und Sperrmüll im Jahr, dazu vier Millionen Tonnen »hausmüllähnliche« Gewerbeabfälle, 18 Millionen Tonnen Klärschlamm, 190 Millionen Tonnen Abfälle aus Tierhaltungen sowie etwa 200 Millionen Tonnen aus dem Industrie- und Baugewerbe. Fast ein Kilogramm Hausmüll pro Tag und Einwohner – Tendenz: steigend – fielen an, wobei der Anteil von Sand und Asche im Abfall bis heute ständig zurückgeht, der Anteil von Papier, Glas und Kunststoffen vor allem aus Verpackungen ständig steigt. Jede Gemeinde versuchte in der Vergangenheit mehr schlecht als recht mit der Müllflut fertig zu werden: Mehr als 40000 Müllkippen verschandelten die Landschaft.

In dieser Situation geschah endlich, was schon 80 Jahre zuvor nach Cholera-Epidemien auf dem Sektor Wasserversorgung erfolgreich in Angriff genommen worden war: Die Abfallbeseitigung wurde mit einem Gesetzeswerk neu organisiert und vor allem zentralisiert. Nun, in den achtziger Jahren, nähert sich die Zahl der nun »geordneten« – also seuchen- und wasserhygienisch unbedenklichen – Deponien langsam der Ziffer Tausend. Ende des Jahrhunderts soll es nur noch etwa 600 Abfalldeponien über geologisch besonders geeignetem Grund im Bundesgebiet geben, die »während und nach der Auffüllung keineswegs Schandflecke in der Landschaft sein müssen«, wie die Müllwerker anhand einiger guter Beispiele beweisen können: Der von allen Einwohnern einer Stadt oder eines Kreises eingesammelte Abfall wird durch Spezialfahrzeuge verdichtet und noch am gleichen Tag mit einer Erdschicht bedeckt; Flanken und abgefüllte Senken werden sofort bepflanzt; das (unvermeidliche) Sikkerwasser wird unentwegt kontrolliert.

Der Müll von etwa einem Drittel der Einwohner wird verbrannt; ein Zwanzigstel (heute: gut zwei Prozent) des Mülls soll künftig in Kompostierungswerken in humusähnliche Erde umgewandelt werden.

Die Giftmüll-Geister der Vergangenheit sind freilich noch längst nicht gebannt, wie zum Beispiel Hamburg 1983/84 erleben mußte: Im riesigen Müllberg Georgswerder, wo eigentlich nur Haushaltsabfälle gelagert sein sollten, wurde Chemiemüll gefunden, darunter das Seveso-Supergift 2,3,7,8-Dioxin – Gift, das aus dem Berg in die nahe Elbe rann. Die Sanierung wird Milliarden verschlingen.

Immer noch werden Verbrauchsgüter so produziert, als gäbe es kein Abfallproblem. Und immer noch ist die Frage, was mit hochgiftigen Industrieabfällen sowie dem radioaktiven Müll aus Kernkraftwerken, Krankenhäusern und Forschungsinstituten geschehen soll, nicht befriedigend gelöst: Können die giftigen oder strahlenden Substanzen für Jahrtausende sicher eingeschlossen werden?

Mehr als 20 Millionen Tonnen Haushalts- und Sperrmüll sammeln die bundesdeutschen Müllwagen jährlich ein. Zwei Drittel davon werden auf Deponien geschüttet: Monumente einer Wegwerfgesellschaft. Vielleicht dienen sie in Zukunft als Rohstofflager.

Eine geordnete Mülldeponie bei Schorndorf in Württemberg: Der frisch angefahrene Abfall wird sofort verdichtet und mit einer Schicht Erde überdeckt.

»Sondermüll« heißen alle Stoffe, die besonders sicher aufbewahrt werden müssen. Neben giftigen Chemikalien zählen dazu auch die strahlenden Abfälle aus Atomkraftwerken (links: Versuchs-Atommüllager Asse, ein Salzbergwerk bei Braunschweig).

Professor Dr. Gerhard Olschowy:
Eingriffe in Natur und Landschaft und ihr Ausgleich

Gerhard Olschowy ist seit 1958 Lehrbeauftragter für Landschaftspflege an der Universität Bonn.
Der 1915 geborene Doktor der Gartenbaukunde war von 1964 bis 1978 Leiter der Bundesforschungsanstalt für Naturschutz und Landschaftsökologie in Bonn. Er ist Herausgeber des Standardwerkes »Natur- und Umweltschutz in der Bundesrepublik Deutschland«.

Während sich das alte Naturschutzrecht, fußend auf dem Reichsnaturschutzgesetz, im wesentlichen auf den Schutz von Flächen, Objekten und bestimmten gefährdeten Tier- und Pflanzenarten beschränkte, umfaßt das neue (deutsche) Naturschutzrecht mit dem Bundesnaturschutzgesetz vom 20. Dezember 1976 und den entsprechenden Landesgesetzen auch die Pflege, Gestaltung und Entwicklung der Landschaft. Hierdurch sollen Belastungen des Naturhaushaltes und des Landschaftsbildes vorbeugend verhindert und eingetretene Schäden als Folge von Eingriffen durch Maßnahmen des Naturschutzes und der Landschaftspflege ausgeglichen werden.
Nach allen vorliegenden Erfahrungen gehen Eingriffe in Natur und Landschaft in erster Linie von Fachplanungen aus, die daher auch mit Recht als »Eingriffsplanungen« bezeichnet werden, was an einigen Beispielen demonstriert werden kann. Es sei zunächst auf die Straßenplanung eingegangen, die in unserem Lande in viele Tallandschaften, Naturparke und naturnahe Landschaften eingegriffen hat und eingreift. So zum Beispiel die 1983 fertiggestellte Nordtrasse der Autobahn Hamburg –Berlin nicht nur den Sachsenwald als größte geschlossene Waldfläche Schleswig-Holsteins durchschnitten und den Wildwechsel nach den nördlich gelegenen Waldstücken unterbunden. Sie hat auch acht wertvolle Ökosysteme und Biotope für gefährdete Tier- und Pflanzenarten belastet, 87 Knicks (Hecken um Felder) durchschnitten und den Naturpark Lauenburgische Seen empfindlich

gestört. Der Wasserbau mit seinen Eingriffen in Flußtäler für Zwecke der Schiffbarmachung und Energiegewinnung greift in die natürlichen Ökosysteme der Wasserläufe und ganzer Tallandschaften ein, indem durch den Bau von Staustufen das System des Fließgewässers in eine Kette von mehr oder weniger beruhigten Wasserflächen verändert wird. Der Bau des Schiffahrtskanals vom Main zur Donau wird nicht nur viele Probleme für die Landschaft mit sich bringen, sondern den besonders wertvollen Naturpark Altmühltal erheblich belasten. Schließlich trägt die Agrarplanung und Flurbereinigung mit ihrem Ziel einer intensivierten Landwirtschaft dazu bei, Agrarlandschaften noch mehr auszuräumen und zu monotonen und ökologisch verarmten Produktionslandschaften werden zu lassen.

Es muß daher als eine wesentliche Fortentwicklung des Naturschutzrechtes herausgestellt werden, daß das Bundesnaturschutzgesetz den »Eingriffen in Natur und Landschaft« einen besonderen Paragraphen gewidmet hat. So heißt es in § 8, daß Eingriffe im Sinne dieses Gesetzes Veränderungen der Gestalt oder Nutzung von Grundflächen sind, die die Leistungsfähigkeit des Naturhaushaltes oder das Landschaftsbild erheblich oder nachteilig beeinträchtigen können. Es heißt dann weiter: »Der Verursacher eines Eingriffes ist zu verpflichten, vermeidbare Beeinträchtigungen von Natur und Landschaft zu unterlassen sowie unvermeidbare Beeinträchtigungen innerhalb einer zu bestimmenden Frist durch Maßnahmen des Naturschutzes und der Landschaftspflege auszugleichen, soweit es zur Verwirklichung der Ziele des Naturschutzes und der Landschaftspflege erforderlich ist.«

Nun ist in der Wirklichkeit nicht so einfach festzustellen, was ein Eingriff oder gar ein landschaftsschädigender Eingriff ist. Es liegen aber bereits wegweisende Arbeiten über Eingriffe und ihre Wirkungen vor. So stellte der Landschaftsökologe Christian Krause in seinen Untersuchungen von Wirkungszusammenhängen durch Eingrifffe fest, daß sich jede Nutzungsform in Stoff- und Energieentnahme und/oder Stoff- und Energiezugabe äußert. Dabei treten auf der Aktionsseite Faktoren in Erscheinung, die auf der Reaktionsseite Zustandsveränderungen verursachen. Eingriffe in die Landschaftsstruktur und den Landschaftshaushalt sind somit durch Wirkfaktoren gekennzeichnet, die bei Landschaftsfaktoren Wirkungen und Folgewirkungen hervorrufen können.

In einigen Landesgesetzen, so in Rheinland-Pfalz, Nordrhein-Westfalen und Hessen, ist im einzelnen festgelegt, welche Maßnahmen als Eingriffe und welche nicht als Eingriffe anzusehen sind. Im Nordrhein-Westfälischen Landschaftsgesetz vom 16. April 1980 gilt unter anderem folgendes als Eingriff:

- Die oberirdische Gewinnung von Bodenschätzen;
- Aufschüttungen ab zwei Meter Höhe und einer Grundfläche von mehr als 400 Quadratmeter;
- die Errichtung oder wesentliche Erweiterung von Flugplätzen, Mülldeponien und Campingplätzen;
- die Errichtung oder wesentliche Umgestaltung von Schienenwegen und Straßen sowie die Errichtung von Gebäuden im Außenbereich;
- der Ausbau von Gewässern;
- die Entwässerung von Mooren, Sümpfen und Bächen sowie die Beseitigung von Tümpeln und Weihern mit einer Fläche von mehr als 100 Quadratmetern;
- die Umwandlung von Wald;
- die Beseitigung von Hecken, soweit sie prägende Bestandteile der Landschaft sind.

Der Münchner Biochemiker und Umweltforscher Frederic Vester setzt sich mit den Eingriffen in vernetzte Systeme auseinander. Er stellt fest, daß dort, wo ein Eingriff einsetzt, die Wirkung nicht zu Ende ist. Sie gelangt vielmehr über komplizierte Regulationsphänomene meist zu sehr überraschenden Rückwirkungen, selbst wenn sie ganz speziell ansetzt. Und so darf man sich nicht wundern, wenn zunächst gar nicht als nachteilig empfundene Entwicklungen wie Straßenbau, Flurbereinigung und Monokulturen auf einmal natürliche Ökosysteme zerstören und zu hohen indirekten Folgelasten und neuen Abhängigkeiten führen.

Die Fachplanung wird in § 8 des Bundesnaturschutzgesetzes direkt angesprochen: »Bei einem Eingriff in Natur und Landschaft, der aufgrund eines nach öffentlichem Recht vorgesehenen Fachplanes vorgenommen werden soll, hat der Planungsträger die zum Ausgleich dieses Eingriffs erforderlichen Maßnahmen des Naturschutzes und der Landschaftspflege im einzelnen im Fachplan oder in einem landschaftspflegerischen Begleitplan in Text und Karte darzustellen; der Begleitplan ist Bestandteil des Fachplanes.«

Der Landschaftsplanung obliegen in diesem Zusammenhang zwei Aufgaben, nämlich

- vermeidbare landschaftsschädigende Eingriffe zu verhindern und
- unvermeidbare Eingriffe durch Maßnahmen des Naturschutzes und der Landschaftspflege auszugleichen.

Eine befriedigende Lösung dieser Aufgaben wird nur dann zu erwarten sein, wenn bei Projekten wie Verkehrsstraßen, Industrieansiedlungen oder Abfalldeponien bereits im Zeitpunkt der Vorplanung und Voruntersuchung die Umweltverträglichkeit geprüft wird, also noch bevor eine Entscheidung getroffen wird. Sie muß auch Alternativen und notwendige Auflagen aufzeigen, um die Belastung zu verringern und den Eingriff auszugleichen.

In der Praxis der Planung und ihrer Ausführung bedeutet dies keine zeitliche Verlängerung, sondern eine Verkürzung des Planungsprozesses,

weil dann die erforderlichen ökologischen Fakten und Daten für alle, auch für betroffene Bürger, einsehbar auf dem Tisch liegen.
In zunehmendem Maße werden heute »Gesamtökologische Gutachten« als vorbeugende Untersuchungen oder als vertiefte Umweltverträglichkeitsprüfung für Gebiete gefordert, für die Eingriffe mit weittragenden Auswirkungen geplant sind. Dies gilt insbesondere für projektierte großflächige, geschlossene Industriegebiete. So wurde im Jahre 1975 auf Veranlassung des Regierungspräsidenten von Köln als Vorsitzenden des Braunkohlenausschusses ein umfassendes ökologisches Gutachten für den geplanten Groß- und Tieftagebau Hambach im Rheinischen Braunkohlengebiet erstellt. Neben dem Bergbau waren die Fachgebiete Landschaftsökologie und Landschaftsplanung, Geologie und Bodenkunde, Wasserwirtschaft, Land- und Forstwirtschaft, Klimatologie und Lufthygiene, Vegetationskunde, Zoologie und Erholungsnutzung beteiligt. Leider wird im ökologischen Gutachten für den Tagebau Hambach eine auswertende Zusammenfassung der Einzelgutachten durch einen unabhängigen Ausschuß vermißt, so daß manche guten Alternativen und Vorschläge nur Ansätze sind und nicht ausreichend zum Tragen kommen.
In Paragraph 8, Absatz 2 des Bundesnaturschutzgesetzes heißt es, daß ein Eingriff ausgeglichen ist, »wenn nach seiner Beendigung keine erhebliche und nachteilige Beeinträchtigung des Naturhaushaltes zurückbleibt und das Landschaftsbild landschaftsgerecht wiederhergestellt oder neu gestaltet ist«.
Dem Absatz 9 des gleichen Gesetzesparagraphen ist zu entnehmen, daß die Länder zu den Absätzen 2 und 3 weitergehende Vorschriften erlassen können, insbesondere über Ersatzmaßnahmen der Verursacher bei nicht ausgleichbaren oder vorrangigen Eingriffen. Hierfür kommen Ersatzmaßnahmen abseits des engeren Eingriffsraumes, zum Beispiel die Schaffung neuer Biotope oder Ersatzpflanzungen an anderer Stelle oder der Ersatz in Geld (Ausgleichsabgabe) in Betracht. Die entsprechenden Gesetze der Länder regeln dies. Beide Maßnahmen sind problematisch. Die einen sind es, weil planfeststellungs- und grundstücksrechtliche Fragen Schwierigkeiten bereiten können, und die anderen, weil die Gefahr eines »Freikaufs« durch Geld besteht. Deshalb müssen beide Möglichkeiten auf Ausnahmen beschränkt bleiben.
Es bleibt zu wünschen, daß sich das neue Naturschutzrecht in allen Fachplanungen durchsetzt, damit vermeidbare Eingriffe auf jeden Fall unterlassen und unvermeidbare Eingriffe so ausgeglichen werden, daß unsere Kulturlandschaft auch in Zukunft ihre Aufgaben als Lebensraum kommender Generationen erfüllen kann.

Erst zerstören wir Lebensräume, dann versuchen wir, die Kreaturen zu retten: Opfer eines steigenden Stausees.

Die Welt des Lebens: bedroht

Der empfindliche Lebensraum Erde

Die Biosphäre – eine »sinkende Arche Noah«?

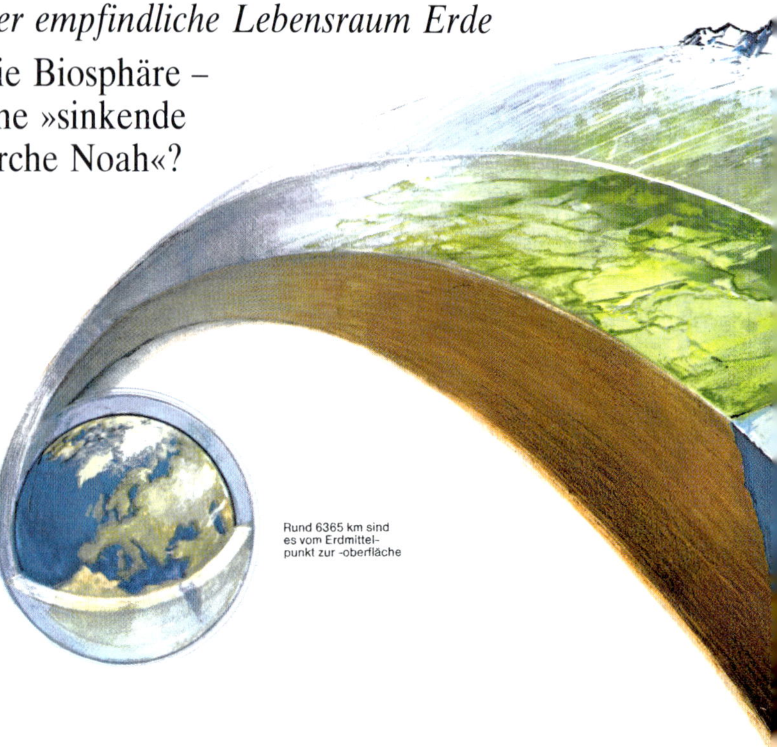

Wir teilen die Erde mit schätzungsweise zehn Millionen anderen Lebewesen-Arten, von denen Biologen erst etwa anderthalb bis zwei Millionen registriert haben und mit denen wir über eine gemeinsame Abstammung verwandt sind. Mit ihnen zusammen bilden wir die Biosphäre.

Das Wort Biosphäre wurde erstmals vor gut hundert Jahren von dem österreichischen Geologen Eduard Suess verwendet. Suess beschrieb damit – eher beiläufig – die dünne Schicht des Lebens, die den Planeten umhüllt. Sie ist auf ganz bestimmte, eng begrenzte Umweltbedingungen angewiesen: auf genug flüssiges Wasser und damit auf einen recht engen Temperaturbereich, auf ausreichende Energiezufuhr von außen (nämlich von der Sonne) und auf einen eingependelten Stoffnachschub aus den gasförmigen, flüssigen und festen Sphären der Erde.

Aus einer solch globalen Sicht wird die Empfindlichkeit der Biosphäre deutlich. Über ungeheure Zeiträume und in unendlich vielen kleinen Schritten haben sich Organismen ei-

So tief uns die Ozeane vorkommen, sie sind doch nur ein dünner Wasserfilm, gemessen an der Mächtigkeit der Erde. Die Biosphäre reicht hinab bis in die tiefsten Gräben: Noch in 11.000 m Tiefe wurden Fische gesichtet

Die Biosphäre ist, gemessen am Durchmesser der Erde, nur eine hauchdünne Schale an der Oberfläche des Planeten. Selbst wenn der gesamte Lebensraum vom Grund der tiefsten Tiefseegräben bis hinauf zu den vereisten Hängen der höchsten Bergriesen gemessen wird, kommen kaum 20 Kilometer zusammen. In diesen extremen Regionen können freilich nur wenige, besonders gut angepaßte Organismen überleben (und der durch Tauchboote oder Flugzeuge geschützte Mensch). Die Fülle des Lebens drängt sich an der Oberfläche des Meeres und der Flachländer – dort, wo die Pflanzen, die Primärproduzenten der Biosphäre, besonders leistungsfähig sind.

nen Lebensraum, eine ökologische Nische, auf dieser Welt erobert und dabei eine kaum überschaubare Artenfülle geschaffen: Lebewesen existieren am Grund der 11000 Meter tiefen Ozeangräben und auf 6000 Meter hohen Bergen.
In dieses nur annähernd verstandene Gefüge aus Pflanzen und Tieren, Pilzen und Mikroorganismen greifen wir mit groben Mitteln ein: Wir verfolgen und verdrängen ungezählte Spezies, wir stören ihre Lebensabläufe durch eine Flut giftiger, nie zuvor in der Natur vorgekommener Substanzen. Die Folgen sind schon jetzt katastrophal. Von den 255 bekannten einheimischen Vogelarten der Bundesrepublik Deutschland waren 1984 genau zwanzig ausgestorben und 133 gefährdet; von den 93 Säugetierarten zählten die Zoologen im gleichen Jahr sieben zu den ausgerotteten und 50 zu den gefährdeten.
Die erschreckenden Zahlen bei den gut erforschten, aber vergleichsweise artenarmen Wirbeltieren sind freilich nur die Spitze eines Eisbergs unbekannter Größe. Bis zum Jahr 2000 werden 15 bis 20 Prozent aller Tier-, Pflanzen- und Mikrobenarten der Erde ausgerottet sein, je nach Schätzung bis zu zwei Millionen Spezies.
»Bis zum Ende der achtziger Jahre könnten wir in der traurigen Lage sein, daß jede Stunde irgendwo auf der Erde eine Art ausstirbt«, klagt der in Kenia lebende britische Naturforscher Norman Myers in seinem Buch »The Sinking Ark« (»Die sinkende Arche«).

Viele Ursachen, ein Ergebnis: Die Verarmung der natürlichen Umwelt

»Bis zu der Zeit, in der menschliche Gesellschaften ökologisch einwandfreie Lebensweisen entwickelt haben, könnte die Aussterbequote auf mehrere Millionen Arten geklettert sein«, prophezeite Norman Myers.
Die düstere Prognose ist um so schlimmer, als das Verschwinden von Arten – anders als Luft- oder Wasserverschmutzung – endgültig ist. Dabei geht es nicht nur um theoretische Überlegungen weltfremder Wissenschaftler. Auch unser Überleben könnte betroffen sein: Welchen wirtschaftlichen oder medizinischen Nutzen hätten uns die verschwundenen Tier- oder Pflanzenarten bringen können? Und welche Funktion im System Biosphäre nahmen all diese Kreaturen ein?
»Wer würde in die Pilotenkanzel einer Boeing 747 gehen und dort Geräte herausreißen, nur weil er deren Funktion nicht kennt?« entsetzte sich die amerikanische Meeresbiologin Sylvia Earle. Und die Welt-Wildtier-Stiftung (WWF) fragt bange: »Wenn die Menschheit weiterhin ganze Arten verschwinden läßt, wann wird deren Gefahr auch unsere?«
»Während der letzten zwei Jahrhunderte haben menschliche Aktivitäten einen scharfen Anstieg der Zahl aussterbender Spezies verursacht«, heißt es in einem Lehrbuch für angehende amerikanische Umwelt-

Wenn Lebensräume radikal verändert werden, profitieren meist die Opportunisten unter den Tieren: Möwen auf einer Müllhalde.

forscher. »Menschen verursachten das Aussterben auf verschiedenartige Weise: Zerstörung der natürlichen Lebensräume, Einführung fremder Arten, Jagd als Wirtschaftszweig und die Kontrolle von Raubtieren.«

In dieser Aufzählung fehlt die Flut der Schadstoffe, die Organismen auf subtile Weise aus der Welt schaffen können. Und auch die Ursache für die massenhafte Vernichtung einmaliger Lebensformen wird nicht genannt. Norman Myers meint, »theoretisch würden sie (die Menschen in den reichen Ländern) den Orang-Utan und den Geparden gerne in der Wildnis überleben lassen, aber in der Praxis ziehen sie viele andere Dinge vor« – zum Beispiel billiges Fleisch und Holz und andere Rohstoffe aus den Tropen. So geraten wir Konsumenten im Westen, »wie unbeabsichtigt auch immer« (Myers), in eine Jekyll-und-Hyde-Rolle: Mit der einen Hand unterstützen wir Naturschutzmaßnahmen, mit der anderen Hand machen wir sie jedoch wieder zunichte.

Die Naturschützer sind sich einig, daß die größte Gefahr für bedrohte Arten von der Zerstörung ihres Lebensraumes ausgeht, weit mehr als von Jägern und Wilderern zusammengenommen. Jeder Hektar Land, der irgendwo unter den Pflug genommen, entwässert und zubetoniert wird, kann das Ende einer unscheinbaren Pflanze sein, die vielleicht nur hier gedeihen kann. Da jede aussterbende Pflanzenart, Schätzungen zufolge, zehn bis zwanzig Tierarten mit ins Verderben reißt, wird die Flut verschwindender Spezies verständlich. Selbst wenn alle Länder dieser Erde morgen ernsthaft damit beginnen würden, bedrohte Lebensräume zu schützen, »könnten wir viele Tausende – wahrscheinlich Hunderttausende – von Arten verlieren, weil die Zerstörung der Lebensräume so stark eingefahren ist« (Myers). Nach dem Grad der menschlichen Einflüsse unterscheiden Ökologen natürliche, naturnahe, landwirtschaftliche und städtisch-industrielle Ökosysteme. Natürliche Systeme gibt es, im strengen Sinn, kaum noch auf der

Das Watt ist das letzte große naturbelassene Ökosystem Mitteleuropas. Großangelegte Küstenschutzprojekte und weitere Neulandgewinnung gefährden den einmaligen Lebensraum (links: ein Grüppelbagger zieht Gräben; unten: Neulandgewinnung bei Neßmersiel in Ostfriesland).

Erde. Und selbst naturnahe Ökosysteme sind in Ballungsräumen wie Mitteleuropa knapp. Nicht nur das: Eine Vielzahl von Eingriffen in die verbliebenen naturnahen Lebensräume (die Biotope) und deren Lebensgemeinschaften (die Biozönosen), vor allem aber die »Störung und Zerstörung von Ökosystemen durch Landnutzung«, führte etwa in der Bundesrepublik Deutschland mit den Worten des »Umweltgutachtens 1978« zu einer »fortschreitenden Verarmung unserer Umwelt«.
Das im Auftrag des Bundesinnenministeriums erarbeitete Gutachten bezeichnet diese Entwicklung vor allem aus drei Gründen als »alarmierend«:

- »Die Zerstörung von Ökosystemen und der Rückgang der Arten kann als Indikator für das Ausmaß der (vom Menschen verursachten) Umweltveränderungen gelten. Zwar ist die sich dauernd verlängernde ›Rote Liste‹ kein allgemeingültiger Indikator für die fortschreitende Zerstörung der Natur, dennoch zeigt sie mit Sicherheit an, daß sich die Gefährdung von Tieren und Pflanzen in den vergangenen Jahren keineswegs verringert hat.«
- »Damit wird gleichzeitig die Erhaltung eines vielfältigen Gen-Potentials gefährdet, das für die sich wandelnden ökologischen und ökonomischen Ansprüche in der Zukunft notwendig ist.«
- »Die Vernachlässigung der Verantwortung des Menschen gegenüber der Natur senkt gleichzeitig die ökologische Stabilität und Funktionsfähigkeit des Naturhaushalts.«

Schon 1977 vertrat der Saarbrücker Ökologe Paul Müller die Ansicht, daß die Belastbarkeitsgrenze der mitteleuropäischen Ökosysteme im Hinblick auf die Erhaltung eines breiten »genetischen Pools« erreicht ist. Warum dennoch die Zerstörung der natürlichen Lebensgrundlagen fast unvermindert anhält, kann das »Umweltgutachten 1978« nur vermuten: Bisher fehlt »so etwas wie eine gesamtökologische Sicht«.

Die letzten naturnahen Ökosysteme: Bedroht von allen Seiten

Trotz der ernsten Warnungen durch Ökologen wie durch Regierungsgutachten werden in Deutschland (und anderswo) immer noch die letzten nicht land- oder forstwirtschaftlich genutzten Freiflächen »kultiviert«. Zu den wenigen verbliebenen naturnahen Ökosystemen zählen Feuchtgebiete wie das 1979 unter Naturschutz gestellte Auwaldgebiet »Taubergießen« am Oberrhein und vor allem das Wattenmeer.

Einst bedeckten Moore mehr als 11000 Quadratkilometer des Gebietes der Bundesrepublik. Doch die »zugewachsenen Seen« mit ihrer wichtigen Funktion für den Wasserhaushalt ganzer Landstriche und ihrer eigentümlichen, meist nur hier lebensfähigen Tier- und Pflanzenwelt sind auf dem Rückzug. Die wassergefüllten Böden werden trockengelegt, in Jahrtausenden angehäufte Torfschichten als Blumenerde verkauft. Heute vergeben Ökologen im einst moorreichen Bundesland Niedersachsen das Prädikat »lebendes Hochmoor« nur noch an Gebiete von zusammen nicht einmal einen Quadratkilometer Ausdehnung (rund 20 Quadratkilometer stehen unter Naturschutz).

Etwas besser sieht es – noch – im Wattenmeer aus. Das Schwemmland im Gezeitenbereich der Nordsee ist laut Professor Bernhard Grzimek »eine der letzten großen Naturlandschaften Mitteleuropas«. Sie birgt ein ungemein reichhaltiges Tier- und Pflanzenleben mit mehr als 1000 Arten, die nur hier gedeihen können, und ist zugleich »Kinderstube« für die meisten Nordseefische.

Das Wattenmeer ist von zwei Seiten bedroht: seewärts von verschmutztem Nordseewasser, landwärts von Eindeichungen und Tourismus. Nach jahrelangem, erbittertem Streit lagen Anfang 1985 die Entwürfe zur Schaffung eines deutschen »Nationalparks Wattenmeer« vor. Das Schutzgebiet soll rund 40 Prozent der Watten weitgehend der menschlichen Nutzung entziehen. So will Schleswig-Holstein ein Drittel seines 270000 Hektar großen Nationalpark-Anteils zu einer dreistufigen »Tabu-Zone« erklären. Dennoch kritisierte die Welt-Wildtier-Stiftung WWF, dem Land sei »immer noch nicht der Durchbruch zu einem echten Nationalpark« gelungen.

»Die gegenwärtige starke Belastung naturnaher Ökosysteme in der Bundesrepublik Deutschland durch Nutzungsänderungen«, klagte schon das »Umweltgutachten 1978«, »wird auch mittelfristig erhalten bleiben, da sich trotz einiger Verbesserungen keine entscheidende Tendenzwende in der Raumplanung und Verkehrswegeplanung erkennen läßt.«

Feuchtgebiete zählen zu den besonders gefährdeten Ökosystemen. Nur wenige Arten sind so anpassungsfähig wie Möwen (oben). Die meisten Organismen sterben aus, wenn ihr feuchter Lebensraum trockengelegt wird. Von den einst weite Teile des Oberrheintales bedekkenden Auwäldern blieb das Gebiet »Taubergießen« als letzter größerer Rest übrig (rechts: Kranich im Auwald, Fischreiher im Nest).

Von Auszehrung bedroht ist auch ein naturnahes Ökosystem, das wir tagtäglich mit den Füßen treten: der Boden. Dieser schmale Grenzbereich an der Erdoberfläche, in dem sich Gestein, Wasser, Luft und Leben überlagern und durchdringen, bildet nach den Worten des Kieler Bodenkundlers Professor Gerhard Brümmer »die Basis, auf der menschliches und tierisches Leben existiert«: Hier wachsen die Pflanzen, hier zersetzen Mikroben und andere Bodenlebewesen die Körpersubstanzen abgestorbener Organismen und führen die darin enthaltenen Nährstoffe wieder in den Stoffkreislauf der Ökosphäre zurück.
Erst 1984 gab die Bonner Regierung in einem Bericht zu, daß nicht nur Wald und Watt, sondern auch der Boden stark gefährdet ist: Wir sind dabei, den Boden unter den Füßen zu verlieren.

Naturschutzgebiete: Wie Inseln im Feindesland

Im April 1980 meldeten die Nachrichtenagenturen eine erstaunliche Neuigkeit aus dem Bonner Bundeslandwirtschaftsministerium, zuständig für Bauern und Naturschutz: »Ein Fünftel der Fläche der Bundesrepublik Deutschand ist Naturpark oder Naturschutzgebiet.« Die dicht besiedelte Industrienation Bundesrepublik Deutschland – ein Naturwunder?
Nicht ganz. Das Ministerium hatte (im Wahlkampf) alles, was irgendwie als »Natur« oder »Schutzgebiet« ausgewiesen ist, in einen Topf geworfen. Nach dem Bundesnaturschutzgesetz gibt es (in der Reihenfolge der Schutzwürdigkeit) »Naturschutzgebiete«, »Nationalparke« und »geschützte Landschaftsbestandteile«, dazu »Naturwaldreservate« der Länder und »Feuchtgebiete von internationaler Bedeutung«. Einigermaßen ernsthaft geschützt sind freilich nur die Naturschutzgebiete. Von ihnen gab es Ende 1980 etwa 1300, die zusammengenommen nicht einmal 0,9 Prozent der Landesfläche einnahmen: eine Ansammlung zumeist winziger Naturinseln (drei Viertel sind nicht größer als einen halben Quadratkilometer) in einem Ozean eher feindlichen Kulturlandes.
Aber selbst diese den höchsten Schutz genießenden Areale sind allzuoft nicht die reine Natur. An ihren Rändern wird ihnen das Wasser abgegraben, brausen Autos, versprühen Bauern Pflanzenschutzmittel. Und mitten durch die Schutzgebiete ziehen Touristen auf der Suche nach der unverfälschten Natur: Gut die Hälfte aller Naturschutzgebiete sind durch »Erholungsnutzung betroffen«, wie es im »Umweltgutachten 1978« heißt.
Etwa ein Viertel des Bundesgebietes genießt einen per Gesetz verordneten »besonderen Schutz von Natur und Landschaft« – einen Schutz, wie der Publizist Horst Stern spottet, der »meist das Papier nicht wert ist, auf dem er gesetzlich geschrieben steht«: In Landschaftsschutzgebieten rollen Panzer, entstehen neue Autobahnen, graben Bagger nach Boden-

Bedroht: die Heimat des Seehundes
Das Nordfriesische Wattenmeer ist Naturschutzgebiet und soll der dritte bundesdeutsche Nationalpark werden. Die Gezeitenlandschaft ist vom Land her durch Eindeichungen, von der See her durch Schmutzwasser gefährdet.

Bedroht: die Heimat des Schwarzstorches
Der dunkel gefärbte Verwandte des ebenfalls gefährdeten Weißstorchs liebt feuchte Laub- und Mischwälder: Lebensräume, die selten geworden sind. In Niedersachsen leben noch etwa zwanzig Paare.

Bedroht: die Bergwälder Bayerns und die Heimat des Steinbocks
Die schwer zugänglichen Höhen des Bayerischen Waldes und der Alpen werden zunehmend für den Tourismus erschlossen. Der Steinbock wurde im Alpennationalpark wieder eingeführt.

schätzen, legen Gemeinden Sportplätze an oder halten sich Bauerwartungsland.

Selbst die beiden Nationalparks »Bayerischer Wald« (eröffnet 1970, 130 Quadaratkilometer) und »Alpenpark Berchtesgaden« (seit 1978, 210 Quadratkilometer) machen den Naturschützern Sorge. Zum zehnjährigen Jubiläum des Nationalparks Bayerischer Wald zogen sie im September 1980 eine »negative Bilanz«: Nicht einmal zehn Prozent des Parks stehen unter Naturschutz, während der letzten zehn Jahre wurde genausoviel Holz gehackt wie zuvor, im Trubel des Freizeit- und Erholungsmarktes blieb die Natur auf der Strecke. Und im Alpennationalpark, der dank eines schroffen Geländes weniger belastet ist, monieren die Naturschützer 150 Hirsche zuviel – Überbleibsel einer einseitig ausgerichteten Jagdleidenschaft. Beide Nationalparks sind überdies den aus der Ferne herangewehten Luftschadstoffen ausgesetzt: auch in ihnen stirbt der Wald.

Der Ausverkauf der Natur beschränkt sich längst nicht mehr auf alte Kultur- und Industrienationen wie Deutschland. Auch in den vergleichsweise riesigen Nationalparks der Vereinigten Staaten klagen die Park-Ranger über wachsende Müllhalden, festgetrampelten Boden und Autoverkehr wie »zur *Rush-hour* in Los Angeles«. Immerhin birgt Nordamerika annähernd die Hälfte aller Naturschutzgebiete der Erde. Etwa ein Achtel der rund 200 verschiedenartigen Ökosysteme der Erde ist dagegen überhaupt nicht geschützt. Besonders schlecht sieht die Situation für Gebiete mit Mittelmeer-Vegetation sowie Korallenriffe aus. Außerdem klagen die Naturschützer über zu kleine Schutzgebiete: Sie können – nach den Gesetzen der Biogeographie – die große Artenfülle nicht in die Zukunft retten.

Der schleichende Tod: Gifte in der Biosphäre

»Der unheimlichste aller Angriffe des Menschen auf die Umwelt«, schrieb die amerikanische Biologin Rachel Carson 1962 in ihrem Buch »Der stumme Frühling«, »ist die Verunreinigung der Luft, Erde, Flüsse und Meere mit gefährlichen, ja sogar tödlichen Stoffen.« Kaum ein anderes Thema des Naturschutzes hat seitdem die Öffentlichkeit so sehr erregt wie die Frage, wo denn all die giftigen und radioaktiven Stoffe bleiben, die bei industriellen Prozessen und in Kernkraftwerken anfallen, mit denen Bauern ihre Pflanzen gegen »Schädlinge« und »Unkräuter« verteidigen oder Hobbygärtner ihre Gewächse gegen alles, was krabbelt. Und kaum ein Umweltthema stiftet so viel Verwirrung wie die Frage nach der Wirksamkeit gefährlicher Substanzen.

»Alle Dinge sind Gift und nichts ohn' Gift; allein die Dosis macht, daß ein Ding kein Gift ist«, hatte schon der Arzt und Naturforscher Paracelsus im 16. Jahrhundert erkannt. Ja: »Alle Chemikalien wie Wasser, Sauerstoff, Kochsalz, Vitamine oder Kohlendioxid können unter extremen Bedingungen giftig sein«, warnt das »Umweltgutachten 1978«; deshalb sei eine »absolute Sicherheit vor Gesundheitsschäden eine Utopie«.

Die Dosis und die Zahl der potentiell schädlichen Stoffe, die wir Menschen in die Biosphäre entlassen, ist erschreckend. Da sind zum Beispiel die

Schwermetalle wie Blei, Kadmium, Quecksilber und Thallium. Sie kommen zwar in der freien Natur vor, jedoch gewöhnlich in kaum schädlichen Konzentrationen. In der Umgebung von Hüttenwerken oder Industriebetrieben sammeln sich Schwermetalle jedoch allzu häufig in Mengen an, die Pflanzen, Tieren und Menschen – vor allem Kindern – gefährlich werden können.

Schwer abbaubare chemische Stoffe und Schwermetalle reichern sich durch die Nahrungskette im Gewebe der »Konsumenten« an: Kleinlebewesen nehmen die Gifte auf, werden von Fischen gefressen, die wiederum dem Reiher, einem Endkonsumenten, als Nahrung dienen.

Von den gut vier Millionen bekannten, natürlich vorkommenden wie künstlich synthetisierten chemischen Verbindungen werden auf der Erde rund 500000 vermarktet. Über deren Umweltverträglichkeit ist erschreckend wenig bekannt. Und jährlich kommen noch Hunderte von neuen Chemikalien hinzu, zumeist Kohlenstoffverbindungen, die als organische Substanzen prinzipiell gefährliche Wirkungen auf Organismen haben können. Noch 1950 wurden weltweit nur sieben Millionen Tonnen organische – also Kohlenstoff enthaltende – Chemikalien produziert. 1970 waren es bereits 63 Millionen Tonnen, 1983 rund 250 Millionen Tonnen.

Als dritte große Gruppe gefährlicher Stoffe kommen die radioaktiven Substanzen hinzu, die aus kerntechnischen Labors, Atomkraftwerken und nuklearmedizinischen Instituten routinemäßig oder bei Unfällen entweichen – eine Stoffgruppe, deren Zahl und Menge ebenfalls ständig zunimmt.

Diese Flut vom Menschen geschaffener oder in reiner Form freigesetzter Substanzen greift in noch längst nicht voll verstandener Weise in die Lebensfunktionen einzelner Organismen wie ganzer Ökosysteme ein. Schlagzeilen machen zumeist nur die akuten Wirkungen – etwa im Dezember 1984 im indischen Bhopal, als über 2500 Menschen und ungezählte Tiere in der Methylisocyanat-Giftwolke aus einer Pestizidfabrik umkamen. Schwer zu überschauen sind chronische Wirkungen: Spätschäden

Im Vietnamkrieg wurden zum ersten Mal Unkrautbekämpfungsmittel (Herbizide) militärisch eingesetzt. US-Flugzeuge versprühten Substanzen wie 2,4,5-T, um den Urwald zu entlauben und dem Gegner dadurch die Deckung zu rauben. Die Herbizide und ihre Verunreinigungen (etwa das Seveso-Gift Dioxin) verursachen noch heute Mißgeburten bei Mensch und Tier. Giftstoffe in der Luft töteten den Wald in Puerto Rico (unten).

durch die Anreicherung von Schadstoffen im Körpergewebe eines einzelnen Lebewesens (»Bioakkumulation«) oder über die Nahrungskette (»Biomagnifikation«; siehe Zeichnung auf Seite 243). »Schadstoffanreicherung in Nahrungsketten muß als hochbedeutsames Problem der Umweltchemikalien angesehen werden«, stellte der Senatsausschuß für Umweltforschung der Deutschen Forschungsgemeinschaft fest, »selbst wenn im Einzelfall einmal experimentelle Gegenbeweise vorliegen.«
Hängen akute Wirkungen zumeist mit der Giftigkeit (Toxizität) eines Stoffes zusammen, so müssen Umweltforscher bei den chronischen Wirkungen auch nach der Karzinogenität (der Fähigkeit, Krebs zu erzeugen), der Mutagenität (der Verursachung von Erbschäden) und der Teratogenität (der Verursachung von Mißgeburten) einer Substanz suchen – und zwar wegen der Nahrungskette räumlich wie zeitlich oft fernab der ursprünglichen Giftquelle.

Sorgen bereiten vor allem die biologisch schwer abbaubaren Pflanzenschutzmittel, auch »Pestizide« oder »Biozide« (»Töter allen Lebens«) genannt, sowie ähnlich stabile Verbindungen wie PCB oder PBB (polychlorierte oder polybromierte Biphenyle), die bei der Herstellung von Kunststoffen und anderen Chemikalien anfallen. Während freilich die gefährlichen Industrie-Chemikalien zumeist nur aus punktförmigen Quellen – etwa einer Fabrik – und unbeabsichtigt in die Umwelt gelangen, werden Pflanzenschutzmittel mit voller Absicht über inzwischen Millionen von Quadratkilometern Wald, Acker- und Gartenland versprüht. Sie sollen ja Kulturpflanzen vor pflanzlichen Konkurrenten, Pilzbefall oder Insektenfraß schützen. Rund 2000 Pflanzenschutzmittel sind allein in der Bundesrepublik zugelassen, 224000 Tonnen im Wert von mehr als zwei Milliarden Mark wurden 1979 produziert. Mengenmäßig führen die Mittel gegen Unkräuter (Herbizide) mit gut 60 Prozent, gefolgt von den Pilzmitteln (Fungizide) mit mehr als 20 Prozent und den Insekten- und Milbengiften mit rund sieben Prozent; der Rest verteilt sich auf Mittel gegen Nagetiere, Schnekken, Fadenwürmer und auch gegen Wildverbiß.

Die Leitsubstanz der Pestizid-Ära, das Insektengift DDT, fehlt in dieser Aufzählung: Sie wurde in der Bundesrepublik Deutschland wie in den meisten Industrieländern Anfang der siebziger Jahre verboten. Dennoch ist Dichlor-Diphenyl-Trichloräthan, wie der seit 1874 bekannte chlorierte Kohlenwasserstoff DDT voll ausgeschrieben heißt, immer noch um uns und in uns. Nachdem 1939 seine Wirksamkeit als Insektengift erkannt worden war, machte DDT schnell Karriere als »Atombombe der Insektenwelt«. Zunächst schien das Mittel nur gegen die Kerbtiere wirksam. Doch dann zeigte sich, daß sich der schwer abbaubare Stoff in der Nahrungskette anreichert und vor allem die Endkonsumenten trifft – zum Beispiel Greifvögel, aber auch Menschen.

Bei einer Untersuchung über die Bruterfolge des Braunen Pelikans auf zwei Inseln vor der kalifornischen Küste wurde der Zusammenhang überdeutlich: Im Jahr 1969 enthielten die Sardinen, von denen sich die Vögel ernähren, durchschnittlich 4,27 Milligramm DDT pro Kilogramm Körpergewicht, und aus 1125 Nestern wuchsen ganze vier Pelikane heran; 1974 war der DDT-Gehalt der Sardinen auf 0,15 Milligramm pro Kilogramm gesunken – und die Forscher zählten 1286 Nester, aus denen 1185 Pelikane das Erwachsenenalter erreichten.

Umgekehrt verlief dagegen die Wirkung auf Insekten: Immer mehr Arten dieser Tiergruppe entwickeln eine Immunität gegen Insektizide, nicht nur gegen DDT, das manche Fliegen heute fressen, als wäre es Zucker.

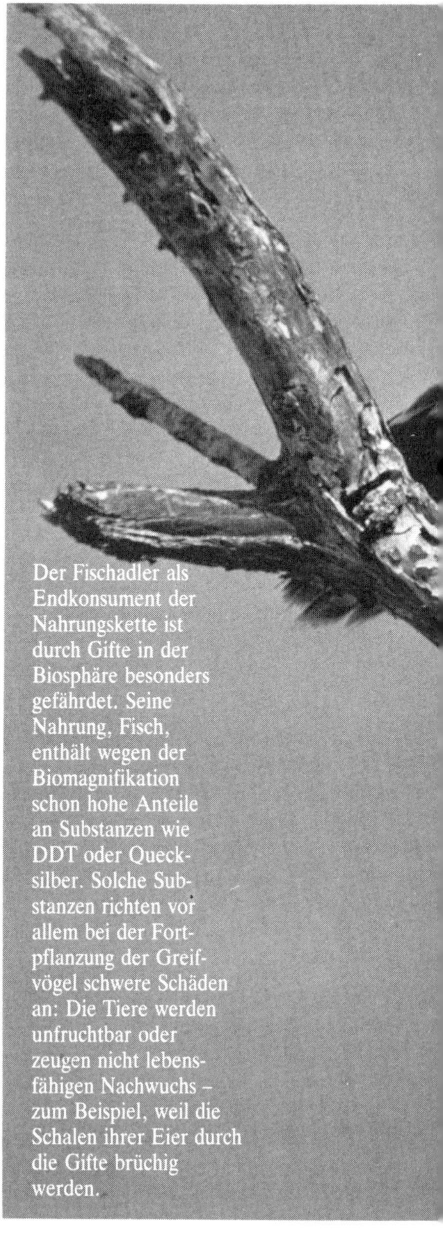

Der Fischadler als Endkonsument der Nahrungskette ist durch Gifte in der Biosphäre besonders gefährdet. Seine Nahrung, Fisch, enthält wegen der Biomagnifikation schon hohe Anteile an Substanzen wie DDT oder Quecksilber. Solche Substanzen richten vor allem bei der Fortpflanzung der Greifvögel schwere Schäden an: Die Tiere werden unfruchtbar oder zeugen nicht lebensfähigen Nachwuchs – zum Beispiel, weil die Schalen ihrer Eier durch die Gifte brüchig werden.

Die Pflanzenwelt

Der Garten Erde: Die Vielfalt der Gewächse schwindet

»Suchst du das Höchste, das Größte?« fragte der Dichter Friedrich Schiller, um gleich die Antwort zu geben: »Die Pflanze kann es dich lehren.« Schillers Worte, vor fast zwei Jahrhunderten geschrieben, sind von den Biologen längst bestätigt worden. »Die Photosynthese der grünen Pflanzen ist *der* elementare Prozeß dieser Erde«, schreibt der Konstanzer Pflanzenphysiologe Professor Peter Böger. »Er bindet das Kohlendioxid der Luft und führt es in Zucker über, der das Grundmaterial bildet für die Biosynthese von Stärke, Cellulose und Eiweiß. Diese Substanzen dienen der übrigen lebenden Welt, also Bakterien, Tieren und Menschen, als Nahrung.«

Die stille und dennoch gewaltige Leistung der grünen Gewächse stellt, global gesehen, jedes Menschen-

Einst war ganz Mitteleuropa eine Domäne der am höchsten entwikkelten Pflanzengesellschaften: Wälder bedeckten Ebenen, Hügel und Gebirge. Mit der intensiven Landnutzung, vor allem durch den modernen Ackerbau, sind die Pflanzengesellschaften verarmt. Wo früher Urwälder wuchsen, breitet sich heute im Sommerhalbjahr eine »Produktionssteppe« aus und im Winter eine sauber geeggte Erdwüste.

Und die verbliebenen Wälder lichten sich durch saure Niederschläge und andere Luftschadstoffe.

werk in den Schatten: Pflanzen binden pro Jahr etwa zehnmal mehr Energie in Form von Sonnenlicht, als die Menschheit insgesamt verbraucht, und erzeugen bei diesem Prozeß auch den Sauerstoff der Luft, den wir alle zum Atmen und unsere Motoren zur Verbrennung benötigen.

So stabil aber die großen, von den Pflanzen gesteuerten Kreisläufe auch erscheinen mögen, wir sind dabei, sie zu gefährden. Zumindest bedrohen unsere Aktivitäten die grüne Vielfalt – zu unserem eigenen Schaden.

Das Reich der Pflanzen spannt sich von den winzigen, einzelligen Algen bis zu den riesigen Mammutbäumen Kaliforniens. Es umfaßt, nach einer neu überarbeiteten Systematik der Biologen, alle Organismen, die zur Photosynthese in der Lage sind – und einen Zellkern besitzen. Denn auch die blaugrünen Algen und einige Bakterienarten vermögen das Sonnenlicht zur Nahrungsproduktion anzuzapfen, besitzen jedoch keinen Zellkern: Diese entwicklungsgeschichtlich urtümlichen Lebewesen zählen zum Reich der Monere, in dem alle zellkernlosen Organismen (»Prokaryonten«) zusammengefaßt sind.

Bei allen anderen Lebewesen ist das Erbgut in einem ausgeprägten Zellkern konzentriert. Diese »Eukaryonten« können in vier Reiche eingeteilt werden: Einzeller mit Zellkern (»Protisten«), Pilze (nicht zur Photosynthese fähige Gewächse), Pflanzen und Tiere.

Botaniker registrierten und beschrieben bisher rund 300000 verschiedene Pflanzenarten, also sehr viel weniger Spezies als im Tierreich, das allein etwa eine Million bekannte Insektenarten umfaßt. Das hat seine guten ökologischen Gründe. Pflanzen sind, zumindest auf dem Festland, an die Klima- und Nahrungsbedingungen ihres jeweiligen Standorts gebunden (die Pflanzen des offenen Meeres sind die im Wasser treibenden Einzeller des »Phytoplanktons«). Tiere, die ja alle direkt oder indirekt von Pflanzen leben, können sich dank ihrer Beweglichkeit leichter spezialisieren.

So kann eine einzige Eiche Lebensraum für mehr als tausend Insektenarten sein. Wenn eine Pflanzenart ausstirbt, hat das also schwerwiegende Folgen für die von ihr abhängigen tierischen Spezialisten. Aber auch umgekehrt besteht in vielen Fällen eine Abhängigkeit aus der gemeinsamen Entwicklungsgeschichte: Pflanzen sind häufig auf die Hilfe von Bakterien, Pilzen und Tieren angewiesen – Blütenpflanzen zum Beispiel auf bestäubende Insekten.

Ein kurioses Beispiel: Auf der Insel Mauritius hatten europäische Entdecker bis zum Jahr 1681 die Dronte (»Dodo«) ausgerottet. Danach keimte kein einziger der einst zahlreichen *Calvaria*-Bäume mehr: Dessen hartschalige Samen mußten erst durch den Magen des gänsegroßen Vogels »vorbehandelt« werden. Mit Truthähnen als Ersatz-Dronten gelang es, den *Calvaria*-Baum zu retten.

Gefährdete Pflanzen: Ein Drittel aller Arten ist bedroht

»Schon der Ausfall einer seltenen Pflanzenart kann im Sinne des Artenschutzes belastend sein«, warnt das »Umweltgutachten 1978«. Die Belastung wächst freilich zur Lawine, wenn von den gut 200000 bekannten Gefäßpflanzenarten (Farne und Blütenpflanzen) der Erde etwa jede zehnte vom Aussterben bedroht ist.

In Industrienationen wie der Bundesrepublik Deutschland wächst der Gefährdungsgrad auf über 30 Prozent, in Ballungsräumen sogar auf rund 70 Prozent aller Pflanzenarten. 862 der 2476 in Deutschland wildwachsenden Gefäßpflanzen stehen in der »Roten Liste der gefährdeten Tiere und Pflanzen« für die Bundesrepublik, Ausgabe 1984 (dazu 139 von ungefähr tausend Moosen, 416 von rund 1850 Flechten, 851 von 2337 Großpilzen und 28 von 34 Armleuchteralgen).

Diese »Roten Listen« werden seit Anfang der siebziger Jahre überall auf der Erde erstellt und zentral erfaßt. Die erste »Rote Liste der gefährdeten Tiere und Pflanzen in der Bundesrepublik« veröffentlichten 1977 die Biologen Josef Blab, Eugeniusz Nowak, Werner Trautmann und Herbert Sukopp, auch Autoren der neuen Liste.

Bei Pflanzen wie Tieren unterteilten die Biologen ihre »Roten Listen« in fünf Abschnitte. Als niederste Alarmstufe enthält die Rubrik »potentiell gefährdete Arten« alle Spezies, die in einem bestimmten Gebiet »nur wenige und kleine Vorkommen besitzen« oder nur »in kleinen Populationen am Rande ihres Areals leben«: Bei den Gefäßpflanzen der Bundesrepublik Deutschland sind das 165 Arten vom Europäischen Alpenveilchen bis zum Zierlichen Wimperfarn.

»Auch wenn eine aktuelle Gefährdung heute nicht besteht«, mahnen die Verfasser der Liste, »können solche Arten wegen ihrer großen Seltenheit durch unvorhergesehene lokale Eingriffe schlagartig ausgerottet werden«.

Die nächsthöhere Stufe umfaßt 281 »gefährdete Arten«, also Spezies mit »regional kleinen oder sehr niedrigen Beständen«, »mit wechselnden Wuchsorten« oder mit Beständen, die an vielen Orten zurückgehen oder schon verschwunden sind. Dazu zählen unter anderem Arnika, Bärwurz und der Echte Kerbel.

Sehr kritisch sieht es schon bei den 255 aufgelisteten »stark gefährdeten Arten« aus. Zu den Spezies, die im nahezu gesamten einheimischen Verbreitungsgebiet kleine Bestände aufweisen oder stark zurückgehen, rechnen die Botaniker das bekannte Edelweiß wie den nur Experten geläufigen Österreichischen Ehrenpreis. Besonders gefährdete Pflanzengruppen sind die einheimischen Orchideenarten (wie etwa der Frauenschuh), die urtümlichen Bärlapp- und Schachtelhalmgewächse sowie vor allem Pflanzen, die nur in Feuchtgebieten leben.

Den bunten Kräutergarten auf diesem Schaubild gibt es so nur noch auf dem Papier: drei der abgebildeten Pflanzenarten waren 1984 ausgestorben, fünf akut vom Aussterben bedroht.

1. Kleefarn (Marsilea quadrifolia; ausgestorben)
2. Spitzels Knabenkraut (Orchis spitzelii; ausgestorben)
3. Gelbe Hauhechel (Ononis natrix; akut bedroht)
4. Langes Zypergras (Cyperus longus; akut bedroht)
5. Bodensee-Steinbrech (Saxifraga oppositifolia ssp. amphibia; ausgestorben)
6. Schachblume (Fritillaria meleagris; stark gefährdet)
7. Schneeball-Ahorn (Acer opalus; potentiell gefährdet)
8. Virginischer Rautenfarn (Botrychium virginianum; potentiell gefährdet)
9. Strand-Zaunwinde (Calystegia soldanella; akut bedroht)
10. Bunte Schwertlilie (Iris variegata; akut bedroht)
11. Deutsche Tamariske (Myricaria germanica; akut bedroht)
12. Sumpf-Siegwurz (Gladiolus palustris; stark gefährdet)

11
6
7
8
9
10

Gefährdete Pflanzen: Gewächse, die bald keiner mehr kennt

Wer sich um den Blauwal sorgt, dem sollte auch das Schicksal der Brenndolde am Herzen liegen. Und die vielen Freunde der seltenen Großen Pandabären haben keinen Grund, auf den »plattfüßigen Schleimkopf« (einen vom Aussterben bedrohten Blätterpilz) herabzuschauen. Akut vom Aussterben bedrohte Tier-, Pilz- und Pflanzenarten haben mehr miteinander gemein, als auf den ersten Blick sichtbar sein mag. Denn Tiger wie Torfmoos-Knabenkraut sind in ihrer Existenz bedroht, weil der Mensch ihren natürlichen Lebensraum immer stärker einengt.

Das Überleben der 101 vom Aussterben bedrohten Farn- und Blütenpflanzen in der Bundesrepublik Deutschland ist, wie die Verfasser der »Roten Liste« schreiben, »unwahrscheinlich, wenn die verursachenden Faktoren weiterhin einwirken«. Für die Pflanzenarten, die »nur in Einzelvorkommen oder wenigen, isolierten und kleinen bis sehr kleinen Populationen auftreten«, deren Bestände »durch lange anhaltenden starken Rückgang auf eine bedrohliche bis kritische Größe zusammengeschmolzen« sind, sind deshalb »Schutzmaßnahmen dringend notwendig«.

Für 60 in Deutschland heimische Farn- und Blütenpflanzen kommen die geforderten Schutzmaßnahmen mit größter Wahrscheinlichkeit zu spät. Ausgestorben, ausgerottet oder verschollen sind nach der Definition der »Roten Liste« Arten, die noch vor etwa 100 Jahren in der Bundesrepublik lebten, aber »in der Zwischenzeit (zum Teil weltweit) mit Sicherheit oder großer Wahrscheinlichkeit erloschen« sind. Erloschen sind die in Jahrtausenden und Jahrmillionen zusammengetragenen Erbinformationen des Felsen-Beifußes und des Moos-Dickblatts, verschwunden sind Bitterer Enzian, Schöner Lauch und Brocken-Küchenschelle, verschollen sind die Orchideen zierliches Sumpf-Knabenkraut und Spitzels Knabenkraut.

Die lange Liste der gefährdeten oder schon verschwundenen Gewächse ist »zweifellos als vorläufig zu betrachten«, gesteht der deutsche »Rat von Sachverständigen für Umweltfragen« ein, um sogleich Hoffnungen auf ein insgesamt besseres Ergebnis zu dämpfen: »In der Größenordnung der Verlustzahlen dürften sich aber kaum wesentliche Verschiebungen ergeben.«

Mehr und genauere Informationen liegen seit 1982 vor, als nach zehnjähriger Arbeit von gut tausend ehrenamtlichen Mitarbeitern der erste deutsche »Atlas der Farn- und Blütenpflanzen« erschien. Die Karten und Listen sind nicht nur von botanischem Interesse. Zum einen weiß niemand genau, welche Lücken eine ausgerottete Pflanzenart in die Tierwelt und ins gesamte Ökosystem reißt. Zum anderen verschwindet mit jeder Art eine potentielle Nutzpflanze. Nur rund 2000 Pflanzenarten werden heute weltweit als Quellen für Nahrung und Rohstoffe (vom Holz bis zum Arzneistoff) kultiviert. Nur vier Pflanzenarten – Weizen, Reis, Mais und Kartoffel – steuern annähernd die Hälfte der menschlichen Ernährung bei. Nur etwa zehn Prozent aller Pflanzenarten wurden bislang überhaupt einigermaßen ernsthaft studiert, nur jede hundertste gar auf einen möglichen Nutzen für die Menschheit untersucht. Schlimmer noch: Gerade die besonders gefährdeten Spezialisten unter den Pflanzen, die nur an einem einzigen Standort gedeihen, enthalten häufig Substanzen von großem pharmazeutischem Interesse. Vielleicht wird gerade in diesem Augenblick, in dem Sie diese Zeilen lesen, ein Stück Urwald am Amazonas gerodet oder ein Moor in Mitteleuropa trockengelegt, in dem ein Pflänzchen seine einzige Heimat hatte, das einen unbekannt gebliebenen Wirkstoff gegen Krebs enthielt.

Die »Rote Liste« der Gefäßpflanzen der Bundesrepublik Deutschland, also die Aufstellung aller bedrohten höheren Pflanzenarten, ist in fünf Gefährdungsstufen eingeteilt. Ausgestorbene oder vom Aussterben bedrohte Arten zeigt die Zeichnung auf S. 253.

Eine kleine Auswahl »stark gefährdeter« und »potentiell gefährdeter« Arten wird auf der folgenden Doppelseite vorgestellt.

Stark gefährdet

1. Fadenwurzelige Segge (Carex chordorrhiza)
2. Kleine Seerose (Nymphaea candida)
3. Frühlings-Adonisröschen (Adonis vernalis)
4. Hummel-Ragwurz (Ophrys holosericea)

Gefährdet

5. Schwarzes Kohlröschen (Nigritella nigra)
6. Sumpf-Schlangenwurz (Calla palustris)
7. Rundblättriger Sonnentau (Drosera rotundifolia)
8. Sumpf-Herzblatt (Parnassia palustris)
9. Kugel-Teufelskralle (Phyteuma orbiculare)
10. Feuerlilie (Lilium bulbiferum)
11. Tüpfel-Enzian (Gentiana punctata)

Potentiell gefährdet

12. Spinnweben-Hauswurz (Sempervivum arachnoideum)
13. Blasenstrauch (Colutea arborescens)
14. Zwergprimel (Primula minima)
15. Felsen-Johannisbeere (Ribes petraeum)
16. Lorbeer-Seidelbast (Daphne laureola)
17. Apfel-Rose (Rosa villosa)
18. Azurjungfer

Unkraut vergeht nicht? Manchmal schon

Pflanzen können nicht davonlaufen, gewiß. Aber sie haben im Lauf ihrer Evolution eine Menge Tricks entwikkelt, wie sie hungrige Tiere abschrecken und grüne Konkurrenten per Wurzelgift oder langlebige Samen überlisten können. Gegen Planierraupe, Motorsäge oder Giftspritze tun sich freilich auch die Anpassungskünstler der Pflanzenwelt schwer, die wir »Unkräuter« nennen (Naturschützer nennen sie längst »Wildkräuter«). Früher, als noch Waffengleichheit zwischen den Opportunisten der Flora und den Bauern herrschte, konnten sie ihrem Namen Ehre machen und – allem Hakken und Jäten zum Trotz – nicht vergehen. Inzwischen zählen die deutschen Botaniker unter der Rubrik »heimische Pflanzenformationen: Unkrautfluren der Äcker, Gärten und Weinberge« den höchsten Anteil verschollener und akut bedrohter Arten: Flurbereinigung, PS-starkes Ackergerät und »chemische Sense« sind offenbar wirksam.

Tiefe Breschen schlug der Ordnungssinn der Flurbereiniger auch in die Pflanzenformationen an und in Flüssen, Teichen und Bächen sowie in anderen Feuchtgebieten. An Stelle der abgeholzten Korbweiden oder Erlen säumen inzwischen häufig Pestwurz oder Brennessel-Dickichte die Wasserflächen. Und in den nun unbeschatteten Gewässern wuchern, unerwünscht und deshalb mitunter mit Gift oder Bagger bekämpft, üppige Igelkolben- oder Wasserpest-Plantagen. Eine ähnliche Verschiebung der Artenvielfalt zugunsten weniger Spezies findet auf intensiv genutzten Wiesen statt: Neben den erwünschten guten Futtergräsern macht sich vor allem der Löwenzahn breit.

Schaden nehmen häufig auch Pflanzen, deren Standort weder umgepflügt noch zubetoniert wird. Abgase wie etwa Schwefeldioxid schädigen vor allem empfindliche Nadelgewächse oft fernab von den Schloten (dies ist seit mehr als 100 Jahren bekannt, aber erst durch das Waldsterben ins öffentliche Bewußtsein vorgedrungen). Einen schweren Stand haben die im Behördendeutsch als »Straßenbegleitgrün« bezeichneten Gewächse. Sie leiden an einem ganzen Bündel schädlicher Einflüsse: Die Windstöße der vorbeirauschenden Autos erhöhen die Verdunstung, Abgase und Staub stören die Funktion der Spaltöffnungen an der Unterseite der Blätter, Staubschichten auf den Blättern erhöhen die Blatt-Temperatur und dadurch abermals die Verdunstung – ein Teufelskreis, der die Pflanze an Wassernot eingehen lassen kann.

Schließlich bringen mitunter auch Gewächse, die aus fremden Regionen eingeführt wurden, alteingesessene Pflanzenformationen durcheinander. Von den mit direkter oder indirekter menschlicher Hilfe eingewanderten Gewächsen gelingt es zwar nur etwa fünf Prozent, feste Wurzeln in der neuen Heimat zu schlagen. Aber solche wuchskräftigen Einwanderer wie die Knollensonnenblume oder eine hochwachsende Knöterich-Art erobern neue Standorte – offensichtlich, wie Botaniker immer wieder beobachten konnten, nach dem »Recht des Zuerstdagewesenen«.

Manche Gewächse entwickeln eine erstaunliche Kraft, wenn sie ans Licht oder einfach zum Zweck der Sporenverteilung an die Oberfläche kommen wollen so wie dieser Pilz, der den Asphalt nahezu mühelos durchstößt. Pilze bilden eine eigene, nicht zu den Pflanzen zählende Klasse von Lebewesen: Gewächse, die nicht zur Photosynthese fähig sind. Sie leben von zersetzter organischer Substanz.

Wie manche Tiere, so passen sich auch manche Pflanzen oft erstaunlich schnell an neue Umweltbedingungen, an vom Menschen geschaffene Standorte an. »Solche Pflanzen im abwertenden Sinne als ›Unkräuter‹ zu bezeichnen, ist ein Relikt aus einer Zeit, in der die Produktion von Biomasse einziges Ziel war«, meint der Berliner Ökologe Professor Herbert Sukopp. Bei langjährigen Untersuchungen der Besiedelung von Siedlungs-, Industrie- und Trümmergrundstücken kam Sukopp zu der Überzeugung, daß eine solche Bewertung vor allem den widerstandsfähigen eingeschleppten Gewächsen nicht gerecht wird: Die angeblichen Unkräuter schützen die in Wirklichkeit wenig pflanzenfreundlichen Stadt- und Industrielandschaften.

Nun, da »die ursprünglichen Ökosysteme im Zentrum der Verdichtungsräume vernichtet und viele Arten ausgerottet sind« (Sukopp), da geometrisch ausgerichtete, fremdländische Zierpflanzen und Bäume das Stadtbild prägen, besinnen sich manche Bürger wieder der ursprünglichen Vegetation.

So startete der Hamburger Senator für Umweltschutz, Wolfgang Curilla, im Herbst 1980 ein Versuchsprogramm, bei dem Landwirten im Stadtgebiet angeboten wurde, gegen eine Entschädigung nicht mehr benutzte Äcker der freien Natur zu überlassen. Und bei wahren Gartenfreunden spricht sich die Umweltfreundlichkeit von sogenannten Naturgärten herum: Statt rechteckig einbetonierter, steriler Rasensteppen, die per Giftspritze von jeder Art Getier freigehalten werden, sollen diese Gärten biologisch wertvolle »ökologische Ausgleichsflächen« bilden.

Für den Bauern ist ein solches mit Unkraut überwuchertes Getreidefeld eine Katastrophe, für den Ökologen ein Paradies voller Lebensfülle.

Gärten, Parks und Blumenfenster: Exotisches Grün statt heimischem Kraut

Es gibt für Botaniker kaum eine Frage, die sich leichter stellen und schwerer beantworten läßt als diese: Warum wächst eine bestimmte Pflanze an einem bestimmten Ort? Den Ausschlag könnten die Ansprüche des Gewächses an Boden und Klima geben, aber auch seine Wechselbeziehungen mit anderen Lebewesen, die verwickelte Geschichte der Lebensgemeinschaft an diesem Standort – oder der bloße Zufall. Höhere Pflanzen müssen, wo der Samen keimt, wachsen oder untergehen.

»Wir nutzen das aus, indem wir in unseren Gärten viele Pflanzen problemlos kultivieren«, sagt der Marburger Ökologe Professor Hermann Remmert. »Alle Arten gedeihen, solange wir so vor der Konkurrenz durch andere schützen.«

Der Eifer, mit dem Bauern, Förster und Gärtner ihren Nutz- und Ziergewächsen die Konkurrenz vom Stamm oder Stiele halten, hat die Vegetation gründlich verändert. Solange in Hecken oder auf Brachland genug ökologische Ausgleichsflä-

chen vorhanden waren, konnten sich die meisten vom Menschen unerwünschten Pflanzen in diesen Rückzugsgebieten halten, um bei Gelegenheit verlorenes Terrain zurückzuerobern.

Botaniker fanden heraus, daß ein einziger Quadratmeter Ackerboden bis zu 100000 keimfähige Pflanzensamen enthalten kann. Samen sind jedoch nicht »tot«, sondern unterhalten einen – wenn auch sehr langsam ablaufenden – Stoffwechsel, so daß sie irgendwann ihre Keimfähigkeit verlieren, wenn sie keine Chance bekommen, rechtzeitig Wurzeln zu schlagen: Die Art stirbt an diesem Standort aus.

Gewiß, die knapp 500 Botanischen Gärten der Erde bemühen sich seit Jahren, bedrohten Arten Schutz zu gewähren. Und weltweit wurden in den wichtigsten Vegetationszonen sogenannte »Gen-Banken« eingerichtet, in denen die Samen möglichst aller Nutzpflanzen-Arten und -Rassen sowie bedrohter Gewächse aufbewahrt werden. Die größte Gen-Bank der Erde im amerikanischen Fort Collins speichert mehr als 400000 Proben. Die deutsche Gen-Bank an der Bundesforschungsanstalt für Landwirtschaft in Braunschweig-Völkenrode lagert über 25000 Samenmuster, seitdem ihr Aufbau im Frühjahr des Jahres 1979 abgeschlossen worden ist (und nimmt darüber hinaus ständig noch neue Proben auf).

Trotz Lagerung bei idealer Temperatur und Luftfeuchtigkeit halten Samen auch in Gen-Banken nicht ewig. Die »genetischen Gettos« in Gen-Banken (und ebenso in Botanischen Gärten) müssen deshalb durch möglichst unberührte oder wenig »gepflegte« Freilandflächen ergänzt werden. Dieser Anspruch der Biologen stößt freilich nicht nur gegen das Interesse der meisten Forst- und Landwirte, sondern auch gegen eine tief eingewurzelte Gartenkultur: In Vorgärten wie Stadtparks hat sich eine ökologisch verarmte Mischung aus exotischen Gewächsen und sterilen Rasenflächen breitgemacht.

Gärtner machen sich schon lange die Eigenschaft der Pflanzen zunutze, an einem beliebigen Standort zu wachsen, solange nur die wichtigsten ökologischen Randbedingungen erfüllt sind. Formale Gärten wie die barocke Parkanlage in Hannover-Herrenhausen sind Kunstwerke im Sinne von »künstlich« (S. 261).

Zierpflanzen in Kübeln machen ein Salzburger Haus wohnlicher, aber auch Wolkenkratzer in New York.

Zwar sagt niemand etwas gegen die Hege und Pflege fremdländischer Pflanzen im Gewächshaus oder auf der Fensterbank. Auch kann die Züchtung gefährdeter Arten, etwa von Orchideen, die bedrohten natürlichen Bestände entlasten. Aber wenn die ursprüngliche Pflanzenwelt leer ausgeht, dann ist Zeit zum Umdenken.

»Ist denn die bunte Vielfalt eines Stücks Natur nicht wertvoller als das monotone, sterile Kunstprodukt vieler Gärten?« fragt der Schweizer Botaniker Urs Schwarz in seinem Buch »Der Naturgarten«: »Warum nicht Wiese statt Rasen, einheimische Gehölze aus der Gegend statt Holzpflanzen aus Übersee, ein naturnaher Weiher statt einem Kunststoff- oder Betonbecken?«

Naturschutz fängt nämlich schon im Vorgarten an. »Lassen wir uns doch nicht durch einen falschen Ordnungssinn blenden«, mahnt Urs Schwarz. »Den Gesetzen der Natur entsprechen, kann nicht unordentlich sein.«

Die Tierwelt
Gejagt und gehätschelt, verdrängt und verwöhnt

»Ja, ich wüßte nicht einmal, wie die Welt ohne Schaden bestehen sollte, wenn auch nur eine einzige Tierart auf ihr fehlen sollte«, schrieb der große schwedische Naturforscher Carl von Linné, auf den die Benennung aller Lebewesenarten mit einem zweiteiligen lateinischen Namen zurückgeht, im Jahr 1760. Linné glaubte, einhundert Jahre bevor Charles Darwin seine Evolutionstheorie veröffentlichte, noch an eine statische Natur: Alle Tierarten seien vom Schöpfer in ihrer heutigen Form geschaffen worden.
Inzwischen wissen wir, daß Spezies im Laufe der Evolution entstehen und vergehen – und wir wissen auch, daß seit Linnés Worten die Zahl der ausgestorbenen Tierarten steil anstieg: Das explosive Wachstum der Menschheit brach wie eine globale Naturkatastrophe über die Biosphäre herein. Lebensräume wurden vernichtet oder bis zur Unkenntlichkeit verändert, Nahrungskonkurrenten des Menschen oder ihm gefährlich werdende Raubtiere erbarmungslos gejagt.
Jetzt, da die »Wildnis« fast überall auf der Erde »gezähmt« ist, wächst eine späte Reue (und Einsicht), vielleicht geweckt durch die sehr menschliche Eigenschaft, Seltenes als besonders wertvoll zu betrachten. Dabei steigert sich das seit grauer Vorzeit doppelgesichtige Verhältnis des Menschen zum »Bruder Tier« ins Extreme: Hier das Tier als genormte Ware, dort der militante Schutz exotischer Arten. Uralte Vermenschlichungen, die zum Teil auf altgriechische Fabeln zurückgehen, bestimmen noch immer die Reaktion der breiten Öffentlichkeit. Der »Ersatzzoo auf der Mattscheibe«, das Fernsehen, präsentiert allzu häufig Tiere mit hohem »Gefühlswert«: »edle« Löwen und »majestätische« Elefanten, »stolze« Adler und »fröhliche« Singvögel. Viel weniger Beachtung finden gefährdete Pflanzen, Insekten oder gar mikroskopisch kleine Bodenlebewesen, obwohl von deren Schaffen die Kreaturen, die unser Gemüt bewegen, letzten Endes ebenso wie wir selbst abhängen.
Als Tiere bezeichnen Biologen alle mehrzelligen Organismen, die nicht zur Photosynthese fähig sind, zu »Konsumenten« verschiedenen Grades zählen, eine relativ ausgeprägte Spezialisierung der Zellen sowie zumeist ein gut entwickeltes Nervensystem besitzen und gewöhnlich beweglich sind. Je »primitiver« die

Unsere Beziehungen zu Tieren sind von tiefen Emotionen geprägt. Generell erscheinen uns Tiere um so vertrauter, je näher sie uns ent wicklungsgeschichtlich stehen (unten: Präparator mit einem Schimpansen, unserem nächsten Verwandten im Tierreich). Die einst weit verbreiteten Wölfe freilich, die Ahnen unserer Hunde, stehen – zu Unrecht – in Verruf. Der Wolfsforscher Karl-Erik Zimen will dies ändern (links).

Tierart ist, desto schwerer fällt die eindeutige Zuordnung – und desto geringer ist auch das allgemeine Interesse an ihrer Erhaltung. Diese Einstellung steht im krassen Gegensatz zu der Artenzahl der dreißig Tierstämme. Von den mehr als eine Million bekannten Tierarten zählen mindestens 900000 zum Stamm der Gliederfüßer (darunter allein gut 800000 Insekten- und 40000 Spinnentier-Arten), etwa 80000 zum Stamm der Weichtiere, aber nicht einmal 50000 zum »Unterstamm« der Wirbeltiere: Gut 23000 Arten zählen zu den Fischen, 3000 zu den Lurchen, 6300 zu den Reptilien, etwa 8700 zu den Vögeln und nur rund 4100 zu den Säugetieren (inklusive unserer eigenen Spezies *Homo sapiens sapiens*).

Die Artenzahl sagt natürlich nichts über die Kopfzahl der einzelnen Spezies aus. Von der (zoologischen) Familie der Menschen, *Hominidae* genannt, haben wir zwar als einzige Art bis in die Gegenwart überlebt, sind aber bei fast fünf Milliarden Erdenbürgern keineswegs gefährdet. Dagegen existieren unsere biologischen »Vettern«, die Schimpansen, Gorillas und Orang-Utans (sie bilden die Familie der Menschenaffen), nur noch in winziger Zahl.

Die meisten Tierarten leben in den Tropen. Im klimatisch gemäßigten Mitteleuropa liegt die Artenzahl wesentlich niedriger. Auf rund 40000 verschiedene Spezies schätzen Zoologen die in Deutschland heimischen (vielzelligen) Tierarten. Davon freilich stellen allein die Insekten mit etwa 30000 Arten den Löwenanteil, gefolgt von den Spinnentieren mit rund 4300 Spezies. Wirbeltier-Arten spielen hier eine bescheidene Rolle: Nur etwa 500 Arten (also nur gut ein Prozent aller deutschen Tierspezies) leben immer oder teilweise zwischen Nordsee und Alpen – und die Hälfte davon ist gefährdet oder schon ausgestorben.

Wirbeltiere, allen voran Säugetiere und Vögel, erregen seit jeher mehr Interesse bei Forschern und Laien. Deshalb ist über ihre Zahl und ihre Lebensweise mehr bekannt als über andere, kopf- und artenstärkere Tiergruppen. Und deshalb sorgen sich mehr Menschen um das Überleben der pelz- oder federtragenden Kreaturen. Grund zur Sorge gibt es genug: Von den 93 in Deutschland heimischen Säugetier-Arten sind, der »Roten Liste« von 1984 zufolge, sieben ausgestorben und 43 verschieden stark gefährdet; von den 305 Vogel-Arten (einschließlich 50 »Vermehrungsgästen« und Wandertieren) sind 20 verschwunden, von den einheimischen Vogel-Arten sind 113 gefährdet (dazu 16 »Vermehrungsgäste« und 22 Wandertier-Arten); von den zwölf Reptilien-Arten sind drei Viertel und von den 19 Lurch-Arten mehr als die Hälfte gefährdet; von den 70 Süßwasser-Fischarten vermissen die Zoologen vier und stufen 46 als gefährdet ein. Aus dem Gros der wirbellosen Tiere sind unter anderem als ausgestorben oder gefährdet aufgelistet: 145 Weichtier-Arten, mehr als 3500 Insekten-Arten und 119 Spinnentier-Arten.

Gefährdete Tiere: Dachs und Pirol sind nur die Spitze des Eisbergs

Unser schiefes Bild von der Tierwelt birgt eine große Gefahr: Wenn wir Luchs und Weißstorch nur isoliert sehen, werden sie in freier Natur nicht überleben können. Denn wer seine Lieblingstiere schützen will, muß deren Lebensräume schützen. Im Zoo verkommt selbst die wildeste Kreatur im Lauf der Generationen zum »Haustier«.

Natürlich sind nicht alle wildlebenden Tierarten überall gefährdet. Ein Teil des Geheimnisses, warum eine Art stärker als die andere bedroht ist, liegt in der jeweiligen »Strategie« einer Spezies verborgen. Ökologen teilen Lebewesen in sogenannte K- und r-Strategen ein: K-Strategen haben sich im Lauf ihrer evolutionären Entwicklung an die Kapazität ihres Lebensraumes angepaßt und holen deshalb den größtmöglichen gleichmäßigen Nutzen heraus, ohne den heimatlichen Bereich zu verändern; r-Strategen haben sich auf rasch entstehende und wieder vergehende Lebensräume spezialisiert, wobei sie sehr viel Nachwuchs in die Welt setzen, der in äußerst kurzer Zeit heranwächst und sich auch nicht scheut, nach neuen günstigen Stellen zu suchen.

Wenn wir nun mit Bulldozer und Pflug, Abwässern und Abgasen, mit Gift und Gewehr in die Biosphäre eingreifen, so werfen wir vor allem die K-Strategen aus ihrer gewohnten Bahn: Wal und Rhinozeros, Birkhuhn und Kranich und viele andere selten gewordene Tierarten können, wenn erst einmal ihr Lebensraum zerstört ist, kaum noch gerettet werden.

Die r-Strategen dagegen profitieren gewöhnlich von unseren Eingriffen in die natürliche Umwelt: Wanderratten und Kaninchen, Möwe und Sperling sind ja auf das schnelle Ausnützen sich bietender Gelegenheiten spezialisiert.

Auch wirken sich verschiedene menschliche Aktivitäten unterschiedlich auf weniger anpassungsfähige Arten aus. Professor Wolfgang Erz von der Bonner Bundesforschungsanstalt für Naturschutz und Landschaftsökologie stellte sechs Ursachen in der Reihenfolge ihrer Wirkung auf gefährdete Vogelarten zusammen: Mit weitem Abstand führt die »Lebensraumzerstörung« die Liste an, gefolgt von »indirekten

Der freilebende Karpfen gehört wie bereits 16 andere deutsche Fischarten zu den vom Aussterben bedrohten Arten.

Stark gefährdet: Laubfrosch.

Von den Wirbeltierklassen Deutschlands stellen die Vögel die meisten gefährdeten Arten. Die Schleiereule ist eine von 23 Vogelarten in der vierthöchsten Gefährdungsgruppe (rechts).

Die Wildkatze ist eine von 16 stark gefährdeten Säugetierarten (unten).

Für Schlangen setzt sich kaum jemand ein. Kein Wunder, daß die giftige Kreuzotter zu den stark gefährdeten Arten zählt (oben).

menschlichen Einwirkungen« wie Erholungsaktivitäten, Verkehr, Störungen am Brutplatz oder Drahtleitungen.
Ähnlich negativ wirken sich »direkte menschliche Nachstellung« (Jagd, Fang, Zerstörung der Bruten und ähnliches) sowie auch die »wasserwirtschaftlichen Eingriffe in die Lebensräume« aus (beispielsweise etwa Grundwasserabsenkung oder Gewässerausbau).

Da viele Tiere über die engen staatlichen Grenzen hinwegwandern, haben die Zoologen die »Roten Listen der gefährdeten Tiere« in drei Gruppen unterteilt: erstens einheimische Tierarten, zweitens »Vermehrungsgäste« (Arten, die sich nur in Einzelfällen oder sporadisch in der Bundesrepublik vermehren) und drittens »gefährdete Durchzügler, Überwinterer, Übersommerer, Wandertiere, Gäste usw.«.

Das Murmeltier (links) ist eine von sechs potentiell gefährdeten Säugetierarten.

Nur etwa ein Fünftel der gefährdeten Vogelarten ist demnach auch durch Umweltgifte betroffen, während andererseits fünf Prozent unter der »Entnahme aus der Natur für Haltung, Handel, ›Ausstopfen‹ usw.« leiden.
Bewußt oder unbewußt verändern wir so das natürliche Gleichgewicht der Arten. Das eine Extrem sind die sich explosionsartig vermehrenden r-Strategen – die dann als sogenannte »Schädlinge« mit oft ungeheurem Aufwand bekämpft werden. Das andere Extrem aber ist die »Rote Liste«.

Die bundesdeutsche »Rote Liste« von 1984 enthält die Namen von mehr als 4000 gefährdeten Tierarten – zum überwiegenden Teil Insekten, darunter allein fast 1700 Käfer- und mehr als 500 Großschmetterlingsspezies. Die aufgeführten 293 Wirbeltierarten umfassen mehr als die Hälfte der in der Bundesrepublik ständig oder zeitweise lebenden Spezies dieses am besten erforschten Tierstamms. *Potentiell gefährdet* sind demnach eine Fischart, 35 Vogelarten (darunter Habicht, Eissturmvogel und Trottellumme) sowie die sechs Säugetierarten Alpensteinbock, Baumschläfer, Alpen-Schneehase, Murmeltier, Schneemaus und Alpenspitzmaus. Unter *Gefährdet* finden sich neben Kaulbarsch, Wels, Bach- und Seeforelle weitere neun Fischarten, dazu sechs Lurcharten (darunter Geburtshelferkröte, Seefrosch, Kammolch), die beiden Reptilien Schling- und Ringelnatter, 23 Vogelarten – vom Schilfrohrsänger über den Kolkraben bis zur Schleiereule (sowie zusätzlich 22 Wandervögel wie Ringelgans und Singschwan) – und schließlich elf Säugerspezies: vier Fledermausarten, drei Spitzmausarten, Birkenmaus, Dachs, Hamster und Iltis.

Stark gefährdet sind nach der Definition der Artenschützer Spezies mit »kleinen Beständen« oder Arten, »deren Bestände im nahezu gesamten einheimischen Verbreitungsgebiet signifikant zurückgehen oder regional verschwunden sind«. Das trifft in der Bundesrepublik auf 16 Fischarten zu (etwa Äsche, Barbe, Elritze, Steinbeißer und Stint), auf die Lurcharten Wechselkröte, Laub-, Moor- und Springfrosch, auf die Reptilien Mauereidechse und Kreuzotter. Stark gefährdet sind auch 25 Vogelarten, darunter so bekannte Spezies wie Uhu und Saatkrähe, Wachtel, Heidelerche und Rebhuhn.

Zu den stark gefährdeten deutschen Säugetierarten zählen ein Dutzend Fledermausspezies sowie Großtümmler, Seehund, Wildkatze und – die Hausratte: sie wurde ein Opfer von Kühlschränken und Betonmauern.

Vom Aussterben bedroht

»Wenn der Tiger über Nacht aussterben würde, ginge morgen früh dennoch die Sonne auf«, beschreibt der britische Experte für bedrohte Tierarten Norman Myers das Dilemma des Artenschutzes. »In der Tat werden wir morgen früh mit an Sicherheit grenzender Wahrscheinlichkeit eine Spezies weniger auf dem Planeten Erde haben als heute morgen. Es wird keine so auffällige Kreatur wie der Tiger sein. Es könnte sich sehr wohl um ein unscheinbares Insekt in den Tiefen eines fernen Regenwaldes handeln.«

Arten sterben nicht mit großem Getöse aus. Sie sind irgendwann nicht mehr da und hinterlassen ein Loch im Gewebe der Natur. Die Frage ist nur, ob die vielen Löcher, die der Mensch nun reißt, jemals wieder gestopft werden können.

Die großen Säugetiere und Vögel litten bislang besonders unter dem Druck der sich in aller Welt ausbreitenden Menschheit. Erst in den letzten Jahrzehnten erwachte so etwas wie ein Bewußtsein für die bedrohten Riesen der Tierwelt. Und nun ist es an der Zeit, daß auch die gefährdeten, nur der Körpergröße nach unscheinbaren Zwerge im irdischen Zoo ähnliches Interesse erwecken. Sonst werden die noch kurzen Tabellen »vom Aussterben bedrohter« und »ausgestorbener Arten« in der »Roten Liste« gefährdeter Wirbeltiere in Deutschland und anderswo rasch länger: 1977 waren noch 70

Kaum zu retten:
Auerhahn.

Kaum zu retten:
Biber.

Der Uhu war in der »Roten Liste« von 1977 noch als vom »Aussterben bedroht« eingestuft worden. Dank intensiver Bestandspflege war die größte europäische Eule 1984 »nur« noch »stark gefährdet«.

Arten verzeichnet, 1984 aber schon 93 (darunter 31 ausgestorbene oder verschollene Spezies). Bei den viel artenreicheren wirbellosen Tieren, über deren Bestände die Zoologen wesentlich weniger gut Bescheid wissen, registrierte die 84er Liste erstmals 643 »vom Aussterben bedrohte« Arten (davon 611 Insektenspezies) sowie bereits 314 ausgestorbene Arten (inklusive 286 Insektenspezies).

Die »Rote Liste« von 1984 verzeichnet für das Gebiet der Bundesrepublik im Abschnitt »vom Aussterben bedrohte Arten« schon 16 Fischnamen, darunter Lachs, Huchen und Mairenke. Akut bedroht ist auch die Rotbauchunke, sind bei den Reptilien Äskulap- und Würfelnatter, Aspisviper, Europäische Sumpfschildkröte und Smaragdeidechse. 30 Vogelarten von A wie Auerhuhn bis Z wie Zwergdommel leben am Rand des Untergangs: das kleine Blaukehlchen wie der mächtige Seeadler, der deutsche Wappenvogel, so vertraute Namen wie Kranich, Weißstorch und Wiedehopf ebenso wie die nur Vogelfreunden geläufigen Sperbergrasmücke und Schwarzstirnwürger. Von den zehn extrem gefährdeten Säugetierarten zählen vier zu den Fledermäusen, einer besonders spezialisierten und deshalb auch gegen Eingriffe in ihren Lebensraum besonders empfindliche Säugergruppe. Die sechs anderen Säugetiere können sich in Deutschland nur dank scharfer Schutzvorschriften und teilweise durch die Wiedereinführung aus dem Ausland halten: Biber, Otter, Luchs, Bayerische Kleinwühlmaus, Sumpfmaus

Der Weißstorch (oben) und der Wanderfalke zählen zu den vom Aussterben bedrohten Arten.

Vom Aussterben bedrohtes Reptil: Smaragdeidechse (rechts).

Rechte Seite: Der Wisent ist im 17. Jahrhundert in Deutschland ausgestorben. Inzwischen wurde dieser Bison zurückgezüchtet.

und der Braunfisch (Schweinswal). Der Luchs, die einzige überlebende europäische Großkatze, ist eines der wiedereingebürgerten Tiere. Biologen und Naturfreunde wollen mit ihm unter anderem das längst verlorengegangene biologische Gleichgewicht zwischen Reh- und Rotwild und dem geschmeidigen Jäger wieder etwas ins Lot bringen.

Nicht jeder Weidmann schätzt freilich die natürliche Konkurrenz: Im österreichischen Bundesland Steiermark fanden die Luchse unter den träge gewordenen Rehen so reiche Beute, daß sie nur noch die besten Stücke fraßen.

Verschwunden aus der deutschen Tierwelt sind vier Fischarten, darunter der mächtige Stör (der Kaviar-

In Deutschland vom Aussterben bedroht: der Otter.

Lieferant), ausgestorben sind 20 Vogelarten (darunter Rothuhn, Moorente, Papageitaucher, Waldrapp, Gänsegeier, Fischadler und Habichtskauz), vernichtet in freier Wildbahn wurden die sieben Säugetierarten Auerochse, Braunbär, Elch, Europäischer Nerz, Wildpferd, Wisent und Wolf.

Einige dieser Arten wie Wolf, Bär und Elch überleben in weniger dicht besiedelten Ländern. Zwei eigentlich schon ausgestorbene Spezies, nämlich Wildpferd und Wisent, konnten dank gezielter Rückzüchtung in den letzten sechs Jahrzehnten sogar wieder aus dem Reich der toten Arten zurückgeholt werden: Heute leben im polnischen Urwald von Bialowieza wieder etwa 230 Wisente.

Der Erfolg beim Wisent läßt sich freilich nur in wenigen Fällen wiederholen. Die Welt-Wildtier-Stiftung (WWF) bemüht sich aus diesem Grund, es gar nicht erst soweit kommen zu lassen.

Ein dramatischer Rettungsversuch läuft auch in der Bundesrepublik Deutschland: Kann das Birkhuhn auch in Zukunft seine komplizierte Balz ungestört abhalten? 1960 gab es noch knapp 15000 dieser Spielhühner mit dem komplizierten Fortpflanzungsverhalten. Seitdem wurden ihre natürlichen Lebensräume – offenes Gelände zwischen Fels und Bergwald im Gebirge, natürliche Bachtäler sowie Hochmoore – immer stärker vernichtet. Ende 1980 war ihre Zahl auf rund 1800 gesunken.

Noch wissen die Biologen zu wenig über den Einfluß der Landschaftsveränderung und der Jagd, der Fliegerei und solcher Freizeitvergnügen wie Skilanglauf auf das scheue Birkwild. »Die Birkhuhn-Forschung könnte bis zum Jahr 2000 alle fehlenden Fakten liefern«, sagte der Zoologe Dr. Wolfgang Scherzinger vom Nationalparkamt Bayerischer Wald in Grafenau. »Warten wir aber so lange mit wirksamem Schutz, überlebt das Birkhuhn nur in den Alpen.«

Wandernde Tiere: Viele Wege führen ins Verderben

So eindrucksvoll die »Rote Liste« die Gefährdung vieler Spezies dokumentiert, sie zählt keine Arten auf, die zwar aus wirtschaftlichen, wissenschaftlichen oder ästhetischen Gründen geschützt werden sollten, aber nicht in ihrer Existenz bedroht sind. Und die regional begrenzte Liste kann – notgedrungen – die Gefährdung wandernder Tiere nur unvollständig wiedergeben.

Die bundesdeutsche »Rote Liste« von 1984 enthält bei den »Vermehrungsgästen« je sieben Libellen- und Krebsarten sowie 16 Vogelspezies (darunter Pfeifente, Rotfußfalke, Bergfink, Zwergohreule und Bienenfresser) und eine Säugerart (Langflügelfledermaus). Unter der Rubrik »Wandertiere« sind neben einer Käferart 22 Vogelspezies aufgelistet (vom Eistaucher über Kiebitzregenpfeifer, Nonnengans, Regenbrachvogel und Silberreiher bis zum Zwergschwan). Einziges gefährdetes Wandertier bei den Säugern ist die Teichfledermaus.

In fast jeder Tiergruppe gibt es Arten, die – aktiv oder passiv – ihren Lebensraum aus den verschiedensten Gründen wechseln., Biologen teilen sie in vier Wanderungstypen ein:

1. Nahrungswanderungen unternehmen etwa Huftiere wie Hirsch oder Ren, wenn sie nach neuen Weideplätzen suchen und die von ihnen lebenden Raubtiere mitziehen.

2. Fortpflanzungswanderungen sind typisch für Lachs und Aal: Lachse schlüpfen im Oberlauf sauberer Bäche, schwimmen dann ins Meer, um zum Laichen wieder in ihren Geburtsbach zurückzukehren; Aale wachsen dagegen im Meer auf, wandern dann in die Flüsse und kehren auf geheimnisvolle Art an ihren ozeanischen Geburtsort zurück. Auch andere Fische und Meerestiere wie Robben, Pinguine oder Seeschildkröten suchen zur Fortpflanzung die Küste oder küstennahe Gewässer auf. Besonders Kröten werden zu Tausenden von Autos zermalmt, wenn sie im Frühjahr aus ihren Winterquartieren zu den Laichplätzen ziehen.

3. Zu jahreszeitlich bedingten Wanderungen brechen viele Schmetterlinge, Fledermäuse und vor allem Zugvögel auf. Die systematische Erforschung, wohin welche Vogelarten fliegen und wie sie ihren Weg hin und zurück finden, brachte faszinierende Erkenntnisse. Unsere Weißstörche zum Beispiel ziehen im Herbst über Spanien oder Kleinasien und dann quer durch die Sahara bis nach Süd- und Ostafrika. Dort überwintern sie, um im Frühjahr die 10000 Kilometer lange Reise zurück zu ihren Nistplätzen in Mitteleuropa zu fliegen.

Andere Zugvögel, darunter Grasmücken und Rotkehlchen, zieht es ebenfalls ins tropische Afrika. Stare, Buchfinken oder Graugänse fliegen dagegen »nur« aus Mittel- und Nordeuropa ins mildere Frankreich und Spanien. Rekordhalter im Vogelzug sind die Küstenseeschwalben: Wenn sie im Frühjahr in die arktische Inselwelt Kanadas zurückkehren, haben sie mitunter 40000 Kilometer zurückgelegt – einmal ans andere Ende der Welt, ins Südpolargebiet, und zurück.

Ebenso bewundernswert wie die Flugleistungen sind die Fähigkeiten der Zugvögel, über Kontinente und Ozeane hinweg bestimmte Brut- oder Futterplätze wiederzufinden. Sie orientieren sich unter anderem mit einem magnetischen Sinnesorgan: Dieser »biologische Kompaß« sitzt, wie deutsche Forscher 1980 herausfanden, in einem »Pinealorgan« genannten Teil des Hirns. Aber auch Wind und Wetter, der Stand der Gestirne, Luftdruckschwankungen, polarisiertes Licht und für menschliche Ohren unhörbarer Infraschall sowie – offensichtlich besonders wichtig – bekannte Gerüche, Landschaften oder markante Bäume spielen eine Rolle.

4. Den letzten Typ nennen Biologen »populationsdynamisch bedingte Wanderungen«. Sie verstehen darunter alle Wanderungen, die durch

zu dichte Besiedelung eines bestimmten Gebietes ausgelöst werden – etwa den berühmten Zug der Lemminge. Solche Massenbewegungen führen aber »nicht zu einer Erweiterung des Verbreitungsgebietes«, schreibt Dr. Knut Haarmann vom Bonner Institut für Naturschutz und Tierökologie, »denn ein Großteil der Invasoren geht auf der Wanderung zugrunde«.

Zu der Fülle der natürlichen Gefahren kommen zunehmend Bedrohungen durch menschliche Aktivitäten. Abhilfe kann nur ein internationaler Schutz bringen. Aber laut Haarmann

Zugvogelarten sind besonders gefährdet. Sie können nur überleben, wenn es gelingt, alle ihre Lebensräume zu erhalten und sie selbst unter internationalen Schutz zu stellen (links: dieser Storch kam mit einem Pfeil aus Afrika zurück). Wie sich Zugvögel auf ihren Wanderungen über Kontinente hinweg orientieren, versuchen Forscher unter anderem mit Tauben herauszufinden, denen eine Spezialkamera auf den Kopf montiert wird (oben).

Durch die mühselige, oft auf freiwilliger Basis durchgeführte Arbeit der Vogelfreunde werden die weißen Flecken auf der Weltkarte des Vogelzugs allmählich aufgefüllt. Einige Routen bekannter mitteleuropäischer Zugvögel zeigt die Karte. Auch im asiatisch-australischen und amerikanischen Raum gibt es eine Fülle zum Teil nur unzureichend bekannter Vogelzugstraßen. Sie reichen mitunter von Pol zu Pol.

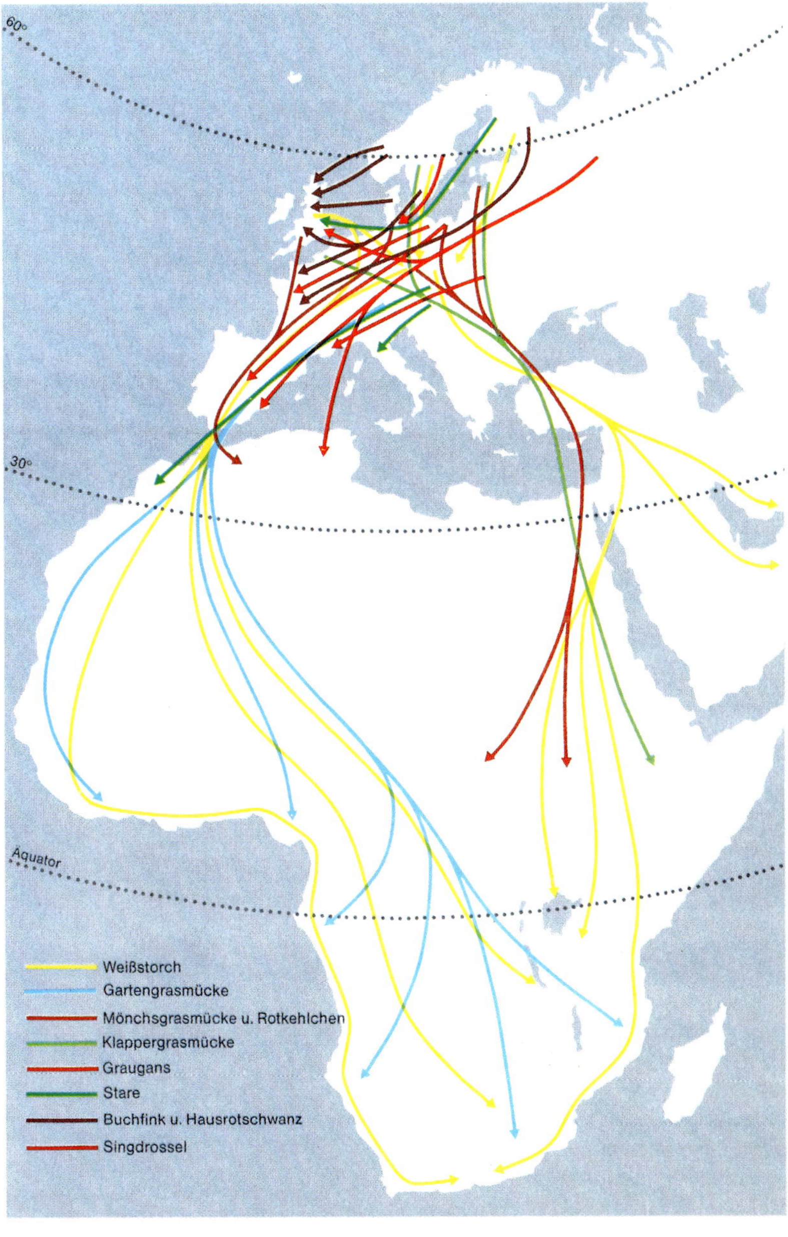
60°
30°
Äquator
Weißstorch
Gartengrasmücke
Mönchsgrasmücke u. Rotkehlchen
Klappergrasmücke
Graugans
Stare
Buchfink u. Hausrotschwanz
Singdrossel

setzt sich »nur allmählich die eigentlich selbstverständliche Erkenntnis durch, daß ein Artenschutz im Fortpflanzungsareal allein nicht ausreicht, sondern daß sinnvolle Schutzmaßnahmen im gesamten (Jahres-) Lebensraum einer Tierart getroffen werden müssen«.

Wale: Die größten Tiere der Erde – bis zur Ausrottung gejagt

»Kann Leviathan einer so umfassenden Jagd und so schonungslosen Vertilgung auf die Dauer standhalten? Wird er nicht eines Tages in allen Meeren ausgerottet sein?« fragte der Amerikaner Herman Melville im Jahr 1851 in seinem klassischen Walfang-Roman »Moby Dick«. Im Buch siegt zum Schluß Moby Dick, ein weißer Pottwal, über den verbissenen Kapitän Ahab. Doch heute haben die Riesen der Meere keine Chance gegen die modernen Ahabs: Mit Hubschrauber und Echolot, Explosiv-Harpune und Preßluft, Fabrikschiff und Schockgefriertechnik sichten, fangen und verwerten sie den einzelnen Wal im Handumdrehen. Aus einem hochintelligenten Säugetier wird in einer Stunde verpackter Rohstoff für die Margarine-, Kosmetik- oder Tierfutter-Industrie. »Nichts wird vergeudet«, beschrieb ein Amerikaner die Wal-Verwertung, »außer dem Wal selbst.«
Doch die modernen Walfänger sägen schon lange an dem Ast, auf dem sie sitzen. In der Saison 1930/31, dem Höhepunkt der Schlächterei, harpunierten 232 Fangboote insgesamt 40201 Wale, wovon mehr als 73 Prozent zu den an die 30 Meter langen und bis zu 200 Tonnen schweren Blauwalen zählten – jenen Rekordhaltern unter den Tieren, die mit ihrer Körpergröße selbst die größten Saurier bei weitem übertreffen. Für die Fangzeit 1983/84 erlaubten sich die noch aktiven, in der Internationalen Walfang-Kommission (IWC) zusammengeschlossenen Jagd-Na-

Die großen Wale wurden bis an den Rand der Ausrottung gejagt, bevor sie unter Schutz gestellt wurden. Wie sich die Bestände entwickeln könnten, zeigt die Wal-Hochrechnung (rechts).

	1909	1980	2000	2000
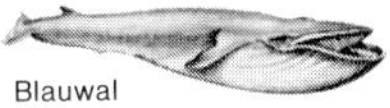 Blauwal	225 000	10 000	23 000	21 000
 Finnwal	404 000	87 000	208 000	195 000
 Seiwal	105 000	30 000	45 000	43 000
 Buckelwal	75 000	7000	18 000	17 000

Bestände 1980 nach IWC-Schätzung

Bestände 2000, wenn kein Krill gefischt wird

Bestände 2000, wenn Krill gefischt wird

tionen zwar immer noch den Abschuß von 10160 Walen. Doch mehr als drei Viertel der Harpunen-Opfer waren vergleichsweise schmächtige, kaum zehn Meter lange Zwergfurchenwale.
Die IWC mit ihren etwa zwei Dutzend Mitgliedsländern war lange Zeit eine Art Selbstbedienungsladen, in dem sich die Walfang-Nationen holten, was sie wollten. In den sechziger Jahren wurden freilich die Blauwale kaum noch gesichtet (1965/66 sollen es nur vier Exemplare gewesen sein), und auch andere Arten standen kurz vor dem Ende. Erst dann bequemte sich die IWC, die Jagd mit einem Schutzbrief für Blau-, Buckel-, Grau- und Grönlandwal sowie den Nordkaper zu beenden. Seitdem haben viele Länder den Walfang eingestellt und nutzen nun ihre Stimme in der IWC, auch die verbleibenden Harpunen-Nationen – vor allem Japan und die Sowjetunion – zur Aufgabe zu bewegen (darunter seit 1982 die Bundesrepublik). Ein Erfolg war 1979 der Beschluß, den gesamten Indischen Ozean zum Schutzgebiet für alle Walarten zu erklären.
Von 1986 an soll der kommerzielle Walfang weltweit eingestellt werden. Die Japaner sind das einzige Volk, das Walfleisch in größeren Mengen verzehrt. Die Sowjetunion, die zweite große Walfangnation, jagt dagegen vor allem den Pottwal wegen seines begehrten Walrats und Spermacet-Öls.
Doch die wirtschaftlichen Argumente für die Pottwaljagd stechen nicht mehr: Alles, was dieser größte aller Zahnwale liefert, läßt sich heute durch gleichwertige andere Materialien ersetzen.

Jagdtiere: Das große Ungleichgewicht in Feld und Wald

Das Schicksal der Wale kann als Symbol, als Endpunkt der unbeschränkten Jagd gelten: Nirgendwo mehr auf der Erde, nicht einmal im Ozean, können wildlebende Tiere heute den Jagdeifer des Menschen überstehen. Einzig freiwillige Beschränkungen, Gesetze und internationale Vereinbarungen vermögen heute sicherzustellen, daß es auch in Zukunft noch weiterhin jagdbare Tiere gibt.
Das Ende der freien Jagd und der Beginn der weltweiten Wildbewirtschaftung ist zugleich der Abschluß einer uralten Beziehung zwischen Jäger und Jagdwild. Mit dem Beginn von Ackerbau und Viehzucht vor etwa 10000 Jahren sank die Bedeu-

Jagdwild ist nicht mehr so »wild«, wie der Name glauben machen mag. Rot- und Rehwild werden in mitteleuropäischen Jagdrevieren mit Fütterungen über den Winter gepäppelt, damit im Herbst die »Strecke« stimmt (oben). Zu große Hirsch- und Rehbestände haben zu schweren Waldschäden durch Wildverbiß geführt. Der nächste Schritt ist die Hirschfarm (rechts): Sie liefert mageres Fleisch aus rauhem Hochland.

tung der Jagd für die Ernährung, während ihr Wert als Mittel gegen – für Mensch und Vieh gefährliche – Raubtiere, vor allem aber ihr Wert als gesellschaftliches Privileg stieg. Die Jagd verkam zum Vergnügen der Fürsten und des hohen Adels, konkurrierende Raubtiere wie Wolf oder Bär wurden ausgerottet.
Auch nach der einsetzenden Demokratisierung des Jagdrechts (in Deutschland mit der Revolution von 1848) pendelte sich ein einigermaßen natürliches Verhältnis zwischen Jäger und Wild und der übrigen Natur nicht ein. Die »Hege« diente ausschließlich zu der Erhaltung großer

Stückzahlen des jeweils begehrtesten Jagdwildes. So steckt die Jagd heute in allen Industrieländern im Spannungsfeld der verschiedenen Interessen von Jägern, Förstern und Bauern, von Naturschützern, Ökologen und einer durch »Bambi« und »röhrenden Hirsch« der biologischen Wirklichkeit entfremdeten, verstädterten Öffentlichkeit.

Das ökologische Gleichgewicht ist gründlich gestört. Aber über die Ursachen und Maßnahmen zur Wiederherstellung einer besseren Balance sind die Beteiligten ebenso gründlich zerstritten. Ein beständig wachsendes Heer meist revierferner Jagdscheininhaber, denen allzu oft die Trophäen und die leichte Beute wichtiger ist als der Lebensraum des Wildes, schafft neue Probleme: 1964 gab es in der Bundesrepublik 196000 Jagdscheininhaber, 1972 schon 235000 und 1980 gar 260000 (im jagdversessenen Italien sollen sogar an die zwei Millionen Jäger auf die Pirsch gehen).

Die einseitige Ausrichtung auf das prestigeträchtige Hochwild – etwa Hirsche und Wildschweine – sowie Rehe schadet vor allem dem Wald: Anfang 1981 ließ zum Beispiel die Landwirtschaftskammer Westfalen-Lippe verlauten, daß die von Reh- und Rotwild angerichteten Waldschäden inzwischen alle anderen Schäden überträfen, auch jene, die durch Waldbesucher entständen – obwohl jedes Jahr in der Bundesrepublik rund 700000 Rehe geschossen werden (Gesamtbestand 1984: zwei Millionen Rehe, gut 100000 Hirsche). Der Bevölkerungsexplosion beim Schalenwild (also bei den jagdbaren Huftieren) steht die lange »Rote Liste« der Raubtiere und Raubvögel (im Naturschutz-Jargon: »Beutegreifer«) gegenüber – und seit den siebziger Jahren auch ein starker Rückgang des sogenannten Niederwildes: Hasen, Fasanen und Wachteln weisen alarmierend niedrige Bestände aus.

Der Rückgang des Niederwildes geht freilich kaum auf das Konto der Jäger. Im Gegenteil: Sie beschuldigen, vereint mit Ökologen und Tierschützern, vor allem die Landwirtschaft,

Als Belustigung des Adels verkam die Jagd zum Selbstzweck. Der italienische König Vittorio Emmanuele II. schmückte mit dieser Rosette aus Steinbock-Hörnern einen Schloßsaal. Er sorgte freilich auch dafür, daß die Steinböcke in Oberitalien nicht ausstarben.

durch die großräumige Vernichtung von Feldgehölzen bei der Flurbereinigung und übermäßigem Pestizid-Einsatz ansonsten wenig bedrohte Niederwild-Arten an den Rand der Vernichtung zu drängen.
Eines ist sicher: Ohne die korrigierende Hand besonnener und ökologisch informierter Jäger können größere Schäden nicht mehr abgewendet werden. Das aber heißt, daß überzählige Rehe und Hirsche – ähnlich wie die sich zu stark vermehrenden Elefanten in einigen afrikanischen Nationalparks – gezielt abgeschossen werden müssen, um bedrohteren Arten das Überleben zu sichern.

Das Tier als Ware: Rohstofflieferant im Busch, Stellvertreter im Labor

Das Beispiel der Elefanten zeigt musterhaft auf, wie selbst das sehr lebenstüchtige, von allen Menschen bewunderte größte lebende Landtier der Erde ins Verderben schlittern kann: 1970 gab es in Afrika schätzungsweise fünf Millionen Elefanten. 1980 kam der führende Elefanten-Experte Dr. Iain Douglas-Hamilton nach einer vierjährigen Zählaktion quer durch alle 35 afrikanischen Staaten, in denen die grauen Riesen noch wild leben, zu einem erschreckenden Ergebnis: Nur 1,3 Millionen Tiere hatten das Jahrzehnt überlebt. In einem ugandischen Nationalpark überstanden sogar nur 160 Rüsseltiere das Chaos während und nach der Herrschaft des Diktators Idi Amin – 160 von 8000 im Jahr 1966.
Der Druck der explosiv wachsenden afrikanischen Bevölkerung auf die angestammten Lebensräume der Elefanten ist noch der verständlichste Grund für den Rückgang. Massive Waldrodungen für den Holzexport in die Industriestaaten kommen hinzu. Am schlimmsten wüten jedoch die Wilderer, die jährlich zwischen 50000 und 150000 Elefanten ihrer Stoßzähne wegen abschießen: ein lohnendes Geschäft bei Elfenbein-Weltmarktpreisen von rund 155 Mark pro Kilogramm (Ende 1980).
Bevor wir jedoch den Stab über die Wilderer brechen, müssen wir uns erst an die eigene Nase fassen: Wer kauft denn all den Elfenbeinschmuck und die -schnitzereien? Noch düsterer als bei den Elefanten sieht die Situation bei afrikanischen wie asiatischen Nashörnern aus: Rhinozeros-Hörner werden auf asiatischen Märkten mit Gold aufgewogen, denn das aus ihnen gewonnene Pulver gilt – unbegründet – als Liebeselixier.
Der Druck der Wilderer treibt immer mehr Dickhäuter in die relativ gut geschützten Nationalparks. Dort jedoch steigt die Bevölkerungsdichte der Elefanten schnell über die Aufnahmekapazität der einzelnen Lebensräume an. Dadurch besteht die Gefahr, daß andere – bedrohtere – Tierarten aussterben oder sogar die vorherrschende Vegetation umkippt. So entstand die paradoxe Situation, daß jährlich Hunderte von Elefanten abgeschossen werden müssen.

Das Massaker unter den Elefanten im südafrikanischen Krüger-Nationalpark, in dem sonst striktes Jagdverbot herrscht, ist eine bittere Aufgabe für die Wildhüter: Immer wieder müssen sie hier (und in anderen großen afrikanischen Nationalparks wie im Tsavo-Park in Kenia) auf den Rat von Ökologen hin den lieben Gott spielen und mit der Büchse eine erträgliche Balance zwischen der Tragfähigkeit des jeweiligen Ökosystems und der Zahl der sich in den Parks zu stark vermehrenden Elefanten wieder herstellen.

Überhaupt haben wir Bürger westlicher Industrieländer wenig Grund, in Sachen Tierschutz auf Afrikaner oder Asiaten herabzuschauen. Im Auftrag von ahnungs- wie skrupellosen »Tierfreunden« werden exotische Kreaturen zu Hunderttausenden eingefangen und nach Europa oder Amerika verschifft, um dort ein klägliches Dasein als Vorzeigetier zu führen – falls sie nicht schon beim Fang oder Transport umkommen (ein Schicksal, das Schätzungen zufolge mindestens vier Fünfteln aller gefangenen Papageien oder Äffchen oder Reptilien droht). Ebenso florierend ist das Geschäft mit Trophäen, Fellen und Pelzen seltener Tiere (siehe auch S. 460).

Aber auch ohne die exotischen Verirrungen steht es um die Tierliebe der Deutschen, Franzosen oder Engländer nur auf dem Papier gut. Rund 60 Millionen Mark spendeten die Briten 1979 für den Tierschutz, siebenmal mehr als für psychisch Behinderte. Und die Bürger der Bundesrepublik Deutschland gaben im selben Jahr knapp drei Milliarden für das Futter ihrer vier Millionen Hunde, 3,2 Millionen Katzen, 6,3 Millionen Singvögel und anderen Haustiere aus – weit mehr als für Babykost.

Wenn wir schon über die uns anvertrauten Tiere reden, dann müssen wir auch die rund 80000 Rehe, 120000 Hasen und 250000 Erdkröten, all die Igel und andere Tiere berücksichtigen, die jährlich allein auf westdeutschen Straßen unter die Räder der Autos kommen. Und wir müssen uns fragen, ob der sportliche Ehrgeiz von Springreitern oder Galoppern dem Traum vom Pferdeleben entspricht (und nicht nur über spanische Stierkämpfe schimpfen).

Schließlich verbrauchen unsere westlichen Gesellschaften neben dem Millionenheer landwirtschaftlicher Nutz- und Schlachttiere ganze Armeen von Ratten, Mäusen, Kaninchen, Meerschweinchen und Froschlurchen, aber auch viele Katzen und Hunde in den Forschungslabors. »Stellvertreter« nannte der Journalist Horst Stern in einer Fernsehserie die Versuchstiere: Für uns Menschen müssen sie Leib und Leben lassen für die Sicherheit von Medikamenten

und Chemikalien, aber auch für Kosmetika und für neue wissenschaftliche oder medizinische Kenntnisse. Ähnlich wie die Elfenbein-Wilderer geraten die mit und an Tieren forschenden Wissenschaftler ins Kreuzfeuer der Kritik – obwohl sie doch, kühl betrachtet, nur die ausführenden Spezialisten einer Gesellschaft sind, die den Metzger verachtet, aber dessen Wurst schätzt.

Tierversuche in medizinischen und biologischen Labors erregten schon immer Proteste (rechts: Versuchskaninchen). Dagegen ist die Erkenntnis, daß so manche liebgewonnene Sportart gar nicht der Art des jeweils beteiligten Tieres gemäß sein könnte, relativ neu (unten: Sturz bei einem Military-Reiten). Der Stierkampf ist ein rotes Tuch für Tierfreunde, aber er erhält Kampfrinder in einer ursprünglichen Art. (links)!

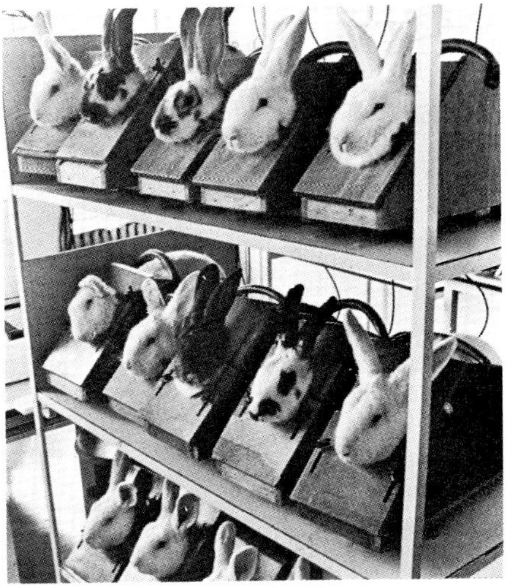

Tiere als Anpassungskünstler: Nicht alle »Kulturfolger« sind uns genehm

Trotz der langen »Roten Listen« sind längst nicht alle Tierarten gefährdet. Haus- und Nutztiere, Sport- und Labortiere werden von den Züchtern sorgsam vom Ernst des Lebens in freier Wildbahn abgehalten (was gewöhnlich mit einer beträchtlichen Verringerung des Gehirnvolumens einhergeht: Haustiere sind »dümmer« als ihre frei lebenden Verwandten). Auch bemühen sich Zoologen seit geraumer Zeit verstärkt um die überlebenden Urformen unserer Nutztiere, um – ähnlich wie die Pflanzenzüchter – die möglicherweise in Zukunft wirtschaftlich bedeutsame genetische Information der wilden Art zu erhalten.

Einige besonders gut ausgestattete Tiergärten wie der Zoo von San Diego im amerikanischen Bundesstaat Kalifornien richten sogar schon »Gen-Banken« ein, in denen wie bei den botanischen Samen-Banken tiefgekühlte Spermien, Embryos und Gewebekulturen verschiedenster Tierarten aufbewahrt werden.

Erfahrene Tierschützer wie der in Kenia lebende Norman Myers halten die Tiergärten, ob tiefgekühlt oder nicht, nur für eine »zweitrangige Ersatz-Strategie«. Und der Amerikaner Boyce Rensberger pflichtet ihm bei: »Man könnte sogar sagen, im Zoo sähen wir nicht das ganze Tier, denn es hat sein natürliches Verhalten aufgegeben. Ein Tier ist mehr als

Darf Bruder Tier als Stellvertreter des Menschen auf dem Altar der Wissenschaft geopfert werden? Viele der auf diese Weise gewonnenen Erkenntnisse, wie etwa hier die Erforschung der Hirnfunktionen einer Kröte, vermitteln bessere Einsichten in Ökosysteme.

nur das von seinem Fell bedeckte Fleisch und Blut. Es gehört auch die natürliche Umwelt dazu.«

Neben den gezähmten und bedrohten Arten gibt es freilich auch viele Tierspezies, die ohne die helfende Hand des Menschen die massiven Umweltveränderungen durch unsere technische Zivilisation überleben. Solche Anpassungskünstler gehören oft zu jener Gruppe der r-Strategen

Während viele Tierarten, die den meisten Menschen lieb und teuer sind, kaum vor dem Aussterben bewahrt werden können, verbreiten sich anpassungsfähige Spezies wie die Wanderratte (Mitte) oder die Bisamratte (oben) aller Verfolgung zum Trotz mühelos.

Der nordamerikanische Waschbär gehört zu den wenigen Tierarten, die es in der neuen Heimat Mitteleuropa geschafft haben. Der putzige Kleinbär wurde erst in den dreißiger Jahren versuchsweise in Deutschland eingeführt. Heute lebt er von den Alpen bis zur Nordsee.

(siehe Seite 267): Sie sind nicht auf einen bestimmten Lebensraum oder -rhythmus geeicht, sondern nutzen dank einer stets vielköpfigen Nachkommenschaft jede Chance, die sich bietet. Wanderratten und Feldmäuse, Möwen, Krähen, Sperlinge und auch Rehe zählen zu diesen erfolgreichen »Kulturfolgern«.

Der Erfolg der tierischen Opportunisten ruft nicht unbedingt Freude bei den Ökologen (und Bauern) hervor. Denn die Allerweltsarten vermehren sich, während die ökologisch »wertvolleren« Spezialisten verschwinden – und der betroffene Lebensraum verarmt. Kulturlandschaften und Siedlungen boten bis vor kurzem einer Fülle von Tierarten gute Überlebenschancen, und viele Spezies entwickelten sich im Windschatten des Menschen zu »wilden Haustieren«: Dazu zählen solche als »Schädlinge« angesehenen Spezies wie Stubenfliege, Hausmaus und Hausratte (die heute alle unter der Modernisierung der Küchen »leiden«), so harmlose Gäste wie die Hausgrille (das »Heimchen«), und so geschätzte Mitbewohner wie Rauchschwalbe, Turmfalke oder Schleiereule.

Moderne Städte und Bauernhöfe ermöglichen dagegen durch den Mangel an Nistplätzen oder Deckung nicht so gute Wohnmöglichkeiten für all jene Arten, die von Natur aus an Felsen oder auf hohen Bäumen hausen. Zudem bieten Beton und Asphalt, kurzgeschorene Rasenflächen und per Giftspritze sterilisierte Ziergärten weniger Nahrung in Form von Insekten und anderen Kleintieren. Einzig Klärteiche und Müll-Deponien sorgen für einen reichlich gedeckten Tisch – allerdings eher für die unerwünschten Wanderratten (von denen es in der Bundesrepublik Deutschland mehr als 100 Millionen geben soll), Krähen und Möwen.

Dennoch bieten Großstädte auch heute noch erstaunlich vielen Wildtieren einen Lebensraum. In Hamburg lebten bei einer Bestandsaufnahme im Jahr 1980 rund 240 Vogelarten, fast 30 wilde Säuger-Arten, ein Dutzend Reptilien- und Lurch-Arten sowie viele Fisch- und Insektenarten – die üblichen Möwen und Ratten ebenso gerechnet wie Igel, Siebenschläfer und Marder. Berliner Vogelkundler zählten sogar 258 Vogelarten, darunter Kolkrabe und Zwergschwan, von denen immerhin 123 Arten regelmäßig im Stadtgebiet brüten.

Manche Vogelarten aus wärmeren Gefilden wie die Türkentaube nützen das mildere Stadtklima, um ihr Verbreitungsgebiet bis nach Südschweden auszudehnen. Und einige Zugvogelarten bleiben (vermutlich ebenfalls wegen der höheren Temperaturen sowie der Winterfütterung) neuerdings auch während der kalten Jahreszeit im angestammten städtischen Revier: Amsel, Drossel, Fink und Star, die sind nun alle immer da – und beweisen damit, daß die Evolution nicht stillsteht.

Die ursprüngliche Zusammensetzung der Tier- (und Pflanzen-)welt verändert sich schließlich auch durch die Einbürgerung fremder Arten. Die Hausmaus schaffte es zum Beispiel, als blinder Passagier des Menschen in alle Welt zu reisen und sich so zur am weitesten verbreiteten Tierart überhaupt zu mausern. Schon im Mittelalter wurden Kaninchen und Fasan in Mitteleuropa eingeführt. Nicht alle Einbürgerungen sind jedoch erfolgreich: Von 85 Vogel- und 47 Säugetierformen konnten sich nur ein Fünftel bzw. zwei Drittel behaupten. In Deutschland ist die Neueinbürgerung gebietsfremder Tiere heute gesetzlich verboten. Dennoch erlebt das Land gegenwärtig den Siegeszug zweier äußerst erfolgreicher Fremdlinge: Bisamratte und Waschbär setzen sich unaufhaltsam durch.

Die nordamerikanischen Kleinbären mit der Banditenmaske im Gesicht und dem geringelten Schwanz wurden 1934 bei Waldeck in Nordhessen von einem Förster zur »Bereicherung unserer einheimischen Tierwelt und zur Gewinnung wertvoller Pelze« ausgesetzt. Aus den beiden Pärchen sowie etwa zwei Dutzend gegen Kriegsende in der Nähe von Berlin freigekommenen Tieren wuchs heute eine Waschbären-Armee von mehr als 100000 Stück heran, die von der Nordseeküste bis zu den bayerischen Alpen zu Hause ist. Nun sind die ebenso possierlichen wie schlauen Einwanderer den Jägern ein Dorn im Auge: Sie lassen sich weder durch Fallen noch durch Abschüsse dezimieren, machen aber ihrerseits überaus erfolgreiche Jagd auf Rebhühner, Fasanen, Hasen und andere, teilweise besonders gefährdete Niederwildarten.

Der Wald

Finstere Zukunft für den Forst

»Weißt du, was ein Wald ist?« hat einmal der Schriftsteller Bert Brecht gefragt. »Ist ein Wald etwa nur zehntausend Klafter Holz? Oder ist er eine grüne Menschenfreude?«
Der Wald ist mehr als nur eine Holzplantage oder Urlaubskulisse: Er ist ein großes Dienstleistungsunternehmen in Sachen saubere Luft und sauberes Wasser, er ist Heimat und Rückzugsgebiet Tausender von Tierarten, er ist das komplizierteste und zugleich letzte große, einigermaßen naturnah belassene Ökosystem in Mitteleuropa. »Der Wald«, sagt der Leiter des Nationalparkamtes »Bayerischer Wald« in Grafenau, Forstdirektor Hans Bibelriether, hat »von Natur aus nur eine Urfunktion, nämlich sich selbst als Wald zu erhalten.«
Diese »Urfunktion« ist seit Anfang der achtziger Jahre in mitteleuropäischen Wäldern sichtbar gestört. Einer galoppierenden Schwindsucht gleich befielen die offiziell so genannten »neuartigen Waldschäden« erst Forste in der CSSR und der DDR, dann auch in der Bundesrepublik, der Schweiz, Österreich und Frankreich (ähnliche Symptome registrieren zunehmend auch amerikanische Förster). Zuerst kränkelten die Tannen, dann Kiefern und Fichten, dann Buchen und Eichen. Die Nadelbäume verlieren vorzeitig ihre älteren Nadeljahrgänge, werden schütter und oft von Schädlingen wie Borkenkäfern befallen. Bei den Laubbäumen sterben die Blätter schon im Sommer von den Rändern her ab.
Die seit 1982 jährlich vorgenommene »Waldschadenserhebung« der Bundesrepublik stopfte Kritikern, die vor lauter Grün den Schaden nicht sehen wollten, schnell den Mund: Die Fläche mit sichtbaren Schäden in allen vier Schadstufen – kränkelnd, krank, sehr krank, tot – stieg von acht über 34 auf 50 Prozent im Jahr 1984. Noch bedenklicher ist die Dynamik der Entwicklung: Zwischen 1981 und 1984 rutschten zum Beispiel nahezu alle über 60 Jahre alten Fichten im waldreichen Bundesland Baden-Württemberg von »gesund« in die Schadstufe »krank« (= Nadelverlust 21 bis 60 Prozent).
Über die Ursache des Waldsterbens sind sich die allermeisten Fachleute seit Anfang 1983 einig: vom Menschen verursachte Luftverschmutzungen, zuvorderst Schwefeldioxid und Stickoxide sowie deren Umwandlungsprodukte (»saurer Re-

gen«, Photooxidantien, Ozon). Offen und strittig ist allein die Frage nach dem Schadensanteil der Luftverschmutzung und der Bedeutung der einzelnen Schadstoffe, die sich oft in ihrer baumvernichtenden Wirkung gegenseitig hochschaukeln.

Wald bedeckt rund 29 Prozent der bundesdeutschen Fläche. Auf jeden Bürger der Bundesrepublik entfallen, statistisch gesehen, etwa 330 Bäume auf einer Fläche von 1200 Quadratmetern. Noch liefert der deutsche Wald im Jahr mit rund 27 Millionen Kubikmetern (1982) etwa so viel Holz wie die doppelt so großen Forste Frankreichs. Dennoch muß eine noch etwas größere Menge als Rohholz oder als Papier, Zellstoff, Möbel oder in Form von sonstigen Holzprodukten eingeführt werden. Und der Holzbedarf steigt: In den letzten 25 Jahren hat er sich in der Europäischen Gemeinschaft fast verdoppelt. Rund 700000 Menschen finden in der Bundesrepublik Arbeit und Brot in der Holzwirtschaft, rund 90 Milliarden Mark wurden 1982 mit Holz und Holzprodukten umgesetzt.

Im 1975 erlassenen Bundeswaldgesetz heißt es: »Der Wald soll im Rahmen seiner Zweckbestimmung ordnungsgemäß und nachhaltig bewirtschaftet werden.« Ordnungsgemäß: Der Wald darf nicht zum Holzacker verkommen, sondern muß neben der Nutz- auch die Schutz- und Sozialfunktion aufrechterhalten. Nachhaltig: Es darf nicht mehr Holz geerntet werden als gleichzeitig nachwächst.

Das klingt gut, ist aber zunehmend schwieriger zu verwirklichen, zumindest für die rund 700000 privaten Waldbesitzer, die mit ihren oft winzigen Forsten zusammen etwa 44 Prozent der westdeutschen Waldfläche ihr eigen nennen (29 Prozent gehören den Ländern, knapp 23 Prozent den Gemeinden und 1,6 Prozent dem Bund). Denn die Privatförster erhalten für die Nutzungsbeschränkung ihres Eigentums zugunsten der Allgemeinheit keinerlei Entschädigung. Und auch das Waldsterben geht vorerst (bis 1984) voll zu Lasten der Waldbesitzer, die sich gegen diese »kalte Enteignung« zum Teil schon mit Prozessen gegen die Bundesrepublik wehren: Immerhin beträgt allein der Holzwert bundesdeutscher Wälder rund 200 Milliarden Mark.

Aus der Vogelperspektive
verrät der parzellierte
Ebersberger Forst,
daß er nur ein
Ökosystem von Menschen
Gnaden ist.

Ökosystem Wald: Mehr als die Summe der Bäume

Je stärker das Waldsterben um sich griff, desto mehr rückte der alte Streit um die naturnahe oder nur am schnellen Ertrag schnellwachsender Fichtenplantagen orientierte Forstwirtschaft in den Hintergrund. Zunächst wollten Politiker und Industriesprecher den Förstern den Schwarzen Peter mit dem Hinweis zuschieben, daß forstliche Mängel – eben die vielzitierten Holzplantagen – am Waldsterben schuld seien. Doch es leiden auch naturbelassene Bergwälder im »Nationalpark Bayerischer Wald«. Und – tragisch für Förster – die besonders naturnah bewirtschafteten »Plenterwälder« mit ihrer »rauhen« Oberfläche siechen unter dem Angriff der Luftschadstoffe schneller dahin als dicht geschlossene Fichten-Monokulturen.

Der Plenterwald leuchtet »meist schnell als das Nonplusultra des Waldbaus ein«, schrieb vor dem Waldsterben (1979) der Münchner Forstwissenschaftler Professor Peter Burschel in dem Buch »Rettet den Wald«, denn »im Idealfall befindet sich ein solcher Plenterwald im Gleichgewichtszustand«. Doch das Gleichgewicht herrschte schon damals freilich auf weniger als einem Prozent der westdeutschen Waldfläche: Der Plenterwald ist auf den herkömmlichen Bedarf von Bauern zugeschnitten, die ihren verschiedenartigen Holzbedarf aus dem eigenen Forst decken. Dabei entnehmen sie, anders als beim üblichen »Schlagwald«, nur einzelne Bäume. Burschel: »Jede Hiebmaßnahme dient dadurch der Ernte, der Pflege und der Verjüngung in einem.«

Ein Baum allein ist schon ein Wunder für sich, egal, ob von selbst gewachsen oder vom Förster gepflanzt. Ein Urwald freilich übertrifft alles an Komplexität, was sonst auf dem Festland wächst: Solche völlig von Menschenhand unbeeinflußte Wälder, wie es sie in Deutschland überhaupt nicht mehr gibt, gelten als die »reifsten Ökosysteme«. Nur noch in einigen wenigen tausend Hektar großen Reservaten, etwa in Teilen des »Nationalparks Bayerischer Wald«, können bundesdeutsche Forstwissenschaftler an urwaldähnlichen Pflanzengesellschaften die Lebensphasen dieser einst das ganze Land bedeckenden Ökosysteme studieren.

Naturwälder enthalten sehr viel mehr »Biomasse«, also organische Substanz, als Wirtschaftswälder, denen ja ständig Holz entnommen wird. Und sie bieten Heimat für eine Fülle von Tierarten: Vergleichenden Untersuchungen aus dem Bayerischen Wald zufolge leben im bis zu 400 Jahre alten Urwald 55 Vogelarten, darunter 14 seltene »Kulturflüchter«; ein bis zu 30 Jahre alter »Altersklassenwald« bietet dagegen nur 25 Arten Heimat, darunter einem einzigen »Kulturflüchter«.

Wälder sind riesige »Sonnenmaschinen« mit niedrigem Wirkungsgrad: Nur etwa ein Prozent der eingestrahlten Energie wird in Form von

Hirsche sind die größten wildlebenden Waldtiere Mitteleuropas. Ihr Überleben in großer Zahl verdanken die scheuen Pflanzenfresser der Jagd: Ihre Geweihe sind begehrte Jagdtrophäen (rechts).

Fichtenwälder breiteten sich mit Hilfe der Waldbesitzer auch an Standorten aus, an denen sie natürlicherweise nicht vorkommen (rechts). Nun sind Fichten stark vom Waldsterben betroffen. Auf dem Rückzug waren schon vor dem Waldsterben die reinen Buchenwälder (links außen). Mischwälder aus Laub- und Nadelhölzern sind nicht nur ökologisch, sondern auch optisch befriedigend (links).

Biomasse zurückgelegt und steht deshalb prinzipiell allen Tieren zur Verfügung.
Dennoch bildet dieses eine Prozent eine gewaltige Basis für die Nahrungspyramide: allein mehr als 300 Tonnen auf einem einzigen Hektar Buchenwald.

Doch nicht einmal zehn Prozent der Pflanzenmasse gehen in die Mägen von Pflanzenfressern. Das Ökosystem Wald wird durch eine Fülle längst noch nicht verstandener, oft ungemein dicht vernetzter Wechselwirkungen zusammengehalten. Blattfressende Käfer bewirken zum

Naturbelassene Wälder beherbergen mehr Tier- und Pflanzenarten als wirtschaftlich genutzte Forste. Vor allem Vögel finden in weitgehend ungestörten Wäldern bessere Lebensbedingungen: Für die Eule ist die Baumhöhle ein idealer Schlupfwinkel (links).

Beispiel, daß tieferliegende Blätterschichten mehr Licht bekommen, so daß der Fraßverlust ausgeglichen wird – ja, der Kot dieser Käfer, der auf den Waldboden fällt, ist ein entscheidender Zusatz für die raschere Zersetzung des Laubes durch Bodenlebewesen (deren Arbeit den Nahrungskreislauf des Waldes wieder schließt). Und daß selbst Säugetiere durch gezieltes Abfressen bestimmter Pflanzenteile oder von Jungpflanzen ganze Wälder verändern können, zeigen drastisch die von Jägern gehegten, übergroßen Reh- und Hirschbestände in deutschen Wäldern.

Bäume:
Wunderwerke zwischen Blatt und Wurzel

Die Anatomie eines Laubbaumes enthüllt die am höchsten entwickelte Form pflanzlichen Lebens. Vor rund 100 Millionen Jahren, als die Dinosaurier noch lebten, entstanden mit den Blütenpflanzen auch die ersten Laubbäume (Nadelbäume sind etwa 200 Millionen Jahre älter).

Alle Laubbäume sind im Prinzip gleich aufgebaut: sie bestehen aus den drei Hauptbestandteilen Wurzeln, Stamm und Krone. Zusammen bilden sie eine ungewöhnlich leistungsfähige Biomaschine, die mitunter Jahrtausende überdauert.

Die Wurzeln breiten sich oft über eine größere Fläche aus als die Krone. Sie versorgen den Baum mit Wasser und Nährsalzen, die von den weitverzweigten Seitenwurzeln und deren schnellwachsenden Saugwurzeln aufgenommen werden. Zusätzlich verankern sie den Stamm im Boden; die senkrecht unter dem Stamm in die Tiefe reichende Pfahlwurzel kann vier Meter ins Erdreich hinabwachsen. Versauerte Böden bremsen das Wurzelwachstum.

Der Stamm ist mehr als eine tote Säule, auf der die Krone ruht (siehe Zeichnung S. 300/301). Seine verschiedenartigen Rindenschichten leiten Wasser und Nährsalze in die Krone, aber auch Nährstoffe aus den Blättern hinab zu den Wurzeln.

Die weitverzweigte Krone strebt danach, mit ihren Blättern möglichst viel Sonnenlicht einzufangen. Mit Hilfe von Licht und Kohlendioxid aus der Luft sowie Wasser und Nährsalzen aus dem Boden baut ein zwölf Meter hoher Baum täglich rund fünf Kilogramm Traubenzucker und Stärke auf – wenn nicht Luftschadstoffe die Blattorgane schädigen.

Die gespaltene Eibe von Balderschwang im Allgäu soll der älteste Baum Deutschlands sein. Ein Amateurforscher schätzt das nur gut sechs Meter hohe, dafür aber an der Basis zweidreiviertel Meter mächtige Gewächs auf etwa 4000 Jahre – wenn es nur ein Baum ist.

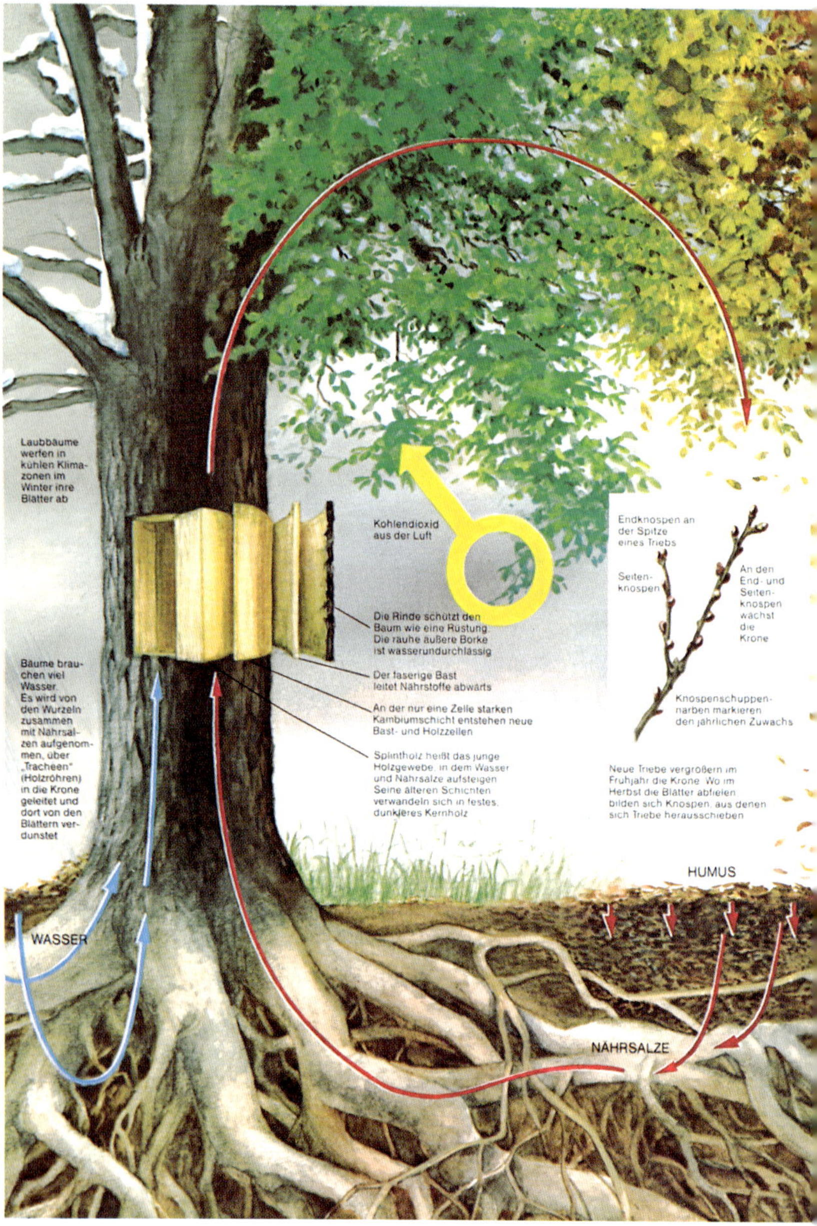

Laubbäume werfen in kühlen Klimazonen im Winter ihre Blätter ab
Kohlendioxid aus der Luft
Endknospen an der Spitze eines Triebs
Seitenknospen
An den End- und Seitenknospen wächst die Krone
Die Rinde schützt den Baum wie eine Rüstung. Die rauhe äußere Borke ist wasserundurchlässig
Bäume brauchen viel Wasser. Es wird von den Wurzeln zusammen mit Nährsalzen aufgenommen, über „Tracheen" (Holzröhren) in die Krone geleitet und dort von den Blättern verdunstet
Der faserige Bast leitet Nährstoffe abwärts
An der nur eine Zelle starken Kambiumschicht entstehen neue Bast- und Holzzellen
Knospenschuppennarben markieren den jährlichen Zuwachs
Splintholz heißt das junge Holzgewebe, in dem Wasser und Nährsalze aufsteigen. Seine älteren Schichten verwandeln sich in festes, dunkleres Kernholz
Neue Triebe vergrößern im Frühjahr die Krone. Wo im Herbst die Blätter abfielen, bilden sich Knospen, aus denen sich Triebe herausschieben
HUMUS
WASSER
NÄHRSALZE

Bäume sind hochkomplizierte Organismen und zugleich »Dienstleistungsunternehmen« für den Rest der Welt. Die wichtigsten Organe eines Baumes und seine wesentlichen Funktionen sind in der nebenstehenden Zeichnung zusammengefaßt. Die Grafik zeigt zugleich den jahreszeitlichen Rhythmus eines Laubbaumes. In diesen zwar gewaltigen, aber doch empfindlichen Organismus greifen vom Menschen verursachte Luftschadstoffe störend ein: Photooxidantien, Schwermetalle und saure Niederschläge (zer-)stören die Blattorgane, saurer Regen verätzt die Rinde, saure Böden machen neues Wurzelwachstum unmöglich.

Schutzwald: Dienstleistungen für den Rest der Welt

Im Wald »kommt es darauf an, die Selbstregelung des Ökosystems, die zugleich optimale Produktivität und bestmögliche Stabilität gewährleistet, maximal wirksam sein zu lassen«, sagt der Landschaftsökologe Professor Wolfgang Haber von der Technischen Universität München. Die »bestmögliche Stabilität« zahlt sich auch für die nichtbelebten Elemente unserer heimischen Umwelt, ja sogar der ganzen Erde aus. Aber Wälder können keine Wunder vollbringen, wie der um sich greifende Baumtod drastisch vor Augen führt: Die Gewächse sind Luftverunreinigungen gegenüber empfindlicher als Menschen. Sie sind auch bei sauberer Luft, wie die Baumgrenzen in den Alpen und der Arktis zeigen, auf bestimmte Mindesttemperaturen angewiesen, und sie brauchen – siehe Steppe und Sahara – eine recht große Menge Wasser: in unseren Breiten rund 500 Millimeter Niederschlag im langjährigen Mittel. Mit seiner riesigen Blatt- oder Nadeloberfläche verdunstet ein Wald fast drei Viertel des empfangenen Wassers wieder. Der Rest jedoch wird sorgfältig im porösen Waldboden gespeichert, wobei Überschüsse gewöhnlich sauber und in gleichmäßigen Mengen an Grundwasser oder Quellen abgegeben werden (eine Dienstleistung, die durch die Bodenversauerung schwer beeinträchtigt ist).

Wie wichtig das vor allem im Bergland ist, wird meist erst bemerkt, wenn Regen den Boden im abgeholzten Gebiet wegwäscht (»erodiert«), wenn Bächlein zu reißenden Strömen werden, wenn Staubecken mit Geschiebe aufgefüllt werden und Flußläufe versanden. Bergwälder verhindern, daß ganze Hänge in feuchten Jahren ins Rutschen geraten, und sie verhindern, daß im Winter gefährliche Schneemassen als todbringende Lawinen ins Tal don-

Wie ein grüner Wall stemmt sich der Bannwald oberhalb von Andermatt in der Zentralschweiz gegen den weißen Tod. Damit Lawinen keine Schneisen in den Schutzwald reißen (wie links sichtbar), schützen zusätzliche Lawinenverbauungen den Berghang.

nern. Aus jahrhundertealter Erfahrung schützen und pflegen Gebirgsbewohner deshalb ihre »Bannwälder« an besonders gefährdeten Hängen: Bäume stützen die Schneedecke auch an steilen Hängen ab. Im Gebirge wird das Waldsterben die schlimmsten Folgen haben: So steht die Bewohnbarkeit vieler Alpentäler auf dem Spiel.

Die »Windbremse Wald« wirkt auch im Flachland. Ein dreißig Meter hoher Wald kann hinter seiner windabgewandten Seite einen bis zu 400 Meter breiten Streifen offenes Land vor der vollen Sturmwirkung schützen. Das mindert nicht nur die »Winderosion«, also das Wegblasen feiner Bodenteilchen von gepflügten Feldern. Auch die Wirkung von Frösten ist im Schutzbereich der Bäume wesentlich geringer. Schließlich mildert im Sommer die höhere Luftfeuchtigkeit der Wälder extreme Temperaturen. Die Kühlung kommt zu der wohltätigen Reinigung der Luft. Wälder haben eine rund tausendmal größere Staubfangfläche als das Areal, auf dem sie stehen. Ein Hektar Buchenwald vermag bis zu 70 Tonnen Staub aus der Luft zu filtern – eine Eigenschaft, die nach jahrzehntelanger Überbeanspruchung nun offensichtlich zum Kollaps der Gewächse führt.

Auch global tragen die Wälder zu günstigeren Lebensbedingungen bei, wie der Hamburger Forstwissenschaftler Professor Eberhard Brünig mit eindrucksvollen Zahlen belegt: »In den Wäldern der Erde steckten um 1970 etwa 1700 Milliarden Tonnen oberirdische Biomasse, das heißt Trockenmasse einschließlich der Zweige, Blätter und Rinde, davon etwa 55 Prozent oder 1000 Milliarden Tonnen in den Tropenwäldern.« Brünig rechnet damit, daß rund ein Drittel dieser gigantischen tropischen Biomasse bei der anhaltenden Zerstörung der Urwälder in den nächsten Jahrzehnten verbrannt wird oder vermodert. Dabei wird knapp ein Sechstel der heute in der Atmosphäre enthaltenen Kohlendioxid-Menge zusätzlich in die Luft gelangen und damit noch mehr den befürchteten »Treibhauseffekt« verstärken.

Erholungswald: Den Wald vor seinen Freunden schützen?

Der Wald hat schwer zu tragen an den vielen Funktionen, die ihm der Mensch abverlangt, auch an der »Sozialfunktion«. Immer noch möchten deutsche Männer am liebsten Förster werden. Und bei Umfragen wird die Sehnsucht der Bundesbürger nach mehr Wald als die existierenden 29 Prozent der Landesfläche sichtbar: Erst ab 90 Prozent Waldanteil wird den meisten Mitbürgern der Forst zu finster.

Die Liebe der Deutschen zum Wald ist, wie Professor Richard Plochmann von der Universität München einmal bemerkte, »mehr getragen von Emotionen als von Durchblick«. Mehr Durchblick hätte den frühen Warnungen mancher Forstwissenschaftler einen besseren Nährboden

Wälder wirken wie Schwämme. Sie können große Wassermengen speichern (oben: Wald im Morgennebel). Wasser, das aus dem Wald fließt, ist besonders sauber. Rechts: Der Weg des Wassers durch den Wald.

Der Wald wird nicht nur von den Abgasen der Industriegesellschaft bedroht. Er hat auch unter seiner Funktion als »grüne Menschenfreude« mitunter sehr zu leiden: Waldnahe Wohngebiete sind begehrt (rechts: in Hamburg), verursachen aber Flächenverluste, Wochenendtrubel (unten) und Waldverschmutzung (Seite 306).

gewährt und so schon vor Jahrzehnten zu einer konsequenten Luftreinhaltungspolitik geführt (über die Gefahren des Schwefeldioxids für den Wald warnten Forscher schon vor mehr als hundert Jahren; die waldschädigende Wirkung der Stickoxide ist seit den vierziger Jahren bekannt). Mehr Durchblick hätte auch bewirken können, daß nun, da die Waldschäden unübersehbar geworden sind, schneller und konsequenter reagiert wird: Die bundesdeutschen Luftreinhaltevorschriften von 1983 (siehe Seite 172) entlasten, falls dies dann noch möglich ist, die Wälder frühestens in den neunziger Jahren.

Niemand bestreitet, daß gerade Wälder für Geist und Körper der Stadtmenschen wohltuende Wirkungen haben. Klar definieren lassen sich die hygienisch-therapeutischen Vorteile. Sie beruhen nach den Worten des Landschaftsökologen Professor Wolfgang Haber auf »der Reinheit und Frische der Waldluft, auf ihrer hohen relativen Luftfeuchtigkeit, auf ihrem Gehalt an ätherischen Ölen und anderen Aerosolen und auch auf der Dämpfung technischen Lärms.«

Weniger eindeutig sind dagegen die Gründe für die Waldeslust. Für viele Besucher, denen laut Paragraph 14 des deutschen Bundeswaldgesetzes »das Betreten des Waldes zum Zwecke der Erholung« kostenlos gestattet ist, ist »der Wald wichtig als undefiniertes Naturerlebnis«, vermutet der Göttinger Forstwissenschaftler Professor Rolf Zundel. »Es ist die Summe von Sinneseindrüken, Düften, Farben und Formen.« Für Zundel »etwas überraschend« bekannte sich jedoch nur jeder fünfte Waldspaziergänger bei Umfragen zum Motiv »Naturbetrachtung«.

Waldverschmutzung

Waldverlust im Ballungsraum

Eines ist sicher: Je leichter der Wald zu erreichen ist, desto mehr Menschen tummeln sich in ihm. Besonders im stadtnahen Wald herrscht »der Tag der offenen Tür an jedem Tag«, wie Professor Plochmann klagt: Bei Zählungen wurden je Quadratkilometer Wald bis zu 1090 Personen pro Tag registriert. Aber auch weiter entfernte Gebiete haben an Wochenenden oder zur Ferienzeit großen Zulauf. Allein in Baden-Württemberg strömten an den Wochenenden des Jahres 1975 rund 35 Millionen Menschen in die Wälder. Bei solchen Zahlen sehen viele

Waldbesitzer die Sozialfunktion ihrer Forste überlastet – auf ihre Kosten. Abfälle verunzieren breite Wanderwege wie schmale Schleichpfade. Jungpflanzen werden ahnungslos zertrampelt, Beerensträucher und Pilzbestände ratzekahl gesammelt, Wild ausdauernd beunruhigt.

Selbst im Winter kommt der Wald, vor allem in Berglagen, neuerdings nicht mehr zur Ruhe. In den Hochlagen herrscht der Ski-Zirkus – und in flacheren Teilstücken ziehen Ski-Langläufer ihre Spuren in alle Waldwinkel.

Vor allem Birk- und Auerhühner sind von den ständigen Störungen tödlich bedroht: Die aufgescheuchten Tiere können den Energieverlust im Winter nicht ausgleichen und gehen ein – oder werden Opfer eines Räubers.

Als Ausweg sehen die Waldhüter nur noch eine Kanalisation der Spaziergänger- und Sportlerfluten sowie eine verstärkte Aufklärung der Bevölkerung. »Aber manche sind halt uneinsichtig und stur«, klagte der bayerische Revierförster Erhard Kroiß. »Die pochen so lange rücksichtslos auf ihr Recht des freien Waldzugangs, bis wieder Schutzgebiete abgesperrt werden müssen.«

Einige völlig abgeschirmte größere Waldgebiete sollte es nach Meinung der Ökologen im Waldland Deutschland ohnhin geben: Nur so könnte sich mit der Zeit wieder ein natürlicher Urwald bilden – wenn die Luftbelastung weit genug vermindert werden kann.

Der bedrohte Wald: Tausend Gefahren für Forst und Urwald

Nichts falle dem Menschen von heute schwerer, kritisiert Forstdirektor Hans Bibelriether vom Nationalparkamt Bayerischer Wald, »als den Wald als biologische Einheit und als ökologisches Gesamtsystem zu begreifen«. Zwar drohen dem Wald auch in einer reinen Naturlandschaft Gefahren: Stürme und Lawinen reißen Schneisen, trockene Jahre lassen Feuersbrünste wüten, sich explosionsartig vermehrende Insekten können ganze Landstriche kahlfressen. Doch darauf sind die Wälder eingestellt. Für manche Baumarten, etwa die lichtbedürftige, schnellwachsende Birke, sind neu gerissene Schneisen eine Chance zum Überleben – ebenso wie Waldbrände für viele Kiefern-Arten: Ihre Zapfen geben die Samen erst frei, nachdem sie auf 70 bis 80 Grad Celsius erwärmt worden sind.

Diese erstaunliche Regenerationskraft ist freilich durch den Menschen empfindlich gestört. Monokulturen erweisen sich als besonders anfällig gegen Sturmschäden, Waldbrände, Insekten- oder Pilzbefall. Mehrmals seit dem Zweiten Weltkrieg nahmen in Mitteleuropa Waldschäden katastrophales Ausmaß an, weil die künstlich angelegten Forste zu wenig Widerstandskraft besaßen.

Die Schäden der Vergangenheit verblassen freilich angesichts des Waldsterbens durch Luftschadstoffe: Ein-

»Buchdrucker« heißt der Borkenkäfer im Volksmund wegen seiner kunstvoll aussehenden Fraßspuren direkt unter der Rinde im Holz. Sind Fichten zum Beispiel durch Luftschadstoffe geschwächt, funktioniert ihre Abwehr gegen die Käfer nicht mehr: Die Schädlinge vermehren sich explosiv und geben den befallenen Forsten den endgültigen Todesstoß.

Bei Trockenheit herrscht in den ausgeputzten Nadelholzäckern schneller als in Misch- oder Laubwäldern Brandgefahr. Die durch Luftschadstoffe ausgelösten Waldschäden verstärken die Brandgefahr. Und der Neubeginn nach einem Brand ist auf versauerten Böden und in belasteter Luft nicht mehr möglich: Der Wald verkommt zur Säuresteppe (rechts: Löschhubschrauber im Einsatz).

zelne Waldbrand- und Windwurfgebiete konnten wieder aufgeforstet werden (wobei oft alte Monokulturen durch Mischwald-Pflanzungen ersetzt wurden). Doch in übersäuerten Böden und in einer mit Schwefeldioxid, Stickoxiden, Ozon, Photooxidantien, Fluor-, Blei- und anderen für Pflanzen giftigen Verbindungen belasteten Luft brechen nicht nur, wie rund um Böhmen schon geschehen, Wälder großflächig zusammen – auch die Wiederaufforstung funktioniert nicht mehr (in vielen Gebieten der Bundesrepublik fand schon 1984 keine »Naturverjüngung« der Buchenwälder mehr statt).
Damit aber verlieren die Förster die Grundlage für das von ihnen seit dem 19. Jahrhundert geheiligte »Gesetz der Nachhaltigkeit«, ja für eine moderne Forstwirtschaft insgesamt. Die Entnahme hiebreifer Bäume wird durch die Notfällung kranker Bäume ersetzt (in denen sich sonst Schädlinge wie Borkenkäfer explosiv vermehren und dem angeschlagenen Forst den Rest geben können). Und während die Kosten steigen, etwa für vermehrte Düngung und Kalkung (zur Abpufferung versäuerter Böden), verfallen die Holzpreise durch ein Überangebot von Schadholz. Dem Konkurs des Waldes folgt der Konkurs der Waldbesitzer.

Nur Birken und andere Laubbäume zeigten nach dem großen Waldbrand von 1975 in Niedersachsen wieder Lebenszeichen.

Von den Fichten und anderen Nadelbäumen standen dagegen meist nur noch verkohlte Baumstümpfe (unten).

So wie es Mitte der achtziger Jahre aussieht, werden die über 60 Jahre alten Waldbäume Mitteleuropas kaum zu retten sein. Und sollen die jüngeren Bäume, soll eine künftige Wiederaufforstung überhaupt Aussicht auf Erfolg haben, dann muß in der Tat die Luftbelastung europaweit, ja weltweit drastisch vermindert werden.

Trotz der tödlichen Bedrohung aus der Luft wird der Wald immer noch als billige »Flächenreserve« verplant: Billiges Land für Siedlungen und Sportplätze, Straßentrassen und Flugplätze. Zwar nahm die Waldfläche in der Bundesrepublik bis Mitte der siebziger Jahre durch das Aufforsten landwirtschaftlicher »Grenzertragsböden« insgesamt zu, doch seitdem ist die Bilanz rückläufig – vor allem dort, wo die Schutz- und Sozialfunktion des Waldes am dringendsten benötigt wird: im Dunstkreis der Städte.

Vielleicht noch schlimmer ist freilich die Situation der tropischen Regenwälder: »Etwa 110000 Quadratkilometer davon werden schätzungsweise pro Jahr gefällt und abgebrannt«, heißt es in der 1980 veröffentlichten »Weltstrategie für die Erhaltung der Natur«; »bei gleichbleibendem Tempo werden *alle* Wälder dieser Art in 85 Jahren verschwunden sein«. Die Zerstörung der Tropenwälder ist eine ernstliche Gefährdung der ökologischen und wirtschaftlichen Lebensgrundlagen der gesamten Menschheit.

Die Landwirtschaft

Natur zwischen Muskel und Maschine

Vor rund 10000 Jahren beging die Menschheit, wie manche gestrenge Naturforscher sagen, den »ökologischen Sündenfall«: Sie erfand die Landwirtschaft. Seitdem haben Bauern ein gutes Zehntel der Landoberfläche der Erde unter den Pflug genommen.

In den alten Kulturlandschaften der gemäßigten Klimazonen formten Generationen von Landwirten das Antlitz der Erde freilich noch viel gründlicher um. Etwa 53 Prozent der Fläche der Bundesrepublik Deutschland werden heute landwirtschaftlich genutzt. Obwohl die großräumige Verteilung von Wald und Feld in Mitteleuropa in den letzten Jahrhunderten ziemlich unverändert blieb, haben sich die Auswirkungen des Landbaus auf die natürliche Umwelt vor allem in den letzten 25 Jahren dramatisch verschärft.

Die »Landflucht« ist eine Folge dieser anhaltenden landwirtschaftlichen Revolution. 1960 arbeiteten in den (neun) Ländern der Europäischen Gemeinschaft noch mehr als 17 Millionen Menschen in Land- und Forstwirtschaft, 1984 waren es nur noch gut sieben Millionen. Möglich wurde diese Völkerwanderung in die Städte durch die »Industrialisierung« der Landwirtschaft: Maschinen ersetzten Muskeln, Mineraldüngung machte die zur Erholung des Bodens brachliegenden Felder überflüssig, auf eine Tier- oder Pflanzenart ausgerichtete Betriebe verdrängten die vertraute Vielfalt althergebrachter Bauernhöfe.

»Agrarökosysteme sind Beispiele für verhältnismäßig wenig strukturierte ökologische Systeme«, definiert der deutsche »Rat von Sachverständigen für Umweltfragen« die bäuerliche Umwelt. Der Landwirt versucht, seine Nutzpflanzen und -tiere vor Konkurrenten, unerwünschten Mitessern, Parasiten und Räubern zu schützen – mit zuvor ungeahntem Erfolg, positivem wie negativem: Heute zählen nicht mehr nur Ernterekorde. Unversehens sind die Bauern in einen Konflikt mit Umweltschützern geraten.

»Wer behauptet, der Landwirt von heute sei der beste Landschaftspfleger, erzählt ein Märchen«, sagt Professor Wolfgang Engelhardt, Präsident des Deutschen Naturschutzringes e. V. Und im deutschen »Umweltgutachten 1978« heißt es: »Ein Vergleich von Schaden und Nutzen führte zu der – schlagwortartig formulierten – These: Die Landwirt-

schaft ist per Saldo ein Umweltverschmutzer.« Sorge bereitet hier vor allem die Zerstörung der natürlichen Bodenfruchtbarkeit durch die übermechanisierte und -chemisierte moderne Landwirtschaft, wie im Sommer 1984 sogar ein »Bodenbericht« des Bonner Landwirtschaftsministeriums bestätigte: Setzt hier nicht bald ein Umdenken ein, könnte die menschliche Nahrungsmittelversorgung irreparabel geschädigt werden.
Die Attacken lösten Widerspruch aus. Mit »großer Empörung« verwahrte sich zum Beispiel der Deutsche Bauernverband gegen Vorwürfe, daß die Landwirtschaft die Natur zerstöre und den Menschen vergifte. Bauernverband wie Bundeslandwirtschaftsministerium blieben dabei, daß die im deutschen Bundesnaturschutzgesetz verankerte »Landwirtschaftsklausel« gerechtfertigt sei: Die »ordnungsgemäße Land- und

Der Bauer mit dem vom Pferd gezogenen Pflug und der Schnitter mit der Sense im Getreidefeld scheinen heute schon, erst wenige Jahrzehnte nach der kompletten Mechanisierung der Landwirtschaft, Relikte einer fernen Vergangenheit zu sein (unten Mitte und links).

Der Trend zur völlig maschinengerechten Ackerlandschaft ist in den Prärien Nordamerikas auf die Spitze getrieben worden (rechts: Getreidefelder in Montana). Solche Felder sind ökologisch verarmt und starker Bodenerosion ausgesetzt.

Forstwirtschaft... dient in der Regel den Zielen dieses Gesetzes«. Zweifel an dieser Haltung, daß nicht sein kann, was nicht sein darf, klingt freilich selbst bei der Agrochemikalien-Industrie an: »Die Landschaftspflege«, hieß es in einer Stellungnahme des Chemie-Konzerns BASF im September 1980, »muß als ökologischer Auftrag im Bewußtsein der einzelnen Landwirte stärker weiterentwickelt werden.«

Flurbereinigung: Die Sünden der vergangenen Jahre

Nirgends wird das Dilemma der modernen Landwirtschaft deutlicher als bei ihrem wichtigsten Gut: der Bodenfläche. Allein in der Bundesrepublik Deutschland nahm die landwirtschaftliche Nutzfläche in den zehn Jahren vor 1975 täglich um 140 Hektar ab – Flächenverluste an Siedlun-

gen und Verkehrswege, aber auch (zu fast einem Drittel) an Brachland. Dafür wird der Boden auf dem verbleibenden Grund um so intensiver genutzt. Das aber geht zu einem Großteil auf Kosten des Landschaftsbildes: »Flurbereinigung« nennen Landwirte und Behörden die Neugestaltung, »Produktionssteppe« und »ausgeräumte Landschaft« sind nach Meinung der Naturschützer allzu oft das Ergebnis.

Neben Mechanisierung und Landflucht spielt oft auch die frühere Erbpraxis eine entscheidende Rolle bei der Flurbereinigung: Über viele Generationen hinweg waren Ländereien – etwa in Württemberg – immer wieder unter den Nachkommen aufgeteilt worden, bis ein Fleckerlteppich aus winzigen Ackerstücken übrigblieb.

Das Ziel der Flurbereinigungsgesetze der Bundesrepublik Deutschland von 1953 war fast ausschließlich die Strukturverbesserung der Landwirtschaft. Die damals einsetzende »industrielle Revolution« der Landwirtschaft verlieh dem Vorhaben freilich einen ungeahnten Biß: Die notwendigen Korrekturen arteten allzu oft in eine totale Anpassung der Landschaft an die Erfordernisse der vollmechanisierten und -chemisierten Bauern aus.

»Außerordentlich lebensfeindliche und darüber hinaus landschaftlich oft traurig eintönige Äcker« sind das Ergebnis des bäuerlichen Kahlschlages, wie der Ökologe Professor Günter Kahnt von der Universität Stuttgart-Hohenheim klagt. »Wir billigen jedem Landwirt das Recht zu, sein Einkommen nach Kräften zu vermehren«, argumentiert der Deutsche Naturschutzring. »Wir finden es aber schlechthin irrsinnig, wenn – auch nach durchgeführter Flurbereinigung – letzte unersetzliche Reste naturnaher Biotope unter den Pflug genommen werden.«

Das Umweltmagazin »natur« machte im August 1981 den übereifrigen Landschaftsbegradigern folgende Rechnung auf: Im Jahr 1980 zweigte das Bundeslandwirtschaftsministerium 26,8 Millionen Mark seines Etats von 13900 Millionen Mark für den Naturschutz ab. Aber »zwölfmal so viel gab der Bund im jährlichen Durchschnitt von 1968 bis 1978 für die Flurbereinigung aus: 3,47 Milliarden der Gesamtkosten von 8,9 Milliarden. Und gar 45mal so hoch wie die Almosen des Bundeslandwirtschaftsministeriums für den Naturschutz im Jahr 1980 sind die Beträge, die der Bund im jährlichen Durchschnitt von 1969 bis 1978 für Entwässerungsgräben, Dränung, Landbautechnik, Wildbachverbauung, Flußregulierung, Binnendeiche, Wege und andere Maßnahmen bereitgestellt hat.« Allein »in Schleswig-Holstein gingen durch die Beseitigung von Hecken rund eine Million Brutplätze für Vögel verloren.«

Erst im Jahr 1976 flossen mit dem neuen deutschen Flurbereinigungsgesetz auch ökologische Argumente offiziell ins große Landschaftsaufräumen ein. Seitdem gilt zumindest auf dem Papier auch für die Flurbereinigung, was für die Forstwirt-

Flurbereinigung geht auch ohne brutale Eingriffe. Die zu kleinen, räumlich zersplitterten Felder einer typischen deutschen Mittelgebirgsgemarkung (unten links) wurden so zusammengelegt, daß Landschaftscharakter und Feldgehölze erhalten blieben (rechts).

schaft längst gang und gäbe ist: das Prinzip der »Nachhaltigkeit«, also die langfristige Nutzung anstelle des schnellen Gewinns. So heißt es in einer halbamtlichen Bonner Aufklärungsbroschüre für Bauern: »Die Teilnehmer (des Flurbereinigungsverfahrens) sind gut beraten, wenn sie die in ihrem Besitz befindlichen Bäume und Sträucher nicht abholzen, sondern stehenlassen. Unnötige Eingriffe stören den Naturhaushalt

und schädigen den Ruf der Landwirtschaft in der Öffentlichkeit.« Für viele Feldgehölze und ihre Bewohner kommt dieser Umschwung um Jahre zu spät.
Einen Wandel in der Einstellung zu natürlich gewachsener Vegetation spüren Ökologen auch bei den Diskussionen, was mit den nicht mehr landwirtschaftlich genutzten Flächen geschehen soll. Vor der heute üblichen intensiven Mineraldüngung blieb jeweils ein Drittel des Ackerlandes zur Erholung des Bodens als »Schwarzbrache« oft jahrelang unbenutzt liegen. Dazu sind nun »Sozialbrache« und »Grenzertragsbrache« gekommen. Diese beiden Brachen entstehen, wenn Bauern Felder nicht weiter bestellen können oder wollen.

Auch in Deutschland wurden im Zug der Mechanisierung Landschaften »ausgeräumt«, wenn auch in kleinerem Maßstab als in Nordamerika: Nach der ersten Welle der Flurbereinigung blieb oft keine Baumreihe oder Hecke als ökologisches Rückzugsgebiet stehen.

Bis 1985 waren in der Bundesrepublik Deutschland die Brachflächen auf rund 500000 Hektar angewachsen (1965: rund 150000 Hektar). Ein Teil des aufgegebenen Ackerlandes wird in Siedlungen umgewandelt oder aufgeforstet. Allein belassen, würden die meisten mitteleuropäischen Brachflächen mit der Zeit wieder vom Wald zurückerobert. Ökologen und Landschaftsplaner sehen in der Brache eine »Bereicherung der Kulturlandschaft«, ja sogar Möglichkeiten für eine »Wiedergutmachung«: »Brachflächen werfen keine ökologischen Probleme auf, sondern mindern sie.«

Energieverbrauch in der Landwirtschaft: Früchte des Öls

Landwirtschaft ist, kurz gesagt, eine menschliche Tätigkeit, bei der Sonnenenergie dazu benutzt wird, Pflanzen und Tiere in nützliche organische Stoffe umzuwandeln.

Doch die Zeiten, als Mensch und Vieh ausschließlich per Muskelkraft Äcker bestellten (also ohne zusätzliche Energie), sind vorbei, zumindest in Mitteleuropa und Nordamerika. Wie schnell der Vormarsch der Maschine kam, zeigt ein Vergleich des Bonner Ministeriums für Ernährung, Landwirtschaft und Forsten: »Wollte man mit den Methoden von 1949/50 die Nahrungsmittelmenge von heute (1979/80) produzieren, brauchten wir sieben Millionen Arbeitskräfte, 2,2 Millionen Pferde, 700000 Zugkühe und Ochsen und doppelt soviel landwirtschaftliche Fläche.« Statt dessen tuckern etwa anderthalb Millionen Ackerschlepper über Westdeutschlands Felder, dreschen und melken, pflücken und füttern Hunderttausende von landwirtschaftlichen Maschinen. Dazu kommen die mit großem Energieaufwand hergestellten Dünge- und Pflanzenschutzmittel.

Solange vor allem das Erdöl billig war, machte sich kaum jemand Gedanken über die Energie, die in Nutzpflanzen und -tiere zusätzlich zur (kostenlosen) Sonnenenergie hineingesteckt werden mußte. Seit der Ölkrise vom Herbst 1973 hat sich das geändert. Nicht nur das: Nach dem »Gesetz von den abnehmenden Ertragszunahmen« müssen immer größere Energiemengen aufgewendet werden, um ein einmal erreichtes Ernteniveau weiter zu verbessern.

Eine Studie der Universität Wien zeigte, daß von 1930 bis 1970 die in der gesamten Feldfruchternte Österreichs enthaltene Energie um 60 Prozent anwuchs, der Energieaufwand in der Landwirtschaft jedoch um mehr als 400 Prozent in die Höhe schnellte. Und in der Bundesrepublik Deutschland stieg der Energieverbrauch in der Landwirtschaft von umgerechnet 4,9 Milliarden Kilowattstunden im Jahr 1973 um ein gutes Drittel auf 6,7 Milliarden Kilowattstunden (1980).

Amerikanische Wissenschaftler errechneten, wieviel Zuschuß-Energie bei verschiedenen landwirtschaftlichen Methoden in einer bestimmten Menge Nahrung steckt, und verglichen dann diesen Energiegehalt, gemessen in Joule (früher: Kalorien), mit den tatsächlichen, dem Konsumenten zugute kommenden »Nahrungskalorien«. Steinzeitliche Bauern mit ihrem Wanderfeldbau oder indonesische Reisbauern wenden zum Beispiel nur zwei Hundertstel Kalorien in Form von Muskelkraft auf, um eine »eßbare« Kalorie zu ernten. Fleisch von Weideland-Kühen und Eier von frei laufenden Hühnern erfordern schon eine halbe Kalorie Aufwand für jede verzehrbare Kalorie Nahrung. Küstenfischerei und Milch von grasgefütterten Kühen liefern Produkte, die so viel Energie enthalten, wie in sie hinein-

Althergebrachter Reis-, Kartoffel- und Maisanbau sowie die steinzeitliche Jagd benötigten pro geerntete Nahrungskalorie nur einen Energieeinsatz von zwei hundertstel (unterste Linie) bis zwei zehntel Kalorien (vierte Linie). Bei Milch ist die Bilanz ausgeglichen. Bei Eiern aus »Eierfabriken« muß zweimal, bei Fischmehl fünfmal und bei Hochseefisch zehnmal mehr Energie aufgewendet werden (oberste Linien), als geerntet werden kann.

Traktoren sind keineswegs die größten Energiefresser der Landwirtschaft: Agrochemikalien schlucken fast zwei Drittel der Energie.

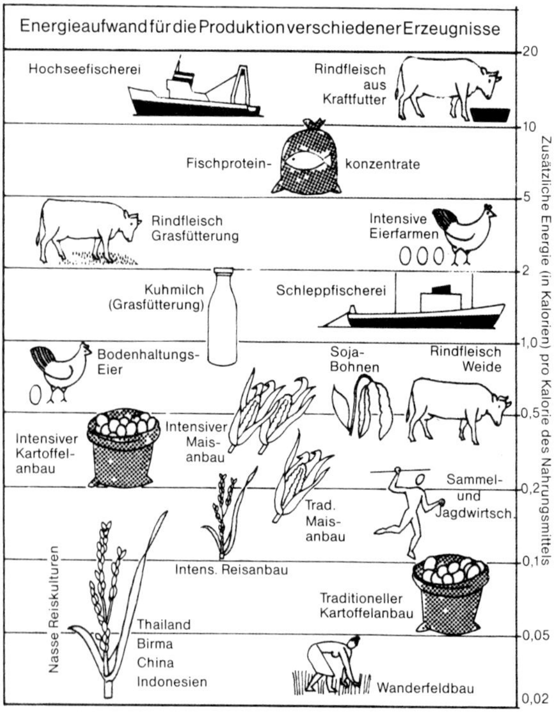

gesteckt wurde. Bei Rindfleisch und Eiern aus »Eierfabriken« ist die Bilanz schon negativ: Für jede Nahrungskalorie mußten zwei Kalorien Energie in die Produktion gesteckt werden. Die Fänge der Hochseefischerei sowie die intensive Rindermast verschlingen schließlich zehnmal mehr Energie, als sie in Form von Lebensmitteln liefern.

Rund 60 Prozent der in der bundesdeutschen Landwirtschaft aufgewendeten Energie gehen auf das Konto der künstlichen Mineraldüngung und der Pflanzenschutzmittel. Dieser Kraftakt veränderte nicht nur drastisch den Lebensraum Acker. Er senkte auch den »energetischen Selbstversorgungsgrad« der industriell betriebenen Landwirtschaft in der Bundesrepublik auf nur noch zwanzig Prozent.

Zu dem hohen Energieeinsatz in Feld und Hof kommt der große Kraftaufwand der modernen Lebensmittelindustrie. Die Produktion eines Kilogramms Weißbrot verschlingt die (zusätzliche) Energie aus einem halben Liter Öl.

Brot als rein pflanzliches Produkt ist freilich noch relativ energieverbrauchsfreundliche Nahrung. Vor allem Rindfleisch enthält zwangsläufig mehr Energie: Sieben Kilogramm

Getreide sind nötig, um auf dem Umweg über das Rind ein Kilogramm Fleisch zu erzeugen. Würden alle Menschen so viel Fleisch wie Nordamerikaner oder Westeuropäer essen, würde die Welternte nicht einmal für die Hälfte der Menschheit reichen. Wenn die Amerikaner nur noch die Hälfte des 1980 in ihrer Nahrung enthaltenen tierischen Eiweißes äßen, dann könnten dem US-Agrarforscher Professor David Pimentel zufolge »bis zu 110 Liter Öl pro Person in einem Jahr eingespart werden – oder ein Prozent des gesamten Energieverbrauchs der Vereinigten Staaten«.

Nutzpflanzen: Eine Handvoll grüner Sklaven

Ginge es nur nach der Welterntestatistik, gäbe es keinen Hunger auf der Erde: Der Energie- und Eiweißgehalt aller heute produzierten Nahrungsmittel übertrifft den Mindestbedarf der Erdbevölkerung um mehr als das Doppelte. Und theoretisch könnte die Pflanzenwelt sogar siebeneinhalb Milliarden Menschen problemlos ernähren. Aber weder klimatische Bedingungen noch nutzbare Ackerflächen, weder Bevölkerung noch Einkommen, weder technisches Wissen noch Versorgungseinrichtungen sind gleichmäßig über den Erdball verteilt. So gesehen gewinnen die Berechnungen an Brisanz, die zeigen, daß die Ernteergebnisse der wichtigsten Feldfrüchte ungeheuer gesteigert werden müssen, wenn der durchschnittliche Eiweiß-

Die 30 wichtigsten Nahrungspflanzen

Von 30 hochgezüchteten »grünen Sklaven« hängt die Ernährung der Menschheit ab. Dabei liefern die ersten vier mehr Nahrung als die folgenden 26 zusammen. Zahlen: Weltjahresernte 1983 in Millionen Tonnen (in Klammern: frühere Jahre).

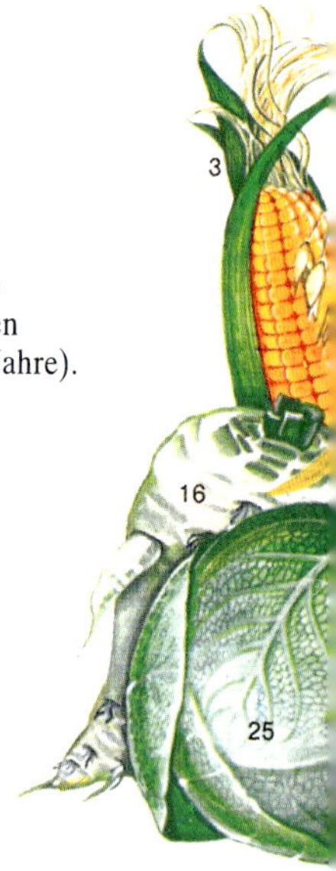

1 Weizen 493
2 Reis 436
3 Mais 338
4 Kartoffel 259
5 Gerste 169
6 Süßkartoffel (130)
7 Maniok (100)
8 Weintrauben 65
9 Sojabohnen 78
10 Hafer 44
11 Sorghum (Mohrenhirse) (50)
12 Zuckerrohr (65)
13 Hirse (45)
14 Banane 41
15 Tomate 53
16 Zuckerrübe (30)
17 Roggen 33
18 Apfelsine 46
19 Kokosnuß (30)
20 Baumwollöl (aus Baumwollsamen) 27
21 Apfel 39
22 Yamswurzel (20)
23 Erdnuß 20
24 Wassermelone (20)
25 Kohl 36
26 Zwiebel 23
27 Bohne (20)
28 Erbse (15)
29 Sonnenblume 15
30 Mangofrucht (10)

verbrauch pro Kopf der Weltbevölkerung im Jahr 2000 auf dem gleichen Stand wie 1975 liegen soll: zwei Drittel mehr Hülsenfrüchte und andere »Leguminosen«, doppelt soviel Gemüse und zwei Drittel mehr Getreide.

Woher aber soll der Erntezuwachs kommen? Die besten Äcker der Erde, rund ein Zehntel der Landfläche, sind bereits bestellt – und täglich verschwinden fruchtbare Felder unter Asphalt oder Beton, wird kostbarer Humus vom Winde verweht oder vom Regen ausgewaschen. Mehr Mineraldüngung auf vorhandenen Feldern verlagert die Probleme auf das ebenfalls kritische Gebiet der Energieversorgung: In der Saison 1982/83 warfen bundesdeutsche Bauern auf jeden Hektar landwirtschaftlich genutzter Fläche durchschnittlich gut 100 Kilogramm Stickstoffdünger (der in einem besonders energieaufwendigen Verfahren aus der Luft gewonnen wird), knapp 60 Kilogramm Phosphat, 90 Kilogramm Kali und nicht ganz 75 Kilogramm Kalk. Mehr Mineraldünger bringt überdies nicht unbedingt größere und schon gar nicht qualitativ bessere Ernten: Andere Faktoren der Pflanzenökologie wie Sonnenlicht, Wasserversorgung, Unkraut-Konkurrenten, Insektenfraß oder Pflanzenkrankheiten lassen die Erträge nicht in den Himmel wachsen.

Entscheidend ist deshalb die Arbeit der Pflanzenzüchter. Sie versuchen durch immer raffiniertere Ausleseverfahren die erwünschten Eigenschaften von Gewächsen zu verstärken. Das gelingt erstaunlich gut – freilich mit einem hohen Preis: Die durchschnittliche Lebensdauer von Weizen- und anderen Getreidesorten in Europa und Nordamerika beträgt zum Beispiel nur fünf bis fünfzehn Jahre.

Das Wohlergehen der Menschheit hängt von einer Handvoll hochgezüchteter grüner Sklaven ab. Nur 30 Nutzpflanzenarten lieferten Mitte der siebziger Jahre weltweit jährlich mehr als zehn Millionen Tonnen eßbare Früchte. Die vier Spitzenreiter Weizen, Reis, Mais und Kartoffel geben allein mehr Nahrung her als die folgenden 26 Feld- und Gartengewächse zusammen. Und fast alle diese Speisezettel-Spitzenreiter leben schon seit der landwirtschaftlichen Revolution vor gut 10000 Jahren in gegenseitiger Abhängigkeit mit dem Menschen, der sie zu immer höheren Erträgen hochzüchtet.

Vielleicht zu spät wurden sich die Pflanzenzüchter bewußt, daß ihre »genetische Decke« recht dünn ist. Beim Kampf gegen »Unkraut« wurde so mancher Urahn oder unscheinbare Verwandte von Nutzpflanzen

Norman Borlaug erhielt den Nobelpreis für seine »Wunderweizen«-Züchtung. Links: Stickstoffbindende Bakterien an Wurzeln.

für immer ins Jenseits gejätet oder verdrängt.

Heute sammeln Botaniker systematisch alle Nutzpflanzen-Samen ebenso wie die Keime verwandter Gewächse in »Gen-Banken«, um bei Bedarf die gewünschten Erbeigenschaften in die Kulturpflanzen einkreuzen zu können. Aber auch neue Namen werden in den Labors der Nutzpflanzenforscher gehandelt: Weniger als zehn Prozent aller bekannten Pflanzenarten wurden bislang auf einen möglichen Nutzen untersucht.

Neue Pflanzenzüchtungen könnten etwas Licht in die düstere Zukunft vor allem der armen tropischen Länder bringen. Denn ausgerechnet in der vielfältigsten aller Pflanzenwel-

ten – derjenigen der Tropen – wurde die Nutzbarmachung einheimischer Früchte während der Kolonialzeit vernachlässigt. Mitte der siebziger Jahre veröffentlichte die Nationale Akademie der Wissenschaften der Vereinigten Staaten einen Bericht über »Zu wenig genutzte tropische Pflanzen von vielversprechendem wirtschaftlichem Wert«, in dem 36 Gewächsarten aufgelistet wurden: Pflanzen, die Getreide, Gemüse, Obst, Öl, Futter oder Fasern liefern könnten. So zählt die zu den Fuchsschwanz-Gewächsen gehörende Amaranthus-Pflanze schon zu den »20 verheißungsvollsten neuen Nahrungspflanzen in den Vereinigten Staaten«: Ihre Blätter und Samen rangieren dem Eiweißgehalt nach weit vor Weizen und Mais.
Auch die Züchtungsmethoden sind noch längst nicht ausgeschöpft. Schon die klassische Auslesezüchtung bescherte uns die vielen Varianten der Kohlart *Brassica oleracea:* Kopfkohl, Kohlrabi, Broccoli, Blumenkohl, Rosenkohl und Wirsing. Mit den Mitteln der Zellkern-Fusion und in den letzten Jahren zunehmend auch durch gezielte gentechnische Eingriffe in die pflanzliche Erbsubstanz versuchen Forscher, grüne »Schimären« mit ganz speziell konstruierten Eigenschaften zu schaffen – etwa die »Tomoffel«, eine Mischung aus Tomate und Kartoffel, oder Gewächse, die den nötigen Stickstoff selbst aus der Luft zu binden vermögen: Die Leguminosen, zu denen auch unsere Hülsenfrüchte zählen, sind im Lauf ihrer Entwicklung einen Pakt zum gegenseitigen Nutzen mit stickstoffbindenden Bakterien eingegangen. Diese Knöllchenbakterien leben in den Wurzelverdickungen der Pflanzen, von denen sie ihren Kohlenhydratbedarf beziehen und dafür in Eiweißverbindungen gebundenen Stickstoff liefern. Eine per Forschung möglich gemachte Zusammenarbeit zum Beispiel von Weizen und Knöllchenbakterien würde das Problem des teurer werdenden Stickstoff-Kunstdüngers ganz wesentlich entschärfen.

Chemie in der Landwirtschaft: Ein Kampf um Gift und Dünger

Die einen beschwören das »vergiftete Paradies«, die anderen warnen vor weltweiten Hungerkatastrophen: Die Verwirrung über den Einsatz von Chemikalien in der modernen Nahrungsmittelerzeugung ist groß. Der Streit geht quer durch Familien und Fachkreise. Die allermeisten Experten sind freilich der Meinung, daß es ganz ohne Chemie auf dem Acker nicht mehr geht. Strittig ist freilich, ähnlich wie in der Medizin, die Dosis: Welche Mengen Mineraldünger oder Insektengift bringen bei welchen Landbaumethoden die höchsten Erträge und gleichzeitig die niedrigsten Nebenwirkungen für Mensch und Umwelt?
Der große deutsche Chemiker Justus von Liebig empfahl schon 1840 den Bauern, dem Boden die entzogenen Nährstoffe wie Kali, Phosphor und Stickstoff zurückzugeben. Im Idealfall würde die Rückführung von un-

Die Giftspritze wurde ein Markenzeichen der modernen Landwirtschaft (links): Mit den neuen Chemikalien gegen Insektenfraß, Pilzbefall und wuchernde Unkräuter konnten Ernten gesteigert und äußerlich makellose Früchte gezogen werden (links unten). Der Preis für diese Erfolge ist die permanente Belastung der Umwelt und Nahrungsmittel mit gefährlichen Substanzen, der zum Beispiel Honigbienen zum Opfer fallen (rechts).

Gemüse von Feldern im Abwind des Chemiewerks Boehringer-Ingelheim in Hamburg-Moorfleet, die bis 1984 Herbizide herstellte, mußte aus dem Verkehr gezogen werden (oben); Insekten werden oft schon nach wenigen Generationen gegen Gifte resistent (links: Kartoffelkäfer).

genutzten Pflanzenresten und Stallmist, menschlichen Fäkalien und organischen Abfällen den biologischen Kreislauf schließen. Davon freilich kann in der modernen Landwirtschaft keine Rede sein: Sie führt ihren Gewächsen die meisten Nährstoffe in Form von Mineraldünger zu.

Das aber wirft vor allem beim Stickstoffdünger Probleme auf – etwa die Verunreinigung des Grundwassers durch stickstoffhaltiges Nitrat (eine Gefahr, die besonders bei geologisch ungünstigen Gegebenheiten auch von Naturdünger droht). Konzentrationen von mehr als zehn Teilchen Nitrat auf eine Million Teilchen Wasser können besonders bei Kleinkindern eine Sauerstoffmangelkrankheit auslösen. Durch Überdüngung leidet neben dem Grundwasser vor allem der Humus.

Noch heftiger umstritten ist der Einsatz von Pflanzenschutzmitteln, auch »Pestizide« oder »Biozide« genannt. Schädlinge und Pflanzenkrankheiten vernichten etwa ein Drittel der Welternte (13 Prozent fressen Insekten, 12 Prozent zerstören Krankheitskeime, acht Prozent verderben Unkräuter). Mit 2000 amtlich zugelassenen Mitteln versuchen allein die bundesdeutschen Landwirte und Gärtner, ihre Pflanzen vor Fraß und Befall zu schützen. Knapp 25000 Tonnen Wirkstoffe wurden 1976 in Westdeutschland abgesetzt.

Der massive Einsatz bringt Nebenwirkungen mit sich: Die mitunter schwer zersetzbaren Giftstoffe oder ihr Zerfallsprodukte gelangen in die Nahrungskette und bilden so eine Gefahr für andere Lebewesen. Jedes Jahr werden nach Schätzungen der Weltgesundheitsorganisation WHO auf der Erde rund eine halbe Million Menschen allein durch Insektizide vergiftet, mitunter tödlich. Mehr als 2500 Inder starben allein bei der Giftgas-Katastrophe von Bhopal im Dezember 1984, die durch einen defekten Tank der Pestizid-Fabrik des US-Konzerns Union Carbide ausgelöst worden war: Das tödliche Gas Methylisocyanat ist ein Ausgangsstoff zur Produktion von Insektengiften der Carbamat-Gruppe. In den Vereinigten Staaten beliefen sich die Nebenwirkungen des Pestizid-Einsatzes auf Mensch und Umwelt 1979 auf rund 840 Millionen Dollar. Im selben Jahr sollen US-Farmer Gifte im Wert von drei Milliarden Dollar versprüht und damit Ernteverluste in Höhe von neun Milliarden Dollar verhindert haben.

Viele Gifte haben schon ihre Wirksamkeit verloren: Seit 1942 stieg der Einsatz von Insektiziden in den USA um das Zehnfache, ohne eine Verdoppelung der Ernteverluste verhindern zu können.

1979 waren weltweit etwa 400 Insekten- und Milbenarten gegen Schädlingsbekämpfungsmittel immun geworden, mehr als doppelt so viel wie im Jahr 1965.

Einen Ausweg aus dem Dilemma verspricht der sogenannte »integrierte Pflanzenschutz« – ein »Verfahren, bei dem alle wirtschaftlich, ökologisch und toxikologisch vertretbaren Methoden verwendet werden«: von der Züchtung widerstandsfähigerer Sorten über den Einsatz natürlicher Feinde der Schädlinge (»biologische Schädlingsbekämpfung«) bis hin zu chemischen Mitteln, wo es nicht anders geht.

Tierzucht und Viehhaltung: Kreaturen vom Fließband

Es gibt ihn noch, den traditionellen Bauernhof mit der Kuh auf der Koppel und dem Schwein in der Suhle, den Hühnern auf dem Hof und dem Gockel auf dem Mist – in Kinderbüchern.

In der Wirklichkeit spielt die herkömmliche Viehhaltung eine immer geringere Rolle: Fleisch und Milch und Eier kommen zunehmend aus »Tierfabriken«.

Darf die artgerechte Viehhaltung dem Gewinnstreben geopfert werden? Für Milch und Fleisch von weidenden Kühen sprechen neben Tierschutz-Argumenten auch der geringere Energieaufwand.

Dank eines tieferen Einblicks in die Erbvorgänge und neuen Methoden zur Manipulation der Fortpflanzung schaffen es die Züchter heute, Tiere in kurzer Zeit an den »Bedarf« von Viehhalter und von Konsument anzupassen: Schweine, die zwei Koteletts oder Schinken mehr als von Natur aus liefern; Brathähnchen, die sich wie am Fließband produzieren lassen; Kühe mit einer Tagesleistung von 30 und einer Jahresproduktion von 10000 Litern Milch.

Besonders die Rinderzüchter bemächtigen sich der neuesten Techniken: Mit den Samen der besten Bullen der Welt werden die leistungsfähigsten Kühe der Erde befruchtet, künstlich, versteht sich. Die aus dem tiefgekühlt versandten Sperma und den per Hormongabe gezielt herangereiften Eiern entstandenen Rinder-Embryonen bleiben nicht etwa im Mutterleib. Sie werden der trächtigen Superkuh entnommen, tiefgefroren und an Züchter in alle Welt

Sind die in Käfigen zusammengepferchten »KZ-Hühner« (links) wirklich unumgänglich bei der Produktion billiger Hähnchen und Eier? Oder haben Gockel und Henne auf dem Mist eine Überlebenschance?

verschickt. Diese setzen die aufgetauten Keime weniger leistungsfähigen »Ammen-Kühen« ein, die dann Kälber zur Welt bringen, mit denen sie nicht verwandt sind. 20000 solcher »Tiefkühl-Kälber« wurden 1980 geboren, und ihre Zahl steigt sprunghaft an.

Mit den maßgeschneiderten Kreaturen decken die Züchter den gewaltigen Appetit auf tierisches Eiweiß – sprich Fleisch, Milch und Eier – vor allem in den reichen Ländern. Insgesamt lieferten die Schlachtereien der Erde 1983 rund 148 Millionen Tonnen Fleisch, knapp 30 Kilogramm für jeden Erdenbürger. Jeder Westdeutsche aß im gleichen Jahr durchschnittlich fast 90 Kilogramm Fleisch; die Bürger der USA verzehrten sogar pro Kopf durchschnittlich 112 Kilogramm.

Die Fließbandproduktion konnte nicht ohne Folgen bleiben. Das fängt beim Mist an: Heute fällt ein großer Teil der jährlich rund 200 Millionen Tonnen Exkremente von 15 Millionen Rindern, 22,5 Millionen Schweinen und rund 100 Millionen Stück Geflügel in der Bundesrepublik in Massentierhaltungen an. Sogenannte »Mistbanken« sollen nun mithelfen, die hygienischen Probleme zu beseitigen und die vor allem im Raum Vechta (Niedersachsen) katastrophale Überdüngung der Felder durch die Gülle-Fluten aus den Tierfabriken zu vermeiden.

Schwerwiegend sind auch die tiermedizinischen Probleme der Massenzucht. Dicht an dicht gedrängte Fabrikhühner oder Mastschweine sind besonders anfällig gegen Seuchen. Also geben die Züchter Medikamente (Antibiotika) vorsorglich gleich ins Futter. Folge: immer mehr resistente Krankheitserreger, die mit neuen Arzneien bekämpft werden müssen. Dazu kommen noch die Mittelchen, die Fleischwachstum oder Gewichtszunahme fördern oder Tiere vor der Schlachtung beruhigen sollen. Rund 80 Prozent des tierischen Eiweißes, das in den USA auf den Markt kommt, stammt von Tieren, die zumindest zeitweise mit Medikamenten angereichertes Futter gefressen haben.

Die unerwünschten oder gar gesundheitsschädlichen Rückstände in tierischen Nahrungsmitteln rütteln die stallfernen Konsumenten mehr auf als die Klagen der Tierschützer über »KZ-Hühner« oder in dunkle Ställe gesperrte Kälber. Tierschützer hoffen auf die Einsicht, daß auf die Dauer nur artgemäß gehaltenes Vieh gute Erträge bringt.

Der Trend zu Tierfabriken hat aber noch weitere Folgen für die Umwelt. Rund vierzig Prozent der deutschen Landwirtschaftsfläche ist Grünland. Doch diese energie- wie umweltfreundliche Milch- oder Fleischproduktion auf Weideland ist gegen die »Fleischfabriken« oft nicht mehr konkurrenzfähig – zum Beispiel auf den Hochalmen der Alpen. Dort »verwildert« eine alte Kulturlandschaft, während in den Mästereien das Vieh der Reichen das Getreide der Armen frißt.

Umweltfreundlichere Landwirtschaft Alternativen zum Butterberg

Die Landwirtschaft ist, besonders in den Ländern der Europäischen Gemeinschaft (EG), ins Gerede gekommen, obwohl – oder gerade weil – sie so erfolgreich ist: Sie produziert zuviel auf Kosten der Steuerzahler und der natürlichen Umwelt. Das mag in einer Welt mit vielen hundert Millionen unterernährten oder hungernden Menschen wie eine Luxus-Diskussion aussehen. Doch die mit gut 36 Milliarden Mark im Jahr 1983 preisgestützte europäische Agrar-Maschine füttert mit ihren Überschüssen weniger die Hungernden der Dritten Welt als die Kühlhäuser – oder die Schweine, denen nicht nur im Obstbaugebiet an der Niederelbe in guten Erntejahren Tausende von Tonnen hochwertiger Tafeläpfel zum Fraß vorgeworfen werden.

Das starre, am Einkommen der Landwirte orientierte Fördersystem bewirkte unter anderem, daß 1983 in

der Europäischen Gemeinschaft rund 2,3 Millionen Tonnen Butter erzeugt wurden. Dabei lagerten zur gleichen Zeit rund 850000 Tonnen unverkäufliche Butter in den Kühlhäusern der EG-Länder – mit zusätzlichen Geldern subventioniert.
Der »grüne Wahnsinn« löste Anfang der achtziger Jahre zunehmend Unbehagen aus. Lohnt es sich wirklich, alte Kulturlandschaften in biologisch verödete Produktionssteppen zu verwandeln, immense Energiemengen für Gerät und Kunstdünger und Pestizide einzusetzen, Nutztiere in zweifelhaft rationalisierten Fleisch- oder Eierfabriken mit Medikamenten produktiv zu halten – nur um dann hochwertige, aber zu teuere und deshalb unverkäufliche Nahrungsmittel einzulagern oder gar zu vernichten?
»Im Zwiespalt von ökonomischen und ökologischen Anforderungen«, heißt es in dem deutschen »Umweltgutachten 1978«, hat »ebenso zweifelsfrei die Ökonomie zu Lasten der Ökologie die Oberhand gewonnen«. Und weiter: »Während der technisch-ökonomische ›konventionelle‹ Landbau für die großen Ertragssteigerungen der letzten Jahrzehnte eine Belastung des Ökosystems Erde durch Giftstoffe und Bodenzerstörung (Erosion) in Kauf nimmt, ist der naturgemäße Landbau bestrebt, den heute erzielten Gewinn nirgendwo auf einem zukünftigen Verlustkonto erscheinen zu lassen.«
Der »alternative«, »ökologische«, »biologische« oder auch »naturgemäße Landbau« galt lange Zeit allenfalls als »liebenswerte Spielerei«. Die Alternativ-Bauern streben einen möglichst geschlossenen Betriebskreislauf an. Sie verzichten auf industriell hergestellten Stickstoffdünger und – zum allergrößten Teil – auch auf Pestizide. Dafür legen sie besonderen Wert auf eine schonende, pfle-

Ohne Düngung verliert jeder Boden schnell seine Fruchtbarkeit. Stallmist und Gülle enthalten wertvolle Pflanzennährstoffe, die beim – maßvollen! – Ausbringen auf Feld und Wiese in den natürlichen Kreislauf zurückgeführt werden.

gerische Bodenbearbeitung, auf eine vielseitige Fruchtfolge und auf eine Viehzucht ohne zugekaufte Futtermittel oder pharmazeutische Wirkstoffe zur Ertragssteigerung. Sie legen weniger Wert auf das schöne Äußere, dafür aber um so mehr auf die »inneren« Qualitäten ihrer Nahrungsmittel.

Wenn Tafeläpfel vor die Säue geworfen werden, dann ist etwas faul mit der Landwirtschaft. Das starre Fördersystem der Europäischen Gemeinschaft bewirkt, daß Überschüsse entweder vernichtet oder teuer eingelagert werden.

Zu den alternativen Richtungen zählen der »biologisch-dynamische Landbau«, der Pflanzenschutzmittel in beschränkter Zahl zulassende »naturgemäße Landbau« (»ANOG-Landbau«), der »organisch-biologische Landbau« sowie ein halbes Dutzend anderer Methoden. Trotz dieser Vielfalt werden nicht einmal ein Promille der landwirtschaftlichen Nutzfläche Mittel- und Westeuropas nach alternativen Verfahren bestellt. Dennoch billigt das »Umweltgutachten 1978« dem naturgemäßen Landbau eine »richtungweisende Funktion« für die herkömmliche Landbewirtschaftung zu. Und in einer Studie des amerikanischen Land-

wirtschaftsministeriums vom Juli 1980 werden die »organischen« Methoden als »berechtigte und vielversprechende Techniken« bezeichnet, mit denen die umweltbelastenden Auswirkungen bisheriger Verfahren korrigiert werden könnten – und die überdies bis zu 47 Prozent weniger Energie bräuchten.

Umstritten ist nach wie vor, ob die alternativ erzeugten Nahrungsmittel

Der Traum vom gesünderen, alternativen Leben lockt seit den siebziger Jahren immer wieder junge Leute in Landkommunen. Eine Reihe alternativer Landbaumethoden gibt Hilfestellung beim Versuch, ohne Kunstdünger und Pestizide auszukommen.

wirklich ernährungsphysiologisch wertvoller sind. Und: Sind alternativ erzeugte, teurere Lebensmittel nur ein »Luxus« für begüterte Konsumenten – oder ein Preis, den wir alle im Interesse einer intakten Natur zahlen sollten? Für viele Anhänger des alternativen Landbaus geht es nicht nur um eine möglichst umweltfreundliche Pflanzen- und Tierzucht. »Wir leben und arbeiten als Selbstversorger, weil wir es so besser haben, nicht schlechter«, faßt der Hamburger Journalist Rüdiger Dilloo seine mehrjährigen Erfahrungen als Alternativbauer in einer niederbayerischen Landkommune zusammen. »Die Ernährung ist freilich nur ein Teil dieser Verbesserung. Ein anderer, wichtigerer ist, daß wir selbst über unser Dasein bestimmen. Wir geben uns die Arbeit selbst.«

Professor Dr. Bernhard Grzimek:
Hilfe für die bedrohte Tierwelt

Bernhard Grzimek, Jahrgang 1909, leitete von 1945 bis 1974 den Zoologischen Garten in Frankfurt am Main. Weltberühmt wurde der Zoologieprofessor durch seinen Kampf für die Erhaltung der Serengeti-Steppe im ostafrikanischen Tansania.
In Büchern, Filmen und Fernsehserien (»Ein Platz für Tiere«) tritt er unermüdlich für die Erhaltung gefährdeter Tierarten ein.

Wildtiere bedeuten für Schwarze nur »Fleisch«, so bekommt man selbst heute noch öfter von Weißen zu hören. Doch darin unterscheiden sich Afrikaner in keiner Weise von deutschen Bauern oder nordafrikanischen Siedlern. Diese haben viele Arten sogar unwiderruflich ausgerottet, weil sie die Ernte auf den Feldern oder die Sicherheit ihrer Kinder gefährdet sahen. So wie sich ein deutscher Bauer nicht für Wildschweine begeistert, die in seinen Kartoffeln wühlen, hat auch ein Afrikaner nichts für Elefanten übrig, die seinen Maniok zertrampeln. Aber immerhin sind die einzigen afrikanischen Großtierarten, die in den letzten hundert Jahren endgültig ausgerottet wurden – Blaubock. Quagga, Kaplöwe und Burchells Zebra –, durch *Weiße* vernichtet worden, in Südafrika, und nicht durch Schwarze. Nur gegen Ende der Kolonialzeit haben Europäer in ihren Kolonien einige wenige Nationalparks geschaffen – wir Deutsche überhaupt nicht. Wir haben nur gejagt.
Ich habe diese Art Jäger, die mit Lastwagen voller Jagdtrophäen durch afrikanische Dörfer fuhren und die sich zu Hause als Löwentöter und Helden feiern ließen, lächerlich gemacht. Sie haben den Strom der Ferienbesucher nach Afrika durch ihre Bücher mindestens um fünfzehn Jahre verzögert, weil sie darin den Eindruck erweckten, man müßte zwischen Wilden, Giftschlangen und wütenden Nashörnern »Expeditionen« machen. Meine Zuhörer und Leser wollten mir zunächst nicht glauben, daß es in Afrika Hotels, Teerstraßen, Überlandbusse gibt, daß es ein Reiseland ist wie Griechenland oder Italien.

Afrika ist wie eine Infektion. Hunderte kamen zurück und überzeugten Zehntausende, wie herrlich die Wildnis und die Tierwelt dieses Erdteils sind. Den afrikanischen Politikern habe ich klargemacht, was Tourismus anderen Ländern einbringt. Tansania oder Uganda haben zwar nicht die schneegekrönten Alpen der Schweiz oder die Rocky Mountains, dafür aber eben Löwen, Elefanten, Giraffen, Flußpferde.
Befriedigt können wir wenigen Naturschützer heute feststellen, daß wir für einige Länder Afrikas wirtschaftlich mehr erreicht haben als die amtliche Hilfe unserer Regierung. Deren Darlehen sollen ja meist verzinst und zurückgezahlt werden. Seit über zehn Jahren stellen die ausländischen Besucher etwa in Kenia die stärkste Einnahmequelle für Fremdwährungen dar, sie bringen mehr ein als die Kaffee- und Teeausfuhr.
Heute müssen wir schon eher gegen die *Auswüchse* des Tourismus kämpfen. Reiche Hotelgesellschaften nutzen ihren Einfluß aus, um Riesenbauten mitten in den Nationalparks zu errichten, im Herzen der Wildnis. Etwa 1000 einheimische Bedienstete einschließlich ihrer Familien leben aber von einem Hotel mit hundert Betten. So entsteht in der Regel bei dem Hotel über kurz oder lang ein modernes, unschönes Dorf, und bald eine Kleinstadt – mitten in der unberührten Wildnis. Gerade menschenleere, jungfräuliche Landschaft aber wollen ja die Reisenden aus den übervölkerten Industrieländern genießen. Deswegen gehören Hotels grundsätzlich in die *Nähe* der Parks, und nicht mitten hinein.
Unsere Geschäftsleute und Touristenfirmen streben danach, alle Besucherströme in *ein* Land, vor allem Kenia, zu lenken. Wir möchten aber, daß nicht eine Gegend von Besuchern überflutet wird, sondern daß auch andere Länder einen Teil des Geldstromes abbekommen.
Mitunter lese ich heute in Deutschland, daß der Tourismus die alten afrikanischen Überlieferungen zerstört.
Diese Kritik wird auch in Afrika selbst aufgenommen. In Wirklichkeit beeinflußt der ausländische Besucherstrom die Einheimischen kaum, weil er mit ihnen nicht in nähere Fühlung kommt. Lieschen Müller benimmt sich ihnen gegenüber freundlich, sie verkündet keine politischen oder industriellen Schlagworte. Der Techniker dagegen, der etwa im Rahmen der Entwicklungshilfe nach Afrika kommt, wirkt viel mehr auf die einheimische Lebensweise ein. Der Zusammenhalt der Dorfgemeinde und die Gemeinschaft der Sippe werden durch die Industrialisierung und Verstädterung in wenigen Jahren jäh zerrissen. Aus Büchern – von Lederstrumpf bis Karl May – haben wir weißen Menschen eine gefühlsselige Vorstellung von amerikanischen Rothäuten, wir sehen die Indianer als tapfere Helden an. Schwarze dagegen werden

gern als geistig unterlegen, als wenig mutig und sogar als Menschenfresser gewertet. Aber was haben wir denn schon wirklich in der Schule und im Geschichtsunterricht über Afrikaner gelernt?

Die alten afrikanischen Religionen schufen Tabu-Gebiete, in denen das Töten von Tieren untersagt war. Aus Furcht vor dem Übersinnlichen werden solche religiösen Gesetze meist ungemein streng befolgt, solange die Menschen daran glauben. Der frevelnde Jäger fürchtete, die Götter würden zur Strafe seine Frau oder Kinder sterben lassen. Waren die Gebiete im Umkreis um die Tabu-Bezirke leergejagt, breiteten sich die Wildtiere von den heiligen Gebieten allmählich wieder aus. Christliche und mohammedanische Missionare ahnten natürlich nichts von der Wichtigkeit dieser Schutzgebiete. Sie haben sie bei der Missionierung zerstört. Deswegen erkläre ich in Afrika nicht selten, daß wir Nationalparkbeamten die Nachfolger der afrikanischen Priester seien. Wir versuchen mit Gesetzen, Strafen und Aufklärung das gleiche zu erreichen – mit viel weniger Erfolg –, was die alten Religionen durch Jahrtausende den Menschen des Schwarzen Erdteiles spielend gesichert haben.

Denn von Anfang an habe ich mich in Afrika nicht bemüht, »Wildtiere zu erhalten«, sondern Nationalparks zu schaffen. Also große Gebiete, in denen durch Staatsgesetze des ganzen Landes jede menschliche Siedlung und Tätigkeit – Ackerbau, Jagd, Viehherden – verboten sind. Bei der ungemein raschen Zunahme der menschlichen Bevölkerung können nur dort den Menschen gefährliche Großtiere überleben. Ich würde auch nicht dulden, daß nachts Elefantenherden in meine Bananenpflanzung kommen oder Löwen in der Nähe meiner Kuhherden leben. Afrikaner sind uns Weißen und auch den Chinesen und Japanern heute schon weit überlegen auf einem Gebiet der menschlichen Kultur, das von Jahrzehnt zu Jahrzehnt immer wichtiger wird – beim Schutz des Lebens, im Naturschutz. Während die Bundesrepublik Deutschland nur zwei winzige sogenannte Nationalparks besitzt, hat Tansania in den letzten Jahrzehnten elf riesige Nationalparks geschaffen; etwa 20 Prozent seiner Bodenfläche stehen unter Naturschutz. Ich bin stolz darauf, ein Ehrenbeamter dieser Lebensschutz-Verwaltung zu sein. Das bitterarme Land Tansania gibt im Jahr achtmal mehr für Naturschutz aus als die Vereinigten Staaten von Nordamerika – im Verhältnis zu seinem Nationaleinkommen. Ruanda (nur dreiviertel so groß wie Baden-Württemberg) ist mit 171 Einwohnern je Quadratkilometer erheblich dichter bevölkert als etwa Frankreich mit 97 – und das ohne jede Industrie und ohne größere Städte. Die Einwohner sind heute schon unterernährt. Trotzdem gibt es in Ruanda zwei große und schöne Nationalparks. Aber werden schwarze Politiker auf Dauer die letzten Stücke ihrer Natur und Kultur gegen die hungrige Bevölkerung verteidigen können? Werden sie dabei einsichtiger und erfolgreicher vorgehen als etwa unsere Politiker in der Bundesrepublik Deutschland?

Auch die vielen Europäer, die heute Afrika in ihrem Urlaub besuchen, ahnen ja gar nichts von diesen kulturellen Leistungen der Schwarzen. Wir wissen überhaupt kaum etwas über sie. Wer von uns hat schon einmal etwas von dem Zulu-Napoleon Shaka gehört, der sich durch eine neue Kampfweise im vorigen Jahrhundert riesige Gebiete Afrikas unterwarf und die englische Armee mehrmals besiegte? Wer lernte in der Schule etwas von dem gewaltigen christlichen Reich, das der Mushikongo bereits im 15. Jahrhundert jahrzehntelang aufgebaut hatte, bis es durch den schnöden Verrat der herbeigerufenen europäischen Helfer zerstört wurde? Und wer erkennt an, was schwarze Menschen auf kulturellem Gebiet für uns alle und für unsere Nachkommen leisten, indem sie die letzten großen Wildtierbestände auf Erden unter größten persönlichen Opfern erhalten? Hat die deutsche Bundesregierung schon jemals Geld dafür gegeben? Und was haben Sie dazu beigetragen?

Wie viele schwarze und wenige weiße Naturschützer in Afrika arbeiten seit Jahrzehnten hart dafür, wenigstens in einigen Gebieten die Bäume, Pflanzen und Wildtiere vor dem Aussterben zu schützen. Ist aber die Zukunft wenigstens eines Teiles der afrikanischen Natur dadurch gesichert, daß der Fremdenbesuch ein Teil des Nationaleinkommens liefert? Ich fürchte: nein. Schuld daran ist die entsetzliche Bevölkerungsexplosion, die in Afrika schlimmer ist als überall sonst in der Welt. In Kenia kommen jedes Jahr über 50 Geburten auf 1000 Einwohner, und diese Zahl steigt noch an. Das Land hat eine Bevölkerungszunahme von 3,6 Prozent im Jahr, beinahe die höchste der ganzen Welt. Das gleiche gilt für die meisten anderen schwarzafrikanischen Länder. Das bedeutet, daß die Bevölkerung sich in 17,5 Jahren verdoppelt.

Vor 25 Jahren, als die Nationalparks in Kenia eingerichtet wurden, entfielen in diesem Lande 1,8 Hektar Bodenfläche auf jeden Einwohner, jetzt sind es nur noch 0,8 Hektar. Wird man nicht die Parks immer mehr verkleinern wollen, ihr meist sehr empfindliches Steppenland auch noch bebauen und es damit wiederum in Wüste verwandeln?

Die Einsichtigen unter den Schwarzen kämpfen hart darum, Nationalparks als letzte Paradiese auf Erden zu erhalten. Der Stolz darauf wächst bei den Afrikanern von Jahr zu Jahr. Wir sollten ihnen helfen. Auch Sie!*

---

* Spendenkonto »Hilfe für die bedrohte Tierwelt«: Postscheck Frankfurt/Main 47-601 oder Stadtsparkasse Frankfurt/M. (Konto-Nr. 80002)

Pieter Brueghel:
»Das Paradies« –
die Wurzel unserer
Sehnsucht nach
einer heilen,
unveränderlichen
Umwelt?

Umweltgeschichte

Naturgeschichte

Umwelt ohne Menschen: ...und die Erde war wüst und leer

Wir haben uns die Erde untertan gemacht. Wir haben in das Gefüge des Lebens eingegriffen, haben den evolutionären Kurs von Pflanzen und Tieren zu unseren Gunsten beeinflußt. Und nun wird uns bewußt, daß wir zu Schiedsrichtern der Evolution geworden sind: Wir haben uns in ein Spiel eingemischt, dessen Regeln wir noch längst nicht genau kennen. Haben wir das Paradies verspielt?

Die Frage enthüllt eine alte menschliche Schwäche. Wir sehen die Welt mit unseren Wertmaßstäben, und einer dieser Wertmaßstäbe ist der Glaube, daß früher alles besser gewesen sei. Aber: Gab es jemals ein Paradies?

Es gab und gibt diesen Garten Eden nur in den Köpfen jener Menschen, die glauben, ohne menschliche Eingriffe würde die Welt ewig in einem paradiesischen Gleichgewicht verharren. Wir wissen heute, daß es einen solchen Zustand auf der Erde nie gegeben hat. Denn dieser Planet ist so ruhelos wie das Leben, das er gebar und das sein Gesicht veränderte.

Wenn Physiker vom »Gleichgewicht« reden, dann meinen sie etwas absolut Lebensfeindliches: In ihrem Paradies gibt es kein Leben, ja nicht einmal Materie und auch keine unterschiedlichen Energieformen. Alles ist eins – so wie damals im Augenblick der Geburt unseres Universums, einem unvorstellbaren Ereignis, das allen verfügbaren Beobachtungen zufolge vor 15 oder 20 Milliarden Jahren geschah und von den Kosmologen »Urknall« genannt wird. Schon Sekundenbruchteile nach der Schöpfung, wie sie die Naturwissenschaft beschreibt, war das physikalische Paradies verloren. Während der Kosmos sich ausdehnte und abkühlte, spaltete sich die Energie in die heute bekannten »Urkräfte« auf und machte nebenbei auch Materie möglich.

Im kühler werdenden Kosmos wuchs die Unordnung. Materieansammlun-

Erde, Luft und Feuer: Kurz nach ihrer Geburt vor gut viereinhalb Milliarden Jahren war unsere Erde ein lebensfeindlicher Planet, auf dem es ausgesehen haben mag wie auf der isländischen Vulkaninsel Surtsey, die im Jahr 1964 urplötzlich aus dem Meer auftauchte.

gen ballten sich in gewaltigen Schwerkraftwirbeln zusammen. Die ersten Sterne und Galaxien entstanden aus Wasserstoff und Helium, den beiden leichtesten (und damals einzigen) chemischen Elementen. Im Kern der Ur-Sterne zündete das atomare Feuer der Kernfusion und begann, die Atomkerne des Wasserstoffs zu schwereren Elementen zusammenzubacken. Kleinere Sonnen verglühten langsam, wenn ihr Vorrat an Wasserstoff verbraucht war, größere jedoch explodierten im Wechselspiel der kosmischen Kräfte und schleuderten ihre »Asche« – die schwereren Elemente – ins All. Viele Generationen von Sternen mußten aufgeleuchtet und dann in einer »Supernova« untergegangen sein, bevor sich im Weltraum eine Gas- und Staubwolke gesammelt haben konnte, die ein Sonnensystem mit einem Planeten wie der Erde möglich machte.

Vor etwa 4,6 Milliarden Jahren hatte sich die kosmische Wolke zu einem Stern und mindestens neun großen Trabanten verdichtet: Unser Sonnensystem war entstanden. Die Erde, der dritte Planet in diesem System, sah damals freilich ganz anders aus als heute. In der Gesteinskugel strebten die chaotisch zusammengewürfelten Elemente nach einem neuen, diesmal dem chemischen Gleichgewicht.

Zwei Phänomene wußten dies freilich zu verhindern: die aus dem Zerfall radioaktiver Elemente im Erdinnern frei werdende Wärme und – das Leben.

Der kosmische Umwelt-Kalender

Das Gesicht der Erde und alle auf ihr lebenden Kreaturen, auch wir, sind das Ergebnis einer Millionen und Milliarden von Jahren währenden Entwicklung. Um die zeitlichen Dimensionen des Umweltproblems begreiflicher zu machen, ist auf dieser und den nächsten zwei Doppelseiten die gesamte Zeitspanne seit der Entstehung der Erde auf den Ablauf eines einzigen Jahres konzentriert worden. Der »kosmische Umwelt-Kalender« zeigt, daß die belebte Natur immer wieder schwere, zum Teil »selbstverschuldete« Umweltkrisen durchstand. Er soll aber auch verdeutlichen, wie schnell (in erdgeschichtlichem Maßstab) die »Naturkatastrophe Mensch« die Lebensbedingungen auf diesem Planeten verändert.

1. Januar
Die Erde entsteht – vor 4,6 Milliarden Jahren.

16. Januar
Ur-Ozean und Ur-Atmosphäre (ohne freien Sauerstoff) formen sich, vermutlich aus Gasen, die von Vulkanen ausgehaucht werden – vor etwa 4,4 Milliarden Jahren.

1. Februar
Blitze in der Ur-Atmosphäre lösen chemische Reaktionen aus, bei denen sich organische Moleküle bilden, die als Bausteine (und Nahrung) für das entstehende Leben dienen. Die

ersten komplizierten Riesenmoleküle, Vorläufer lebender Organismen, bilden sich vor ca. 4,2 Milliarden Jahren im Meer.

Mitte Februar
Auf noch nicht genau verstandene Weise schließen sich Reisenmoleküle zu fortpflanzungsfähigen, einen Stoffwechsel aufrechterhaltenden Gebilden zusammen: Die Urzelle, Vorfahr aller Lebewesen, entsteht vor vermutlich mehr als vier Milliarden Jahren – also erstaunlich schnell nach der Geburt der Erde.

5. März
Die »primitiven« Einzeller, heutigen Bakterien ähnlich, hinterlassen mikroskopische Versteinerungsspuren im heute ältesten Gestein der Erde – vor rund 3,8 Milliarden Jahren.

Ende April
Die auf nicht biologische Weise erzeugten »Nahrungsmoleküle« sind weitgehend aufgebraucht. Dem noch jungen Leben droht der Hungertod – vor rund drei Milliarden Jahren.

Anfang Mai
Bestimmte Einzeller, die Vorfahren der heutigen Algen und Pflanzen, »erfinden« die Photosynthese. Diese direkte Nutzung der Sonnenenergie löst die Energiefrage für alle Lebewesen bis heute.

von Juli an
Die Lösung des Nahrungsproblems beschwört die bis heute wahrscheinlich schwerste Umweltkatastrophe in der Geschichte des Lebens: Bei der Photosynthese wird Sauerstoff frei, ein für alle damaligen Lebewesen tödliches Gift. Das chemisch aggressive Gas bedroht nicht nur Organismen. Es läßt zunächst in den Ozeanen das im Meerwasser gelöste Eisen »rosten« und, nachdem sich immer mehr Sauerstoff in der Luft anreichert, dann auch das eisenhaltige Gestein des Festlandes (diesen Prozessen verdanken wir die ergiebigsten Eisenerzlager) – vor mindestens zwei Milliarden Jahren.

Mitte/Ende Juli
Das Leben findet einen Ausweg aus der Umweltkrise: Der per Photosynthese freigesetzte Sauerstoff wird von bestimmten Einzellern mit Hilfe einer neuen biochemischen Reaktion bei der Energiegewinnung aus der Nahrung eingesetzt. Diese Reaktion ist 14mal ergiebiger als die ältere Gärung – wir nennen sie heute »Atmung«.

1. September
Die ersten Zellen mit Zellkern (»Eukaryonten«) entstehen, vermutlich durch den Zusammenschluß spezialisierter »kernloser« Zellen – vor etwa 1,5 Milliarden Jahren.

Mitte September
Eukaryonten beginnen, sich nicht mehr nur durch einfache Zellteilung fortzupflanzen, sondern auch durch die Vereinigung ihres Erbmaterials mit dem eines Artgenossen. Die »Erfindung« der sexuellen Fortpflanzung ermöglicht die schnellere Anpassung einer Art an neue Umweltbedingungen – erstmals vor rund 1,3 Milliarden Jahren.

Ende Oktober
Noch können Lebewesen nur im Wasser existieren. Dort überwindet die Evolution vor rund 800 Millionen Jahren eine Barriere, die bis zu diesem Zeitpunkt Lebewesen auf mikroskopisch kleine Einzeller beschränkte: Viele Einzeller schließen sich zu Lebensgemeinschaften und schließlich zu vielzelligen Organismen zusammen.

13. November
Die Vielzeller sind sehr erfolgreich. Der Konkurrenzdruck unter ihnen nimmt zu und beschleunigt die Evolution. Die Artenvielfalt wächst explosionsartig an, neue Lebensräume werden besiedelt. Diese »kambrische Revolution« fand vor rund 600 Millionen Jahren statt.

25. November
Die ersten Wirbeltiere (Panzerfische) entwickeln sich – vor rund 450 Millionen Jahren.

29. November
Das Leben »erobert« das bis dahin unberührte Festland: erste Landpflanzen und Lurche wagen sich aus dem schützenden Naß. Der Schritt aus dem Wasser ist erfolgreich, weil das »Abfallprodukt« Sauerstoff inzwischen einen so hohen Anteil in der Luft einnimmt, daß Atmung auch außerhalb der Gewässer möglich wird. Außerdem hat sich aus dem Sauerstoff die schützende »Ozon-Schicht« in der oberen Atmosphäre gebildet. Sie hält nun die tödliche Ultraviolettstrahlung der Sonne von der Erdoberfläche fern.

5. Dezember
Lurche haben auf dem Land Fuß gefaßt, erste Insekten erheben sich in die Luft – das Leben »lernt fliegen« vor rund 330 Millionen Jahren.

7. Dezember
Die Landpflanzen beginnen die Oberfläche des Festlandes gründlich zu verändern. Die »Überschußproduktion« der Sumpfwälder des Karbon-Zeitalters wird teilweise in tiefe Erdschichten eingelagert, wo sich mit der Zeit die heutigen Steinkohlenflöze bilden. Zu dieser Zeit vor rund 300 Millionen Jahren entwikkeln sich die ersten Reptilien.

13. Dezember
Dinosaurier beherrschen die Erde, die ersten Säugetiere entwickeln sich aus Reptilien – vor etwa 225 Millionen Jahren.

20. Dezember
Gefiederte Reptilien, die »Ur-Vögel«, erheben sich in die Lüfte – vor 140 Millionen Jahren.

22. Dezember
Blütenpflanzen beginnen ältere Pflanzenarten zu verdrängen – vor 100 Millionen Jahren.

26. Dezember
Eine Umweltkatastrophe globalen Ausmaßes, vermutlich ausgelöst durch den Zusammenstoß der Erde mit einem Asteroiden, vernichtet die Dynastie der Dinosaurier, aber auch rund zwei Drittel aller anderer Lebewesenarten. Das Aussterben der Dinosaurier vor 65 Millionen Jahren markiert den Beginn der Erdneuzeit und den Aufstieg der Säugetiere.

30. Dezember
ca. 10 Uhr
Aus der erfolgreichen Tierordnung der Primaten (Herrentiere) haben sich viele Affenarten entwickelt. Der gemeinsame Vorfahr von Menschenaffen und Menschen, Dryopithecus genannt, taucht vor rund 20 Millionen Jahren auf.

30. Dezember
ca. 19.30 Uhr
Der älteste bekannte Ahn der Menschenfamilie (Ramapithecus) lebte vor etwa 15 Millionen Jahren.

31. Dezember – der letzte Tag des kosmischen Umwelt-Jahres

16.23 Uhr
Der älteste bekannte Vertreter der Menschenfamilie (Australopithecus) lebt vor vier Millionen Jahren in Ostafrika.

20.10 Uhr
Frühmenschen beginnen, erste primitive Steinwerkzeuge zu benutzen – vor rund zwei Millionen Jahren.

20.34 Uhr
Der erste »echte« Mensch (Homo erectus) geht aufrecht über die Savannen Ostafrikas – vor 1,8 Millionen Jahren.

21.43 Uhr
Klimakatastrophe: Die erste Phase der Eiszeit (die Mindel-Eiszeit) beginnt vor 1,2 Millionen Jahren.

23.03 Uhr
Der Peking-Mensch kennt das Feuer – vor 600000 Jahren.

23.48 Uhr
In der letzten großen, warmen Zwischeneiszeit erscheint der Neandertaler, ein naher Verwandter des modernen Menschen – vor rund 100000 Jahren.

23.55 Uhr
und 20 Sek.
Der erste moderne Mensch (Homo sapiens sapiens), in Europa Cro-Magnon-Mensch genannt, beginnt Zeugnisse hoher Kultur zu hinterlassen: Grabbeigaben, Höhlenmalereien, aber auch massenhaft Knochen von Großwild – vor 38000 Jahren.

23.56 Uhr
und 45 Sek.
Homo sapiens sapiens, der einzige Überlebende der Menschenfamilie, besiedelt Australien und Amerika und damit die letzten noch menschenfreien Kontinente – vor rund 33000 Jahren.

23.58 Uhr
und 44 Sek.
Menschen im Vorderen Orient halten die ersten Haustiere (Hunde, Ziegen) und entdecken den Ackerbau – vor mehr als 11000 Jahren.

23.58 Uhr
und 51 Sek.
Ende der Eiszeit. Viele Tiere und Pflanzenarten sterben aus, wobei der steinzeitliche Mensch wahrscheinlich kräftig nachhilft – vor rund 10000 Jahren.

Die letzte Minute vor Mitternacht

noch 45 Sek.
Die landwirtschaftliche Revolution läßt die Zahl der Menschen in wenigen Jahrtausenden von zehn auf einige hundert Millionen Köpfe anwachsen. Die »kritische Masse« für die Entwicklung von Hochkulturen sammelt sich in Flußtälern des Mittleren Ostens und Chinas an. Die Entdekkung der Metallverarbeitung vor 6500 Jahren läßt den Holzverbrauch für die Erzverhüttung hochschnellen.

noch 38 Sek.
Sumerer erfinden das Rad – vor 5500 Jahren.

noch 32 Sek.
Schriften, Kalender, Wasserbauwerke und Steinmonumente im Niltal (Ägypten) und Zweistromland (Sumer). Der Bau der Pyramiden von Gizeh markiert die »Erfindung« des Staates – vor 4650 Jahren.

noch 23 Sek.
Beginn der Eisenzeit vor rund 3400 Jahren. Die Eisenerzverhüttung verbraucht viel Holzkohle; im Mittelmeerraum und Mittleren Osten werden Wälder kahlgeschlagen. Handel und Krieg nehmen zu.

noch 14 Sek.
Christi Geburt. Rom ist Weltmacht. Landwirtschaft, Bergbau und Handel über die gesamte bekannte Welt verbreitet. Große Verkehrs- und Bewässerungsbauwerke. Umweltschäden durch Waldvernichtung.

noch 7 Sek.
In Mittelamerika führen Überbevölkerung und Umweltschäden zum Kollaps der Maya-Hochkultur – etwa um 1000 n. Chr.

noch 5 Sek.
Das »gotische Wirtschaftswunder« in Mitteleuropa: Wälder werden gerodet, neue Städte gegründet – um 1200 n. Chr.

noch 3,5 Sek.
Entwaldung, übermäßige Bodennutzung und mangelnde Hygiene in den dichtbesiedelten Städten und Dörfern lassen das Wirtschaftswunder der Gotik zusammenbrechen. Ein Drittel der Bevölkerung Europas fällt der Pest zum Opfer – im 14. Jahrhundert.

noch 3 Sek.
Beginn der Neuzeit; Entdeckungsfahrten verbreiten europäische Technik und Kultur, aber auch Krankheiten, Pflanzen und Tiere über die ganze Erde. Neue Tier- und Pflanzenarten werden in Europa eingeführt (z. B. Kartoffel und Tomate aus Amerika). Viele Tierarten werden ausgerottet.

noch 2 Sek.
Der Aufschwung der modernen Naturwissenschaften im 17. Jahrhun-

dert (Galilei, Newton u. a.) legt den Grundstein für die bis heute anhaltende technisch-wissenschaftliche Revolution.

noch 1,5 Sek.
Die erste industrielle Revolution mit Dampfmaschine und Kohlebergbau in England schafft neuen Reichtum, aber auch Massenverelendung, Überbevölkerung sowie die erste großtechnische Luft- und Wasserverschmutzung.

noch 1 Sek.
Justus von Liebig entdeckt die künstliche Düngung und löst damit die moderne landwirtschaftliche Revolution aus (um 1840).

die letzte Sekunde des kosmischen Jahres
Explosionsartige Ausbreitung neuer Techniken: Motorisierung, Elektrifizierung, Automatisierung; Mechanisierung und Chemisierung der Landwirtschaft; industrielle Massenproduktion, Wegwerfgesellschaft und Raubbau an Rohstoffen; Bevölkerungsexplosion (1850: eine Milliarde, 1930: zwei Milliarden, 1975: vier Milliarden Menschen); weltweite Wasser- und Luftverschmutzung, massenhaftes Aussterben von Tier- und Pflanzenarten, erschöpfte Rohstoffquellen; Gefahr eines atomaren Weltkrieges; weltweite Umweltschutzbewegung.

Das Leben – eine globale »Umweltverschmutzung«

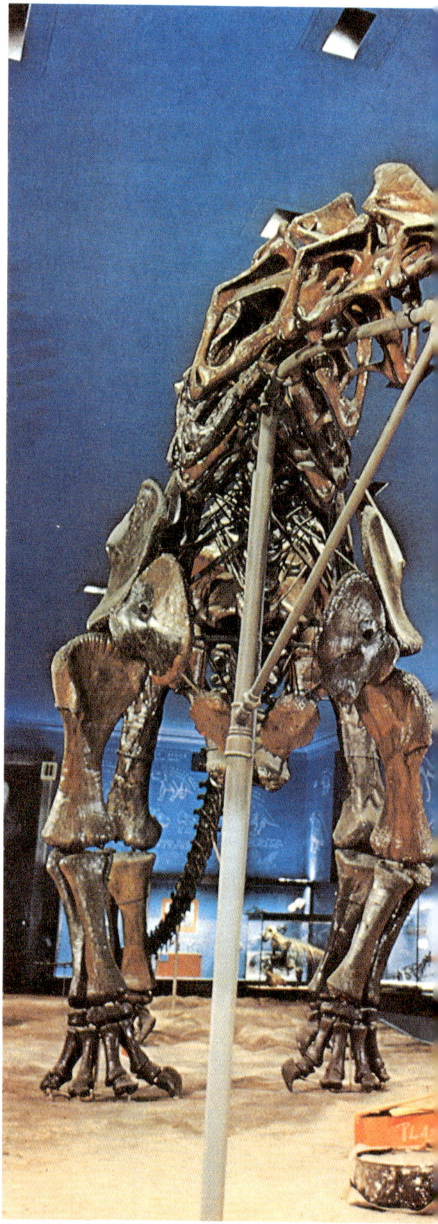

Die ruhelose Erde hat alle sichtbaren Spuren ihrer Geburt längst verwischt. Mit einigen Tricks gelingt es den Physikern jedoch, das Alter der Erde ziemlich genau auf 4,6 Milliarden Jahre festzulegen.

Allem Anschein nach erbte die Erde eine ganze Menge strahlenden »Atommüll« aus den Sternenkatastrophen, die erst die Entstehung unseres Sonnensystems möglich machten. Als sich die Erdkugel aus der – vermutlich kalten – Staubwolke bildete, sammelten sich unter dem Einfluß der Schwerkraft auch viele Elemente mit instabilen Atomkernen an. Im Inneren der noch jungen Erde begann die Zerfallswärme dieser radioaktiven Elemente das Gestein aufzuheizen, bis schließlich der ganze Planet einer glühenden Kugel glich. Nur an der Oberfläche bildete sich eine Haut aus festem Gestein – die bis heute vergleichsweise dünne Erdkruste.

In den wilden jungen Jahren unseres Planeten kamen einige, zumindest für das Sonnensystem gesehen, ungewöhnliche Faktoren zusammen. Zunächst hatte er seine urtümliche, hauptsächlich aus Wasserstoff bestehende Gashülle fast völlig verloren.

Als die ersten Saurier die Erde bevölkerten, hatte das Leben die Erde, aber auch die Lufthülle und das Wasser der Ozeane gründlich verändert: Der Sauerstoffgehalt der Luft war nach der »Erfindung« der Photosynthese bis auf 21 Prozent angestiegen, was wiederum die Entstehung des vor harter UV-Strahlung schützenden Ozon-Gürtels gefördert hatte. Erst danach war die Entwicklung der riesigen Landtiere möglich geworden.

Die Erde war nicht lange ein toter Planet: Schon relativ kurze Zeit nach ihrer Entstehung scheint Leben auf ihr Fuß gefaßt zu haben. Bei Versuchen, die Bedingungen auf der Ur-Erde im Labor nachzuahmen, wurden eine Reihe molekularer Lebensbausteine erzeugt.

Doch dann trat, angetrieben von der radioaktiven Zerfallswärme, der große Kreislauf der Gesteine in Kraft, der bis heute Kontinente verschiebt und Vulkane ausbrechen läßt. Die frühen Feuerberge bliesen Dampf und Gase aus dem heißen Erdinnern ab. Eine zweite, noch sauerstofflose Atmosphäre bildete sich. Als die Temperatur an der Erdoberfläche unter den Siedepunkt sank, setzte eine Sintflut ein: Die Wasserdampfwolken verwandelten sich in die Ozeane. Schon zu dieser Zeit

hatten sich aus dem reichhaltigen Angebot chemischer Elemente viele komplizierte Moleküle gebildet.
Heute sind sich Evolutionsbiologen weitgehend über die Tatsache einig, daß unter den damals herrschenden Bedingungen die Entstehung von Leben geradezu herausgefordert gewesen sein mußte.
Schon vor vermutlich vier Milliarden Jahren hatte sich nach unendlich vielen Schritten aus Versuch und Irrtum ein Gebilde aus Proteinen und Nukleinsäuren zusammengefunden, das allen anderen organischen Molekülen etwas ganz Entscheidendes voraus hatte: Es konnte Energie aus der Umgebung aufnehmen, sich verdoppeln und auf Veränderungen der Umwelt flexibel reagieren – die »Urzelle«, Vorfahr aller Lebewesen, war entstanden.
Leben ist ein staunenswerter Prozeß: Eingegrenzt durch strenge physikalische und chemische Gesetze, vermag es dennoch anscheinend unendlich viele Erscheinungsformen hervorzubringen. Ohne »eigenes« Zutun wäre das Leben freilich sehr wahrscheinlich wieder von der Erde verschwunden. Denn beim Vergleich mit den Daten, die unbemannte Raumfahrzeuge von den Nachbarplaneten Venus und Mars zur Erde funkten, wurde Wissenschaftlern bewußt, daß Atmosphäre und Klima unseres Planeten chemisch gesehen eigentlich »unmöglich« sind: Hätten die Elemente ungehindert dem chemischen Gleichgewicht zustreben können, müßte die irdische Lufthülle fast vollständig aus Kohlendioxid bestehen (anstatt aus 78 Prozent Stickstoff und 21 Prozent Sauerstoff), würde am Grunde der sechzigmal dickeren Atmosphäre eine höllische Temperatur von gut 250 Grad Celsius herrschen.
All dies wußte der ungemein flexible chemische Prozeß »Leben« zu verhindern – wie, das versuchen die Wissenschaftler mühsam herauszufinden. Die Fähigkeit zur Anpassung an neue Umweltsituationen bewies das Leben auf der Erde wohl am deutlichsten, als es sich beinahe selbst vergiftet hätte. Die urtümlichen einzelligen Organismen verbrauchten die auf nichtbiologischem Weg in der Atmosphäre entstandenen organischen Moleküle. Als diese Urzeit-Nahrung zu Ende ging, wurde die Entwicklung der Photosynthese durch die natürliche Auslese gefördert.
Bei der Photosynthese wird jedoch als Abfallprodukt Sauerstoff frei, ein für die damaligen Organismen tödliches Gift. Wieder gelang es dem Leben, sich anzupassen: Aus der ersten globalen Umweltvergiftung ging es gestärkt hervor, indem es den Sauerstoff mit einer neuentwickelten biochemischen Reaktion bei der Energiegewinnung aus der Nahrung einsetzte – die Atmung (sie ist vierzehnmal ergiebiger als der urtümlichere Prozeß der Gärung). Nach dieser größten und gefährlichsten Krise konnte bis heute nichts mehr die sich immer stärker verästelnde Evolution des Lebens aufhalten, wie Seetang und Saurier, Mikroben und Menschen beweisen.

Der prähistorische Mensch

Gemeinsam aus der Öko-Nische

Alle natürlichen Systeme, auch Lebewesen, streben einen Gleichgewichtszustand an, wenn sie nicht von außen daran gehindert werden. Physikalische Systeme – und damit das ganze Universum – streben danach, Energieunterschiede abzubauen (siehe auch Seite 37). Chemische Systeme können sich nur im Rahmen der physikalischen Gesetze einpendeln. Biologische Systeme schließlich müssen, vom Bakterium bis zur Biosphäre, sowohl physikalische wie chemische Grenzen einhalten. Es ist gut, sich daran zu erinnern, wenn vom »ökologischen Gleichgewicht« die Rede ist: Ökosysteme ebenso wie Organismen können nur ein »Fließgleichgewicht« erreichen.

Doch selbst wenn ein Ökosystem funktioniert, ist noch keine Ruhe: Lebewesen tendieren gewöhnlich dazu, ganz opportunistisch sich ergebende Gelegenheiten zu nützen, viele Spezies brechen bei der ersten besten Gelegenheit aus ihrer ökologischen Nische aus.

Der evolutionäre Opportunismus zahlte sich aus. Wenn Naturkatastrophen einen großen Teil der Arten in einem Lebensraum oder gar auf der ganzen Erde auslöschten, vermochten die überlebenden Spezies immer wieder in erstaunlich kurzer Zeit die Lücken zu füllen. Geologen entdeckten mehrere solcher auffälligen Einschnitte: Plötzlich (gemessen an geologischen Zeiträumen) verschwinden die versteinerten Überreste zuvor häufig vorkommender Arten – und dann nehmen ebenso »plötzlich« Spezies aus ganz anderen Tiergruppen die verwaisten Funktionen im Ökosystem ein.

Solche Ereignisse markieren Anfang und Ende geologischer Epochen. Die größte im Buch der Gesteine verzeichnete Katastrophe dieser Art fand vor rund 225 Millionen Jahren gegen Ende der Perm-Periode statt. Damals starb aus unbekannter Ursache unter anderem mehr als die Hälfte aller im Meer lebenden Pflanzen- und Tierfamilien aus. Da »Familien« als größere Einheiten der biologischen Klassifizierung Hunderte von Arten umfassen können, lag der Prozentsatz der seinerzeit ausgerotteten Spezies bei 96 Prozent, wie der amerikanische Evolutionsbiologe David Raup schätzt. Die überlebenden Arten bestimmen seitdem das Grundmuster der Lebensvielfalt.

Mit dem ökologischen Desaster im Perm begann der Aufstieg der Dinosaurier, mit der Katastrophe zum

Die menschenartigen Wesen mit dem wissenschaftlichen Namen »Ramapithecus« lebten vor etwa 15 Millionen Jahren. Knochenfunden zufolge aßen sie Nüsse und Samen, die in den Sippen geteilt wurden.

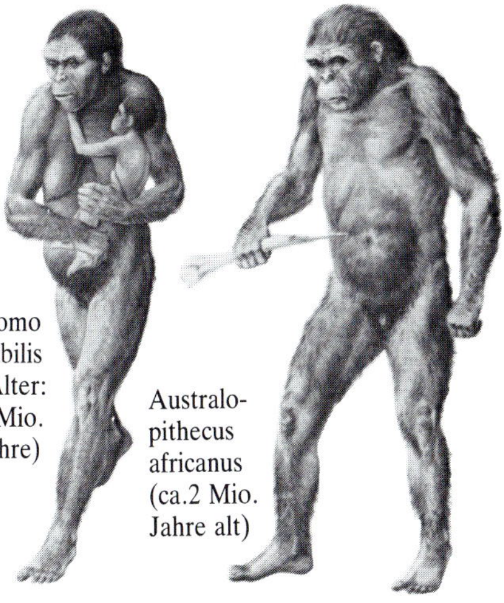

Homo habilis (Alter: 2 Mio. Jahre)

Australopithecus africanus (ca. 2 Mio. Jahre alt)

So ähnlich wie auf der Zeichnung (oben) könnte sich eine Gruppe »Ramapithecus«-Männer aus dem Busch in die Savanne vorgewagt haben.

Noch sind die verwandtschaftlichen Verhältnisse zwischen »Ramapithecus« und den ersten Menschen nicht klar.

Ende der Kreidezeit vor etwa 65 Millionen Jahren verschwanden sie wieder – und mit ihnen rund drei Viertel aller damals lebenden Spezies. Einer seit 1980 heiß diskutierten Theorie zufolge verursachte der Zusammenstoß eines Asteroiden von rund zehn Kilometer Durchmesser mit der Erde die Katastrophe: Beim Einschlag des Himmelskörpers könnte so viel Staub in die Atmosphäre geschleudert worden sein, daß mehrere Jahre lang nur noch wenig Sonnenlicht die Erdoberfläche erreichte; viele Pflanzenarten samt den von ihnen abhängigen Tieren wurden vernichtet.
Nutznießer des Saurier-Todes waren die Säugetiere. Nach 150 Millionen Jahren im Schatten der Riesenechsen wurden sie nun die dominierende Tiergruppe. Aus den meist nur rattengroßen Ur-Säugern verzweigte sich rasch ein Busch unterschiedlichster behaarter Kreaturen.

Eine Säugetierordnung paßte sich perfekt an das gefährliche Leben in schwankenden Baumwipfeln an: die Primaten oder »Herrentiere«. Aus den flinken, intelligenten Affen begann sich vor rund 30 Millionen Jahren eine Familie abzuzweigen, aus der später Menschenaffen und Menschen hervorgehen sollten. In etwa 15 Millionen Jahren alten Gesteinsschichten fanden Forscher dann die Überreste von Primaten, die sie der Gattung *Ramapithecus* (»Affe des Rama«; nach einem indischen Fundort) zuordneten: Bei diesen Wesen deuten einige Merkmale des Skeletts an, daß die evolutionäre Weiche zum Menschen schon gestellt war.

Auch *Ramapithecus* lebte zunächst im Wald. Als sich jedoch im Zuge einer weltweiten Klimaverschlechterung die Steppen ausbreiteten, wagten sich Mitglieder der Gattung *Ramapithecus* als erste menschenartige Primaten hinaus ins freie Gelände. Ihre abgenutzten Zähne zeigen, daß sie sich von Nüssen und Samen ernährten. Weitere Merkmale dieser urtümlichsten menschenartigen Wesen sind die kurzen Kiefer, die Ansätze zum aufrechten Gang, vielleicht auch die Bildung eng zusammenhaltender Gruppen, die Nahrung teilten und Feinde abhielten.

Wie es auf dem Weg zum Menschen weiterging, können die Anthropologen vorerst nur vermuten. Denn vor rund achteinhalb Millionen Jahren verschwand *Ramapithecus* im Dunkel der Prähistorie. Die nächsten Knochenfunde aber stammen schon aus der Zeit vor gut vier Millionen Jahren: Sie werden einem eindeutig zur Menschenfamilie zählenden Wesen mit dem irreführenden Namen *Australopithecus* (»Südaffe«) zugeschrieben.

Steinzeitmenschen: Mit Faustkeil und Feuer in alle Welt

Sehr wahrscheinlich spielte sich der Tier-Mensch-Übergang nun relativ schnell innerhalb einer verhältnismäßig kleinen Gruppe menschenartiger Wesen ab. Diese Urahnen sollen vor etwa sechs Millionen Jahren in der landschaftlich wie biologisch reich gegliederten Region entlang des ostafrikanischen Grabenbruches, irgendwo zwischen dem heutigen Sambia und Äthiopien, gelebt haben. In den vielfältigen »Mosaik-Lebensräumen« Ostafrikas könnten die schon vorhandenen Eigenschaften der Menschenartigen durch natürliche Auslese rasch und entscheidend verstärkt worden sein: aufrechter Gang, Benutzung der Hände zum Transport von Nahrung in die gemeinsame, lagerähnliche »Basis«, Gruppenleben und Teilen der Nahrung. Vermutlich kam damals schon eine urtümliche Laut- oder Zeichensprache auf, während die Gehirne der nur etwa 1,20 Meter großen Wesen kaum größer als die moderner Schimpansen gewesen sein dürften.

Zu ihrer Überraschung mußten die Anthropologen feststellen, daß vor zwei bis drei Millionen Jahren offensichtlich mehrere Vertreter der Menschenfamilie in Ostafrika nebenein-

Während der gut eine Million Jahre andauernden Eiszeit machte »Homo erectus«, der »aufrecht gehende Mensch«, eine Reihe von Schlüsselerfindungen, die die Welt verändern sollten: das Feuer, die Großwildjagd (unten: Mammutjagd) sowie Waffen und Werkzeuge aus Stein, Knochen und Horn (oben: jungsteinzeitliches Werkzeug von Homo sapiens).

ander lebten: mindestens zwei *Australopithecus*-Arten und der *Homo habilis* (»fähiger Mensch«) genannte direkte Vorläufer des *Homo erectus*, des »aufrecht gehenden Menschen« (alle diese Frühmenschen gingen freilich aufrecht). Was immer die Gründe für den Untergang der durchaus menschlichen »Südaffen« waren, eine direkte Ausrottung durch den erfolgreicheren *Homo habilis* scheidet mit an Sicherheit grenzender Wahrscheinlichkeit aus. Der »fähige Mensch« (siehe Foto Seite 47) benutzte zwar grob behauene Steinwerkzeuge, aber er war allenfalls ein Gelegenheitsjäger, der hauptsächlich vom Sammeln von Früchten und Kleintieren lebte.

Vor einer Million Jahren war nur noch der *Homo erectus* als einziger Vertreter der Menschenfamilie übriggeblieben. Er hatte sich freilich schon über die ganze Alte Welt bis nach Java verbreitet. Bei ihren Wanderungen aus der tropischen afrikanischen Heimat stießen die Frühmenschen zunehmend auf harscheres Klima. Vor 1,2 Millionen Jahren begannen die Gletscher zu wachsen, um – unterbrochen von längeren Warmzeiten – mehrfach bis zu 30 Prozent der Landfläche der Erde unter sich zu begraben.

Die Klima-Katastrophe stellte den zweibeinigen Primaten aus den Tropen auf eine harte Probe. Er bestand sie, wie wir wissen, glänzend: Vor 600000 Jahren kannte der in Höhlen lebende »Peking-Mensch« das Feuer, vor gut 500000 Jahren überschritt das durchschnittliche Hirnvolumen des *Homo erectus* die 1000-Kubikzentimeter-Marke (moderner Mensch: 1400 Kubikzentimeter), vor 300000 Jahren lebten Steinzeitmenschen, in Felle gehüllt und durch kunstvoll errichtete Hütten vor der Witterung geschützt, im eiszeitlichen Europa. Zu jener Zeit war die Jagd auf Großwild längst ein entscheidender Überlebensfaktor geworden: Mit Einfallsreichtum und Organisationstalent erlegten eiszeitliche Jäger, nur mit Holzspeer, Knochenmesser und Faustkeil bewaffnet, selbst die größten Tiere ihrer Zeit.

Die erfolgreichsten eiszeitlichen Jäger waren wahrscheinlich die Neandertaler. Diese ungemein kräftig gebaute Unterart des *Homo sapiens* entwickelte sich vor etwa 100000 Jahren. Neandertaler waren keineswegs die rohen Wilden, als die sie früher dargestellt wurden: Sie hatten im Durchschnitt ein größeres Gehirn als moderne Menschen, sie entwickelten eine völlig neue Steinwerkzeugkultur und sie legten als erste ihren Toten Blumen mit ins Grab. Dennoch starben die eiszeitlichen Recken vor rund 35000 Jahren aus – vermutlich, weil sie von unseren Vorfahren, den nach einem französischen Fundort so genannten Cro-Magnon-Menschen, verdrängt wurden.

Ackerbau und Viehzucht: Die Zähmung der Wildnis

Der moderne Mensch, der sich selbst ganz unbescheiden den Namen *Homo sapiens sapiens* (»besonders weiser Mensch«) gegeben hat, tauchte vor rund 50000 Jahren irgendwo im arabisch-afrikanischen Raum auf. Fünfzehn Jahrtausende später hatten der Cro-Magnon-Mensch und seine Zeitgenossen alle Kontinente besiedelt – selbst die zuvor menschenleeren Erdteile Amerika und Australien. Nach Amerika wanderten die Vorfahren der Indianer über die damals trockene Beringstraße ein. Wie Steinzeitmenschen allerdings übers Meer nach Australien kamen, ist dagegen bis heute rätselhaft.

Der Cro-Magnon-Mensch war weder stärker als der Neandertaler, noch hatte er ein größeres Gehirn. Und doch löste dieser moderne Mensch den bis heute anhaltenden technisch-kulturellen Höhenflug aus. 99 Prozent der bekannten Menschheitsgeschichte waren bereits vergangen, als scheinbar aus dem Nichts hochfeine Werkzeuge aus Stein, Horn und Holz auftauchten, als »zweckfreie« – also künstlerische – Dinge wie elfenbeinerne Figuren und Höhlenmale-

Mitteleuropa wäre heute ohne jeden menschlichen Einfluß ein einziges zusammenhängendes Waldgebiet. Welche Waldtypen wo gedeihen würden, läßt sich nur vermuten. Seit der Eiszeit leben hier Menschen.

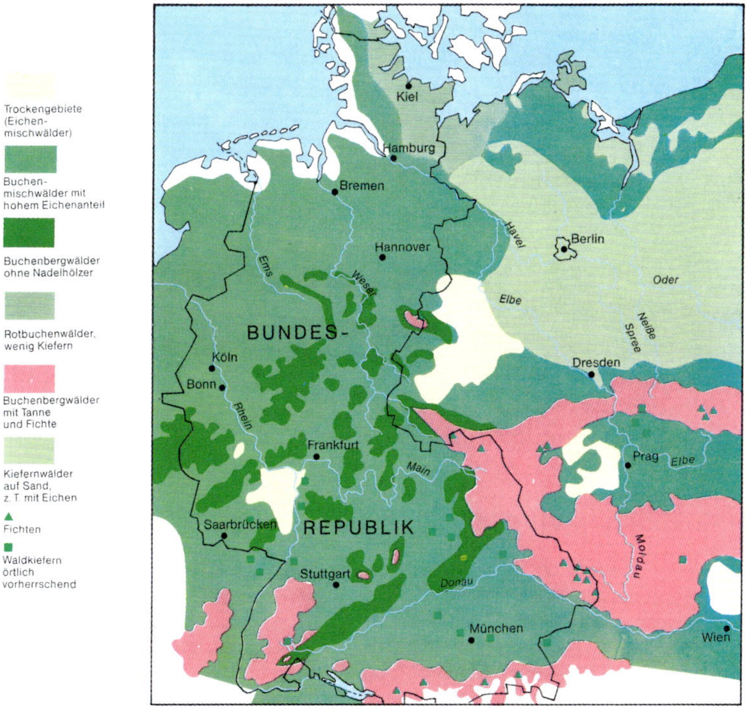

reien ohne Vorbilder entstanden. Das Geheimnis des Erfolges lag vermutlich in dem wesentlich verbesserten Sprech- und Sprachvermögen des *Homo sapiens sapiens*: Die Sprache machte es möglich, Erfahrungen zu teilen. Die neuen Werkzeuge und Jagdtechniken blieben nicht ohne Folgen. Die Bevölkerung der Erde verzehnfachte sich auf etwa fünf Millionen.

Das steinzeitliche Wirtschaftswunder hinterließ freilich tiefe Spuren in der natürlichen Umwelt. Vor allem im neu besiedelten Nordamerika, so vermuten Wissenschaftler, erholten sich gegen Ende der Eiszeit eine ganze Reihe von Tierarten nicht mehr von dem prähistorischen »Overkill« der Großwildjäger: Riesenfaultiere, nordamerikanische Kamele und auch die mächtigen Mammuts starben aus.

Dennoch bleibt es für den Konstanzer Biologieprofessor Hubert Markl »unbestreitbar«, daß sich der Steinzeitmensch »an der ökologischen Grenze biologisch-kulturell ziemlich stabil eingerichtet« hatte.

Die Weisheit der Jäger und Sammler bestand nach den Worten des amerikanischen Anthropologen John E. Pfeiffer darin, »mit der Natur zu leben«: Maximal zehn Millionen

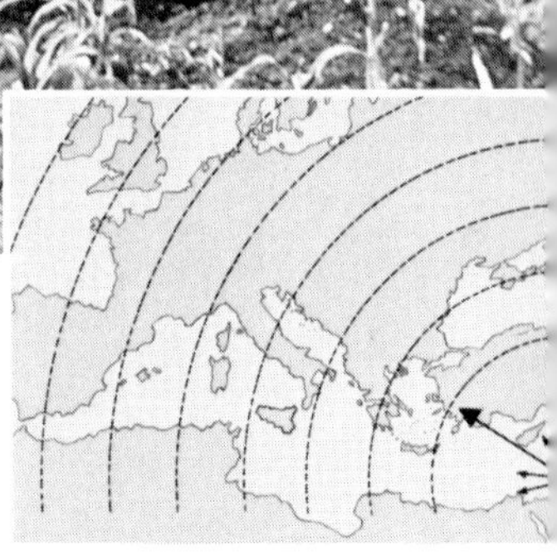

Offensichtlich wurde die Landwirtschaft in mehreren Regionen der Erde unabhängig voneinander erfunden. Oben: Primitiver Pflanzstock-Gartenbau im heutigen Neuguinea; rechts: Ausbreitung der Landwirtschaft in Europa (pro Kreis: etwa 500 Jahre Abstand), ausgehend vom Raum um Jericho.

Menschen könnten auf diese Weise von der Erde ernährt werden. Gegen Ende der Eiszeit hatten die Steinzeitmenschen freilich schon einen beträchtlichen Erfahrungsschatz angesammelt. An besonders begünstigten Orten bildeten sich erste dorfähnliche Gemeinschaften. Sie sammelten die eßbaren Früchte vieltragender Bäume oder ernteten die Samen wildwachsender Gräser. Andere Gruppen folgten Tierherden auf der Wanderschaft, ähnlich wie dies die Lappen im Norden Skandinaviens noch heute tun.

Wann und wo zum ersten Mal Menschen bewußt Samen aussäten, weil sie erkannt hatten, daß daraus fruchttragende Pflanzen wachsen, ist unbekannt. Die ältesten Suren der »landwirtschaftlichen Revolution« wurden im oberägyptischen Niltal, unweit des Assuan-Staudammes entdeckt: ausgehöhlte Mahlsteine und Überreste von Gerstenpflanzen, deren Alter auf 17000 Jahre datiert wurde.

Erst mit der Züchtung ertragreicher Sorten, mit der Aussaat eigens gewonnener Samen begann die Landwirtschaft richtig Fuß zu fassen – und zwar unabhängig voneinander in verschiedenen Regionen der Erde: im Mittleren Osten, in Hinterindien und China, in Mittelamerika und im südamerikanischen Andenhochland. Eine dieser Geburtsstätten von Ackerbau und Viehzucht ist der »fruchtbare Halbmond«, der sich vom heutigen Israel über Syrien bis zum Zweistromland zieht. Dort wurde vor 8000 Jahren schon Brotweizen ausgesät, wurden Hunde und Ziegen als Haustiere gehalten. Aus der Umgebung der ebenso alten Stadt Jericho verbreitete sich die neue Kunst, Nahrung zu produzieren, nach Europa. Nach und nach wurden die Wälder, die das vom Eis befreite Land wieder bedeckten, von Bauern auf der Suche nach neuem gutem Ackerland gerodet.

Wie Mitteleuropa heute ohne menschlichen Einfluß bewachsen wäre, läßt sich nur noch annähernd rekonstruieren. Dieser Teil der Erde war seit der Eiszeit nie mehr »unberührte« Natur.

Anfänge der Zivilisation

Im Kahlschlag durch die Römerzeit

So bescheiden die ersten Pflanzungen der steinzeitlichen Ackerbauer auch gewesen sein mögen, sie waren die entscheidende Wende in der Beziehung zwischen Mensch und Biosphäre. Mehr Nahrung hieß mehr Menschen, die wiederum mehr Land urbar machten. Mehr Menschen hieß aber auch mehr Wissen, mehr und wirksamere Techniken. Eine Art Lohn-Preis-Spirale zwischen Ernte- und Menschenmengen begann sich zu drehen, erst langsam, dann immer schneller bis hin zu der heutigen, schwindelerregenden Bevölkerungszunahme.

Die landwirtschaftliche Revolution war der »ökologische Sündenfall« der Menschheit. Bauern und Hirten verteidigen ihre Nutzpflanzen oder Herdentiere rabiat gegen natürliche Konkurrenten oder Feinde. Das aber gefährdete zwangsläufig den Fortbestand wildlebender Arten, ja das Gleichgewicht ganzer Ökosysteme. Eine Folge der parallel laufen-

Die Römerstadt Timgad im Nordosten des heutigen Algerien war vor zwei Jahrtausenden das Zentrum der römischen Kornkammer in Nordafrika. Heute stehen die eindrucksvollen Ruinen inmitten einer dürren Steppenlandschaft. Wie stark die vom Menschen mitverschuldete Klimaverschlechterung am Niedergang der Stadt beteiligt war, läßt sich nur abschätzen.

Linke Seite: Mühsam versuchen heute die Mittelmeerländer, die kahlen, jedem Regenguß ungeschützt ausgesetzten Hänge wieder zu bepflanzen (wie in Spanien). Das Klima war dort nach der Eiszeit trockener geworden, und der Mensch half durch Abholzungen nach.

Oben: Die ersten Hochkulturen entstanden in Flußtälern, in denen eine intensive Landwirtschaft betrieben werden konnte (altägyptischer Bauer).

den Zähmungs- und Ausrottungswelle war eine drastische Verarmung des menschlichen Speisezettels: Jäger- und Sammler-Gesellschaften nutzten mehrere tausend verschiedene Pflanzen- und einige hundert Tierarten, während das Angebot durch die vergleichsweise geringe Zahl gezähmter Arten seitdem auf wenige Dutzend Spezies geschrumpft ist.

Die neue, seßhafte Lebensweise hatte aber auch tiefgreifend soziale Folgen. Boden und Besitz, Reichtum und damit auch Armut schichteten die wachsende Bevölkerung und förderten vermutlich Kriminalität und Krieg. Aus enggeknüpften Jäger- und Sammler-Sippen entwickelten sich Stämme und schließlich Völker. Vor 5000 Jahren, als die Weltbevölkerung auf etwa 30 Millionen Menschen angestiegen war, bahnte sich im Mittleren Osten der nächste Durchbruch an. Im sumpfigen Mündungsgebiet der beiden Ströme Euphrat und Tigris schlossen sich Bauern zusammen und machten das Schwemmland durch ein raffiniertes Be- und Entwässerungssystem urbar. Die Gemeinschaftsleistung war der Beginn der sumerischen Hochkultur, der Beginn der Zivilisation. Die Sumerer entwickelten innerhalb von wenigen Jahrhunderten die erste Schrift – die »Keilschrift«. Ihre Hauptstadt Uruk zählte schon 2800 v. Chr. rund 50000 Einwohner, und ihr Selbstbewußtsein, nicht mehr völlig der Natur ausgeliefert zu sein, machte sich in der Religion bemerkbar: Die Götter nahmen menschliche Züge an.

Damals, vor etwa 5000 Jahren, erreichte zugleich die Metallproduktion durch die Entwicklung der harten, dauerhaften Bronze einen ersten Höhepunkt: Bronze, eine Legierung aus Kupfer und Zinn, ist rund dreimal härter als reines Kupfer. Ein Jahrtausend später dann konnten vorderasiatische Hüttenwerker so hohe Temperaturen in ihren Schmelzöfen erzeugen, um auch Eisen zu schmelzen. Die Metallverhüttung beflügelte Handel und Krieg – und riß wegen ihres hohen Holzverbrauchs Lücken in die Wälder. Im gleichen Zeitraum verwendeten Bauern im Zweistromland zum ersten Mal den (von Ochsen gezogenen) Pflug, rollten in der gleichen Region die ersten Räder (vermutlich von Kultfahrzeugen, später dann von Kriegswagen), begannen Nomaden in den europäisch-asiatischen Steppen Pferde zu zähmen.

Wie dauerhaft die ersten Zivilisationen den natürlichen Reichtum zu nutzen wußten, beweist das alte Ägypten. Diese nach Sumer zweitälteste Hochkultur konnte ihre Macht über drei Jahrtausende hinweg bewahren, weil das Wissen um die Nutzung des fruchtbaren, jährlich vom Nil überschwemmten (und damit gedüngten) Flußtales erhalten blieb. Zudem half eine zumeist lokal organisierte Vorratshaltung, schlechte Erntejahre zu überdauern. Ein Vergleich zwischen den politischen Ereignissen und den Schwankungen der lebensspendenden Nilfluten zeigt, daß Zeiten mit zu hohen oder ausbleibenden Fluten meist Zeiten politischer Unruhen waren – aber auch, daß fähige Pharaonen mit einem funktionierenden Staatswesen solche natürlichen Schwankungen weitaus besser überstanden. Als Griechenland und dann Rom kurz vor Christi Geburt die Macht über das Land am Nil übernahmen, lebten dort fünfeinhalb Millionen Menschen – eine Zahl, die erst in den letzten hundert Jahren wieder überschritten wurde.

Verglichen mit dem ägyptischen Reich war das römische Imperium kurzlebig. Diese klassische Hochkultur wurde von der ersten Millionenstadt der Geschichte aus regiert: Ein Netz funktionierender Verkehrswege verband das antike Rom mit seinen Provinzen und ermöglichte so – zusammen mit kunstvollen Wasserleitungen – eine zuvor unbekannte Zusammenballung von Menschen.

So eindrucksvoll die baulichen Leistungen der Römer mit ihren sorgsam geplanten Städten rund um das Mittelmeer auch waren – sie konnten den Zerfall des Imperiums nicht aufhalten. Wahrscheinlich trug der über

Jahrhunderte anhaltende Raubbau an Wäldern und Erzvorkommen im Mittelmeerraum zum Kollaps bei: Die so erfolgreiche griechisch-römische Zivilisation hat diese Region (und ihr Klima) bis heute durch Entwaldungen verändert.

Vor der prächtigen Kulisse einer gotischen Stadt bringen Mägde und Knechte die Heuernte ein: Nach den großen Waldrodungen der fränkischen Kaiserzeit wuchsen während des »mittelalterlichen Wirtschaftswunders« die Städte.

Vom Untergang Roms zum Aufstieg der Gotik

Über die Ursachen für den Untergang des Römischen Reiches haben Historiker viele Theorien entwikkelt. Die Veränderungen der Umwelt durch den Menschen spielten wahrscheinlich eine entscheidende – wenn auch nur indirekt spürbare – Rolle, und zwar innerhalb wie außerhalb des Imperiums:

1. Im Reich ernährte der recht intensive Ackerbau dank eines funk-

Die rasch wachsende Bevölkerung im mittelalterlichen Europa übte einen großen Druck auf die Umwelt aus. Wälder wurden in Ackerland verwandelt, der Holzverbrauch war gigantisch, Eichenhaine dienten der Schweinemast (unten). Dann raffte die Pest um 1350 ein Drittel aller Europäer dahin (rechts: Pestarzt in Verkleidung). Graphik: Auswirkungen der Pest und des 30jährigen Krieges auf die Entwicklung der europäischen Bevölkerungskurve.

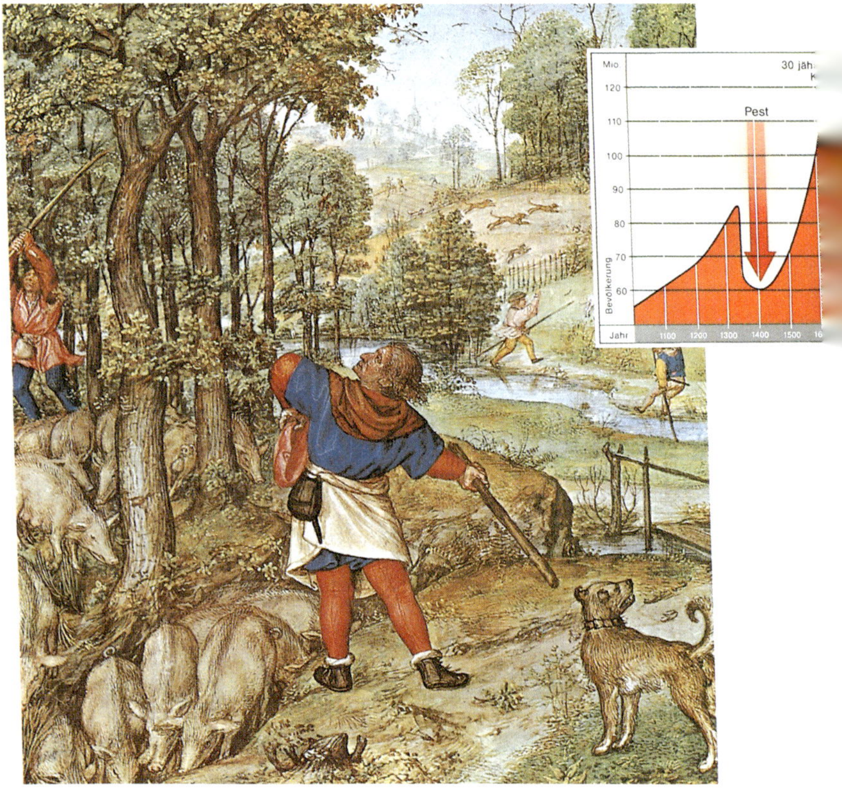

tionierenden Transportwesens relativ große städtische Bevölkerungen. Die landwirtschaftliche Spezialisierung ganzer Regionen ging Hand in Hand mit der übermäßigen Waldnutzung für Schiffbau, Metallverarbeitung und Handwerk. Beides führte im eher trockenen Mittelmeerraum mit der Zeit zu schweren Bodenzerstörungen – und damit zu einer Schwächung der wirtschaftlichen Basis des Weltreiches. »Bodenerosion war schon lange vor dem 20. Jahrhundert ein Imperiumsvernichter«, kommentiert der amerikanische Klimaforscher George Kimble.

2. Außerhalb der Reichsgrenzen erlaubten die verbesserten landwirtschaftlichen Techniken ebenfalls einen Bevölkerungsanstieg, der jedoch durch Mißernten und übermäßige Bodennutzung ständig gefährdet war. Als die Macht Roms schwand, überrannten Völkerschaften vor allem aus dem Norden und Osten Europas auf der Suche nach neuem Land das einst mächtige Reich.

Nach dem Chaos der Völkerwanderungen dauerte es ein halbes Jahrtausend, bis sich Wirtschaft und Bevölkerung in Europa wieder aufwärtsentwickelten. Der wirtschaftliche wie kulturelle Schwerpunkt verschob sich dabei immer mehr aus Italien heraus nach Nordwesten. Im Frankenreich Karls des Großen hatte sich, um das Jahr 800, die Lage stabilisiert.

Der Aufschwung wurde durch neue landwirtschaftliche Entwicklungen gefördert: Mit eisenbeschlagenen Pflügen konnten die schweren Böden des Nordens besser umbrochen werden, wozu nun auch vermehrt Pferde eingesetzt wurden; die Einführung des klimatisch besser angepaßten Roggens sowie einer festen Fruchtwechselwirtschaft, bei der sich im dreijährigen Turnus Wintergetreide, Sommergetreide und Brache ablösten, ermöglichte höhere Ernten und damit auch eine größere Bevölkerung. König, Fürsten und Kirche gaben grünes Licht für neue Rodungen. Auch weniger gutes Land, etwa in den Mittelgebirgen oder Alpentälern, kam während der großen mittelalterlichen Entwaldung unter den Pflug. Orte, deren Namen auf -rode und -reut, -schwand und -brand, -wald und -hagen enden, bestimmten seitdem Teile der deutschen Geographie.

Die innere Kolonisierung hatte das Antlitz Mitteleuropas radikal verändert. Aus einer zu vier Fünfteln von Wald bedeckten Region war um das Jahr 1300 ein zu vier Fünfteln aus Äckern und Weiden bestehendes Kulturland geworden. Allein in Deutschland lebten damals zwischen 13 und 15 Millionen Menschen in vielleicht 170000 Siedlungen (nach dem Fall Roms bewohnten nicht einmal eine Million Menschen dasselbe Gebiet). Die neuerschlossenen Böden lieferten hohe Ernteerträge, die nun ortsfernen Wälder immer noch genug Bauholz und eigens unweit der Siedlungen gepflegte »Niederwälder« gut einschlagbares Brennholz (Sägen waren noch nicht im Gebrauch). Das »mittelalterliche Wirt-

schaftswunder« ließ reiche Städte entstehen, die ihre Macht durch den Bau prächtiger gotischer Kathedralen dokumentierten.
Die Kehrseite des gotischen Wirtschaftswunders war nicht nur der geradezu ungeheuerliche Waldverbrauch, der erst durch die Abgrenzung von Bann-, Schutz- oder Reichswäldern vor allem im 15. und 16. Jahrhundert eingedämmt werden konnte. In den engen Städten waren Wohnhäuser und Gewerbebetriebe vermengt. Besonders Gerber und Färber verpesteten die Luft.
Bevor freilich Luftverschmutzung, Waldvernichtung und die Erschöpfung der Böden ihren Zoll fordern konnten, reduzierte die Natur auf andere, unheimliche Weise die rasch gewachsene, unter wenig hygienischen Bedingungen hausende Bevölkerung Europas: Zwischen 1347 und 1351 raffte der »Schwarze Tod«, die über Marseille eingeschleppte Pest, 75 Millionen Menschen, ein Drittel der Bevölkerung, dahin. Die Seuche entlastete schlagartig die angespannte ökonomische und ökologische Lage. Erst ein Jahrhundert später erreichten Einwohnerzahl und bebaute Landfläche wieder den alten Stand. Zwischendurch erlebten freie Arbeiter und Gesellen eine Art zweites Wirtschaftswunder, da der (wirtschaftliche) Kuchen gleich groß geblieben war, die Zahl der Esser sich aber drastisch verringert hatte: Ein freier Arbeiter konnte im Holstein des 15. Jahrhunderts in nur 22 Tagen eine fette Kuh verdienen, ein Tagelöher im Aachen des ausgehenden 14. Jahrhunderts hatte sich in acht Tagen ein Schwein erarbeitet.
Das Zwischenhoch endete, als die Bevölkerung wieder auf den Stand vor der Pest angewachsen, die Böden jedoch durch die jahrhundertelange Nutzung ausgelaugt waren (und das Klima auf der Nordhalbkugel der Erde insgesamt kühler wurde). Ausgesätes Korn brachte im 16. Jahrhundert oft nur noch die doppelte anstatt der vorher üblichen vierfachen Erntemenge ein. Politische Wirren, Bauern- und Religionskriege und schließlich der Dreißigjährige Krieg ließen die Bevölkerungszahl abermals drastisch sinken. Dazwischen machte sich das damalige Europa freilich auf, die ganze Erde zu erobern.

Die industrielle Revolution

Energiequelle Kohle: Der Mensch geht ans Eingemachte der Erde

Im klassischen Griechenland hatten Naturphilosophen wie Thales, Plato und Aristoteles die Grundsteine einer neuen, wissenschaftlichen Denkweise gelegt. Doch die griechischen Denker waren den wirtschaftlich-technischen Möglichkeiten ihrer Zeit weit vorausgeeilt. Nun, im Europa des 15. Jahrhunderts, vermischten sich alte und neue Erkenntnisse zu einer brisanten Mischung: Die Seefahrer Portugals und Spaniens brachen zu neuen (geographischen) Ufern auf, die Denker der »Renaissance«, der »Wiedergeburt« antiken Wissens, stießen zu neuen (geistigen) Gestaden vor. Mit hochseetüchtigen Segelschiffen und dem (wiederentdeckten) Glauben an die Kugelgestalt der Erde stieß Kolumbus in See und entdeckte 1492 Amerika. Sein portugiesischer Kollege Vasco da Gama fand sechs Jahre später den Seeweg um Afrika herum nach Indien; dessen Landsmann Fernão de Magalhães und seiner Besatzung gelang zwischen 1519 und 1521 die erste Weltumsegelung. Zum ersten Mal in der Geschichte begann ein Kulturkreis die ganze Erde zu beeinflussen. Gold, Gewürze und andere Güter strömten nach Europa, neue Nutzpflanzen wie die amerikanischen Früchte Tomate und Kartoffel wurden eingeführt. Doch die Zeit der Entdeckungsfahrten brachte auch, einer globalen Naturkatastrophe gleich, Unheil über die neu eroberten Ländereien: Die indianischen Hochkulturen gingen unter, eingeschleppte Seuchen und eingeführte Nutztiere brachten die fremden Ökosysteme durcheinander.

Das klassische Beispiel der Ausrottungswelle im Kielwasser europäischer Entdecker ist die Dronte, auch Dodo genannt. Dieser gänsegroße, flugunfähige Vogel lebte nur auf der Insel Mauritius im Indischen Ozean. Seine Furchtlosigkeit vor Menschen, sein wohlschmeckendes Fleisch und die dort eingeführten Schweine, die seine Eier fraßen, machten ihm schnell den Garaus: 1681 waren alle Dodos tot.

Während europäische Seefahrer und Abenteurer die Erde eroberten, entwickelten europäische Denker die wiederentdeckte griechische Naturphilosophie zur modernen Naturwissenschaft weiter. Kopernikus beschrieb in seinem 1543 veröffentlichten Werk die Sonne als Mittelpunkt des Universums; Galilei erforschte

zu Beginn des 17. Jahrhunderts die Bewegungsgesetzte und entdeckte mit dem ersten Fernrohr die Jupitermonde; Newton formulierte 1666 die Gesetze der Schwerkraft. »Wissen ist Macht«, erkannte der englische Philosoph und Naturforscher Francis Bacon (1561–1626); sein jüngerer französischer Kollege René Descartes faßte das neue Selbstbewußtsein der Menschheit in seinem scharfsinnigen »ich denke, also bin ich« (*cogito, ergo sum*) zusammen.
Anders als im klassischen Griechenland sprang im Europa der anbrechenden Neuzeit der geistige Funke von der Theorie auf die Praxis über. Die mittelalterlichen Werkstätten hatten sich nach und nach zu industrieähnlichen Handwerksbetrieben weiterentwickelt. Wasserräder trieben die Maschinen, Heimarbeiter fertigten Gebrauchswaren für die »Manufakturen«. Die Entwicklung brauchbarer mechanischer Webstühle, angetrieben durch Wasserkraft, leitete vor allem in England die erste Welle der Industrialisierung ein. Die Dampfmaschine, von 1712 an zum Auspumpen englischer Kohlegruben eingesetzt und 1770 von James Watt entscheidend verbessert, erschloß schließlich eine neue Energiequelle: Kohle.
Mit Kohle betriebene Dampfmaschinen ermöglichten vor allem die Gewinnung von mehr Kohle, mit der wiederum mehr Eisen geschmolzen werden konnte: Eisen begann den Werkstoff Holz zu verdrängen. Das neue, auf Kohle und Eisen gebaute Zeitalter veränderte das Leben der Menschen und das Antlitz der Natur rascher und radikaler als jede andere Revolution zuvor. Die Massenproduktion von Gütern zwang Menschenmassen in ein starres, nach der

Der deutsche Chemiker Justus von Liebig beschrieb im Jahr 1840 als erster mit naturwissenschaftlicher Genauigkeit den Nährstoffkreislauf und -bedarf der Pflanzen. Liebigs Erkenntnisse revolutionierten die Landwirtschaft.

Die ersten Dampfmaschinen arbeiteten 1712 in England: Sie pumpten Wasser aus Kohlebergwerken (rechts). Die verbesserte Dampfmaschine von James Watt beschleunigte dann die Industrialisierung.

Uhr geregeltes Arbeitsleben fernab ihrer Wohnung. Die Nutzung der Kohle und der steigende Eisenverbrauch entlasteten zwar die Wälder, verursachten aber neue Umweltprobleme. Vor allem aber konnte die erste industrielle Revolution das Leben der breiten Bevölkerung kaum verbessern: Der geschaffene Mehrwert wurde von der rasch wachsenden Bevölkerung aufgezehrt.

Boden, Kapital und Arbeit hatte der schottische Volkswirtschaftler Adam Smith 1776 als die entscheidenden Faktoren für den Reichtum der Nationen erkannt. Arbeit war für Smith die eigentliche Quelle des Reichtums, Arbeitsteilung das wichtigste Prinzip der volkswirtschaftlichen Ordnung, Eigennutz (und damit wirtschaftliche Freiheit) Triebkraft aller wirtschaftlichen Vorgänge.

Die Dronte (Dodo), ein flugunfähiger, gänsegroßer Vogel der Insel Mauritius, war ein Opfer des europäischen Aufbruchs: Das letzte Exemplar dieser Art starb im Jahr 1681.

Die Begrenztheit der natürlichen Ressourcen, in Smith' Werk durch den Faktor »Boden« repräsentiert, spielte freilich in der Aufbruchsstimmung jener Zeit keine Rolle. Einzig der britische Geistliche und Mathematiker Thomas Malthus trübte 1798 mit seinem Buch »Versuch über das Bevölkerungsgesetz« den vorherrschenden Optimismus. Er war davon überzeugt, daß auch die industrialisierte Welt niemals in der Lage sein würde, die sich ins uferlose vermehrende Bevölkerung zu ernähren.
Malthus hatte im Prinzip recht. Die Zahl der Deutschen wuchs von 1750 bis 1800 um sieben Millionen auf rund 25 Millionen Bürger, die englische Bevölkerung verdoppelte sich im 19. Jahrhundert gleich zweimal. Dennoch wuchs das Elend nicht wie vorausgesagt. Denn auch die Landwirtschaft vermochte ihre Ernten zu steigern: Eine neue Fruchtwechselwirtschaft und die gezielte organische Düngung wurde durch Männer wie Albrecht Daniel Thaer entwickelt. Und 1840 beschrieb der Gießener Chemiker Justus von Liebig den Nährstoffkreislauf und -bedarf der Pflanzen.

Der Siegeszug der Technik: Mit dem Dampfroß zur Büffeljagd

Welche Macht mehr Wissen hat, zeigte sich schon Ende des 18. Jahrhunderts überdeutlich. Althergebrachte Systeme – soziale, politische und auch ökologische – brachen unter dem Ansturm neuer Ideen und einer auf Kohle und Eisen basierenden Technik zusammen. Die nachhaltigste Revolution fand dabei im politisch stabilen England statt: Die Industrialisierung läutete das Ende der zehntausend Jahre alten landwirtschaftlichen Epoche ein.
Ohne die besseren Erträge von den Feldern wäre der Marsch in das energieintensive, hochspezialisierte Industriezeitalter nicht so schnell gegangen. Ein Teil des Erntezuwachses kam durch eine im 18. Jahrhundert allgemein eingeführte neue Frucht aus Amerika: die Kartoffel. Das Knollengewächs trägt auch auf ausgelaugten Feldern ordentlich Früchte und liefert auf guten Böden ein Mehrfaches an Nahrung gegenüber Weizen, Roggen oder Gerste (die auch von der amerikanischen Getreideart Mais bei weitem übertroffen werden). Nach anfänglichen Widerständen reiften die ertragreichen, nahrhaften Erdäpfel rasch zu einem zweiten Grundnahrungsmittel neben Brot heran. Dabei kam es freilich Anfang des 19. Jahrhunderts in Irland zu einer Katastrophe: Die Bevölkerung der »Grünen Insel« hatte sich damals schon völlig auf Kartoffeln umgestellt, als eine Pilzkrankheit die Ernten vernichtete. Ein Drittel der Bevölkerung verhungerte, Hunderttausende wanderten aus.
Eine verbesserte, zusehends mit wissenschaftlichen Methoden betriebene Pflanzenzucht und die rasch in die Praxis umgesetzten Erkenntnisse des Chemikers Justus von Liebig konnten seitdem ähnliche Zusammenbrüche verhindern. Liebig veröffentlichte 1840 das »Gesetz vom Minimum«:

»Der Nährstoff, der im Verhältnis zum Bedarf in geringster Menge zur Verfügung steht, bestimmt die Höhe des Ertrages.« Nun wußten die Bauern, daß sie ihren Äckern fehlende Nährstoffe gezielt in Form von organischem oder mineralischem Dünger zuführen müssen, wenn sie eine Erschöpfung des Bodens vermeiden wollen.
Die höheren Ernten fanden nicht nur mehr Abnehmer, sie konnten auch zusehends auf besseren Transportwegen in die Städte gebracht werden. Nachdem James Watt 1770 sei-

Links oben: Die ersten Eisenbahnen waren langsame, fauchende Kuriositäten auf kurzen Schienensträngen, so wie die älteste deutsche Bahnstrecke zwischen Nürnberg und Fürth im Jahr 1835.

Die neuen Schienenstrecken öffneten einen bequemen Weg in den Westen der USA. Mit den Zügen kamen »Büffeljäger«, deren einziges Ziel es war, möglichst viele Bisons abzuschießen. Ende des 19. Jahrhunderts waren die einst riesigen Herden verschwunden (und damit die Lebensgrundlage der Prärieindianer). Heute leben Bisons nur noch in Reservaten.

ne verbesserte Dampfmaschine erfunden hatte, versuchten Tüftler auch, die neue Kraftquelle in Fahrzeuge einzubauen. Die ersten Lokomotiven zogen Kohlewagen über die hölzernen Geleise englischer Bergwerke. An einen Transport von Menschen dachte zunächst niemand. Erst 60 Jahre nach Watts Erfindung erlebte die Eisenbahn ihren Durchbruch.

Nicht alle Zeitgenossen des angehenden 19. Jahrhunderts teilten nämlich den Optimismus der Wissenschaftler und Techniker. Auch der englische Lokomotivenbauer George Stevenson stieß auf Widerstand, als er dafür plädierte, die geplante Schienenstrecke zwischen den Industriezentren Liverpool und Manchester nicht auf Pferdewagen, sondern gleich auf dampfgetriebene Züge auszubauen. Bei einer Wettfahrt im Oktober 1829 bewies Stevensons Lokomotive »Rocket« mit einer Höchstgeschwindigkeit von 47 Kilometern pro Stunde, daß die neumodischen Fahrmaschinen entgegen allen Zweifeln Menschen schnell und einigermaßen sicher von einem Ort zum anderen bringen konnten. Der Siegeszug der Eisenbahn begann: 1830 fuhren Züge regelmäßig auf der 40 Kilometer langen Strecke zwischen Liverpool und Manchester, fünf Jahre später erstmals in Deutschland (zwischen Nürnberg und Fürth). Nach der Erfindung industriell herstellbarer Stahlschienen und -achsen im Jahr 1856 spannten sich dann in rascher Folge Geleise quer durch alle Kontinente.

So spielten die Eisenbahnen bei der Eroberung des »Wilden Westens« der Vereinigten Staaten eine Hauptrolle. Als einziges schnelles Transportmittel ihrer Zeit vermochten die »Dampfrösser« eine zehntägige Reise mit der Pferdekutsche in eine zudem bequemere 50-Stunden-Tour abzukürzen. Das rasch wachsende Schienennetz zerschnitt freilich die vorher offene Landschaft in immer kleinere Areale. Und besonders die amerikanischen Eisenbahnbauer schlugen häßliche Trassen in unberührte Wälder und Prärien.

1869 trafen sich die von der amerikanischen Ost- und Westküste kommenden Schienenstränge in Utah zur ersten transkontinentalen Eisenbahnlinie Nordamerikas. Um diese Zeit begann das große Abschlachten der damals noch riesigen Bison-Herden auf den Prärien. Begünstigt durch die neuen Eisenbahnlinien und verbesserte Gewehre, schossen »Jäger« auf alles, was vier Beine hatte. Bis zu einer Viertelmillion Bisons wurden in einem einzigen Monat vernichtet – und damit auch die Lebensgrundlage der Prärie-Indianer. 1889 waren von zuvor etwa 60 Millionen Tieren in den USA nur noch genau 1090 übriggeblieben.

Mit oder ohne Eisenbahn wurden auch viele andere Tierarten im 19. Jahrhundert ausgerottet oder in wenige Rückzugsgebiete verdrängt. Der letzte Bär Bayerns wurde schon 1835 erlegt; gegen Ende des Jahrhunderts waren Wölfe, Luchse und Biber in Deutschland so gut wie ausgestorben.

Der letzte wilde Bär Deutschlands wurde am 24. Oktober 1835 bei Ruhpolding in Bayern geschossen. Seinen Kadaver brachten die Jäger im Triumphzug zu Tal. Mit Bär, Wolf und Luchs verschwanden damals die letzten großen, frei lebenden Raubtiere Mitteleuropas.

Die große Industrialisierungswelle: Raubbau an Mensch und Natur

»Wo Dreck ist, ist auch Geld«, hieß es im mittelenglischen Manchester schon zu Beginn des letzten Jahrhunderts. Als im englischen Kohle-, Eisen- und Textilrevier die Schlote zu qualmen begannen und in nur wenigen Jahrzehnten ganze Landstriche in einen verrauchten, verdreckten Alptraum verwandelten, da war der Rest der Welt noch bäuerlich-beschaulich geprägt. Im Deutschland der Biedermeierzeit malten um 1830 Künstler wie Caspar David Friedrich

stimmungsvolle, von einer alten bäuerlichen Tradition geprägte Landschaften (siehe Seite 206), während in Manchester und in anderen Industriestädten Menschenmassen in erbärmlichen Arbeitersiedlungen (den »Slums«) zusammengepfercht wurden: 1770 hatte die Hauptstadt des frühindustriellen Kapitalismus erst 20000 Einwohner, 1840 waren es dagegen schon 240000.

Dampflokomotiven, Dampfschiffe, Dampfmaschinen und Gasbeleuchtung ließen freilich auch außerhalb Englands nicht lange auf sich warten. Die zweite Phase der industriellen Revolution hatte begonnen, als Koks zur Verhüttung von Eisenerz verwandt wurde. Neben dem mittelenglischen Revier entstanden neue Landschaften aus Feuer und Ruß: das Ruhrgebiet, Oberschlesien, Lothringen und das Saargebiet, die amerikanischen Schwerindustriezentren. Verarbeitende Industrien siedelten sich in verkehrsgünstigen Städten an, die ersten Mietskasernen wurden in Berlin und anderen Metropolen für die aus dem Land in die Städte strömenden Arbeiterheere gebaut.

In den Bergwerken schufteten Männer, Kinder und Pferde unter unsäglichen Bedingungen; in den Fabriken ging es den Arbeitern nicht viel besser. Alteingesessene Handwerksbetriebe wurden von der mechanisierten Konkurrenz vernichtet. Unvorstellbarer Reichtum entstand neben unvorstellbarem Elend. Die belebte und unbelebte Natur schrumpfte zum Objekt des schnellen Gewinns. Der Raubbau an Luft und Wasser und Landschaft wirkte auch auf die Menschen zurück: »Holzbestände, namentlich Nadelhölzer, welche dem Hütten- oder Steinkohlenrauch dauernd oder wenigstens sehr häufig ausgesetzt sind, zeigen ein sichtbares Kränkeln, welches unter Umständen mit Absterben endigt«, schrieb der Gießener Forstwissenschaftler Professor Richard Heß 1878 in seinem Buch »Der Forstschutz«. Heß wußte auch schon, welche Ausdünstungen der Schlote besonders gefährlich sind: »Von den im Hüttenrauch enthaltenen Bestandtheilen« sei »bloß die schweflige Säure (SO_2) dem Holzwuchs nachtheilig«. Zum Glück aber habe »dieses Uebel nur eine äußerst locale Verbreitung«.

Trotz Armut und katastrophalen hygienischen Bedingungen wuchsen die Städte unaufhaltsam. Die damals einsetzende Bevölkerungsexplosion zeigt, wie der britische Historiker Arnold Toynbee in seiner »Geschichte der großen Zivilisationen« schrieb, daß sich »das Kräfteverhältnis zwischen der Biosphäre und dem Menschen zugunsten des letzteren« verändert hatte.

Während im 19. Jahrhundert die Schlote ungefiltert die Luft verpesteten und sklavenähnliche Arbeiterheere in den Fabriken schufteten, legten Forscher und Tüftler mit Schlüsselentdeckungen und -erfindungen den Grundstein für die dritte Phase der industriellen Revolution: den Einsatz von Elektro- und Benzinmotoren, von elektrischem Licht und großtechnischen chemischen

Erdöl wurde Ende des 19. Jahrhunderts zusehends wichtiger. Der Amerikaner Edwin Drake brachte 1859 die erste wirtschaftliche Ölbohrung nieder (oben). Die ersten Mähdrescher der USA liefen noch ohne Öl, gezogen von enormen Maultiergespannen (ganz oben).

Prozessen in der Industrie. Die Liste weltverändernder Erfindungen und Entdeckungen in diesem Jahrhundert des Umbruchs ist lang, wie einige Beispiele zeigen: Dampfpflug (1832), Anilinfarben (1834), Getreidemähmaschine (1834), Zweirad mit Kurbel (1845), Bessemer-Stahl (Gußstahl, 1856), erste erfolgreiche Ölbohrung (1857), Telefon (1861), elektrischer Dynamo (1866), Dynamit (1867), Fließbandarbeit (1870), Viertaktbenzinmotor (»Otto-Motor«, 1876), Glühbirne (1879), Wolkenkratzer (Stahlhochhaus, 1883), Automobil (1886), Röntgenstrahlen (1895).

Diese dritte Phase der industriellen Revolution verlagerte den Schwerpunkt der technisch-wirtschaftlichen Aktivität von Kohle, Eisen und Dampfmaschine hin zu Elektrotechnik, Chemie und Benzinmotor. Während Deutschland zum Zentrum der chemischen Industrie heranwuchs und mit Männern wie Werner von Siemens auch die Elektrotechnik entscheidend beeinflußte, wurde in den USA unter anderem die Landwirtschaft radikal mechanisiert. Um 1880 hatte der Amerikaner Benjamin Holt den Mähdrescher erfunden, der zunächst noch von Maultiergespannen mit zwanzig Tieren und mehr gezogen wurde. Dampf- und dann Dieseltraktoren übernahmen bald die Zugarbeit. Dadurch konnten wenige Menschen auf riesigen Flächen pflügen, eggen, säen und ernten.

Wissenschaftliche Erkenntnisse über die Erbvorgänge (die von Gregor Mendel 1866 gefundenen Gesetze wurden erst im Jahr 1900 wiederentdeckt) beschleunigten die Nutzpflanzenzucht; die 1899 erstmals gelungene und von dem deutschen Chemiker Fritz Haber 1908 verbesserte Gewinnung von Stickstoffdünger aus der Luft machte eine intensive Mineraldüngung möglich. Das alles brachte Rekorderträge – und zuvor unbekannte neue Umweltprobleme: »ausgeräumte« Landschaften, Bodenerosion und Staubstürme in den Vereinigten Staaten, Verarmung der Tier- und Pflanzenwelt.

Die Fabriken der ersten industriellen Revolution waren bis Ende des letzten Jahrhunderts düster, rußig und voller Arbeiter, wie Menzels Gemälde »Das Eisenwalzwerk« eindrucksvoll belegt.

Es werde Licht: Das Zeitalter der Erfinder

Arbeit und Brot gab es im letzten Drittel des 19. Jahrhunderts zur Genüge. Doch das Wirtschaftswunder des Maschinenzeitalters war damals von ähnlichen Katastrophen bedroht wie jenes der Gotik: von der Pest und anderen Seuchen.

Diesmal freilich hatte das Wissen mit der wirtschaftlichen Entwicklung Schritt zu halten vermocht. Die »dritte Phase« der industriellen Revolution war zugleich die Zeit der wohl größten medizinischen Durchbrüche der Geschichte: Die Ursachen der Infektionskrankheiten (und anderer Leiden) konnten entdeckt und durch bessere hygienische Bedingungen eingedämmt werden. Der Franzose Louis Pasteur entwickelte 1867 die nach ihm benannte Methode zur Keimabtötung durch Erhitzen und erprobte erfolgreich Impfstoffe gegen verschiedene Krankheiten, so 1880 ein Serum gegen die Tollwut. Der deutsche Bakteriologe Robert Koch entdeckte 1882 die Tuberkulose-Bakterien und ein Jahr später die Cholera-Erreger; er entwickelte das Heilmittel »Tuberkulin« sowie unter anderem ein Serum gegen die Rinderpest.

Die Erfolge trugen rasch Früchte. Nach Cholera-Epidemien begannen Städte mit Macht, ihre Wasserversorgung zu renovieren und funktionierende Abwassernetze zu schaffen (allerdings ohne Kläranlagen). Abermals beschleunigte sich die Bevölkerungszunahme in den alten Industrienationen: Mit rund 575 Millionen Einwohnern lebten in ihnen im Jahr 1900 knapp 35 Prozent aller Menschen – der bis heute höchste prozentuale Anteil dieser Ländergruppe an der Weltbevölkerung (1985: unter 25 Prozent).

Mit der gesundheitlichen Stabilisierung kam auch eine wirtschaftliche und soziale Verbesserung für die breite Bevölkerung Europas und der USA. Viele der technischen Annehmlichkeiten, die heute selbstverständlich sind, wurden gegen Ende des 19. Jahrhunderts eingeführt. Im Herbst 1879 war es dem amerikanischen Erfinderkönig Thomas Alva Edison und seinen Mitarbeitern nach vielen Fehlschlägen gelungen, eine brauchbare Glühbirne zu entwickeln. Das elektrische Licht hielt Einzug in Fabriken, Büros und Privatwohnungen – und ihm folgten all die elektrischen Geräte nach.

Die Trennung von Arbeitsplatz und Wohnung und dann die Eisenbahn hatten die Städte auseinanderfließen lassen. Die mobilere Gesellschaft des Industriezeitalters nahm deshalb das seit 1888 luftbereifte, fast schon modern aussehende Fahrrad in Massen ab. Ein zur gleichen Zeit einsatzreif werdendes Landfahrzeug war zwar weder so einfach noch so sparsam wie der Drahtesel, machte aber dennoch Karriere: das von einem Benzinmotor angetriebene Automobil. Im Jahr 1887 verkaufte der Mannheimer Erfinder Karl Benz seinen ersten dreiräderigen Personenkraftwagen.

Als der Amerikaner Henry Ford im Jahr 1911 begann, in seiner Fabrik in Dearborn (US-Bundesstaat Michigan) Autos am Fließband herzustellen, holte der Kraftwagen rasch einen gewichtigen Anteil des Landverkehrs von der Schiene auf die Straße zurück. Schon 1929 fuhren in den Vereinigten Staaten 23 Millionen Automobile.

Als das Auto seine Siegesfahrt begann, hatten Großstädte eben begonnen, neue Nahverkehrsmittel einzusetzen. Werner von Siemens hatte 1881 in Berlin die erste elektrische Straßenbahn eingerichtet, und

Neue Motoren, Maschinen und Techniken stellten Ende des 19. Jahrhunderts die Weichen für die verschwenderische westliche Zivilisation. Die Nutzung der Elektrizität begann bescheiden, etwa mit Berlins erster elektrischer Straßenbahn von 1881 (oben) oder Edisons erster brauchbarer Glühlampe (rechts: Edison mit Helfern im Labor). Andere Erfinder brachten dann die neuen Errungenschaften unters Volk (unten: Henry Fords erstes Fließband).

Knatternde Motoren machten schließlich auch die Eroberung der Luft möglich. 1903 gelang den amerikanischen Brüdern Orville und Wilburg Wright der erste Motorflug (die Brüder bei einem Flug im Jahr 1908). Seitdem liegt fast überall der Lärm in der Luft.

schon 1890 wurde in London die erste elektrische Untergrundbahn eröffnet.

Der kompakte und leistungsstarke Benzinmotor ermöglichte schließlich, nach einem Jahrhundert Ballonfahrt, auch die endgültige Eroberung der Luft. Im Dezember 1903 hob das Motorflugzeug der amerikanischen Brüder Orville und Wilbur Wright zum ersten Mal zu einem – nur 260 Meter langen – Flug ab. Zwei Jahre später hatten sie das erste brauchbare Flugzeug entwickelt. Seitdem schrumpfen Reisen, die einst Wochen und Monate dauerten, zu wenigen Stunden Flug zusammen. Seitdem ist jedoch auch die Luft angefüllt vom Brummen der Propellermotoren und (nach dem Zweiten

Weltkrieg) vom Heulen der Düsentriebwerke.
Die atemlose Hatz der Technik und ihre unerwünschten Nebenwirkungen riefen schon vor hundert Jahren Protest hervor. Erste staatliche Vorschriften versuchten, die Verschmutzung von Luft und Wasser sowie die Zerstörung der Landschaft einzudämmen. 1888 prägte der Deutsche Ernst Rudorff den Begriff »Naturschutz«. In den verrußten Industriestädten war schon früher die Sehnsucht nach etwas Natur und frischer Luft aufgekommen: 1866 richtete der Leipziger Arzt Daniel Schreber die ersten, nach ihm benannten Kleingartenkolonien für Städter ein; kurze Zeit später bauten englische Architekten bereits die ersten »Gartenstädte«.
Sogar in den scheinbar unbegrenzt reichen Vereinigten Staaten wurde 1908 bei einer Konferenz im Weißen Haus, dem Sitz des Präsidenten, vor der Gefahr einer Erschöpfung natürlicher Reichtümer und vor deren verschwenderischen Verbrauch gewarnt. »Zerrissen ist der Zusammenhang zwischen Menschenschöpfung und Erde, vernichtet für Jahrhunderte, wenn nicht für immer, das Urlied der Landschaft«, klagte der deutsche Philosoph Ludwig Klages während einer Rede im Jahr 1913 vor der »Freien Jugend«.

Entlausungsaktion mit der Giftspritze: Nach dem Zweiten Weltkrieg galt das Insektengift DDT als »Wundermittel«. Es tötete alle Insekten, ohne offensichtlich den Menschen zu gefährden. Erst viel später wurden die unsichtbaren Folgen für Organismen und Arten entdeckt.

Das Atomzeitalter

Fortschritt bis zum bitteren Ende?

Die »Züge entfesselter Mordsucht«, die der Philosoph Ludwig Klages 1913 der »Zivilisation« nachsagte, wurden schon ein Jahr später auf grauenhafte Weise sichtbar. Die Völker Europas und schließlich der ganzen Erde schlitterten in den Ersten Weltkrieg.

8,6 Millionen Soldaten fielen, mehr als 22 Millionen wurden in den vier Jahren Krieg verwundet. Bei den Grabenkämpfen zwischen Deutschen und Franzosen verheizten die Generalstäbe beider Seiten eine ganze Generation junger Männer. Artillerie-Dauerbeschuß verwandelte die Schlachtfelder bei Verdun und anderswo in Trichterlandschaften, in ausgedehnte Zonen der totalen Natur- und Menschenvernichtung. Maschinengewehre, die ersten Panzer und Kampfflugzeuge steigerten die Schrecken des Krieges in zuvor unbekanntem Ausmaß. Auch die Fortschritte in der Chemie wurden erbarmungslos genutzt: Am 22. April 1915 starben 5000 englische und französische Soldaten bei einem Giftgas-Angriff der Deutschen an der Westfront.

»Europa versank in den Fortschritten, die der Frieden nicht brachte«, beschrieb der Tübinger Sozialforscher Professor Friedrich Tenbruck die bis dahin größte militärische Katastrophe. Danach wurden zwar die chemischen Kampfstoffe vom Völkerbund geächtet. Doch die andere Seite der Medaille »technischer Fortschritt« barg noch genug Facetten des wahllos ausgestreuten Todes.

Nur 21 Jahre nach dem ersten großen Sterben begann mit dem Überfall Hitler-Deutschlands auf Polen die zweite, noch schrecklichere Lebensvernichtung. Der total mechanisierte Zweite Weltkrieg war nicht mehr auf Giftgas angewiesen, um Städte und Landstriche auszuradieren. Die deutsche Luftwaffe begann mit den wahllosen Bombenangriffen auf englische Städte, die Alliierten schlugen im Lauf der fast sechs Jahre Krieg mit immer heftigeren Angriffen zurück. Beim größten konventionellen Bombenangriff der Geschichte im Februar 1945 starben in Dresden rund 135000 Menschen, fast ausschließlich Zivilisten. Insgesamt, so lautet die Statistik des Grauens, standen im Zweiten Weltkrieg 110 Millionen Soldaten aus 61 Staaten unter Waffen; 27 Millionen Soldaten und 25 Millionen Zivilisten (einschließlich der KZ-Opfer) kamen während des Kriegs um.

Als in Europa der Krieg schon aus war, zündeten die Vereinigten Staaten über den japanischen Städten Hiroshima (6. August 1945) und Nagasaki (9. August) je eine Atombombe. Insgesamt 240000 Menschen starben sofort in den Explosionen oder später an den Strahlenschäden. »Es ist die Tragödie der Menschheit«, kommentierte der ungarisch-amerikanische Physiker Leo Szilard, der die amerikanische Regierung vergebens dazu bewegen hatte wollen, die Japaner nur mit einer öffentlichen Test-Atomexplosion zur Kapitulation zu zwingen. Und Albert Einstein sah den nuklearen Rüstungswettlauf kommen: »Die Freisetzung der Atomenergie hat alles verändert – außer unserer Denkweise, und somit steuern wir auf eine beispiellose Katastrophe zu.«
In der Tat lebt die Erde, leben Mensch und Natur seit 1945 unter dem Damoklesschwert eines globalen Atomkrieges, also der totalen Umweltvernichtung. In Unkenntnis der Wirkung radioaktiver Strahlung und deren Langzeitwirkungen auf

Die neue Macht des Menschen über die Natur wurde auf schrecklichste Weise sichtbar, als sie sich gegen den Menschen selbst wandte. Atombomben bedrohen seitdem das gesamte Leben auf der Erde (rechts: Explosion einer amerikanischen Atombombe in Nevada; links: Start einer US-Rakete vom Typ Thor im Jahr 1958). Wie beim DDT wurden die schleichenden Gefahren der radioaktiven Verseuchung – höheres Krebsrisiko – erst nach und nach erkannt. So wurden in den fünfziger Jahren US-Soldaten bei A-Bombentests zu nah am Explosionsherd postiert.

Mensch und Tier – nämlich Krebs und Erbschäden – zündeten die USA und die Sowjetunion während des kalten Krieges Hunderte von Atom- und Wasserstoffbomben in der Atmosphäre. Erst 1963 einigten sich die beiden Supermächte im begrenzten Teststoppabkommen auf einen Verzicht der oberirdischen Kernexplosionen (Frankreich und China halten sich bis heute nicht daran). Die Arsenale wuchsen freilich weiter: Heute liegt für jeden einzelnen Menschen der Erde, statistisch gesehen, Atomsprengstoff mit der Sprengkraft von vier Tonnen Dynamit bereit. Zu dieser schon unfaßbaren Bedrohung durch Explosionsgewalt, Hitze und Strahlung kommt, wie seit 1983 zusehends erkannt wird, die Gefahr eines »nuklearen Winters« (siehe Seite 180): Demnach droht den Überlebenden eines Atomkriegs – Menschen, Tiere, Pflanzen – der Hunger- und Kältetod.

Nach Hiroshima verblassen eigentlich alle anderen Gefahren. Und doch kam aus der Chemie eine neue Art von Substanzen, die zunächst nur Gutes zu bewirken schienen, dann jedoch als Verursacher eines schleichenden Todes erkannt wurden: Insektengifte wie das DDT.

Die Kehrseiten des technischen Fortschritts wurden in den 60er Jahren unübersehbar: In der Seine schwammen tote Fische (links) und vor Englands Küste brannte der Supertanker »Torrey Canyon« (rechts oben).

Die Contergan-Katastrophe hinterließ viele Tausend an Armen oder Beinen verkrüppelte Kinder (rechts unten): Opfer eines zu großen Vertrauens in die Sicherheit neuentwickelter Arzneimittel.

Übertönt vom Lärm der Raumfahrt: Der »stumme Frühling«

Die »Entdeckungen und Erfindungen des Westens waren gewaltige Leistungen des Mutes, der Intelligenz und der Vorstellungskraft«, beschrieb Arnold Toynbee, der britische Historiker, die Situation der Menschheit nach dem Zweiten Weltkrieg, »aber sie hatten zwiespältige Auswirkungen auf das Leben der Menschen«.

Eine dieser janusköpfigen Entwicklungen ist die Nutzung der Atomkraft. Die Feuerblitze über Hiroshima und Nagasaki brannten die

Schreckensvision einer total zerstörten Erde in die Gehirne der Menschen. Doch kurz nach dem Zweiten Weltkrieg begannen die Anstrengungen vor allem amerikanischer Physiker, von denen viele unter starken Schuldgefühlen wegen ihrer Beteiligung am Bau der Atombombe litten, die Urkräfte des Atomkerns auch für friedliche Zwecke zu nutzen. Damals fehlten freilich viele wesentliche Informationen über die Wirkungen der radioaktiven Strahlung sowie der dabei anfallenden, zum Teil über Jahrhunderttausende strahlende Isotopen (das sind Abarten chemischer Elemente) auf Mensch und Natur.

Während die ersten Versuchsreaktoren gebaut wurden, gerieten Soldaten und Zivilisten in den radioaktiven »Fallout« militärischer Atombombenversuche. Allein bei amerikanischen Tests sollen, Schätzungen zufolge, rund 250000 Mann als Beobachter zu nahe an die Explosionsherde geschickt worden sein. Viele dieser »vergessenen Versuchskaninchen«, wie sie in einem 1980 veröffentlichten amerikanischen Regierungsbericht genannt werden, erkrankten später an Krebs, vor allem an Blutkrebs (Leukämie) – viel mehr, als nach dem statistischen Durchschnitt zu erwarten gewesen wäre.

Trotz der Zerstörungen des Zweiten Weltkrieges wuchs in den fünfziger und sechziger Jahren das Vertrauen in den technischen Fortschritt noch einmal stark an. Mit dem Start des russischen Erdsatelliten Sputnik-1

Die amerikanische Biologin Rachel Carson warnte in ihrem Buch »Der stumme Frühling« vor der schleichenden Vergiftung.

am 4. Oktober 1957 begann ein technisches Spektakel, das bis zu den bemannten Mondlandungen des amerikanischen Apollo-Programms zwischen 1969 und 1972 einen großen Teil der öffentlichen Aufmerksamkeit (und des Geldes) auf sich lenken konnte. Der Mensch, so schien es, greift nach der Eroberung der Erde und der Luft nun nach den Sternen. Warnende Stimmen gingen weitgehend unter: »Raumfahrt ist eine Ausübung der Lust nach Abenteuer, nach Befriedigung der Neugier, des Triebes, das Äußerste zu versuchen«, kritisierte nach dem Sputnik-Start der deutsche Physik-Nobelpreisträger Max Born. Die Raumfahrt sei deshalb »ein Triumph des Verstandes, aber ein tragisches Versagen der Vernunft«.

Anfang der sechziger Jahre träumten auch renommierte Wissenschaftler vom technischen Umbau der Erde und des Menschen. Doch schon damals mehrten sich – weitgehend unbeachtet – die Krisenzeichen. Die weltweite Verschmutzung von Luft und Wasser und damit ein möglicher Zusammenbruch der Biosphäre wur-

de erstmals ernsthaft diskutiert. Der Spruch vom »blauen Himmel über der Ruhr« war mehr als ein Wahlkampfslogan, er war ein Aufruf zum Umdenken.
Dann rüttelte 1962 die amerikanische Biologin Rachel Carson mit ihrem Buch »Der stumme Frühling« die Welt auf. Den Kern ihrer Warnschrift bildeten die langfristigen, schädlichen Folgen des ungezügelten Gifteinsatzes in der Landwirtschaft. Im Zentrum ihrer Kritik stand die damals noch als »Wundermittel« gepriesene Substanz DDT.
So tödlich das Mittel auf Kerbtiere wirkte, so harmlos erschien es für Menschen: In Pulverform wurde es bei Tausenden von Soldaten, Flüchtlingen und Gefangenen nach dem Krieg gegen Läuse eingesetzt.
DDT war nicht das einzige Insektengift, das nach Kriegsende Karriere machte. Viele Substanzen wurden während des Krieges auf eine mögliche Eignung als chemische Kampfstoffe untersucht – und bei diesen Tests kam, gleichsam als ziviles Nebenprodukt, deren tödliche Wirkung auf Insekten zum Vorschein. Der totale Sieg gegen die sechsbeinigen Schädlinge schien nun möglich. Landwirte berichteten von enorm gesteigerten Ernten, die Pestizid-Industrie blühte auf. Die Schattenseiten des weltweiten Giftkrieges machte dann »Der stumme Frühling« publik: zum einen die Anreicherung der langlebigen Biozide über die Nahrungskette mit all ihren Folgen, zum anderen die wachsende Resistenz der Insekten gegen die Gifte.
Die Krise des Vertrauens in den wissenschaftlich-technischen Fortschritt mußte freilich nach Rachel Carsons Buch noch durch viele kleine und große Katastrophen geschürt werden, bevor es zur großen Wende im »Umweltbewußtsein« der Öffentlichkeit kam: Da war der Fall des Schlafmittels Contergan, das – von ahnungslosen schwangeren Frauen eingenommen – Mißbildungen an vielen tausend ungeborenen Kindern verursachte; da war das Leiden der Opfer der Quecksilbervergiftung im japanischen Fischerort Minamata; da war im März 1967 die bis dato größte Ölpest, verursacht durch den vor der südenglischen Küste auseinandergebrochenen Supertanker »Torrey Canyon«; da waren die vielen toten Fische in Rhein und Seine und anderswo.

Die »grünen« siebziger Jahre

Ein »Tag der Erde« und die »Grenzen des Wachstums«

Es war wie eine düstere Vorschau auf das, was der Menschheit drohen könnte: In einer Nacht im November 1965 gingen in New York die Lichter aus. Der Kurzschluß lähmte die Wolkenkratzer-Metropole, dieses sonst so gleißende Symbol einer aufwärtsstrebenden westlichen Zivilisation, nahezu total. Die große Glaubenskrise der »zweiten industriellen Revolution«, jener seit dem Zweiten Weltkrieg zunehmend auf hohen Energieeinsatz und Automation bauenden Wirtschaftsweise, warf ihre ersten Schatten auf die »Wegwerfgesellschaft«, ließ Zweifel am »ex und hopp« aufkeimen.

Zu der warnenden Stimme von Rachel Carson gesellte sich jene ihres Landsmanns und Kollegen Barry Commoner. Er schrieb 1966: »In 25 bis 30 Jahren werden wir die Schwelle der Unumkehrbarkeit auf unserem selbstmörderischen Kurs der Umweltzerstörung erreicht haben, wenn nicht sofort einschneidende Maßnahmen zum Schutz der Umwelt ergriffen werden.« Ein anderer Amerikaner, Paul Ehrlich, zog 1968 mit seinem Bestseller »Die Bevölkerungsbombe« nach: »In den siebziger Jahren wird die Erde Hungersnöte erleben – Hunderte von Millionen von Menschen werden verhungern.«

Als vierter Prophet der drohenden Umweltkatastrophe warnte der US-Autor Gordon Rattray Taylor in zwei Büchern vor der »Biologischen Zeitbombe« und dem »Selbstmordprogramm«.

All diesen Mahnern war gemein, daß sie eine Erschöpfung der Rohstoffe, die steigenden Kosten und Risiken der Energieerzeugung sowie die steigende Umweltbelastung durch nicht mehr schnell genug von der Natur neutralisierte Abfallprodukte voraussagten.

Die »Grenzen des Wachstums« machten den amerikanischen Mathematiker Dennis Meadows 1972 mit einem Schlag weltberühmt. Seine Computermodelle zeigten, trotz aller Einschränkungen, daß ungebremstes Wachstum unweigerlich in die Katastrophe führen wird.

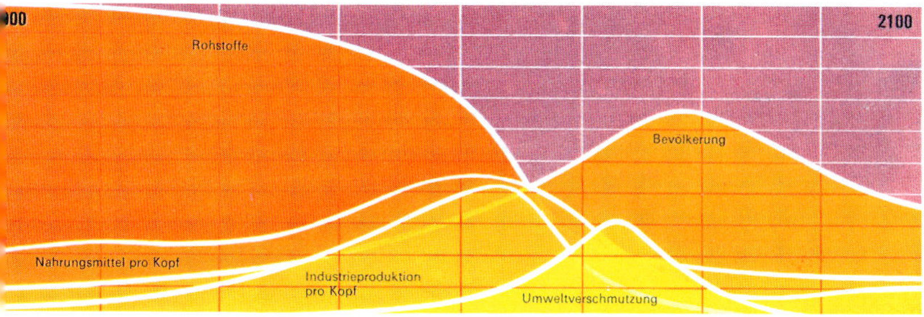

Computermodelle aus den frühen siebziger Jahren: Orakel und ernste Warnungen
Computermodelle wurden um 1970 zum ersten Mal für einen Blick in die Zukunft der Menschheit genutzt. Die beiden ersten stammen aus dem Massachusetts Institute of Technology (MIT) in den USA. Wenn alles weiterliefe wie bisher, würden Erdbevölkerung, Industrieproduktion und Nahrungserzeugung zunächst weiter ansteigen (oben Mitte). Wachsende Rohstoffknappheit ließe dann jedoch die Industrie zusammenbrechen und Milliarden Menschen sterben.

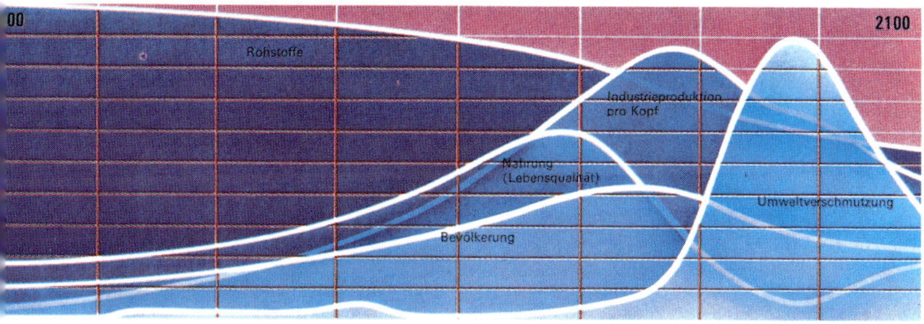

In einem zweiten Weltmodell (oben) ging man davon aus, daß genügend Rohstoffe beschafft werden könnten und eine weltweite Geburtenkontrolle einsetzt. Das ungehemmte Wachstum würde dann freilich die Erde katastrophal verschmutzen. Milliarden Menschen müßten verhungern. Soviel Pessimismus wollten Experten der Universität von Kalifornien nicht gelten lassen: Das neue Programm, daß dem Menschen auch in Zukunft etwas einfallen wird, führte zum erwünschten Ergebnis: eine heile Welt. Das Modell erweist sich schon jetzt als zu optimistisch.

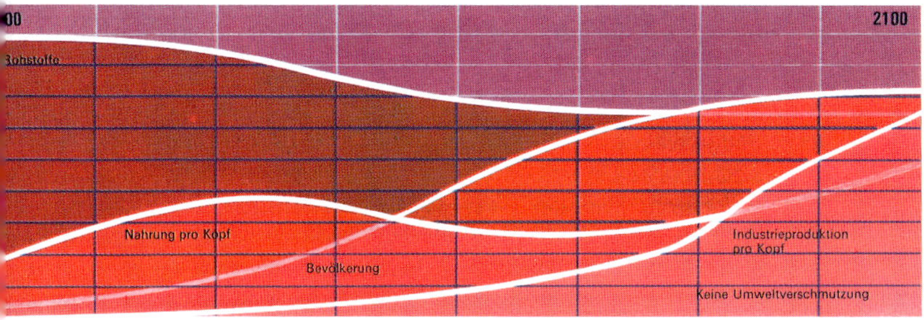

Der Umschwung »kam plötzlich, aber er ist tief und dauerhaft«, wie der Tübinger Sozialforscher Friedrich Tenbruck rückblickend kommentiert: »Eine Welt, die auf Fortschritt gebaut ist, stürzt in Ratlosigkeit, wenn ihr dieser Fortschritt plötzlich zur unberechenbaren Größe wird.« 1970 vermochte dann der wachsende Wohlstand nicht länger die wachsenden Mängel zu überdecken. Das »Europäische Naturschutzjahr« löste in der Alten Welt eine Flut von Berichten und Kommentaren zur Lage der Umwelt aus. Begriffe wie »Umweltbewußtsein« und »Umweltpolitik« bürgerten sich fast über Nacht ein. Und in den Vereinigten Staaten brachte der »Tag der Erde« am 22. April 1970 zwanzig Millionen Menschen auf die Beine: Sie forderten, daß die Qualität der natürlichen Umwelt zum höchsten nationalen Ziel erklärt wird.

Der Umwelt-Schock zeigte rasch Wirkung. In der Bundesrepublik Deutschland sank die Zahl der Bürger, die bei Meinungsumfragen angaben, noch nie das Wort »Umweltschutz« gehört zu haben, innerhalb eines Jahres von 41 auf acht Prozent. Und die Regierungen der westlichen Industrieländer brachten eine Fülle neuer Gesetzesvorlagen in die Parlamente ein.

Die Aufbruchsstimmung erreichte 1972 in Stockholm bei der Umweltkonferenz der Vereinten Nationen ihren Höhepunkt. Damals wurde das Umweltprogramm der Vereinten Nationen (kurz UNEP genannt) ins Leben gerufen, das seitdem versucht, Natur- und Umweltschutz weltweit zu koordinieren.

Im gleichen Jahr schockten die Berechnungen des amerikanischen Mathematikers Dennis Meadows die Weltöffentlichkeit. Meadows und seine Mitarbeiter vom renommierten »Massachusetts Institute of Technology« (MIT) hatten mit neuen Computermodellen wichtige Größen wie die weltweite Entwicklung der Bevölkerung, des Rohstoff- und Nahrungsmittelverbrauchs, der Indu-

Der Tod hat die Erde fest im Griff: Das düstere Straßentheater am Rand der großen Umweltkonferenz der Vereinten Nationen 1972 in Stockholm machte drastisch auf die Gefahren der globalen Umweltverschmutzung aufmerksam.

strieproduktion und der Umweltverschmutzung bis zum Jahr 2100 hochgerechnet. Die Prognosen, in dem Buch »Die Grenzen des Wachstums« veröffentlicht, endeten durchweg in globalen Katastrophen. Obwohl die groben mathematischen Modelle allenfalls mögliche Entwicklungen simulieren konnten, war die Wirkung gewaltig: Pessimisten fühlten sich in ihrer Weltuntergangsstimmung bestätigt, Optimisten verwiesen flugs auf konkurrierende »Weltmodelle«, bei denen – ebenso grob – die Rechengröße »menschlicher Erfindergeist« als Ausweg aus allen Krisen mit in den Computer eingegeben worden war.

Umweltproblem Chemie: Seveso und die anderen Orte

»Der Mensch hat die Fähigkeit, vorauszublicken und vorzusorgen, verloren«, sagte Albert Schweitzer. »Er wird am Ende die Erde zerstören.« Eben diese Fähigkeit zum Vorausschauen wollen Wissenschaftler wie Dennis Meadows mit ihren Weltmodell-Experimenten wiedergewinnen. »Weltmodelle sagen uns nicht ein unabänderliches Schicksal voraus«, meint der deutsche Systemforscher Professor Hartmut Bossel, »sondern sie sollen uns rechtzeitig vor Gefahren warnen, die wir durch Intelligenz, durch Nachdenken und durch Lernen vermeiden können.«
Wie wenig verläßlich die Vorhersagen allerdings sind, zeigte sich schon im Oktober 1973: Keines der eben veröffentlichten Modelle hatte die Preisexplosion beim wichtigsten Energieträger Erdöl berücksichtigt. Zum einen zwang die künstliche Verteuerung – endlich – zum sparsameren Umgang mit diesem nicht erneuerbaren Rohstoff; zum anderen aber bewirkten die dadurch ausgelösten wirtschaftlichen Schwierigkeiten in den Industrieländern, daß viele eben angelaufene Umweltschutzprogramme auf finanzielle Schwierigkeiten stießen.
Der ökonomische »Gegenwind« bremste die Umweltpolitik bis in die achtziger Jahre. Das galt auch für den Bereich der Umweltchemikalien. »Die chemische Industrie produziert gegenwärtig etwa 40000 bis 50000 chemische Verbindungen in Mengen von jeweils mindestens einer Tonne pro Jahr, der Neuzugang beträgt 500 bis 1000 Produkte je Jahr«, heißt es im deutschen »Umweltgutachten 1978«.
Aber auch schon die neu bekanntwerdenden Gefahren altbekannter Chemikalien können eine Nation in Wallung bringen, wie der Fall Formaldehyd im Sommer 1984 illustriert: Die chemisch simple Allerweltssubstanz ist in mehr als 400 Alltagsgütern vom Mundwasser über Haushaltsreiniger bis zu Spanplatten enthalten, sie fällt im Zigarettenrauch und in Automotoren bei der Verbrennung an (dort mit mehr als 30000 Tonnen im Jahr allein in der Bundesrepublik). Formaldehyd ist, wie seit langem bekannt, ein »lokal reizender Stoff« und steht deshalb in der Liste der »Maximalen Arbeitsplatzkonzentrationen«, der »MAK-

Liste«. Dort wurde auch schon vorher der Verdacht auf »krebserzeugendes Potential« geäußert. Doch erst der Streit zwischen dem Bundesgesundheitsministerium und den Fachbehörden Bundesgesundheitsamt, Umweltbundesamt und Bundesanstalt für Arbeitsschutz und Unfallforschung, ob Formaldehyd als »krebserzeugend« eingestuft werden sollte (was die Fachbehörden zunächst vorgeschlagen hatten), brachte die Allerweltschemikalie in Verruf – aber keineswegs vom Markt: Der Zwist um Anwendungsbeschränkungen und Alternativprodukte hielt Anfang 1985 noch an.

Währenddessen wurde die Öffentlichkeit durch mehrere erfolgreiche Bücher sensibilisiert, daß inzwischen jede Menge »Chemie im Haushalt« (so lautet ein Titel) verwendet wird, zum Beispiel Toilettenreiniger, die eigentlich in die »C-Waffen-Sammlung« gehören (wie Rainer Grießhammer in seinem »Öko-Knigge« schreibt).

Skandalträchtig sind seit Jahrzehnten die Giftmülldeponien. Allein 1971 wurden vierzehn Fälle wild abgelagerten Giftmülls in der Bundesrepublik aufgeklärt, darunter einer, bei dem genug Gift für den Tod von 250 Millionen Menschen beseitigt werden mußte.

Nachdem im Juni 1972 die Meldepflicht für Giftmüll in Westdeutschland eingeführt wurde, ging das Problem keineswegs auf Null zurück. »Die Wirklichkeit«, schrieb »Die Zeit« Anfang 1984, »holt die Politik nirgendwo schneller ein als im Um-

Allen Umweltkonferenzen zum Trotz riß in den siebziger Jahren die Kette von Giftmüll-Skandalen und Chemie-Unfällen nicht ab: Am 1. Juni 1974 flog eine Chemiefabrik im englischen Flixborough in die Luft (oben). Am 10. Juli 1976 strömten mehrere Kilogramm Dioxin aus einem Werk im italienischen Seveso. Zu den Opfern der Katastrophe zählen auch Kinder, die an Chlorakne erkrankten (unten links).
Und mitten in der Millionenstadt Hamburg mußte im September 1979 ein – den Behörden bekanntes – Giftgaslager aus dem Zweiten Weltkrieg geräumt werden (unten rechts).

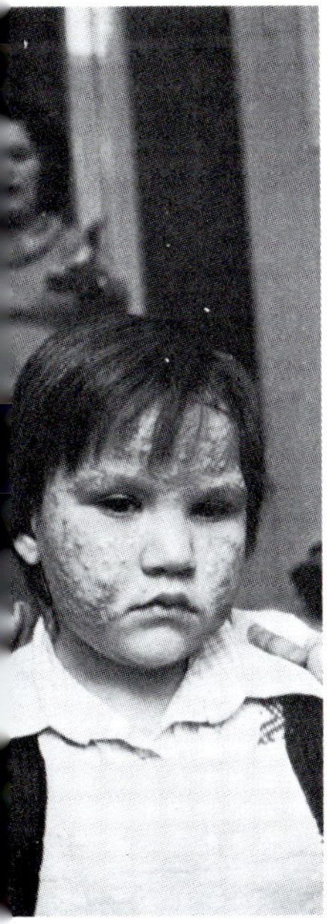

weltschutz.« Anlaß war der zweite große Giftmüllskandal in Hamburg innerhalb weniger Jahre (die beiden Fälle sind freilich nur krasse Beispiele für viele andere derartige Schweinereien). Der »Fall Stoltzenberg«

begann im September 1979 mit dem Tod eines achtjährigen Jungen. Der Bub hatte mit Chemikalien auf dem verwahrlosten Firmengrundstück gespielt – einem Areal mitten in der Millionenstadt, auf dem mit Wissen der untätig gebliebenen Behörden Giftkampfstoffe aus dem Zweiten Weltkrieg lagerten.

Wesentlich jünger sind dagegen die Super-Gifte im riesigen Müllberg von Hamburg-Georgswerder. Die innenstadtnahe Aufschüttung an der Elbe sollte offiziell nur harmlosen Haus- und Gewerbemüll enthalten. Im Herbst 1983 wurde jedoch im Sickerwasser der Deponie Dioxin (das »Seveso-Gift«) gefunden. Im Zuge des Skandals mußte dann das Pestizid-Werk des Chemiekonzerns Boehringer Ingelheim in Hamburg-Moorfleet mehr oder minder unter dem Druck der Öffentlichkeit dichtmachen: In der »Giftklitsche« (Hamburger Volksmund) war bei der Herstellung von Pflanzenvernichtungsmitteln neben anderen gefährlichen Rückständen auch das Seveso-Dioxin 2,3,7,8-TCDD angefallen – und dann war dieser hochgiftige Industriemüll auf (Anfang 1985) noch nicht geklärte Weise auf die nahe Deponie Georgswerder gekippt worden. Die Sanierung des Giftberges wird wahrscheinlich viele hundert Millionen Mark kosten.

Nicht nur Chemiemüll, auch Chemiewerke bereiten Umweltschützern Sorge. Am 1. Juni 1974, einem Samstag, flog im englischen Flixborough eine Cyclohexan-Fertigungsanlage nach einer nachlässig ausgeführten Reparatur in die Luft; »nur« 48 Arbeiter starben. Weniger Todesopfer, aber dafür um so mehr Aufsehen verursachte freilich das Unglück von Seveso: In dem norditalienischen Ort unweit von Mailand strömten am 10. Juli 1976 etwa ein bis fünf Kilogramm des »Ultra-Giftes« Dioxin (TCDD) aus der Icmesa-Fabrik. Das Dioxin, ein unerwünschtes Beiprodukt der Herbizid-Herstellung, verseuchte die Umgebung in drei Kilometer Umkreis. Die innere »Todeszone« ist auch 1985 noch nur mit Schutzanzügen betretbar. Mit skandalöser Verspätung waren damals die 800 am stärksten betroffenen Einwohner evakuiert worden, nachdem bereits Schafe, Katzen und Kaninchen gestorben waren. Mehrere hundert Menschen, darunter viele Kinder, erkrankten an Chlorakne; schwangere Frauen trieben aus Furcht vor Mißbildung ihre Leibesfrucht ab. Die Icmesa, eine Tochtergesellschaft des Schweizer Hoffmann-La Roche-Konzerns, mußte mehr als 200 Millionen Mark Schadenersatz zahlen.

Der böse Unfall geriet im Sommer 1983 abermals in die Schlagzeilen: 41 Fässer mit dem hochgiftigen Dioxin, zur Endlagerung bestimmt, verschwanden auf mysteriöse Weise und konnten erst nach monatelangem Suchen in ganz Westeuropa in einem nordfranzösischen Schlachthauslager wiedergefunden werden. Der Inhalt der Fässer wurde vom Herbst 1984 an in einem Spezialofen auf dem Hoffmann-La Roche-Werksgelände in Basel verbrannt.

Die schwerste Chemie-, ja Industrie-Katastrophe überhaupt geschah freilich in der Nacht zum 3. Dezember 1984 im indischen Bhopal: Mehr als 2500 Menschen starben in einer Giftgaswolke, die aus einem geborstenen unterirdischen Tank des Pestizidwerkes der Firma Union Carbide entströmt war. Der dreigeteilte Tank mit einem Fassungsvermögen von rund 40 Tonnen enthielt Methylisocyanat, ein hochgiftiges Ausgangsprodukt zur Produktion von Insektengiften der Carbamat-Gruppe. Vielleicht bewirkt der Schock dieses Desasters, was Seveso nicht vermochte: mehr Vorsicht in der chemischen Industrie.

Umweltproblem Kernenergie: Ein Kampf ums friedliche Atom

Die chemische Industrie erlebte in Bhopal so etwas wie ihren »größten anzunehmenden Unfall«, ein von Risikoforschern kurz »GAU« genanntes Ereignis. Die Atomindustrie birgt in ihren Kernreaktoren ein noch größeres Gefährdungspotential. Es konnte bislang beherrscht werden – wenn auch nur mit Mühe und viel Glück, wie der Beinahe-GAU vom Kernkraftwerk »Three Mile Island« bei Harrisburg im amerikanischen Bundesstaat Pennsylvania vom April 1979 zeigte: Damals gab es zwar keine Toten, aber Sachschaden in Milliardenhöhe. Wie knapp es zuging, enthüllten die (1985) noch nicht abgeschlossenen Untersuchungen: Ein Fünftel des Reaktorkerns war geschmolzen und hätte beinahe den befürchteten »GAU« ausgelöst mit Gefahren für Leib und Leben von mehreren zehntausend Menschen.

Allein Westdeutschland investierte zur Erforschung und Entwicklung der Kernenergie zwischen 1956 und 1985 rund 35 Milliarden Mark an Steuergeldern. Als Anfang der siebziger Jahre die ersten Großreaktoren Strom ins Netz lieferten und alle Energiebedarfsprognosen zur Eile anspornten, regte sich freilich noch kaum Kritik.

Die Idealvorstellung der Atomlobby sah so aus: Das im Bergbau gewonnene Uranerz wird »angereichert« und zu Brennelementen verarbeitet, die dann in – zumeist wassergekühlten – Atomreaktoren die Wärme produzierende Kettenreaktion ermöglichen; »abgebrannte« Brennelemente kommen in eine zentrale Wiederaufbereitungsanlage, wo Uran und das neu entstandene Element Plutonium vom radioaktiven Abfall getrennt werden; das noch brauchbare Spaltmaterial wird zu neuen Brennelementen verarbeitet, während der Atommüll in geologisch stabilen Gesteinsformationen endgültig zur Ruhe kommt. Später sollten »Schnelle Brutreaktoren« (kurz: »Schnelle Brüter«) aus dem nicht mehr verwendbaren Uran erneut spaltbares Plutonium »erbrüten« und so die begrenzten Uranvorräte der Erde für Jahrtausende strecken.

Das schöne Konzept geriet ins Wanken, als – zunächst fast nur in Fachkreisen – Kritik laut wurde: Die Sicherheitskonzeption der Reaktoren erwies sich bei Tests als unzureichend, die Wiederaufbereitung als technisch ungeheuer kompliziert, der »Schnelle Brüter« als ein milliardenfressendes Projekt mit recht hohen Sicherheitsrisiken. Dazu stellten sich die Bedarfsprognosen über den künftigen Stromverbrauch als weitaus überhöht heraus.

Am heftigsten brach der Widerstand gegen die strahlenden Energiezentren in der Bundesrepublik Deutschland aus: Im Februar 1975 besetzten gut 25000 Demonstranten das Baugelände des geplanten Atomkraftwerkes Wyhl in Südbaden; im Oktober und November kam es in Schleswig-Holstein zur »Schlacht um Brokdorf«, den bisher blutigsten Auseinandersetzungen zwischen Polizei und Atomkraftgegnern; im Februar 1977 demonstrierten 20000 Menschen abermals gegen Brokdorf, diesmal friedlich; im März des gleichen Jahres protestierten 15000 Demonstranten gegen den Bau des Reaktors Grohnde an der Weser; im Dezember 1980 und Februar 1981 kam es bei Protesten gegen Brokdorf erneut zu gewaltsamen Auseinandersetzungen. Danach ebbten die Großdemonstrationen ab. Zurück gingen freilich auch die Bedarfsprognosen und Bauvorhaben der Atomwirtschaft.

Als Kernstück des Kampfes um die Kernkraft entwickelte sich der Streit um die »Entsorgung«. Auch hier schlugen die Wellen in Deutschland am höchsten: Ist der Salzstock unter dem niedersächsischen Dorf Gorleben geologisch stabil genug, um strahlenden Müll für vielleicht 100000 Jahre oder länger sicher zu bergen? Der Protest gegen die Pläne eines Atommüllagers samt Entsorgungszentrums in Gorleben brachte Anfang April 1979 in Hannover hunderttausend Menschen auf die Beine und kommt seitdem nicht mehr zum Erliegen.

Atomgegner gründeten 1980 auf einem Bohrplatz in Gorleben die »Freie Republik Wendland«. Das Protestdorf wurde nach einigen Wochen von der Polizei geräumt (rechts unten).

So würde der »Entsorgungspark Gorleben« aussehen, wenn die »Deutsche Gesellschaft für die Wiederaufbereitung von Kernbrennstoffen« ihre Pläne verwirklichen könnte: eine gigantische Fabrik, in die der Dorfplatz des benachbarten Ortes Gorleben bequem hineinpassen würde. Nicht mehr verwendbare radioaktive Substanzen sollen im Salzstock tief unter der Anlage gelagert werden.

Umweltproblem Verkehrsbauten: Wenn Bürger auf die Bäume gehen

Mit dem Atomprotest wurde zum ersten Mal bei der Einführung einer neuen Energietechnik auf breiter Ebene gefragt, ob nicht die möglichen negativen Folgen den erwarteten Nutzen übersteigen können und ob es nicht auch anders geht. Die Kerntechniker selbst hatten das mathematische Instrument der Risikoanalyse eingesetzt, um mögliche Gefahren abschätzen und so durch technische Verbesserungen vermeiden zu können. Doch je stärker sich die Atombefürworter auf die errechnete Sicherheit beriefen (etwa darauf, daß die Gefahr, vom Blitz erschlagen zu werden, größer sei), desto mehr wurde Bürgern das Gefährdungspotential der Kernenergie bewußt: Bei einem theoretisch denkbaren überschweren Reaktorunfall (»Super-GAU«) könnten, der deutschen Risikostudie von 1979 zufolge, im schlimmsten Fall 14500 Menschen an akuter Strahlenkrankheit sterben und ein Gebiet von der Größe Hessens auf Jahre verseucht werden. Zwar errechneten die Experten, daß eine solche Katastrophe nach der Wahrscheinlichkeitsrechnung nur einmal in zwei Milliarden Jahren zu erwarten sei, wenn von 25 Reaktoren an 19 Standorten in der Bundesrepublik Deutschland ausgegangen wird. Aber niemand kann mit Sicherheit sagen, ob ein Desaster dieses Ausmaßes schon morgen oder aber nie eintritt.

Auch der Bau neuer Autobahnen stößt seit den 70er Jahren auf stärkeren Widerstand (oben: bei Füssen in Bayern).

Vergeblich beriefen sich die Reaktorbauer auf Statistiken, wonach für den einzelnen Bürger viel höhere Risiken ohne Murren akzeptiert werden – etwa das Rauchen oder Autofahren, die beide weltweit jährlich jeweils weit mehr als 100000 Todesopfer fordern. Atomtechniker wie Politiker mußten erkennen, daß Energie eine soziale und nicht eine technische Frage ist. Nicht mit den fünf Sinnen spürbare Gefahren sowie die militärähnliche Sicherheitsüberwachung durch anonyme, hoch zentralisierte Apparate (Stichwort »Atomstaat«), erwecken offensichtlich mehr Furcht als der »vertraute« Unfalltod auf den Straßen.

Besonders heftig umkämpft sind die Neu- und Ausbauprojekte der Verkehrsflughäfen. Als Holzfäller 1980 ein großes Stück Wald für die dritte Startbahn des Großflughafens Frankfurt-Rhein-Main roden wollten, blockierten viele tausend Gegner die Zufahrtsstraßen zur Baustelle mit Baumstämmen (oben) oder kletterten gar auf die Bäume (links). Die Betonpiste wurde dennoch gebaut.

Zu diesen ernst zu nehmenden psychosozialen Einwänden kommt bei der Atomkraft noch die Befürchtung, daß eine weltweite Verbreitung der Kernenergie die Gefahr der Weiterverbreitung von Atomwaffen erhöht und daß im Kriegsfall Reaktoren eine zusätzliche Gefahr darstellen. Und schließlich: Dürfen wir denn überhaupt nachfolgenden Generationen, ja der ganzen Biosphäre, ein (im Falle des Plutoniums) Jahrhunderttausende lang strahlendes Erbe hinterlassen?

Eines hat die heftige Kernkraft-Debatte mit Sicherheit bewirkt: einen tiefen, heilsamen Zweifel an einseitigen technischen Prognosen. Die Entwicklung der vergangenen Jahrzehnte und Jahrhunderte hat in den industriellen Ballungsgebieten »chaotische Zustände« hinterlassen, wie Professor Gerhard Olschowy von der Bundesforschungsanstalt für Naturschutz und Landschaftsökologie in Bonn erinnert: »Die Wunden in der Landschaft ... bestimmen hier zunehmend das Gesicht der Umwelt, die längst nicht mehr als gesunder Lebensraum von Mensch, Tier und Pflanze angesprochen werden kann.«

Die Verbesserung der trostlosen Lage in industriellen »Opferstrecken« wie dem Ruhrgebiet und die Verhinderung neuer, schwerer Eingriffe in einigermaßen intakte Landschaften brachte in den siebziger Jahren immer mehr Bürger dazu, sich in »Bürgerinitiativen« zusammenzuschließen, weil sie das Gefühl hatten, die staatlichen Stellen würden ihre Belange und den Naturschutz insgesamt zu wenig berücksichtigen.

Gegen Mitte der achtziger Jahre engagierten sich in der Bundesrepublik Deutschland vielleicht noch 10000 Gruppen für so unterschiedliche Ziele wie die Verhinderung des Ausbaues der Kernenergie und die Rettung von Feuchtgebieten am Bodensee. Neben dem Atomprotest brachten vor allem die staatlichen Verkehrspläne direkt betroffene oder allgemein am Schutz der Natur interessierte Bürger in Rage – und auf die Bäume: Mit körperlichem Einsatz versuchten sie den Bau neuer Straßen und Autobahnen, Bundesbahn-Nebenstrecken (zwischen Hannover und Würzburg sowie Mannheim und Stuttgart) und Flughäfen zu verhindern – allerdings selten mit direktem Erfolg.

Nach langem, mitunter handgreiflichem Streit wurde zum Beispiel die dritte Startbahn des Frankfurter Großflughafens Rhein-Main durchgesetzt: Drei Millionen Bäume wurden gefällt. Und auch der ein Jahrzehnt lang bekämpfte neue Flughafen von München im Erdinger Moos wird in den achtziger Jahren gebaut. Allen Protesten zum Trotz frißt sich der Rhein-Main-Donau-Kanal durchs reizvolle Altmühltal – ein »Milliarden-Unding« zur »Zerstörung der Landschaft«, wie der bayerische »Bund Naturschutz« in ohnmächtigem Zorn klagte. Noch drastischer drückte es der frühere Bonner Forschungsminister Volker Hauff aus: »Das dümmste Projekt seit dem Turmbau zu Babel.«

Die alternative Bewegung: Wegweiser oder Irrläufer?

So erfolglos wie im Fall des Rhein-Main-Donau-Kanals sind die Bürgerproteste freilich nicht immer. Manches Projekt mußte nach Einsprüchen, Protesten oder gerichtlichen Klagen einen Haken tiefer gehängt werden. Häufig kommen für beide Seiten – private oder staatliche Planer auf der einen, Umweltschützer auf der anderen – unbefriedigende Kompromisse heraus.
Klare Siege der Naturschützer sind seltener – etwa, wenn nach jahrelangem Kampf das landschaftlich und kulturhistorisch wertvolle Rheinufer bei Eltville nicht durch einen Straßenneubau zerstört wird. Mitunter leidet der mühsam erkämpfte Respekt der (in Deutschland) zu einem großen Teil im »Bundesverband Bürgerinitiativen Umweltschutz e. V.« zusammengeschlossenen Gruppen, wenn einzelne Initiativen allzu eng – Motto: St. Florian, zünd' andre an – nur ihre privaten Interessen durchsetzen wollen. Dennoch zeigt die zähe Arbeit der buntgemischten grünen Verbände Wirkung: Parteien und Behörden kommen nicht mehr so leicht mit Lippenbekenntnissen zum Naturschutz durch, Planungsbehörden denken früher an Umweltprobleme, Richter legen häufiger Gesetze im Sinne des Naturschutzes aus, Journalisten und auch einfache Bürger zeigen jetzt eine viel höhere Sensibilität in Sachen Umwelt.
Die Wirkung dieses eher lockeren Treibriemens läßt sich natürlich nicht genau abschätzen: ein Grund für nicht wenige Frustrationen bei engagierten Naturschützern. Immerhin liegt es nahe, daß der zähe Widerstand von Bürgerinitiativen zur Beschneidung zum Beispiel der hochfliegenden westdeutschen Autobahn- und Flughafenprojekte beitrug. So wurde Anfang 1981 das zwanzigjährige Tauziehen um den neuen Großflughafen Hamburg bei der holsteinischen Gemeinde Kaltenkirchen mit der Entscheidung des Bundesverkehrsministeriums beendet, das »Luftkreuz des Nordens« nicht zu bauen.
Immer häufiger fordern Bürgerinitiativen auch sogenannte »gesamtökologische Gutachten« als vorbeugende Untersuchungen für Gebiete, in denen weitreichende Eingriffe geplant sind. »Nur wenn es gelingt, der Planung auswertbare ökologische Unterlagen zur Verfügung zu stellen, läßt sich erreichen, daß Fehlplanungen vermieden und weitere Belastungen der natürlichen Umwelt auf ein Mindestmaß beschränkt werden«, mahnt der Bonner Landschaftsökologe Professor Gerhard Olschowy (siehe auch seinen Beitrag auf Seite 226).
Der mühsame Mittelweg zwischen berechtigten ökonomischen Ansprüchen (oder auch solchen, die historisch gewachsen und deshalb nur schwer zu ändern sind) und den Erfordernissen des Naturschutzes führt für viele Umweltschützer nicht rasch genug von der Wegwerfgesellschaft

weg. Sie begannen sich deshalb in den siebziger Jahren außerhalb der etablierten Parteien politisch zu organisieren.

Nach Achtungserfolgen bei Kommunalwahlen und im Land Baden-Württemberg zu Beginn der achtziger Jahre gelang der buntgemischten, sich betont anti-parteilich gebenden Partei »Die Grünen« bei der Bundestagswahl 1983 der Sprung ins Bonner Parlament. Mit 5,6 Prozent der Wählerstimmen und 27 Abgeordneten, mit unkonventionellen Ansichten und unkonventioneller Kleidung brachten die Neulinge Farbe in den Bundestag. Mit bemerkenswertem Fleiß traten die Grünen den etablierten Parteien (und vor allem der christlich-liberalen Regierung des Bundeskanzlers Helmut

Im »Freistaat Christiana«, einer »alternativen« Enklave mitten in der dänischen Hauptstadt Kopenhagen, versuchen junge Leute ohne Konsumzwang und bürgerliche Konventionen ein »alternatives« Leben zu leben (links oben und unten: Trubel und Straßenhändler im »Freistaat«). In Berlin, dem Zentrum der deutschen Alternativ-Bewegung, entstand eine ganz neue Wirtschaftsstruktur, zu der dieser alternative Lebensmittelladen (unten) zählt.

Kohl) auf die Zehen – nicht nur in puncto Umweltschutz.

Der grüne Wählererfolg und dann die nicht mehr zu verharmlosenden Waldschäden begannen, die phlegmatische Umweltpolitik der großen Parteien aufzuscheuchen. Zwar fielen und fallen allzu viele Vorschriften und Gesetze im Sinne eines vorbeugenden Natur- und Umweltschutzes immer noch viel zu lasch aus (etwa die TA Luft und die Großfeuerungsanlagenverordnung, siehe Seite 172). Auch war die Regierungspolitik in Sachen Waldschadensverhütung 1984 von mitunter peinlicher Konfusion bestimmt (zum Beispiel beim Beschluß, das Braunkohlenkraftwerk Buschhaus bei Helmstedt, die »Dreckschleuder der Nation«, zunächst ohne Filter zu genehmigen;

zum Beispiel beim Streit um »Tempo 100« und um die Einführung von Abgas-Katalysatoren für deutsche Autos). Aber der neue Wind war zumindest zu spüren, wie eine denkwürdige parlamentarische Episode vom 17. Oktober 1984 illustriert: Bei der »Aktuellen Stunde« des Bundestages über das Waldsterben ließen SPD und Grüne gemeinsam die zuständigen, aber durch Abwesenheit glänzenden Minister Friedrich Zimmermann (Inneres) und Ignaz Kiechle (Landwirtschaft) herbeizitieren.

Die inzwischen traditionellen Umwelt-Bürgerinitiativen wurden von dem Erfolg der Grünen und den dadurch angestachelten neuen Anstrengungen der etablierten Parteien regelrecht überholt. Ihr Höhepunkt war die Großdemonstration gegen das Atomkraftwerk Brokdorf im Jahr 1981 gewesen. Die Aktivisten wanderten zu den Grünen ab. Und »der Staat« lernte, die Protestgruppen mit Zuckerbrot und Peitsche zu entschärfen, wie Horst Bieber anläßlich der Jahrestagung des »Bundesverbandes Bürgerinitiativen Umweltschutz« im Dezember 1984 in der »Zeit« berichtete: »Auf der einen Seite reagiert er flexibel, nimmt er Argumente der Bürgerinitiativen auf, übertrumpft er sie bisweilen. Auf der anderen Seite... (werden) die üblichen Protestformen mit Kostenforderungen und Strafanträgen immer stärker eingeengt.«

Wie die Bürgerinitiativen in Zukunft den Erfolg suchen sollten, beschreibt Horst Bieber so: Sie müßten »Gerichte, Sachverständige und Gutachter bemühen, den guten Willen durch Wissen ersetzen müssen... Eine Luft- oder Bodenverschmutzung zu entdecken, ist nur der erste Schritt, der zweite besteht dann darin, mit den entsprechenden Vorschriften und Kenntnissen Abhilfe zu schaffen.«

Hinter dem weiten Begriff »Alternative« verbirgt sich eine »totale Begriffsverwirrung«, wie ein aktiver Berliner Alternativler gesteht. Da sind die Aussteiger, die es aufs Land zieht, wo sie nach ökologischen – sprich: chemiefreien – Methoden Ackerbau und Viehzucht betreiben (wo sie allerdings meist mangels Ausbildung wesentlich geringere Erträge als die »etablieren« Öko-Bauern erzielen). Andere versuchen sich in Großstädten wie Berlin (in den ehemaligen Ufa-Filmstudios) oder Kopenhagen (»Freistaat Christiana«) in Selbsthilfebewegungen zu verwirklichen.

Ökonomie kontra Ökologie: Darf's auch etwas weniger sein?

Etwa ein Fünftel oder ein Viertel der deutschen Jugendlichen soll sich im weitesten Sinn zur Alternativbewegung zählen. Sind die westlichen Industriegesellschaften damit, wie der Berliner Politologe Jaroslav Langer meint, »nicht bloß an die Grenzen des Wachstums, sondern gleichzeitig auch an die Grenzen der Herrschaft gestoßen«? Können die Alternativen tatsächlich einen gangbaren Weg aus Umwelt- und Wachstumsdilemma weisen?

Fahrradfahren ist nicht nur gesund (unten), es ist auch die energiesparendste Art der Fortbewegung überhaupt. Nach Jahrzehnten einseitiger Förderung des Autoverkehrs begannen Bürger 1980 mit Demonstrationen für mehr Radwege (links in Hamburg).

Theoretisch könnte ein freiwilliger Verzicht auf den gewohnten »umweltintensiven« Lebensstil viele brennende Probleme lösen: Energie- und Rohstoffvorräte würden gestreckt, die Natur weniger verschmutzt, die psychosozialen Probleme allzu großer Spezialisierung – Vereinsamung, Kriminalität – vermutlich vermindert.

Doch die Versuche, auch nur einen symbolischen Verzicht beim »Umweltfeind Nr. 1« – dem Auto – bundesweit zu erreichen, schlugen kläglich fehl: An den »autofreien Sonntagen«, zu denen Umwelt- und Naturschutzverbände seit Sommer 1980 regelmäßig aufrufen, registrierte die Polizei stets »normalen Sonntagsverkehr« mit »Parkplatznöten«. Erst mit den erschreckenden Waldsterbe-Zahlen geriet auf einmal auch die »heilige Kuh« der Nation, das Auto, unter Druck.

Dabei hatte die Massenmotorisierung schon vorher Korrekturen erzwungen, die allerdings stets projektbezogen waren: In den sechziger Jahren standen passive und aktive Sicherheit der Autos im Vordergrund; in den siebziger Jahren ging es um eine effizientere Ausnutzung des Treibstoffs. Die Räder zum Stehen brachten nur zwei brachiale Ereignisse (und nur für kurze Zeit): der angesichts des Ölschocks vom Herbst 1973 verordnete »autofreie Sonntag« – und der Smog-Alarm Stufe 3 im Ruhrgebiet im Januar 1985.

Das unselige Motto »Freie Fahrt für freie Bürger« geriet erst 1984 ernst-

Der private Autoverkehr wird ein entscheidender Test sein, ob die Bürger der westlichen Industrieländer wirklich bereit sind, zugunsten einer gesünderen, weniger verpesteten Umwelt weniger, sparsamer und sauberer zu fahren – also mit Katalysator (oder anderweitig schadstoffarm gemachtem Motor) und mit »Tempo 100«.

haft ins Wanken, als auch die Schadstoffe aus Autoabgasen – hauptsächlich Stickoxide – als Mitursache des Waldsterbens dingfest gemacht wurden. Was Menschenopfer (19000 Verkehrstote jährlich Anfang der siebziger Jahre, noch rund 10000 im Jahr 1984) nicht erzwingen konnten und auch nicht der arabische Ölpreis-Schock, scheint nun die Sorge um den deutschen Wald zu bewirken: Anfang 1985 waren gut zwei Drittel der Befragten in einer Umfrage des Wochenmagazins »stern« der Meinung, »der Katalysator wird wesentlich dazu beitragen, das Waldsterben aufzuhalten«.

Bei den Fragen nach »Tempo 100« ergab sich eine knappe Mehrheit (45 zu 42 Prozent) für die Geschwindigkeitsbeschränkung, wobei vor allem eine Senkung der Unfallzahlen erhofft wurde.

Der durchaus von egoistischen Motiven genährte Zweifel, ob viele kleine Einsparungen und Verzichte in recht kurzer Zeit erstaunliche Veränderungen bringen können, sitzt tief. »Tempo 100« ist nur ein Beispiel dafür: Zwar hatte eine Expertise des Umweltbundesamtes in Berlin, gestützt auf in- und ausländische Versuchsergebnisse, im Herbst 1984 nahegelegt, daß mit der Einführung von Tempo 100 auf Autobahnen und Tempo 80 auf Landstraßen so viele Schadstoffe vermieden werden könnten wie eine breite Einführung des Katalysators in zwei oder drei Jahren – und dies kostenlos, sofort und samt den zusätzlichen Vorteilen von gut tausend weniger Verkehrstoten jährlich sowie weiteren Energieeinsparungen. Aber Bonn tat das, was Politiker tun, wenn sie sich um eine unangenehme Entscheidung drücken wollen: erst einmal weitere Versuche anberaumen. Ein »Großversuch« für knapp 15 Millionen Mark zwischen Januar 1985 und Februar 1986 soll die Frage »Tempo 100 oder nicht« entscheiden. Seltsamerweise genügen in diesem Fall die Erfahrungen der Vereinigten Staaten mit ihren weit mehr als 100 Millionen Autos nicht: Dort herrscht schon seit Mitte der siebziger Jahre eine strikte Höchstgeschwindigkeit von umgerechnet 88 Stundenkilometern auf allen Straßen.

Ausgerechnet das amerikanische Beispiel zeigt, daß marktwirtschaftliche Mechanismen allein nicht ausreichen, Umwelt – und Mensch – möglichst vorsorglich vor schweren Schäden zu schützen (noch weniger vermag dies allerdings die ideologisch fundierte Planwirtschaft sowjetischer Prägung). Die Kombination aus vorsorglichem, auf wissenschaftlichen Erkenntnissen beruhendem Handeln und durch Knappheit (etwa an Rohstoffen, Wasser und sauberer Luft) ausgelösten Preissteigerungen vermag durchaus schnell Verbesserungen herbeizuführen. Bestes (und wahrscheinlich wirkungsvollstes) Beispiel ist die Entkoppelung des Energieverbrauchs und des Bruttosozialproduktes: Bei gleich hohem Produktionsniveau verbrauchte die Bundesrepublik 1983 rund 30 Millionen Tonnen Steinkohleneinheiten weniger als 1980.

Station zur Kontrolle
und Überwachung
der Luftreinheit
und des Lärms über
dem Chemiekonzern
BASF in Ludwigshafen.

Zeit für Taten

Was not tut:
Wir müssen mehr über uns und die Natur wissen

Verbitterung und Optimismus, Wurstigkeit und Engagement prallen im Umweltschutz seit Anfang der siebziger Jahre heftig aufeinander: hie »Frieden mit der Natur«, wie ihn der Naturphilosoph Klaus Michael Meyer-Abich fordert, dort das alte »Macht euch die Erde untertan«. Selbstverständlich spielen auf beiden Seiten Glauben und Ideologien eine Rolle. Natürlich ist der Mensch kein rein rationales Wesen, dominieren Gefühle (auf beiden Seiten) die Umweltdiskussion. Die Wissenschaften – und hier vor allem die Naturwissenschaften – können letztlich nur die Rahmenbedingungen beschreiben, innerhalb derer wir leben und wirtschaften. Daraus lassen sich nur recht vage Prognosen ableiten, eher allgemeine Handlungsstrategien, die im Einzelfall gerne vergessen werden – falls sie jemals ins Bewußtsein der handelnden Menschen vorgedrungen waren.

Der Mangel an exakten wissenschaftlichen Handlungsanleitungen, von Politikern wie Umweltschützern oft beklagt, von Interessenvertretern gerne als Argument gegen einen strengeren Naturschutz verwendet, dieser Mangel läßt sich nicht durch ein *crash program* à la Apollo-Mondflug beseitigen: Biologische Systeme und, mehr noch, menschliche Aktionen sind so komplex, daß sie nur annäherungsweise exakt beschrieben und schon gar nicht in die Zukunft berechnet werden können (siehe auch »Leben – so selbstverständlich, so unverständlich«, Seiten 32 bis 79).

Deshalb ist der Umweltschutz jedoch keineswegs auf irrationale Glaubenssätze angewiesen: Die bekannten physikalischen, chemischen und biologischen Rahmenbedingungen des Lebens können, ja müssen auf sehr rationale Weise menschliche Handlungen kanalisieren. Denn anders als jemals in der Geschichte der Menschheit haben wir heute nicht mehr die Gewißheit, daß »die Natur« unsere Fehler (und irren ist menschlich) schon korrigieren wird. Das Schadens- und Vernichtungspotential ist zu groß geworden.

Im Prinzip sind die Handlungsanleitungen für eine dauerhafte Koexistenz zwischen Mensch und Natur bekannt, auch den sogenannten »Machern« wie Ex-Bundeskanzler Helmut Schmidt, der in seiner Regierungserklärung vom November 1980 sagte: »Einsicht in ökologische Zusammenhänge und der Wille, diese

Die Arbeit der Ökologen draußen im Feld und drinnen im Labor erbringt Informationen über unsere Umwelt, die in Zukunft überlebenswichtig sein können. Und Arbeit gibt es genug: Das Wissen über Ökosysteme oder Nahrungsnetze ist noch überaus lückenhaft.

Zusammenhänge möglichst wenig zu stören, führt im Umweltschutz von der Schadensbeseitigung zur Schadensvermeidung. Das Verursacherprinzip bleibt gültig: Wer Schaden anrichtet, muß ihn beseitigen.« Schmidt versuchte damals, seine Worte (und damit die Politik seiner Regierung) mit einer eindrucksvollen Zahl zu belegen: »Nach konservativer Schätzung haben wir in den letzten zehn Jahren insgesamt 120 Milliarden D-Mark für Umweltschutz ausgegeben« – offensichtlich zu wenig, wie die Diskussionen ums Waldsterben, um den Bodenschutz, um die bedrohte Nordsee zeigen. Auch die Kohl-Regierung lobt sich mit Milliardenzahlen: In den vier Jahren bis 1987 sollen zwei Milliarden Mark für Umweltforschung ausgegeben werden.

Das ist alles gut, schön und wichtig. Nur: Mehr könnte schneller mit einer Politik der Schadensvermeidung erreicht werden. Denn in der Praxis verzögert die Suche nach exakten Umweltdaten im Auftrag der Regierung eher einen wirksamen Schutz der Umwelt (siehe Seite 404–407).

»Ökologie ist eine Wissenschaft, die Menschen, die nicht hören wollen, Wege vorschlägt, denen sie nicht folgen werden, zur Rettung einer Umwelt, die sie nicht schätzen«, bemerkte einmal ein frustrierter Forscher.

»Wenn ein Arzt bei einem Patienten eine Krankheit diagnostiziert, so gibt er dem Patienten eine Reihe von Verhaltensmaßregeln«, beschreibt der Marburger Ökologe Professor Hermann Remmert die Lage der Menschheit. »Dem Arzt vergleichbar ist heutzutage der Ökologe. Er diagnostiziert Krankheiten des Ökosystems Erde. Er weiß, daß diese Krankheiten gefährlich sind für das Leben des Menschen. Wie bei vielen Krankheiten des einzelnen Individuums gibt es keine pauschale Therapie. So schlägt der Ökologe kleine therapeutische Schritte vor: Begrenzung des Wachstums beim Energieverbrauch und einen Zwang zum vollständigen Wiederverwenden (Recycling) wichtiger Stoffe, Begrenzung des Bevölkerungswachstums in allen Ländern, Rückkehr zur Handarbeit, wo das möglich ist, anstelle energie- und rohstoffzehrender Maschinen.« Der Wissenschaftler ist

Die Taube unter der gläsernen Haube soll den Wissenschaftlern des Tübinger Instituts für Verhaltensphysiologie verraten, ob ihr Geruchssinn gut genug ist, um Düfte je nach Himmelsrichtung zum Zweck besserer Orientierung unterscheiden zu können.

sich bewußt, was er da fordert: »Spätestens hier scheinen die Forderungen des Ökologen die Forderungen eines Extremisten zu sein. Will man ihn als politischen Extremisten bezeichnen, so muß man das notgedrungen auch bei jedem Arzt tun.« Was not tut, das sind Aktionen auf allen Gebieten des Naturschutzes – und die umfassen nahezu alle Bereiche des menschlichen Lebens: Politik und Wirtschaft und öffentliches Bewußtsein, Schule und Berufsausbildung, Wissenschaft und Technik, Philosophie und Religion, Moral und Ethik.

An der Basis jeder Aktion (oder auch des Verzichts auf bestimmte Aktivitäten) muß freilich letztlich die Kenntnis von den Zusammenhängen zwischen unseren Handlungen und unserer natürlichen Umwelt stehen. Was wir brauchen, ist mehr Wissen über uns selbst und über die Natur. »Wissen ist Macht«, hatte der englische Naturphilosoph Francis Bacon vor 400 Jahren erkannt, also auch Macht zum Verbessern. »Das Entscheidende ist doch«, sagt der Physikprofessor Harvey Brooks von der amerikanischen Harvard-Universität, »daß wir – wenn es auch nur eine Hoffnung geben soll, die Ökosysteme unseres Planeten zu bewahren und gleichzeitig eine gewisse soziale Stabilität zu erhalten – nicht darum herumkommen, neue Techniken zu finden, die ein weiteres wirtschaftliches Wachstum bei geringeren ›Umweltkosten‹ erlauben, anstatt den materiellen Fortschritt selbst zu opfern«. Neue Techniken, menschliche Handlungsweisen im weitesten Sinne, kann in der verbleibenden Zeit nur jene Form der menschlichen Kreativität schaffen, die gemeinhin »Wissenschaft« genannt wird: Wer zum Beispiel Zugvögel vor der Ausrottung schützen will, muß wissen, wo und wie diese Tiere leben. Nur mit gutem Willen und Aktionen in seiner engeren Heimat ist dem Naturfreund in einem solchen Fall eines sicher: das Gefühl der Ohnmacht.

Wir müssen die Folgen unserer Aktivitäten besser überwachen

Der Schatten Frankensteins kam in den siebziger Jahren mit Macht über die moderne Naturwissenschaft und – noch mehr – über die durch sie ermöglichte Technik. Frankenstein, die Titelfigur aus dem 1818 geschriebenen Roman der Engländerin Mary Shelley, geht letztlich an dem von ihm geschaffenen Monster zugrunde. Unter dem Eindruck von Umweltkatastrophenmeldungen à la Seveso begann eine wachsende Zahl von Menschen den Glauben an den technischen Fortschritt zu verlieren: Kaum ein halbes Jahrzehnt nach der ersten bemannten Mondlandung schlug die Bewunderung in Furcht um.

Der Vertrauensverlust geht zum Teil auf enttäuschte Erwartungen zurück. Selbstsicher hatten namhafte Wissenschaftler in den fünfziger und sechziger Jahren ein von Forschung und Technik geschaffenes Paradies

Forschung im Dienst der Umweltüberwachung. Die genaue Kenntnis der Empfindlichkeit bestimmter Fischarten gegenüber Schadstoffen im Wasser ermöglicht ein »biologisches Frühwarnsystem« für Wasserwerke.

Zu den wichtigsten Kontrollaufgaben des Umweltschutzes zählt die Überwachung der Gewässer. Das Meßboot auf dem Bodensee entnimmt Wasserproben, die im Labor auf Schadstoffe, Sauerstoffgehalt und andere Werte untersucht werden.

auf Erden versprochen. Dabei hätten den vorschnellen Propheten die mahnenden Worte des französischen Philosophen Blaise Pascal aus dem 17. Jahrhundert eine Warnung sein müssen: »Wissen ist wie ein Baum; je größer und je verzweigter er ist, um so ausgeprägter ist sein Kontakt mit dem Unbekannten.«
Die Quittung für die fahrlässigen Prophezeiungen kam prompt – und doch: Zu sehr hängt die Menschheit inzwischen von Wissenschaft und Technik ab, als daß ihr ein freiwillig gangbarer Weg zurück in die vorwissenschaftliche, von Glauben und Emotion geprägte Zeit offenstünde. »Was einmal gedacht wurde«, heißt es bei dem Schweizer Dramatiker Friedrich Dürrenmatt, »kann nicht mehr zurückgenommen werden.« So muß die Wissenschaft im Spannungsfeld zwischen einer argwöhnischen Öffentlichkeit und einer letztendlich unlösbaren Aufgabe versuchen, eine annähernd exakte Beschreibung der Welt, wie sie ist, zu geben – und sie muß mithelfen, die Sünden der Vergangenheit zu beheben und in Zukunft Fehler zu vermeiden.
Ins Zentrum des Interesses rückte damit die Ökologie. Das Studium

Solange keine saubereren Methoden verfügbar sind, müssen Umweltschutz-Ingenieure die Abgas-Emissionen strikt überwachen. Der Schlot einer Düngemittel-Fabrik ist mit Meßinstrumenten gespickt. Sie spüren Schadstoffe auf, die trotz Abluftwascher entweichen.

der Beziehungen zwischen Lebewesen und ihrer Umwelt soll nun plötzlich Antworten auf alle offenen Fragen in unseren gestörten Beziehungen zur Natur geben.
Die Ökologen müssen also zwangsläufig abstrahieren, müssen nach kleineren gemeinsamen Nennern in der Natur suchen. Auf dieser Basis vermögen sie dann immerhin, einem guten Arzt oder Meteorologen gleich, sogar einigermaßen verläßli-

che Richtlinien und Prognosen zu erstellen. Ihre Arbeit entläßt freilich weder Politiker noch Bürger aus dem Zwang, vernünftige Entscheidungen zu treffen.

Die Medizin zeigt uns mit brutaler Offenheit, daß auch wir unter den von uns verursachten Umweltveränderungen zu leiden haben: Die Krebsstatistiken etwa ergeben bei allen Unsicherheiten, mit denen solche Erhebungen belastet sind, daß Schadstoffe wie Asbest oder Benzpyren oder Vinylchlorid bestimmte bösartige Tumore auslösen.

Die immer feiner werdenden Meßtechniken weckten die erschreckende Ahnung, daß wir alle in einem »Meer von schädlichen Stoffen« leben – und zwar künstlichen wie natürlichen. Aber gleichzeitig zeigen die neuen Erkenntnisse der Molekulargenetik und Immunologie, daß Lebewesen (also auch Menschen) offensichtlich über unglaublich raffinierte Abwehrmechanismen für eine sehr große Zahl von verschiedenartigen Schadstoffen und Krankheitserregern verfügen – und daß die Erbsubstanz DNA im Zellkern in gewissem Maß sogar genetische Schäden selbst reparieren kann.

Wie aber können diese oft widersprüchlichen Erkenntnisse rasch zum Nutzen von Natur und Mensch umgesetzt werden? In allen größeren Industrienationen gibt es inzwischen Gremien aus Fachleuten, die mindestens einmal jährlich versuchen, das neu erarbeitete Wissen in bestehende (oder neu zu schaffende) Vorschriften und Richtlinien einzubauen. Dennoch versprechen solche Listen keine absolute Sicherheit vor Umwelt- und Gesundheitsschäden: Allen zusätzlich eingebauten Sicherheitsspannen zum Trotz können die Grenzwerte immer noch zu hoch liegen, können Fahrlässigkeit oder kriminelle Absicht die Umweltnormen unterlaufen. Deshalb müssen Wissenschaftler und Techniker im Auftrag des Staates den Zustand der natürlichen Umwelt und der technischen Geräte laufend überwachen. Nur so lassen sich Mängel beseitigen, Auswüchse verhindern und Fehlentwicklungen korrigieren: Vertrauen ist gut, Kontrolle ist besser.

Das geplante amerikanische Überschallverkehrsflugzeug wurde nicht gebaut, weil Wissenschaftler Bedenken wegen einer möglichen Schädigung des Ozongürtels der Atmosphäre angemeldet hatten.

Wir müssen versuchen, Umweltschäden von vornherein zu vermeiden

Bisher tastete sich der Mensch mit der Methode »Versuch und Irrtum« an die Grenzen des Möglichen heran. Ob aber Versuch und Irrtum weiterhin das Schlimmste verhüten

Ein eindrucksvolles Experiment führten amerikanische Forscher durch: In ein Glas mit einer Pflanze leiteten sie Abgase ein (links). Dann setzten sie eine Maus hinzu, die zunächst ohne sichtbare Probleme am Leben blieb. Als die Pflanze entfernt wurde, starb das Tier.

werden können, ist fraglich. »Wir produzieren und konsumieren sechzigmal mehr als die Menschen vor 100 Jahren«, faßt der Berliner Physikprofessor Karl-Erik Zimen das Dilemma der Menschheit zusammen, »wir reisen hundertmal schneller, wir rechnen hunderttausendmal schneller, und unsere Bomben sind millionenfach effektiver.«

Dieses Wachstum ist eine direkte Folge der Natur- und Ingenieurwissenschaften. Heute leben mehr als drei Millionen Forscher und damit 90 Prozent aller Wissenschaftler, die es jemals gegeben hat. Vermag dieses weltweit mit jährlich mehr als 300 Milliarden Mark (davon fünf Prozent direkt für den Umweltschutz) finanzierte Gelehrtenheer aber auch die von ihm ausgelöste Faktenflut so zu kanalisieren, daß eine Vorausschau auf mögliche Entwicklungen über dem Niveau von Horoskopen möglich wird? Die Erfolge der Naturwissenschaften beruhen im Prinzip auf zutreffenden Prognosen. Theorie und Experiment sind unzertrennlich. Dazu kommt das »Urvertrauen« der Wissenschaftler, daß die Natur zwar unendlich vielfältig ist, diese Vielfalt jedoch auf eine überschaubare Zahl

von Bausteinen reduziert werden kann – ähnlich unserer Sprache, deren unendliche Vielfalt sich ja auch mit nur 26 Buchstaben des Alphabets ausdrücken läßt.
Freilich fehlen selbst in Physik und Chemie (deren Phänomene sich grundsätzlich leichter berechnen lassen) noch wesentliche Erkenntnisbausteine. Und in den letzten Jahrzehnten wurde immer deutlicher,

An der französischen Wiederaufbereitungsanlage für Kernbrennstoffe in La Hague (unten) hängt das weitere Schicksal der französischen und vorerst auch der deutschen Atomkraftprogramme.

daß in der Natur grundsätzliche »Unschärfen« eingebaut sind, daß physikalische, chemische und vor allem biologische Systeme über eine Art »angeborene Entscheidungsfreiheit« verfügen: Vorhersagen über die Entwicklung komplexer Systeme – und sei es »nur« das Wetter – werden niemals hundertprozentig möglich sein. Das komplexeste aller Systeme aber, das wir kennen, ist die Menschheit und ihre Wechselwirkungen mit der belebten und unbelebten Natur. Sind damit all die Weltmodelle aus dem Computer, die Risikoanalysen und die in Mode gekommenen »Technik-Folgeabschätzungen« nur eitle Sandkastenspiele?

Nicht ganz. Mit wissenschaftlich haltbaren Theorien und experimentell abgesicherten Fakten, mit sorgfältigen Risikoanalysen und Computermodellen lassen sich – im Prinzip – mögliche »Zukünfte« errechnen. Dann freilich kommt es auf die Phantasie und die Bescheidenheit der Zukunftsforscher an: die Phantasie, innerhalb des von Naturgesetzen vorgegebenen Rahmens unberechenbare Ereignisse (zum Beispiel die menschliche Erfindungsgabe) mit einzukalkulieren; die Bescheidenheit, die lückenhafte Wissensbasis einzugestehen und durch Sicherheitsspielräume abzusichern.

Wie schwer das ist, zeigt die Debatte um die Kernkraft: Basierend auf Energiebedarfsprognosen, die längst als Wunschdenken entlarvt wurden, legten die großen Industrieländer gigantische Forschungs- und Entwicklungsprogramme auf Kiel. In wenigen Jahrzehnten sollten die heute üblichen Leichtwasser-Reaktoren sowie die »Schnellen Brutreaktoren« zu den wichtigsten Energieträgern werden.

Inzwischen mußten die Bedarfsprognosen mehrfach drastisch zurückgenommen werden, spaltete die Kernkraft neben Atomen auch Familien und Parteien, wachsen die Kosten zum Beispiel für das deutsch-holländisch-belgische Projekt eines Prototyp-Schnellbrutreaktors in Kalkar am Niederrhein in fast unbezahlbare Dimensionen (in Kalkar von 1,5 Milliarden auf 6,5 Milliarden Mark).

Was not tut:

Wir brauchen eine ökologische Grundausbildung an den Hochschulen

Wissenschaft kann zwar das Ausmaß unserer Umweltprobleme ausloten, aber gelöst werden können die Probleme nur durch gesellschaftliche Aktionen. Ein »ökologisches Denken« kann freilich nicht allein durch Zeitungsberichte und Sonntagsreden ausgelöst werden. Soll es eine Wende zum besseren, schonenderen Umgang mit der Natur geben, dann muß in den Schulen und Hochschulen damit angefangen werden.

Die schnellste dauerhafte Wirkung könnte das »ökologische Denken« an den Hochschulen erzielen: Dort werden die meisten künftigen Führungskräfte ausgebildet – Bürger, die schon wenige Jahre später als Manager, Richter oder Schullehrer in entscheidenden Positionen am Schicksal der menschlichen Gesellschaft (und damit auch der natürlichen Umwelt) mitwirken werden. An den Universitäten mit ihrer Doppelfunktion in Lehre und Forschung müßten eigentlich frühzeitig die Weichen gestellt werden: etwa durch eine stärkere Konzentration auf Forschungsgebiete, die Erkenntnisse über eine stabilere Beziehung zwischen Mensch und Natur versprechen und dadurch vielleicht in Zukunft ein Agieren statt dem heute vorherrschenden Reagieren auf Umweltprobleme ermöglichen.

Ansätze dazu sind inzwischen an nahezu allen Hochschulen vorhanden. Aber sie wurden eher durch äußere Anstöße wie etwa eine politisch motivierte Verlagerung der Forschungsgelder ausgelöst. Dabei müssen die Impulse nicht unbedingt aus den »klassischen« Naturschutz-Fachbereichen Biologie und Geologie kommen. Am Institut für Informatik der Johannes-Kepler-Universität im oberösterreichischen Linz wächst zum Beispiel die größte tiergeographische Datenbank Europas, ZOODAT genannt: 1980 waren in ihr rund 400000 Einzelbeobachtungen enthalten, vom Ohrwurm bis zum Hirsch quer durch die vielleicht 30000 verschiedenen Tierarten der Alpenrepublik.

Solche attraktive, fächerübergreifende und zukunftsträchtige Forschungsrichtungen erhöhen nicht nur die Anziehungskraft einer Universität. Sie verbessern selbstverständlich

Bei der Entrümpelung eines Waldstückes lernen Schulkinder die praktische Seite des Naturschutzes kennen (oben). Ältere Schüler zeigen bei Wettbewerben wie »Jugend forscht« oft erstaunliche Leistungen: Diese beiden Berliner Jungs entwickelten eine Anlage zur Gewinnung von Eiweiß aus dem aus Altreifen gewonnenen Öl.

auch die Chancen der Studenten auf einen fachlich wie emotionell befriedigenden Beruf.

Das gilt nicht nur für Ökologen oder Umweltingenieure. Zumindest ein Grundwissen über die komplexen ökologischen Zusammenhänge sollten Diplom-Agronomen ebenso wie Ingenieure, Juristen wie Städteplaner, Betriebswirte und auch Soziologen haben.

Was freilich bislang außerhalb der sehr breit gefächerten, interdisziplinären Ökologie-Ausbildung etwa im deutschsprachigen Raum geboten wird, ist eher Stückwerk – Umweltschutz als Kurieren an den Symptomen, wie der Marbuger Ökologieprofessor Hermann Remmert klagt: »An einer deutschen Universität erfahren die zukünftigen Straßenbauer, Hochbauer und Landesplaner in den entsprechenden Vorlesungen, daß höhere Fabrikschlote Methoden des Umweltschutzes sind (und nicht, wie ich bisher gedacht hatte, das Prinzip vom heiligen St. Florian darstellen). An einer Landwirtschaftlichen Fakultät erfahren die Studierenden, daß eine gründliche Unkrautbekämpfung, die zu hohen Erträgen bei Mais und der Zuckerrübe führt, ein Anliegen des Umweltschutzes sei (und nicht, wie ich bislang gedacht hatte, eine Methode, den Boden gründlich zu erodieren).« Das Dilemma eines naturfreundlicheren Studiums in allen akademischen Bereichen ist, daß zum immer stärker atomisierten Spezialwissen wieder Allgemeinwissen und vor allem Systemdenken kommen müssen. Nicht der »Fachidiot«, sondern das »Universalgenie« sollte Vorbild sein: der Experte, der gleichwohl Mensch und Natur als Einheit sieht.

Erst langsam passen sich die Schulen den Erfordernissen eines angemessenen Naturschutzunterrichts an. Vor allem an praktischen Beispielen in der Natur wie in der Stadt mangelt es jedoch noch häufig. So bleiben die erworbenen Kenntnisse oft theoretisch.

Schornsteinfeger ist der älteste »Umweltschutzberuf«. Seitdem Kamine nicht mehr so oft vom Ruß befreit werden müssen, haben die schwarzen Männer wichtige Umweltschutzaufgaben übernommen, wie beispielsweise die Abgasmessung an häuslichen Ölfeueranlagen.

Wir brauchen eine gründlichere Erziehung zum Naturschutz

Ohne die starke Motivation, die vom eigenen Entdecken und Begreifen ausgeht, kann von niemandem Interesse für die Belange des Naturschutzes verlangt werden – schon gar nicht von Kindern. Die natürliche Umwelt muß erlebt und im wahrsten Sinn des Wortes »begriffen« werden, wenn jemals ein über die rationale Einsicht hinausgehendes Verantwortungsbewußtsein geweckt werden soll.
Zu welchen erstaunlichen Ergebnisse das früh geweckte und gepflegte Interesse an der Natur bei Schülern führen kann, beweisen immer wieder Wettbewerbe wie »Jugend forscht«. Da experimentierte ein fünfzehnjähriger Pennäler monatelang mit Maispflanzen, die er in Abwässern wachsen ließ, wodurch diese gleichzeitig gereinigt wurden – eine Arbeit, die einem gutachtenden Fachwissenschaftler »Respekt« abnötigte. Oder da zeigten zwei neunzehnjährige Berliner Gymnasiasten, wie aus dem Öl von Reifen, die bei hohen Temperaturen zersetzt wurden, mit Hilfe bestimmter Mikroben Eiweiß gewonnen werden kann – Eiweiß, das sich als Kraftfutter an Tiere verfüttern läßt (siehe Foto Seite 421 unten).
Früher, in eher ländlich geprägter Umwelt, wuchs die Einsicht in den Kreislaufcharakter der belebten Natur fast automatisch, und überdies hatten viele Schulen »Schulgärten« – Einrichtungen, denen mancher ökologisch interessierte Lehrer heute nachweint. Seit einigen Jahren fördern Pädagogen und Biologen gezielte Ausflüge in die Natur gerade für Schulanfänger. »Wir können die Zustände nur ändern und verbessern, wenn wir mit der Umwelterziehung an der Wurzel beginnen, beim Kind«, argumentiert die Nürnberger Landschafts-Ingenieurin Irmgard Tannenberg, Initiatorin der »Deutschen Kinderbaum Aktion«. »Wenn Kinder 14 Jahre alt sind, ist die Chance vorbei. Dann kommen andere Interessen.«
Inzwischen gibt es eine Reihe von »Ökologie-Stationen« oder »ökologischen Lehrgärten«. Diese »Freilandlabors« sollen zum »Verständnis der ökologischen Voraussetzungen

einer lebensfähigen Umwelt« beitragen, wie es zum Beispiel in der Satzung der bislang größten deutschen »Ökologie-Station« im Schönebekker Auetal im Norden Bremens heißt.

Der neue Umweltpark soll »neuartigen Biologie-Unterricht für Bremens Schüler unter freiem Himmel und losgelöst von allzu großer Theoriefracht ermöglichen«.

Ohne die Initiative der Schulleiter oder Lehrer verpufft freilich das Engagement der Ökologen und Naturschützer. »Wir haben schon oft Schulen eingeladen zu Studienaufenthalten auf einer der Forstdiensthütten«, klagte der Murnauer Forstdirektor Keller der »Süddeutschen Zeitung«, »aber da haben wir kein Interesse gefunden.«

Zwar sind einer Studie des deutschen Umweltbundesamtes zufolge Erdkunde und Biologie die »Zentrierungsfächer« für Umwelterziehung, und der »Rat von Sachverständigen für Umweltfragen« stellte schon in seinem Gutachten von 1978 »mit Befriedigung« fest, daß »die Umweltthemen in die Lehrpläne weitgehend eingebaut worden sind«. Aber die Sachverständigen bemängeln, daß im mindestens ebenso wichtigen Sozialkundeunterricht »die Behandlung von Umweltfragen wesentlich geringer als in Erdkunde und Biologie« ist. Andere Fachleute sehen noch mehr Anlaß zur Kritik. Da sind zum Beispiel Lehrpläne nicht auf lokale Probleme zugeschnitten, und auch internationale Naturschutzfragen kommen zu kurz. Auch zerstört

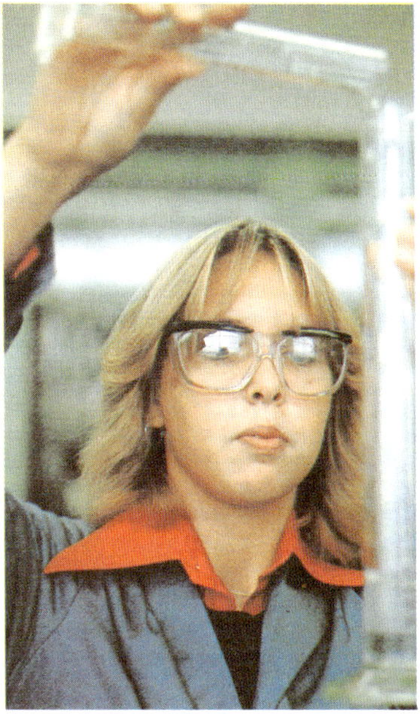

die althergebrachte Schulform viele gutgemeinte Ansätze. »Die Schule verlangt abfragbares Wissen«, schrieb die Wochenzeitung »Die Zeit«, und deshalb kippt der Versuch, emotionale Bindungen zur Umwelt herzustellen, »ins Absurde, wenn der Schüler am Ende dafür beurteilt wird«.

Immerhin läßt sich in der allgemeinen Schulbildung noch eine Menge guten Willens ausmachen, wie die (Wieder-)Entdeckung der Schulgärten in den achtziger Jahren zeigt. Dagegen ist die Lage der Umwelterziehung an den deutschen Berufsschulen immer noch »unterentwikkelt«. Dabei wäre es nach Meinung der Umwelt-Sachverständigen wegen »der großen Bedeutung eines umweltbewußten Denkens und Han-

Berufliche Chancen ergeben sich nicht nur für Umweltspezialisten, die ausschließlich in der Überwachung oder Reinigung der Umwelt arbeiten. Ein solides Verständnis und Verantwortungsbewußtsein in Sachen Umwelt ist fast in allen Berufen nötig und sollte in der Ausbildung stärker berücksichtigt werden – bei der Ausbildung zur Chemielaborantin (oben) ebenso wie in gärtnerischen Berufen (links) oder wie auch in der Landwirtschaft (rechts: landwirtschaftliche Fachschüler).

delns im Berufsleben besonders wichtig, in der beruflichen Bildung an den geeigneten Stellen auf den Umweltschutz hinzuweisen«. Mitte der siebziger Jahre wurden bei einer Untersuchung 66 »umweltrelevante Ausbildungsberufe« aus Industrie, Landwirtschaft und Handwerk in der Bundesrepublik Deutschland gezählt – vom Schornsteinfeger bis zur Biologielaborantin. »Auch hier mußte festgestellt werden«, kritisiert das »Umweltgutachten 1978«, »daß die beruflichen Anforderungen, die sich aus Zielen des Umweltschutzes herleiten, nicht ausdrücklich in den Ausbildungsordnungen berücksichtigt werden« – eine Kritik, die auch noch 1985 Gültigkeit hatte.
Dies ist um so bedauerlicher, als auf dem Umweltsektor viele zukünftige Berufschancen liegen. So ergab eine Studie des Bundesverbandes der Deutschen Industrie, daß der Umweltschutz allein im Jahr 1975 rund 200000 Arbeitsplätze in der Bundesrepublik schuf. Welche Möglichkeiten bestehen, illustriert das Beispiel eines Hamburger Unternehmers, der Anfang 1985 von sich reden machte: Er finanzierte den ersten »Umweltberater für den Privathaushalt«.

Wir brauchen ein größeres Verständnis für die Natur

»Das Benehmen des Menschen in der Biosphäre hängt von seinem Verständnis und Empfinden der Umwelt wie von seiner Stellung darin ab«, heißt es in den »Richtlinien für die

Bei der Planung neuer Straßen wurden in der Vergangenheit allzu häufig nur die Interessen der Autofahrer berücksichtigt. Oft brachten dann Einsprüche umweltbewußter Bürger oder vorgesetzter Behörden Projekte zu Fall, an denen schon gebaut wurde (großes Foto).

Was mit der Umwelt geschieht, kann nicht allein den Behören überlassen bleiben: Schließlich sind die Bürger betroffen, wenn zum Beispiel eine Straße »verkehrsberuhigt« werden soll. Wenn auch die städtischen Verdichtungsgebiete wieder eine lebenswerte Umwelt für Kinder sein sollen, dann genügt nicht allein die behördliche Bitte an Autofahrer, den Fuß vom Gas zu nehmen (links): Die Fahrer müssen sich eine langsamere Fahrweise angewöhnen.

Umwelterziehung« der Organisation der Vereinten Nationen für Erziehung, Wissenschaft und Kultur (Unesco). »Die Art, wie der einzelne seine Welt erlebt, ist deshalb ein entscheidender Faktor, wenn man für die Bewahrung der Umwelt etwas erreichen will.«

Die Unesco organisierte 1977 eine erste internationale Konferenz für Umwelterziehung in Tiflis, der Hauptstadt der Sowjetrepublik Georgien. Damals wurde die Ausbildung und Fortbildung der Lehrer als Achillesferse der Umwelterziehung erkannt. Auch die »umweltfeindliche« Aufteilung der Schulfächer in strikt getrennte Einzeldisziplinen schadet dem besseren Verständnis ökologischer Zusammenhänge. Im Dezember 1980, bei einer europäischen Arbeitstagung der Unesco-Umwelterzieher in der Ruhr-Metropole Essen, wurde die strenge Trennung der Fächer abermals als Haupthindernis genannt: So schnell schalten die Schulen nicht.
Der Unesco-Forderungskatalog für eine umweltbewußte Erziehung

gleicht allerdings jener ebenfalls entmutigend langen Liste mit den Anforderungen für angehende Ökologie-Studenten. So sollten Schüler unter anderem lernen »die Umwelt als Ganzes zu betrachten«, die »Hauptfragen der Umwelt in lokaler, nationaler, regionaler und internationaler Sicht zu untersuchen«, die »gegenwärtige und zukünftige Situation der Umwelt vor Augen zu haben, immer unter Berücksichtigung der historischen Sicht«, sowie »verschiedene Lerngelegenheiten und Methoden zum Erwerben von Kenntnissen über die Umwelt zu benützen, mit Schwergewicht auf praktischer Tätigkeit und persönlicher Erfahrung«. Wie beim Ökologie-Studium muß also auch in der Schule und bei der Erwachsenen-Fortbildung verstärkt das Ganze gesehen werden. Das jedoch läuft dem großen Trend der naturwissenschaftlich orientierten Neuzeit entgegen: Spezialisierung hieß bislang das große Erfolgsrezept. Da wir alle inzwischen vom Spezialwissen anderer Menschen abhängen und da Fachwissen in allen Berufen auch in Zukunft entscheidend sein wird, scheinen die Umwelterzieher vor einer unlösbaren Aufgabe zu stehen.

Einen Weg aus dieser Zwickmühle kann nur ein möglichst frühzeitig gewecktes Verständnis für ökologische *und* soziale Zusammenhänge weisen. Wirtschafts- und Umweltprobleme haben Auswirkungen über alle soziale Schichten und nationale Grenzen hinweg – sie sind eine Aufgabe für die gesamte Menschheit geworden. Werden sie losgelöst von ihrem Umfeld gesehen, erscheinen sie – je nach Blickwinkel – als unlösbar oder als technisch leicht kurierbar. Da aber der Vertrauensverlust in die Technik tief sitzt, wächst vor allem bei vielen jungen Menschen das Gefühl, vor unlösbaren Aufgaben zu stehen, wächst damit eine neue Fortschrittsfeindlichkeit: Ängstlich wird jede Neuerung als weiterer Schritt in die Katastrophe empfunden – und nicht etwa als Versuch, ähnlich einem Radfahrer durch Bewegung überhaupt in Balance zu bleiben.

»Es gibt viele gute Gründe, den ›quantitativen‹ Fortschritt und dessen Folgen in Frage zu stellen. Aber man kann das nicht mit dem offenen oder versteckten Versprechen tun, daß bei Nullwachstum wieder Glück, Erfüllung und Segen in das Leben einzögen«, argumentiert der Tübinger Sozialforscher Friedrich Tenbruck. »Hinter der pauschalen Verdammung des quantitativen Fortschritts stehen die neuen Träume eines anderen Fortschritts.« Nicht eine stärkere Trennung der geistes- und naturwissenschaftlich orientierten Welten tut not, sondern eine Annäherung.

Nur wenn jeder Bürger sich selbst als Teil eines größeren, globalen Ganzen sieht, könnte sich ein dauerhaftes Gleichgewicht zwischen Natur und Menschheit einpendeln. Wer den Ozean retten will, darf nicht Öl in den Tümpel hinter seinem Haus schütten. Wer die Erschöpfung der Rohstoffe und die Zerstörung der

Landschaft beklagt, darf nicht von den Planungsbehörden immer neue Straßenbauten verlangen, damit er überallhin bequem mit seinem Auto fahren kann. Wer mehr Umwelterziehung für die Kinder in der Schule fordert, sollte mit gutem Beispiel in seiner eigenen Straße und im eigenen Garten vorangehen – auch wenn der eilige Autofahrer vielleicht fünfzig Sekunden später zu Hause ist, weil er nur »Tempo 30« fahren darf oder sogar ein Stück zu Fuß gehen muß; auch wenn der »ordentliche« Gartenfreund einen etwas weniger begradigten, weniger teppichartigen Rasen vor dem Haus vorzeigen kann.

Wir brauchen ein besseres Umweltbewußtsein

Seit dem Beginn der großen Umweltdebatte bekennen sich die Bundesdeutschen unbeirrt zum Umweltschutz, wenn sie danach gefragt werden. Bis zu 97 Prozent der Befragten halten die Reinhaltung der Umwelt für wichtig; drei Viertel geben an, »für Maßnahmen des Umweltschutzes persönliche Opfer« bringen zu wollen.
Jeder scheint für mehr »Umweltbewußtsein« zu sein. Warum aber liegt dann noch so vieles in Sachen Naturschutz im argen?
»Wenn der Bevölkerung der wahre Zustand der Umwelt in unserer Bundesrepublik bewußt wäre, hätten wir statt der geschätzten ... fünf Millionen organisierter Bürger mindestens derer dreißig Millionen«, behauptet der »Deutsche Naturschutzring e. V.«. Da dem aber nicht so ist, sei »nicht so sehr ein Umweltbewußtsein vorhanden«, sondern ein »Umweltunterbewußtsein, ein Umweltempfinden«.
In der Tat fehlt es der (deutschen) Öffentlichkeit bisher an »so etwas wie einer gesamtökologischen Sicht«, heißt es im »Umweltgutachten 1978«, und: »Kenntnisse werden nicht so schnell verbreitet wie Meinungen; die Umweltpolitik muß hier mit Jahrzehnten rechnen.« So zerbröckelt die verbale Opferbereitschaft in Sachen heile Natur allzu oft zum Lippenbekenntnis, sobald es ans Bezahlen geht: Nur ein Fünftel der befragten Deutschen bekundete zum Beispiel 1977 bei einer Umfrage Verständnis für eine – theoretische – Verdoppelung der Abwassergebühren.
Besonders deutlich wird die Doppelbödigkeit des »Umweltbewußtseins«, wenn es um das eigene Auto geht. Die Folgen unserer aller Autoleidenschaft sind, wie jeder wissen müßte, allenfalls mit Kriegen zu vergleichen: Weltweit verursacht sie mehr als hunderttausend Tote und einige Millionen Verletzte im Jahr. In Sachen Lärm und Luftverschmutzung ist das Auto das Umweltproblem Nummer eins. Und doch verzichtet kaum jemand freiwillig auch nur auf vielleicht unnütze Fahrten: Da fahren Tausende von Pendlern parallel zu bequemen (und oft schnelleren) S-Bahn-Verbindungen; da trennen sich auch engagierte Kernkraft-Gegner am Wochenende

nicht von ihrem mit einer »Atomkraft? Nein Danke!« – Plaketten verzierten fahrbaren Untersatz; da wird die Frage, ob auf den Autobahnen nur noch 100 Kilometer in der Stunde und damit sicherer sauberer und sparsamer gefahren werden soll, in der Bundesrepublik Deutschland zum Angriff auf die nationale Freiheit hochstilisiert.

Die Bürger wüßten nicht so recht, heißt es fast entschuldigend im »Umweltgutachten 1978«, wie sie ihre Bereitschaft zur Mitarbeit am Umweltschutz in die Tat umsetzen könnten. Gewiß, ökologische Zusammenhänge sind komplex und dazu nicht einmal wissenschaftlich – geschweige denn juristisch – eindeutig geklärt. Es sollte sich jedoch langsam herumsprechen, daß eine gedankenlose Vergeudung von Energie und Rohstoffen – vor allem, wenn sie von einer Milliarde Menschen in den Industrienationen gleichzeitig betrieben wird – das ohnehin angespannte Verhältnis zwischen Mensch und Natur unnütz belastet: Die kurze Fahrt zum Zigarettenautomaten an der Ecke verursacht nicht nur Lärm und

Naturschutz fängt im Garten hinterm Haus an. Extrem »gepflegte« Gärten mögen zwar die Nachbarn beeindrucken, nicht aber die Ökologen: Die kunstvoll angelegten, ständig geharkten und gemähten Gärten bieten heimischen Pflanzen und Tieren kaum Lebensraum.

Abgase und erhöht das Unfallrisiko, sie trägt auch dazu bei, daß unwiederbringliche Ölreserven schneller erschöpft sind, daß in der Tundra oder im Amazonas-Dschungel bei der Suche nach Öllagern intakte Ökosysteme geschädigt werden. Umweltbewußtsein darf keine besserwisserische Ideologie und auch

Die Hunde im Zwinger eines Tierasyls sind Opfer einer falsch verstandenen Tierliebe: Haustiere lassen sich nicht beliebig austauschen, ohne Schaden zu nehmen.

Auch hier kann Naturschutz eher durch stillen Verzicht als durch Taten verwirklicht werden.

Kann Natur unordentlich sein? Eine sich weitgehend selbst überlassene Blumenwiese macht weniger Arbeit und birgt eine größere Lebensfülle als die übliche Rasensteppe (unten). Auch die Autowäsche im Garten schadet.

keine Drückeberger-Haltung sein. Hier geht es um das »Bewußtwerden« von Zusammenhängen, die uns alle auch sehr persönlich betreffen. Und es genügt nicht, zum Beispiel mit Vehemenz gegen die Robbenschlächter vor Labrador zu wettern, gleichzeitig aber ein »süßes« Äffchen oder einen Papagei in der nächsten Tierhandlung zu erstehen – vielleicht den einzigen Überlebenden von zehn oder hundert eingefangenen Artgenossen. »Zusammenhänge aber sieht der Umweltschützer nicht. Er kuriert an den Symptomen«, klagt Hermann Remmert.

Das Helm-Knabenkraut ist eine von vielen in Mitteleuropa vorkommenden Orchideen-Arten, deren Bestand durch die Vernichtung ihrer Lebensräume und durch Schadstoffe gefährdet ist.

Was not tut:

Mehr Initiative – angefangen bei der stillen Arbeit einzelner Naturfreunde

In gewisser Weise war der »Umweltschutz« in den siebziger Jahren *zu* erfolgreich. Die Erwartungen vieler Bürger schossen weit über das realistisch machbare Maß hinaus. Ungeduld, Protest und Zorn, aber auch Resignation waren die Folge. Naturschutz kann freilich niemals Sache einer zeitlich begrenzten Kampagne sein.

In der Zoologie und Botanik gibt es eine lange Tradition des Amateurs. Solche freiwilligen Helfer ermöglichen es zum Beispiel, daß die letzten Seeadler-Brutpaare Deutschlands zwischen März und Juli an ihren Nistplätzen in Schleswig-Holstein ungestört bleiben: 1980 sorgten rund 150 Naturfreunde dafür, daß niemand näher als 350 Meter an die vier verbliebenen Adler-Paare herankam. Erfolg: Fünf Jungvögel schlüpften.

Ohne die oft außerordentlich kenntnisreichen Laien würden Biologen und Ökologen sehr viel weniger über das regionale Vorkommen und den Bestand wildlebender Tiere und Pflanzen wissen. Wie erfolgreich der stille Einsatz einzelner Amateure sein kann, zeigt zum Beispiel der Fall des Stuttgarter Juristen Dr. Siegfried Künkele.

Der 1931 geborene Schwabe stolperte eher zufällig in seine Liebhaberei, über die er zu internationalen Ehren kam. Beim Bergwandern begann er sich für die alpine Pflanzenwelt zu interessieren. Dabei merkte er bald, daß er sich auf ein kleineres Gebiet der Botanik konzentrieren mußte, wenn er einen Überblick erhalten wollte. »Zufällig«, wie Künkele betont, kam er auf die Orchideen: Von dieser artenreichsten Pflanzenfamilie der Erde kommen rund 200 der etwa 30000 Spezies in Europa vor, 60 davon in der Bundesrepublik. Alle deutschen Orchideenarten, darunter das Knabenkraut (siehe Foto), stehen unter Naturschutz – und ein großer Teil auch auf der »Roten Liste«. Der Amateur-Botaniker fing Feuer an den sehr sensibel auf Umweltveränderungen reagierenden Pflanzenschönheiten. Ende der sechziger Jahre setzte er sich mit anderen Orchideen-Freunden zusammen, um mit schwäbischer Gründlichkeit etwas zum Schutz der bedrohten Gewächse beizutragen. Der neugegründete »Arbeitskreis Heimische Orchideen« machte sich alsbald nach einem von Künkele entwickelten Plan an eine Art Sisyphus-Arbeit: die

Kartierung der Orchideenvorkommen im knapp 36000 Quadratkilometer großen Land Baden-Württemberg. Künkele und seine Freunde legten ein Raster mit zehn und mitunter auch fünf Kilometer Seitenlänge über das ganze Land und notierten dann in den einzelnen Rasterflächen die jeweils dort vorkommenden Orchideenarten. Sogar eine Feinkartierung mit Rasterfeldern von nur 250 Metern Seitenlänge begannen die unverdrossenen Amateure. Alle Informationen wurden von Siegfried Künkele zentral erfaßt. Das Ergebnis war eine Orchideenkartierung Baden-Württembergs, deren »Methode und Durchführung sowohl für andere Bundesländer als auch im europäischen Ausland wegweisend wurden«, wie die naturkundliche Zeitschrift »Kosmos« lobte: Das Blatt verlieh Künkele im Jahr 1979 zur Anerkennung die Medaille »Forscher aus Leidenschaft«.

Der gelernte Jurist kann inzwischen als Regierungsdirektor bei der obersten Naturschutzbehörde im Stuttgarter Ministerium für Ernährung, Landwirtschaft und Umwelt seine privat gewonnenen Erfahrungen nutzbringend einsetzen: Unter seiner Regie kaufte das Land Baden-Württemberg bis 1979 rund 3000 Hektar Land für Naturschutzzwecke auf.

Der »Forscher aus Leidenschaft« Dr. Siegfried Künkele interessiert sich für heimische Orchideen. Zusammen mit Freunden begann er eine beispielhafte Bestandsaufnahme dieser bedrohten Blütenpflanzen im Land Baden-Württemberg (unten: Künkele im Feld).

Der spektakuläre Einsatz engagierter Naturschutzgruppen

So wichtig der Einsatz einzelner Bürger ist: Die meisten Probleme des Naturschutzes lassen sich nicht durch noch so heroische Einzelaktionen lösen. Mit der Umweltschutzbewegung entstand ein buntgewürfeltes Heer kleiner und großer Gruppen, das gegen die etablierten Parteien, gegen Planungsbürokratie und einseitige wirtschaftliche Interessen, gegen Bauvorhaben und überhaupt gegen die ewige Umwälzung zu Felde zieht. »Bürgerinitiativen sind durchweg lokaler Art«, faßte Pfarrer Kurt Oeser, der Umweltbeauftragte der Evangelischen Kirche in Deutschland, vor einigen Jahren zusammen. Dieses Schema haben die Umweltschutz-Gruppen jedoch durch nationale Dachverbände erfolgreich durchbrochen. Und manche Gruppen operieren inzwischen sogar auf globaler Ebene – z. B. die 1971 im kanadischen Vancouver gegründete Umweltschutzorganisation »Greenpeace« (»Grüner Friede«).

»Greenpeace« sorgt seit 1975 immer wieder durch spektakuläre Aktionen weltweit für Schlagzeilen. Mit unerhörtem persönlichem Mut und einer gehörigen Portion Pfiffigkeit machte sich die Gruppe an das Problem heran, die Wale vor dem Schicksal der Dinosaurier zu bewahren. Mit einem alten Fischkutter und dann einem ausrangierten Minensuchschiff spürten die Wal-Freunde japanische und sowjetische Fangflotten im Pazifik auf. Vor Ort preschten sie unter Einsatz ihres Lebens mit flinken Schlauchbooten in die Schußlinie der Harpunen, um die Harpuniere so am Abschuß zu hindern. Zwar gelang der Coup nicht immer, aber der ungleiche Kampf von »Greenpeace« gegen die Walfang-Goliaths aus Japan und der Sowjetunion sorgte für so viel Wirbel, daß die Sache der Wale inzwischen mit einiger Aussicht auf Erfolg – sprich: Fangverbot – von der alljährlichen Londoner Internationalen Walfang-Kommission verhandelt wird.

1980 tauchten die »Greenpeace«-Kämpfer dann an der deutschen Nordseeküste auf. Die Umweltschützer wollten verhindern, daß Säure-Tanker auslaufen und ihre Fracht vor Helgoland »verklappen«. Um ihren Protest gegen die Verklappung von jährlich mehr als 600000 Tonnen Dünnsäure allein im deutschen Seegebiet Nachdruck zu verleihen, kippten »Greenpeace«-Mitarbeiter zwei Zentner Fischkadaver auf die Eingangsstufen des Deutschen Hydrographischen Instituts in Hamburg, das die Genehmigungen für die Industrieabfall-Einleitung ins Meer erteilt. Und in Leverkusen besetzte eine »Greenpeace«-Mannschaft den Rhein-Anleger, von dem aus die Dünnsäure des Bayer-Chemiekonzerns Richtung Nordsee verschifft wird, während ein »Greenpeace«-Mann gleichzeitig in der Innenstadt kranke Fische feilbot: »Aale haben wir hier, ein paar herrliche Exemplare mit einem Blumenkohlgeschwür am Maul.«

Der Einsatz von »Greenpeace« zeigte inzwischen eindeutig Wirkung: Die Dünnsäure-Verklappung wurde in der Deutschen Bucht bis 1984 halbiert und soll bis 1989 ganz eingestellt werden.
Mit ähnlichen Aktionen will die Gruppe »Robin Wood«, Ende 1982 von »Greenpeace« abgespaltet, Politikern und Behörden in Sachen Waldsterben Beine machen. Die selbsternannten »Rächer der Entlaubten« stehen »Greenpeace« an Pfiffigkeit nicht nach: Einer ihrer Trupps besetzte einen 160 Meter hohen Schornstein des Braunkohlen-Kraftwerks Frimmersdorf bei Köln (Jahresleistung: 100000 Tonnen Schwefeldioxid) und ließ oben ein Robin-Wood-Plakat im Wind flattern. Etwa 20000 Robin-Wood-Sympathisanten beteiligten sich an der Aktion »Giroblau«. Sie brachen aus dem üblichen Bank-Abbuchungsverfahren aus und zahlten ihre Stromrechnung mit Briefmarken oder bar, überwiesen zuviel Geld und forderten den Differenzbetrag später wieder zurück – nach dem Motto: »Wer seinen Strom altmodisch erzeugt, soll auch sein Geld herkömmlich erhalten.«
Weniger dramatisch, aber nicht weniger wirkungsvoll streiten »alterna-

Mit Todesverachtung prescht das winzige Schlauchboot der »Greenpeace«-Umweltschutzgruppe in die Schußlinie eines sowjetischen Walfangbootes (links). Die kleine, international operierende Organisation macht durch solche spektakulären Aktionen auf Mißstände aufmerksam. 1980 blockierten »Greenpeace«-Mitarbeiter einige Tage lang Giftmüllverbrennungs- und -verklappungsschiffe in deutschen und holländischen Häfen, um gegen die Verschmutzung der Nordsee zu protestieren (oben).

tive Forschungsinstitute« für eine saubere Umwelt. Die größte deutsche Vereinigung dieser Art ist das »Institut für angewandte Ökologie« (Öko-Institut) in Freiburg im Breisgau. Das von rund 2000 Mitgliedern finanziell unterstützte alternative Denkzentrum alarmierte zum Beispiel die Öffentlichkeit über die skandalöse Bleiverschmutzung im Raum Goslar, prangerte die unerträglich hohe Belastung der Muttermilch mit langlebigen Chemikalien aus der Schädlingsbekämpfung und chemischen Industrie an, rechnete den etablierten Energieforschern der »Kernforschungsanlage Jülich« alternative Energie-Zukünfte für die Bundesrepublik vor.

Die Devise all dieser engagierten Gruppen prägte die schon seit Jahrzehnten erfolgreiche amerikanische Naturschutzorganisation »Sierra Club«: »Keine blinde Opposition gegen den Fortschritt, aber Opposition gegen den blinden Fortschritt.«

Das sparsame Wirtschaften mit umweltfreundlichen Techniken

Die wissenschaftlichen und technischen Erkenntnisse der industriellen Revolution ermöglichten einen scheinbar nur durch die menschliche Phantasie begrenzten Aufschwung des *Homo faber,* des technisch begabten Menschen, über die Natur. Scheinbar: Denn das Wachstum von Wirtschafts- wie Ökosystemen verläuft zyklisch. Nach einer langen Anlaufphase kommt ein steiler Aufschwung, der sich dann langsam zu einem Plateau abflacht – falls die neuen Techniken, die das Wachstum auslösten und förderten, ein höheres Produktionsniveau als zuvor dauerhaft ermöglichen. Wurden nicht einlösbare Wechsel auf die Zukunft gezogen, kommt es schließlich zum Kollaps.

Wirtschaftssysteme verhalten sich freilich nicht immer wie im Lehrbuch. Sie reagieren bis zu einem gewissen Grad flexibel auf knapper werdende Ressourcen: Preise steigen rascher, wodurch zuvor zu teure Rohstoffe und Energiequellen wirtschaftlich interessant werden – oder aber der Verbrauch geht insgesamt zurück, es wird mehr gespart. Zu den Ressourcen zählen auch die bislang kostenlos genutzten »Dienste« der Natur zur Reinigung von Luft und Wasser sowie zur Abfallbeseitigung. Eben diese Dienste (ja die Leistungsfähigkeit der gesamten Biosphäre) sind zusammen mit den Rohstoffvorkommen gefährdet.

Die Zeiten des »Ex und hopp« sind vorbei. Teurer werdende Rohstoffe und Umweltschutzmaßnahmen machen die Wiederverwendung von Abfallstoffen attraktiv: Alte Reifen bilden eine hochwirksame Lärmschutzwand, Altglassammelstellen entlasten die Müllabfuhr und helfen, Energie einzusparen.

Vernünftig kann deshalb auf Dauer nur eine Wirtschaftsweise sein, die sparsam, bescheiden und innerhalb eines selbst gesetzten Handlungsrahmens das Beste aus den vorhandenen Möglichkeiten macht. So antiquiert die alten Tugenden aus Notzeiten klingen mögen: Sie heißen nicht, daß nun die Technik von gestern und vorgestern als sogenannte »alternative« oder auch »angemessene« Technologie wiederauferstehen muß. Der wissenschaftlich-technische Erkenntnisfortschritt kann auch *für* eine umweltschonendere Wirtschaftsweise eingesetzt werden – für ein »qualitatives« Wachstum.

Technischer Umweltschutz vermag zunächst einmal, bestehende Anlagen sauberer zu machen – etwa, wenn Filter in Schornsteine oder Klärwerke in Abwassernetze eingebaut werden. Konsequent eingesetzt, können solche Schutzvorrichtungen einen großen Teil des anfallenden Schmutzes (oder Lärms) zurückhalten. Der herkömmliche technische Umweltschutz stößt freilich rasch an eine Grenze: Er verbraucht viel Energie und verursacht entsprechend hohe Kosten. Er kuriert nur die Symptome.

Besser, aber weniger schnell verfügbar, sind neue Techniken, die von vornherein energie- und materialsparend konstruiert sind und auch Umweltbelastungen weitgehend vermeiden. Ein solches Verfahren ist zum Beispiel die sogenannte Wirbelschichtfeuerung für Kohlekraftwerke: Mit ihr wird der Energiegehalt des festen Brennstoffs viel besser ausgenutzt, während gleichzeitig die bei der Verbrennung entstehende Schadstoffmenge zurückgeht.

Im saarländischen Völklingen ging 1982 ein Modellkraftwerk in Betrieb (Leistung: 230 Megawatt), das mit dem Wirbelschichtverfahren Steinkohle verbrennt. Es kommt dank einer Reihe modernster zusätzlicher Filteranlagen vollkommen ohne Schornstein aus.

Schon die relativ bescheidenen, durch den »Ölschock« von 1973 ausgelösten Energiesparmaßnahmen bewirkten in den frühen achtziger Jahren etwas, wozu die Phantasie der technokratischen Energieplaner offenbar nicht ausgereicht hatte: Der Energiebedarf der Bundesrepublik sank trotz gleichbleibendem und sogar leicht wachsendem Bruttosozialprodukt. Und noch immer sind Einsparungen die »größte einheimische Energiequelle«.

Autos, die mit vier Litern Benzin 100 Kilometer weit fahren, oder Glühbirnen, die viermal weniger Strom bei gleicher Leuchtkraft verzehren, lindern nicht nur dank ihrer Sparsamkeit Umweltprobleme, sie helfen auch, soziale Spannungen zu vermeiden und geben dazu wirtschaftliche Impulse.

In Zukunft werden die Konstrukteure außerdem mehr als bisher auf die einfache Wiederverwendbarkeit (englisch: »Recycling«) des verarbeiteten Materials vor allem bei Konsum- und Gebrauchsgütern achten müssen: Wiederverwendetes Metall, Glas oder Papier hilft nicht nur Vorräte zu strecken, es hilft auch eine ganze Menge Energie zu sparen. Bei Recycling-Aluminium wird zum Beispiel fünfundzwanzig Mal weniger Energie als bei der Neugewinnung gebraucht. Auch der bisher auf Deponien geschüttete oder in Müllkraftwerke verbrannte Haus- und Gewerbeabfall wird künftig mehr als Rohstoffquelle geschätzt werden.

Fast die Hälfte des in der Bundesrepublik hergestellten Papiers stammt aus Altpapier. Vier von zehn Tonnen Stahl werden aus Schrott erschmolzen. Ein Drittel des Glases und Aluminiums ist »rezykliert«. Doch die Wiederverwendungsraten könnten viel höher liegen, wären Industrie und Verbraucher besser organisiert: 75 Prozent des Kupfers, 60 Prozent des Papiers, 55 Prozent des Bleis, 50 Prozent des Aluminiums, 45 Prozent des Eisens und Stahls, 40 Prozent des Glases könnten aus Altmaterial gewonnen werden. Immerhin gehören Altglas-Sammelbehälter inzwischen zum alltäglichen Bild deutscher Gemeinden. Und Sonderabfall-Sammlungen (etwa für Batterien) sowie getrennte Mülltonnen für Glas, Papier, Aluminium, Kunststoffe und Küchenabfälle sind – endlich – in der praktischen Erprobung.

In der Industrie haben zudem sogenannte »Abfallbörsen« Fuß gefaßt: Der Abfall der einen Fabrik ist oft der Rohstoff der anderen. Und in der chemischen Industrie erinnert man sich an die alte Tradition, aus »Müll Gold zu machen« – ein doppelt nützliches Unterfangen, wenn dabei giftige Sonderabfälle Grundstoff für neue Substanzen sind.

In einer deutschen Müllverwertungsanlage: Die Abfallberge von gestern sind die Rohstofflager von morgen.

Die Erhaltung einer lebenswerten Umwelt auf lokaler Ebene

Technischer Fortschritt allein heißt noch lange nicht, daß die natürlichen Lebensgrundlagen weniger gefährdet sind. Und aus der ausschließlich ökonomischen Sicht gesehen heißt Umweltschutz, daß »der Wirtschaft zusätzliche ›Nebenbedingungen‹ auferlegt werden müssen: Die wirtschaftliche Gestaltungsfreiheit wird eingeengt, da es den neuen Gesichtspunkt des ökologischen Gleichgewichts zu berücksichtigen gilt«, wie der Konstanzer Professor Holger Bonus Anfang Januar 1981 in einem Beitrag für das Münchner Ifo-Institut für Wirtschaftsforschung schrieb. »Um Mißverständnissen vorzubeugen«, fügte der Wirtschaftsforscher sogleich hinzu: »Solche zusätzlichen Nebenbedingungen und Knappheitskosten sind nicht irgendwie überflüssig, sondern zur Aufrechterhaltung des ökologischen Gleichgewichts bitter nötig. ›Künstlich‹ sind sie insofern, daß ihre Einhaltung nicht durch die Natur selbst erzwungen wird; die Politik muß für die Natur einspringen.«

Die Politik freilich wird, zumal auf lokaler Ebene, gewöhnlich von Menschen gemacht, bei denen ganz menschliche Interessen sich lautstark vor die stummen Ansprüche der Natur drängeln. In den Gemeinden, in der überschaubaren Heimat der einzelnen Bürger, prallen denn auch die verschiedenen Ansprüche aufeinander: Die Wirtschaft (und das heißt auch heute noch hauptsächlich die Industrie) soll vor Ort ausreichende Arbeitsmöglichkeiten bieten, denn davon leben wir schließlich: die Stadt soll kulturellen Ansprüchen genügen und Freizeitvergnügen ermöglichen; die Natur soll nicht nur genügend Boden, sauberes Wasser und reine Luft hergeben, sondern möglichst auch – dem jeweils vorherrschenden Wunschbild entsprechend – »heil« sein.

Gelöst werden muß diese offensichtliche Quadratur des Kreises hauptsächlich von den Gemeinden selbst, denn ihnen obliegt (in der Bundesrepublik Deutschland) die »Bauleitplanung«. Hinter diesem harmlos erscheinenden behördlichen Instrument versteckt sich die gesetzliche Aufforderung, Wunder zu vollbringen. Laut Bundesbaugesetz müssen westdeutsche Gemeinden bei der Verplanung des knappen Grund und Bodens nicht nur eine geordnete städtebauliche Entwicklung und eine »dem Wohl der Allgemeinheit« entsprechende menschenwürdige Umwelt sichern, sondern auch »die Belange des Umweltschutzes, die Erhaltung und Sicherung der natürlichen Lebensgrundlagen, insbesondere des Bodens einschließlich mineralischer Rohstoffvorkommen, des Wassers, des Klimas und der Luft, die Belange des Naturschutzes und der Landschaftspflege, die Belange der Wirtschft, der Energie-, Wärme- und Wasserversorgung sowie der Land- und Forstwirtschaft, die Belange des Verkehrs...«

Bis vor wenigen Jahren war die Themse in London ein totes, stinkendes Gewässer. Dann bemühte sich die Stadt energisch um saubere Abwässer. Heute kehren viele seit Jahrzehnten verschwundene Fische zurück, darunter sogar die empfindlichen Lachse.

Wie üblich bei Gesetzen, die Unmögliches verlangen, mogeln sich die betroffenen Beamten und Bürger auch in diesem Fall gewöhnlich auf dem Weg des geringsten Widerstandes durch den Paragraphendschungel. Und da die Natur gewöhnlich keine Lobby hat, ist das Ergebnis nicht überraschend: Vor lauter Kompromissen zuungunsten der natürlichen Umwelt ist diese aus dem Dunstkreis der Städte so gut wie verschwunden. Nun freilich, da die »Flächenreserve Natur« weitgehend aufgebraucht ist, regt sich Widerstand gegen die bürokratisierte Naturverwaltung.

Systemkritiker geißeln das »staatlich-industrielle Reparaturwesen«, das erst Wunden in die natürliche Umwelt reißt und dann mit enormem verwalterischem und technischem Aufwand zu kurieren sucht, Bürger versuchen, das einst bereitwillig an die Behörden abgegebene (oder nie genutzte) Mitspracherecht an der Gestaltung der Umwelt zurückzuerobern. Naturschutzgruppen haben sich aufgemacht, lautstark der Natur bei den Planungen endlich eine Stimme zu geben.

Trotz – oder gerade wegen – dieser heftig gewordenen Auseinandersetzungen auf lokaler Ebene scheinen die Belange der Natur bei Planungen nicht mehr automatisch hintanzustehen. Ansätze zur Besserung (und auch erste Erfolge) gibt es vor allem dort, wo ein überschaubares Problem besteht. Am ehesten erzielen Gemeinden, Wirtschaft und Umweltschützer gute Ergebnisse, wenn sie sich gemeinsam dazu entschließen, einen Fluß oder See wieder sauber zu machen. Solange das Gewässer eine überschaubare Größe hat, gelingt das Vorhaben selbst in Riesenstädten wie der britischen

Selbst im Dunstkreis der Großstädte überdauerten einige Naturlandschaften Krieg und Bauboom: zum Beispiel die Schutzgebiete Hasbruch bei Bremen (links) und Duvenstedter Brook in Hamburg (rechts).

Hauptstadt London. Dort konnte die zuvor hoffnungslos verdreckte Themse dank rigoroser Reinhaltungsmaßnahmen in einen Fluß zurückverwandelt werden, in den viele Fische zurückkehrten – sogar die empfindlichen Lachse.
Aber auch bei der Erhaltung verbliebener naturnaher Lebensräume zeichnet sich an vielen Orten eine Besserung ab. Die Naturschutzgebiete bleiben freilich, was sie schon lange sind: Oasen in den biologischen Halbwüsten intensiv genutzter Stadt-, Agrar- und Erholungslandschaften.

Die letzten naturbelassenen Landschaften und Ökosysteme Mitteleuropas konnten oft nur durch Einsatz privater (und auch beamteter) Naturschützer vor der »Erschließung« als Wohn- oder Feriengebiet gerettet werden. Der Schilf- und Rohrgürtel in der Nähe von Friedrichshafen (unten) ist eine der wenigen im ursprünglichen Zustand belassenen Uferzonen des Bodensees. Sie steht unter Naturschutz.

Kleine Korrekturen mit großer Wirkung auf nationaler Ebene

Die erste industrielle Revolution ließ riesige industrielle Ballungszentren wie beispielsweise das Ruhrgebiet entstehen, die nun im Zug der andauernden zweiten industriellen Revolution einen beträchtlichen Teil ihrer Bevölkerung an das weniger stark belastete Umland oder neue, »sauberere« Wirtschaftszentren verlieren. So wachsen überall die Stadtregionen auf Kosten von Wald und Feld.

Allein auf lokaler Ebene erscheinen die Probleme unlösbar: In ökologisch noch heilen, wirtschaftlich aber unterentwickelten Regionen sind die Gemeinden zu großzügigen Konzessionen gegenüber Industriebetrieben bereit, um Arbeitsplätze zu schaffen und so die Abwanderung zu bremsen – und erregen damit den Zorn der »naturbewußten« Bürger aus Ballungszentren, die gerade diese Landschaften »unberührt« genießen wollen.

Auch die Korrektur besonders umweltbelastender Techniken durch schonendere Systeme wäre ohne den langen Atem überregionaler Planung heute kaum mehr gegenüber lokalen Interessen durchsetzbar. So kamen zum Beispiel die Pläne der Deutschen Bundesbahn zum Bau neuer Schnellstrecken nur äußerst mühsam voran, weil die betroffenen Bürger sich zu Initiativen zusammenschlossen und scharenweise vor Gericht Einsprüche anmeldeten – obwohl jedermann einleuchtet, daß die Bahn als umweltfreundlichstes und sparsamstes Verkehrsmittel (nach dem Fahrrad) nur dann erfolgreich gegen Auto und Flugzeug konkurrieren kann, wenn sie nicht mehr auf Trassen aus dem 19. Jahrhundert fahren muß (wobei allerdings die Neubaustrecken durchaus etwas weniger aufwendig hätten gebaut werden können).

Besonders deutlich wird der Zwang zur übergeordneten staatlichen Korrektur kurzsichtiger Einzelinteressen beim Energiebedarf.

Jahrzehntelang galt: Je höher der Pro-Kopf-Energieverbrauch eines Landes, desto höher der Lebensstandard seiner Einwohner. In der Tat ist Energie eine Art Grundwährung von Wirtschafts- wie Ökosystemen: Alle Lebensformen sind ja auf einen ununterbrochenen Energienachschub angewiesen, wenn sie überleben wollen.

Erst die steigenden Ölpreise sorgten dann für das, was einsichtige Bürger und ein vorsorgender Staat auch ohne wirtschaftlichen Zwang hätten anstreben müssen: für mehr Sparsamkeit.

Vor allem nach den Ölpreissprüngen von 1978 bis 1980 nahmen Ingenieure und Manager, Bürger und Politiker die zuvor belächelten Sparvorschläge plötzlich sehr ernst. 1979 hatte die Bundesrepublik einen Primärenergiebedarf von 408 Millionen Tonnen SKE (Steinkohleneinheiten); 1983 war der Bedarf auf 362 Millionen Tonnen SKE gesunken –

bei gleichbleibendem realen Bruttosozialprodukt. Und Experten wie der Wiener Professor Fantl glauben, daß sich in Mitteleuropa der spezifische Heizenergie-Verbrauch um mehr als die Hälfte senken ließe. Die »Energiequelle Einsparung« hat nicht nur den Vorteil, teure Ölimporte zu vermindern und im eigenen Land zu liegen: Sie ist überdies die treibende Kraft hinter dem vielleicht wirksamsten aller Umweltschutz-»Programme«. Denn nicht verbrauchte Energie heißt zugleich nicht belastete Umwelt. Um welche gewaltigen Energie- und Schadstoffmengen es dabei geht, verdeutlicht die 1984 veröffentlichte Untersuchung »Umweltverträglichkeit von Energieversorgungskonzepten« des Dortmunder Wissenschaftlers Hartmut Euler.

In einem besonders krassen Beispiel errechnete er, daß bei einem Heizenergiebedarf von 100000 Kilowattstunden eine Elektroheizung (gespeist aus einem üblichen Kohlekraftwerk) pro Jahr 1100 Kilogramm Schwefeldioxid-Emissionen mehr verursacht als die Versorgung mit Fernwärme aus einem verbrauchernahen Blockheizkraftwerk (das sowohl Wärme als auch Strom liefert und deshalb die eingesetzte Energie doppelt so gut ausnutzt wie ein reines E-Werk).

Dabei zählt nicht nur die hierzulande etwa durch bessere Wärmedämmung von Häusern eingesparte Tonne Öl (die Heizungen der Privathaushalte und gewerblichen Kleinverbraucher schluckten 1984 fast zwei Fünftel des deutschen Endenergieverbrauches): Für jede hier verbrauchte Tonne Öl sind irgendwo auf dem Weg vom Bohrloch zum Haustank zusätzlich zwei Tonnen Öl in der sogenannten »Umwandlungskette« steckengeblieben – Verluste (und somit auch Umweltbelastungen) durch Förderpumpen, Schiffsmotoren, Raffinerien und Tankfahrzeugmotoren.

Mit den steigenden Ölpreisen wurden auch die Energiefachleute wieder an die ehernen physikalischen Gesetze der Thermodynamik (Wärmelehre) erinnert. Der erste Hauptsatz der Thermodynamik besagt, daß Energie strenggenommen weder verlorengeht noch daß sie neu erzeugt werden kann: Sie kann nur von einer Form in die andere umgewandelt werden.

Bei dieser Umwandlung treten unvermeidlich Verluste auf, die etwa bei einem Kernkraftwerk zwei Drittel und bei einer Dampflokomotive sogar 86 Prozent der eingesetzten Energie ausmachen. Der zweite Hauptsatz der Thermodynamik (auch Entropie-Gesetz genannt) lehrt, daß die Umwandlung ohne äußere Einflüsse immer – dem stürzenden Wasser einer Kaskade ähnlich – von einem höheren zu einem niederen Niveau erfolgt, von Hitze zu Kälte.

Nicht an Energie selbst muß demnach gespart werden, sondern an der nützlichen Eigenschaft der Energie,

Solarheizungen
vermindern den Bedarf
an Öl.

auf ihrem natürlichen Weg hinab zum niederwertigen Zustand »Wärme« Arbeit zu leisten. Herkömmliche Brennstoffe wie Kohle und Öl geben beim Verbrennen die in ihnen gebundene Energie gewöhnlich bei Temperaturen ab, die weit über jenem Wärmebereich liegen, der für die meisten energieverbrauchenden Prozesse ausreicht – etwa wenn die fast tausend Grad heiße Flamme eines Ölbrenners dazu benutzt wird, um eine Wohnung auf 21 Grad und

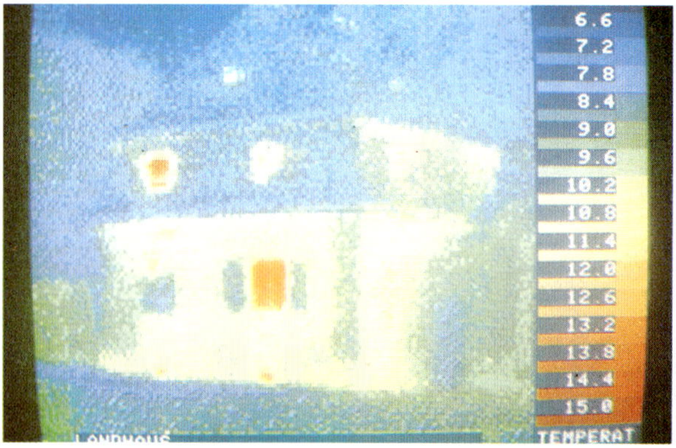

Geringerer Energieverbrauch heißt auch weniger Umweltverschmutzung. Mit Infrarotkameras können die »Wärmelöcher« von Häusern sichtbar gemacht werden: Sie leuchten rot und gelb.

Badewasser auf 50 Grad zu erwärmen.

Für eben diese niederen Temperaturbereiche, die im Privathaushalt etwa 85 Prozent der eingesetzten Energie fressen, empfiehlt sich nach dem Entropie-Gesetz zwanglos eine unerschöpfliche Energiequelle: die Sonne.

Gerade weil das Sonnenlicht schon »verdünnt« auf der Erde ankommt, hat es dem amerikanischen Umweltforscher Barry Commoner zufolge »bestimmte gewichtige thermodynamische Vorteile gegenüber konventionellen Energiequellen«.

Durch Wärmedämmung, moderne Energiespartechniken (zum Beispiel mikroelektronische Steuerungen) sowie aktiv oder passiv (also durch kluges Bauen) genutzte Sonnenenergie ließen sich in Mitteleuropa theoretisch 95 Prozent der 1980 benötigten Heizenergie einsparen. Ein solches Sparprogramm, durch vernünftige staatliche Anreize gesteuert, könnte eine Wende zum sanfteren Umgang mit der Natur werden.

Was not tut:

Ein wirksameres und übersichtlicheres Umwelt- und Naturschutzrecht

Als sich Bürger in Deutschland und anderswo aufmachten, auf eigene Kosten den Weg in die sonnenerwärmte, umweltfreundlichere Zukunft zu beschreiten, da endete ihr Marsch häufig sogleich an den Barrikaden, die Behörden und Gerichte vor ihnen auftürmten. In Bayern zum Beispiel erhoben unbewegliche Baubürokraten, die ansonsten üble Landschaftsverschandelungen durchgehen ließen, penibel und ausdauernd Einspruch gegen geplante Solarkollektoren auf den Dächern. Erst im Juli 1980 machte der Ministerrat des Freistaates dem Spuk ein Ende. Noch wirksam ist dagegen ein Spuk aus brauner Vergangenheit: das »Gesetz zur Förderung der Energiewirtschaft« von 1935. Es behindert bis heute (1985) solche längst als vernünftig angesehenen Energiesparkonzepte wie z. B. Fernwärme, Wärme-Kraft-Kopplung, dezentrale Energieversorgung.

Das ist symptomatisch für den zweideutigen Charakter des Umweltrechtes in Industrienationen wie der Bundesrepublik Deutschland. »Bei der rechtlichen Normierung darf die Erhaltung und Gestaltung der natürlichen Lebensgrundlagen ... nicht Selbstzweck sein, sondern muß stets im Dienste des Menschen stehen«, kommentiert der Bundesverfassungsrichter a. D. Professor Erwin Stein.

Im Grundgesetz der Bundesrepublik Deutschland ist die natürliche Umwelt nur in allgemeinen Artikeln indirekt berücksichtigt: in den Artikeln 2 (»Jeder hat das Recht auf Leben und körperliche Unversehrtheit«) und 14 (»Eigentum verpflichtet. Sein Gebrauch soll zugleich dem Wohle der Allgemeinheit dienen«). Erst nach langem Streit der Verfassungsexperten wagte die deutsche Regierung im Herbst 1980 einen Vorstoß, den Umweltschutz in einem neuen »Artikel 20 b« im Grundgesetz zu verankern. Aber auch 1985 stand die Grundgesetzänderung zugunsten der Natur noch aus. Immerhin nahm 1984 der Freistaat Bayern den Umweltschutz als »Fundamentalnorm« in die Landesverfassung auf – wenn auch, wie die »Süddeutsche Zeitung« kommentierte, »mit Hintertürchen«. Ohnehin stehen engagierte Natur- und Umweltschützer den gesetzgeberischen Reformbestrebungen eher skeptisch gegenüber. So meint der Umweltforscher

Peter Mayer-Tasch, daß der gesetzgeberische Aktionsrausch der siebziger Jahre »in einem geradezu grotesken Gegensatz zu dem nahezu unvermindert anhaltenden Dauerprozeß der Zerstörung« steht.

Wünschenswert, aber – falls überhaupt – weit in der Zukunft liegend, wäre ein einheitliches deutsches Umwelt- und Naturschutzgesetz. Was heute (1985) gilt, ist ein längst unüberschaubar gewordenes, wucherndes Produkt gesetzgeberischen und behördlichen Eifers. So wuchs die Lose-Blatt-Sammlung »Deutsches Umweltschutzrecht« von einem zwölf Zentimeter dicken Band im Jahr 1980 (siehe Foto) auf drei solche Wälzer im Jahr 1985 an. Dazu kommen zwei Bände Chemikaliengesetz und ungezählte Länderverordnungen, Kommentare etc. pp. – ein regalfüllendes Programm von A wie »Abfallbeseitigungsgesetz« bis Z wie »Zusatzstoffzulassungsverordnung«. Immerhin brachte die Reformbereitschaft der siebziger und achtziger Jahre in allen Industriestaaten eine Reihe wichtiger neuer Einzelgeset-

Der Sammelband »Deutsches Umweltschutzrecht« (im Bild: 1980) verdreifachte sein Volumen in einem halben Jahrzehnt.

Die im Wortsinn untragbar gewordenen Wälzer enthalten mehr als 130 Verordnungen und Gesetze.

ze. Basis der Reformen sind drei Prinzipien: Das Vorsorgeprinzip soll Schäden von vornherein verhindern, das Verursacherprinzip soll die entstehenden Kosten nach dem Motto »wer verschmutzt, zahlt« verteilen, das Kooperationsprinzip soll Entscheidungen durch die Mitwirkung der Betroffenen verbessern.

Die ersten Reformwerke waren in der Bundesrepublik relativ geradlinige Gesetze zur Verhütung gesundheitlicher Schäden wie das Benzin-Blei-Gesetz und das Fluglärmgesetz, beide 1971 verabschiedet. 1974 folgte das Bundes-Immissionsschutzgesetz mit seiner wichtigsten Verwaltungsvorschrift, der »Technischen Anleitung zur Reinhaltung der Luft« (kurz: TA Luft; deren Neufassung im Jahr 1983 sowie die im gleichen Jahr verabschiedete »Großfeuerungsanlagenverordnung« lassen freilich immer noch wesentlich mehr Luftschadstoffe zu, als Biologen und Mediziner für eben noch tragbar halten; siehe auch Seite 172).

1976 wurde das Bundesnaturschutzgesetz mit der umstrittenen »Landwirtschaftsklausel« verabschiedet (die »ordnungsgemäße Land- und Forstwirtschaft... dient in der Regel den Zielen des Gesetzes«). Seit 1977 ist ein bundesweites »Abfallbeseitigungsgesetz« gültig, seit 1980 das durch zahlreiche Einsprüche gezähmte Chemikaliengesetz sowie das neue Umweltstrafrecht: Es stellt durch verschärfte Strafandrohungen klar, daß Umweltsünden keine Kavaliersdelikte sind. Mit dem 1. Januar 1981 trat das deutsche Abwasserabgabengesetz in Kraft: Seitdem müssen Wasserverschmutzer – egal, ob Unternehmen oder Gemeinden – für eine bestimmte »Schadeinheit« einen festgesetzten Geldbetrag zahlen, der bis 1986 auf 40 Mark pro Einheit ansteigen wird. Auch dieses Gesetzeswerk wurde gründlich verwässert: Ursprünglich hatten Umweltexperten 80 Mark pro Schadeinheit empfohlen.

Noch weniger zufriedenstellend als das Vorsorge- oder Verursacherprinzip ist freilich (bis 1985) das Kooperationsprinzip gesetzlich verankert: Seit Jahren verweigern die Gesetzgeber den deutschen Umwelt- und Naturschutzverbänden die »Verbandsklage« und damit die einzige Waffe, mit der sie vor Gericht die Interessen der Allgemeinheit an der Umwelt vertreten könnten. Zwar gibt es einen einschlägigen Entwurf für einen »Paragraphen 29a« des Bundesnaturschutzgesetzes. Aber die Gegner der Verbandsklage argumentieren bislang erfolgreich, dieses erweiterte Klagerecht führe unter anderem zu Verzögerungen von Investitionen: Naturschutz – stets zu Diensten des Menschen?

Vieles wäre schon gewonnen, wenn die Grenzwerte der heute geltenden Gesetze und Vorschriften nur verschärft würden und die entsprechenden Kontrollen auch wirklich stattfänden.

Aber gerade hier existiert ein schlimmes »Vollzugsdefizit«. Dazu gehört, daß die Polizei der Umweltkriminalität nicht gewachsen ist, weshalb der Bund Deutscher Kriminalbeamter

Anfang 1985 eine »Konzeption zur Bekämpfung der Umweltkriminalität« vorstellte. Auszug: »Die derzeit vorgegebenen Ermittlungsstrukturen in den Bundesländern (liegen) generell weit hinter dem gesetzlichen Anspruch des Gesetzes zur Bekämpfung der Umweltkriminalität zurück.« Auch in den deutschen Gerichten faßte der Umweltschutz nur zögerlich Fuß. Entschieden wurde hauptsächlich über Bagatellstrafsachen – unerlaubtes Blumenpflücken wurde geahndet, Flußvergifter und Landschaftsschänder kamen erst gar nicht vor den Kadi. Ein Umschwung ist freilich Mitte der achtziger Jahre zu spüren. Waldbesitzer, darunter die fast 500 Jahre alte Fuggerei-Stiftung in Augsburg, verklagten die Bundesrepublik wegen mangelnder Luftreinhaltung und damit Schädigung der Forste.
Und im September 1984 kam der Bundesgerichtshof im Fall eines pfälzischen Eisenwerks zu einem »sensationellen Urteil« (»Der Spiegel«): Es verfügte die »Umkehr der Beweislast« – nicht die Betroffenen, sondern die Umweltverschmutzer müssen beweisen, daß ihre Tätigkeit keinen Schaden anrichtet.

Die Abluftwerte des Zementwerkes Lengerich entsprachen im August 1979 den gesetzlichen Werten, obwohl Gemüse in der Nachbarschaft schon zu viel Thallium enthielt und Haustieren die Haare ausfielen.

Was not tut:

Mehr internationale Zusammenarbeit zur Erhaltung der Natur

Mit der weltweiten Verflechtung menschlicher Aktivitäten wächst die Erkenntnis, daß eine gesetzliche Beschneidung egoistischer Interessen auch auf internationaler Ebene nötig ist: Umweltverschmutzung kennt keine Grenzen.

Neben der direkten Betroffenheit waren es vor allem drei Überlegungen, die Nationen an einen Tisch brachten: Zum ersten sind viele Probleme und damit auch deren Erforschung und Lösung ähnlich, weshalb durch internationale Kooperation Doppelarbeit vermieden werden kann; zum zweiten wirken sich die Folgen vieler Umweltbelastungen und Naturzerstörungen global aus und betreffen damit natürlich auch jedes Land; zum dritten können international unterschiedliche Umweltgesetze zu Wettbewerbsverzerrungen führen.

Mit dem Argument der Wettbewerbsverzerrungen für die Exportwirtschaft wurden (und werden) immer wieder schärfere nationale Bestimmungen zum Schutz der Natur unterlaufen. Eine Untersuchung des Münchner Ifo-Instituts für Wirtschaftsforschung zeigte freilich schon im Jahr 1981, daß die Klagen der Industrie kaum zutreffen: Die deutsche Wirtschaft zum Beispiel war bisher trotz angeblich zu strikter Umweltauflagen international doch eher bevorzugt.

Außerdem brachte die Studie an den Tag, daß »ausländisches Kapital durch den Verzicht auf Umweltschutz nicht in nennenswertem Umfang angezogen werden kann«.

Internationale Abkommen sind deshalb allerdings keineswegs überflüssig. Schon die bestehenden grenzüberschreitenden Schmutzfrachten übersteigen das Reinigungsvermögen der Natur. Besonders kritisch ist die Situation bei den mehr als 200 internationalen Wassereinzugsgebieten – also den grenzüberschreitenden Flußsystemen – sowie den regionalen Meeren: Der versalzene, vergiftete Rhein, die »Müllgrube« Nordsee und das verschmutzte Mittelmeer stellen den Europäern ein schlechtes Zeugnis nachbarlicher Zusammenarbeit aus.

Der Rhein ist das beste Beispiel dafür, daß Umweltverschmutzung keine Grenzen kennt. Hinter Wesel (oben) wälzt sich der Strom mit seiner immensen Schmutzfracht über die holländische Grenze.

Die Ozeane sind die Kloaken der Menschheit, und die Nordsee ist das am stärksten belastete Meer der Erde. Trotz der internationalen Abkommen von London und Oslo über die Einleitung von Abwässern (das »Verklappen«) durch Spezialschiffe wird die Flut der Säuren und Chemikalien in das flache Randmeer vor unserer Haustür nur langsam geringer (rechts: Schmutzspur eines Chemikalientankers in der Nordsee; links: Dünnsäureverklappung vor Helgoland).

Ein wirksamerer Schutz gegen die Vernichtung von natürlichen Lebensräumen

Mit einem gezielten Hieb tötet ein Robbenjäger ein Sattelrobben-Baby. Das alljährliche Massaker unter den (nicht vom Aussterben bedrohten) Meeressäugern auf dem Treibeis vor der kanadischen Atlantikküste stößt auf erbitterten Widerstand von Tierfreunden in aller Welt.

Fast wie am Fließband präparieren kenianische Spezialisten ausgestopfte Leoparden, Löwen und andere afrikanische Großwildarten. Ausländische Sammler, die noch schnell ein Exemplar einer bedrohten Tierart haben wollen, treiben die Preise in die Höhe.

Wenn Schweizer Pharmafirmen, elsässische Kaligruben, deutsche Chemiekonzerne und alle anderen Rhein-Anlieger ihren Dreck mehr oder minder gereinigt in den Strom schütten, dann darf es niemanden wundern, daß die Nachbarn am unteren Ende des Flusses, die Holländer, böse werden: Sie mußten 1980 zwangshalber einen mitunter lebensgefährlichen Import von (unter anderem) stündlich 1250 Tonnen Salz, jährlich 50000 Tonnen Öl, 4000 Tonnen Chrom und 500 Tonnen Arsen sowie ungenannte Mengen von rund 60000 sonstigen chemischen Stoffen und Verbindungen in Kauf nehmen. Dennoch kam es erst 1976 zu einem von fünf Nationen unterzeichneten »Bonner Rheinvertrag«. Dennoch hat sich auch 1985 die Schmutzfracht nicht wesentlich verringert.

Der exemplarische Fall Rhein zeigt, wie stark nationaler Eigennutz die internationalen Bemühungen um einen besseren Schutz der natürlichen Umwelt bestimmt. Noch schwieriger als bei Flüssen sind Abkommen zur Reinhaltung der Meere oder gar der Lufthülle. Zwar schlossen die seefahrenden Nationen 1972 ein weltweit geltendes »Übereinkommen zur Verhütung der Meeresverschmutzung durch das Einbringen von Abfällen« (»London-Abkommen«), das durch das »Oslo-Abkommen« für den Nordostatlantik sowie spezielle Verträge der Ostsee- und Mittelmeer-Anrainer ergänzt wurde. Aber dennoch stieg die Belastung vor allem des Nordsee- und Mittelmeerwassers in alarmierendem Maß.

Daran änderten auch internationale Konferenzen wenig. So legten die zu einer »Nordseeschutz-Konferenz« im Herbst 1984 in Bremen versammelten »Umweltvertreter« von Anrainerstaaten »nichts Konkretes auf Kiel«, wie die »Deutsche Gesellschaft für Meeresforschung« hinterher enttäuscht in ihren »Mitteilungen« vermerkte. »Übrig blieb lediglich ein Acht-Punkte-Programm«, hinter dem sich »nur politische Absichtserklärungen« verbargen. Dabei hatte die Bundesrepublik zusammen mit Dänemark und Schweden noch die weitestgehenden Forderungen zum Schutz der Nordsee aufgestellt.

Auch der Lebensraum Luft, einst ebenso wie der Ozean als unendlich

sauber angesehen, ist durch mangelhafte internationale Zusammenarbeit zusehends bedroht. Saurer Regen gefährdet fern von den Ballungszentren Wälder und Seen und beschwört politische Konflikte auch zwischen ansonsten befreundeten Ländern wie etwa Kanada und den USA herauf. Der seit einem Jahrhundert ständig zunehmende Gehalt des bei allen Verbrennungsvorgängen entstehenden Kohlendioxid-Gases in der Luft droht, im kommenden Jahrhundert das Erdklima durcheinanderzubringen. Einzig die Mitte der siebziger Jahre erkannte Gefahr einer Zerstörung des lebenswichtigen Ozon-Gürtels in der oberen Atmosphäre durch Spraygase der Fluorkohlenwasserstoff-Klasse löste so etwas wie eine rasche internationale Aktion aus: Die Furcht vor einer verstärkten Einstrahlung harter UV-Strahlen von der Sonne und einem dadurch ausgelösten Anstieg von Hautkrebs bewirkte in vielen Ländern ein Verbot – oder zumindest eine Einschränkung – der Anwendung dieser Treibgase. Auch wenn sich diese Gefahr geringer als vermutet erweisen sollte, war die Aktion vernünftig. Denn Vorbeugen ist besser als Heilen.

Vorbeugen ist überhaupt die einzige Chance, die besonders bedenkliche genetische Verarmung des Lebens auf der Erde durch das massenhafte Aussterben von Tier- und Pflanzenarten aufzuhalten. Erste internationale Ansätze zum Artenschutz wurden aus der Not geboren – der Not der Fisch- und Walfangflotten, die durch übermäßige Nutzung ihrer Beutetiere den Ast absägten, auf dem sie saßen. Während freilich die mit nahezu allen Mitteln geführte Schlacht zur Rettung der riesigen Wale schon auf vollen Touren lief, mußte der britische Artenschutz-Experte Norman Myers noch 1979 in seinem Buch »Die sinkende Arche« klagen, daß »kaum einem anderen Problem so wenig Aufmerksamkeit zuteil wird wie dem Problem der verschwindenden Spezies«. Die größte Bresche in die Vielfalt des Lebens schlägt die überall auf der Erde fortschreitende Vernichtung natürlicher Lebensräume: Dazu zählt der vom sauren Regen übersäuerte See in Norwegen ebenso wie das entwässerte bayerische Hochmoor, der vergiftete Fluß in Italien ebenso wie der abgeholzte Urwald in Peru. Gerade die uns vertrauten großen Tiere, die Säugetiere und Vögel, leiden besonders unter der Vergiftung und »Kultivierung« ihrer angestammten Heimat. Dazu kommt der fatale Sammler-Effekt: Wenn eine Tier- oder Pflanzenart selten wird, steigt das Interesse an ihr und damit ihr Preis; das aber weckt offensichtlich erst recht den Wunsch bei vielen wohlhabenden Bürgern, schnell noch ein Exemplar dieser Orchidee oder jenes Großkatzenpelzes zu erwerben, bevor es zu spät ist. Diesen Teufelskreis versucht die 1973 in Washington geschlossene »Konvention über den Handel mit bedrohten Arten«, das »Washingtoner Artenschutzabkommen«, zu durchbrechen.

Die Eindämmung des Handels mit bedrohten Tier- und Pflanzenarten

Wie es bei vielen internationalen Konventionen üblich ist, steht das Wichtigste des »Washingtoner Artenschutzabkommens« in den Anhängen, in diesem Fall in zwei Listen: Anhang I enthält die Namen von Tier- und Pflanzenarten, die innerhalb der Vertragsstaaten nicht gehandelt werden dürfen, Anhang II jene Spezies, die vermarktet werden dürfen, sofern nur eine Ausfuhrgenehmigung des Exportlandes vorliegt. Da inzwischen mehr als 50000 Arten in den Anhängen aufgelistet sind, scheitern selbst gutmeinende Zollbehörden sowie Veterinär- und Pflanzenschutzkontrolldienste in den Industrieländern an der schieren Menge der zu überwachenden Spezies. Noch schlimmer ist die Situation in den Entwicklungsländern: Mangel an Finanzmitteln und geschultem Personal lassen den Behörden der Dritten Welt wenig Chancen gegen die gewitzten, skrupellosen Schmuggler und Händler, die manchmal mit nackter Gewalt eine ebenso skrupellose Kundschaft in den reichen Quartieren der Erde versorgen.

Die Wächter des »Washingtoner Artenschutzabkommens« werden freilich von den in der Schweiz angesiedelten Naturschutzverbänden »Internationale Union zur Erhaltung der Natur und der natürlichen Lebensräume« (IUCN) und dem »World Wildlife Fund« (WWF) tatkräftig unterstützt. Und so kann zumindest die »Spitze des Eisbergs« des illegalen Geschäfts mit bedrohten Arten sichtbar gemacht werden: Im Herbst 1980 war in Frankfurt das Gewerbe einer großen Pelzhandelsfirma aufgeflogen. Sie hatte Hunderttausende von Tierhäuten – darunter 40000 Ozelotpelze – im Wert von rund zwanzig Millionen Mark aus dem südamerikanischen Paraguay ganz »legal« importiert.

Die Artenschützer versuchen nicht nur, mit eigenen Recherchen den zuständigen Zoll- und Polizeibehörden Tips zu geben, mit denen dann kriminellen Händlern und Dokumentenfälschern das Handwerk gelegt werden kann. Sie versuchen auch das oft immer noch ahnungslose Publikum in den westlichen Industriestaaten zum Kaufverzicht zu bewegen: Nur wenn der Bedarf nicht mehr da ist, wird der bislang lukrative Handel mit bedrohten Tier- und Pflanzenarten zusammenbrechen.

Wie schwer eine solche artenschützerische Kärrnerarbeit sein kann, erlebten Brigitte und Günther Peter aus Korntal bei Stuttgart: Aufgerüttelt durch die Grausamkeiten eines illegal operierenden Meeresschildkröten-Schlachtbetriebs, die sie auf Bali mitansehen mußten, startete das Paar eine jahrelange Kampagne zur Rettung der stark bedrohten Meeresreptilien. Zwar machten schließlich sehr viele Umweltverbände, Händler, Gaststätten und Verbraucher mit. Doch immer wieder fanden sich neue Lücken, durch die Meeresschildkrötenprodukte in die Bundesrepublik geschmuggelt worden waren.

Einen gewissen Erfolg konnten die internationalen Artenschützer auch bei den Bemühungen um die Erhaltung der Krokodile erzielen. Die enorme Nachfrage nach dem Kroko-Leder hatte die mächtigen Kriechtiere so weit dezimiert, daß der jährliche Welthandel von etwa zehn auf rund zwei Millionen Krokodilhäute zurückgegangen war. Strikte Jagdbestimmungen und Schutzgebiete in vielen Ländern sowie eine Aufklärungskampagne zur Korrektur des »schlechten Images« dieser Reptilien sorgten dann in den siebziger Jahren dafür, daß Hoffnung auf das Überleben der urtümlichen Riesen besteht. Ein Tier sollte freilich »nicht geschützt werden, weil es nach *unserem* Wertsystem ein Held ist, und es sollte nicht ausgerottet werden, weil wir es für einen Schurken halten«, mahnt der amerikanische Biologe und Publizist Boyce Rensberger.

Unsere problematischen Beziehungen zur Tierwelt prallten – aus purem Zufall – am 29. November 1980 auf zwei gegenüberliegenden Seiten der »Süddeutschen Zeitung« zusammen:

Rechts warb ein Pelzhaus ganzseitig und mit sechs Fotos eleganter Damen für den »PELZ – die wärmende zweite Haut«, während links in einem kurzen redaktionellen Kommentar auf die Gründung der »Vereinten Nationen der Tiere« in Genf eingegangen wird.

Die menschliche Eitelkeit setzt besonders Großtieren mit einem schönen Fell oder einer interessant aussehenden Haut zu.

Nur strikte internationale Abkommen vermögen das baldige Ende der Krokodile (links) oder Großkatzen aufzuhalten.

Die erste Vollversammlung dieser »Tier-UNO« war von dem Schweizer Journalisten Franz Weber einberufen worden, einem »weltbekannten Einzelkämpfer« gegen Umweltsünder aller Art. Es kamen, wie die Zeitung berichtete, »65 bevollmächtigte Delegierte von Tierschutzverbänden aller fünf Erdteile, menschliche Delegierte, wohlgemerkt, jedoch in Vertretung von Robben (weiße Pelzmäntel), Elefanten (Elfenbein-Nippes), Nashörnern (Aphrodisiaka), Versuchskaninchen (Pharmazie, Kosmetika), Walen (Parfüm u. a.), Zugvögeln (Jagd), Krokodilen (Handtäschchen), Boxenkälbern (weißes Fleisch), Batteriehühnern (billige Eier), Leoparden (Sex-Appeal), Silberfüchsen (Geldgeruch) und so weiter«.

Eine dauerhafte Entwicklung von Mensch und Natur

Die Maximalforderungen extremer Tierfreunde nach Gleichberechtigung oder gar Höherschätzung der Tiere gegenüber dem Menschen legen bei näherer Betrachtung nicht nur rein rechtliche Bedenken nahe (etwa der Art, daß Tieren keine Rechte im klassischen Sinn zugestanden werden könnten, weil sich ihnen logischerweise keine Pflichten auferlegen lassen – oder, wenn doch, wer berechtigt ist, ihre Interessen wahrzunehmen). Der extreme Anspruch birgt auch die Gefahr, den Menschen aus der Natur hinauszukomplimentieren – eine Ansicht, die ebenso gefährlich erscheint wie jener Irrglaube, wir wären, nur weil wir zu bewußtem Denken fähig sind, nicht mehr Teil der Natur. Überdies muß

eine solche Argumentation aus der Sicht der Dritten Welt als »Luxus-Diskussion« erscheinen.
In der Tat haben manche spektakuläre Aktionen zur Rettung besonders »beliebter« Tiere in den Armenhäusern der Erde einen schalen Beigeschmack: Vor lauter Tierschutz wurden mitunter die direkt betroffenen Menschen vergessen – ganz so, als wollten wir aus dem reichen Westen das hiesige Versagen in den tropischen Ländern der Dritten Welt wiedergutmachen. So wurden zum Beispiel in Indien großzügige Reservate eingerichtet, in denen die vom Aussterben bedrohten Tiger überleben sollen. Die menschlichen Bewohner der Reservate verloren teilweise ihr Land und manchmal auch ihr Leben: Die Behörden, auf den einträglichen westlichen Tierfreunde-Tourismus fixiert, hatten die Dörfler entwaffnet – und sie zahlen, wenn die Großkat-

Riesige Flächen des Amazonas-Urwalds, des größten und artenreichsten tropischen Regenwaldes, werden abgeholzt – nicht, um die Nahrungsversorgung Brasiliens zu verbessern, sondern um billiges Holz von schnellwachsenden Bäumen zu gewinnen oder preiswertes Fleisch für nordamerikanische und europäische Kunden zu produzieren (links: Holzplantage; unten: Setzlinge für neue Plantagen).

zen wieder einmal ein Opfer geholt haben, etwa für ein getötetes Kind die lächerlich geringe Versicherungssumme von umgerechnet etwa 1000 Mark.

Ein wirksamer Schutz vor allem der besonders artenreichen tropischen Ökosysteme läßt sich auf Dauer nur erreichen, wenn die drückenden Probleme der Dritten Welt – Überbevölkerung, Krankheit, Hunger, Arbeitslosigkeit, Unwissenheit, Korruption, riesige wirtschaftliche Ungleichheiten – endlich mit aller Ernsthaftigkeit angegangen werden. Wenn schon die reichen Industrieländer all die vielen Pflanzen- und Tierarten in Urwald und Savanne retten wollen, so argumentieren Artenschützer wie Norman Myers, dann ist es aus diesem Grund auch nur recht und billig, wenn sie einen entscheidenden Beitrag für deren Erhaltung leisten.

Solange freilich der arme Süden vom reichen Norden nur als beliebig auszubeutende Rohstoffquelle, als Region mit billigem Land und billigen Arbeitskräften angesehen wird, so lange kann niemand im Ernst erwarten, daß um ihr nacktes Überleben kämpfende Menschen Sinn für und Einsicht in globale Programme zur Erhaltung der Natur zeigen.

Nicht die eilfertigen Rezepte ideologischer Prägung und auch nicht die Jagd auf vermeintliche oder tatsächliche Sündenböcke werden die brennenden ökonomischen wie ökologischen Probleme lösen können. Nur das ernsthafte Bemühen, die Menschen *und* die Natur besser zu verstehen und ihnen zu helfen, wird den Kollaps der Gesellschaften und der Ökosysteme entlang des Äquators vermeiden können. Egal sein kann uns im industrialisierten Norden das Schicksal der Dritten Welt nicht: Die politischen Erschütterungen in den Entwicklungsländern können der Anlaß für die schlimmste denkbare Naturzerstörung sein – für den atomaren, den letzten Weltkrieg mit nachfolgendem »nuklearen Winter«.

Kann es doch noch zu einem Ausgleich zwischen Mensch, Erde und Natur kommen? Der Hamburger Illustrator Hans Ulrich Osterwalder hat mit seiner Grafik eine symbolische Versöhnung versucht.

Die menschliche Perspektive:

In die Zukunft mit der Natur – oder gar keine Zukunft

Es sieht nicht gut aus auf dem Planeten Erde. Die Zerstörung von Leben und Lebensräumen, die Verschmutzung von Luft und Wasser, der Hunger und das Elend von Millionen von Menschen lassen keinen anderen Schluß zu.

Es ist dies auch unsere einzige Heimat im All, allen hochfliegenden Träumereien von Fluchtburgen draußen im Raum zum Trotz. Und es ist immer noch eine schöne Heimat, farbig und voller Dynamik bis hinauf zu den höchsten Winden der Atmo-

sphäre. Und sie ist ein Platz voller Geschichte. Hier begann ein Experiment, das aus unbelebtem Chaos belebte Ordnung schuf: Leben.
Seit Rachel Carsons Buch vom »stummen Frühling« rissen zwei Jahrzehnte lang die Katastrophenmeldungen und vor allem die Katastrophen-Prophezeiungen nicht mehr ab. Die Warnungen, wie sie etwa 1980 im amerikanischen »Global 2000«-Report ausgesprochen wurden, sind ernst zu nehmen. Sie zeigen bedenkliche Entwicklungen auf, die eine gute Chance haben, wahr zu werden. »Unsere Folgerungen sind beunruhigend«, schrieben die Autoren der »Global 2000«-Studie in ihrem Begleitbrief an den amerikanischen Präsidenten. »Sie legen die Möglichkeit weltweiter Schwierigkeiten von alarmierendem Ausmaß für das Jahr 2000 nahe. Umwelt-, Rohstoff- und Bevölkerungsprobleme verschärfen sich und werden zunehmend die Qualität menschlichen Lebens auf diesem Planeten bestimmen.«
Etwa zur selben Zeit veröffentlichte die »Internationale Union zur Erhaltung der Natur und der natürlichen Lebensräume« ihre »Weltstrategie zur Erhaltung der Natur«. Auch sie legt schonungslos die Folgen unseres unbesonnenen Umgangs mit der natürlichen Umwelt offen. Gleichzeitig zeichnet diese »Strategie zum Überleben« zum ersten Mal in einem globalen Rahmen Wege auf, wie »wesentliche ökologische Abläufe und Lebensgrundlagen«, die »genetische Vielfalt« sowie die »dauerhafte Nutzung von Arten und Ökosystemen« erhalten werden können.

Unentrinnbar ist jeder Mensch im Rhythmus des Lebens gefangen, in jener Spanne zwischen Zeugung und Tod. Unsere Verantwortung für die Natur muß freilich über das eigene Ende hinausgehen – im Interesse unserer Kinder, ja des Lebens auf der Erde überhaupt.

Einfach ist diese Strategie nicht zu verwirklichen, aber das kann auch niemand bei der Komplexität der anstehenden Aufgaben im Ernst erwartet haben. »In der Biosphäre gibt es für den Menschen keine Eigentumsgarantie«, sagt der australische Philosoph John Passmore, »seine eigene Torheit kann ihm jederzeit seinen unsicheren Besitz kosten.«
»Wir können unserer Vergangenheit nicht entfliehen«, mahnte René Dubos in seiner »Umwerbung der Erde«, »aber wir können auch nicht verhindern, die Zukunft zu erfinden.« Der Mensch als Aristokrat unter den Lebewesen muß wieder ler-

nen, daß zum Herrschen auch das Dienen gehört. Unsere Erwartungen waren »unrealistisch und ungerechtfertigt«, rügt der amerikanische Gelehrte Theodore Schultz. »Wir sind durch unseren eigenen Glauben an das, was menschenmöglich ist, frustriert. Der daraus resultierende Pessimismus bedroht unseren Glauben an uns selbst.« Dazu aber besteht »kein guter Grund«, wie der Konstanzer Biologe Hubert Markl argumentiert: »Nicht nur, weil Pessimismus vor den Aufgaben der Zukunft leicht zur selbsterfüllenden Wahrsagung wird. Pessimismus kann Charakterschwäche sein, Optimismus moralische Menschenpflicht.« Wir werden unsere eigene Vernunft walten lassen müssen, unsere eigene Initiative, unsere Phantasie und unsere Bescheidenheit einsetzen müssen – wenn auch, mit den Worten des britischen Ökologen Sir Frank Fraser-Darling, »möglicherweise nur, um die Katastrophe so weit hinauszuschieben, bis sich die Gesinnungen aller Menschen gewandelt haben«. Für alle, die mitmachen wollen, aber die Größe der Aufgabe scheuen, prägte René Dubos eine einfache Formel: »Denke global und handle lokal.« Nicht ein abstraktes Traumziel, sondern die Anstrengung, etwas zu bewegen, sollte uns als Leitmotiv dienen. »Der Kampf gegen Gipfel vermag ein Menschenherz auszufüllen«, schrieb der französische Schriftsteller Albert Camus in seinem Buch »Der Mythos von Sisyphos«, einem »Versuch über das Absurde«: »Wir müssen uns Sisyphos als einen glücklichen Menschen vorstellen.«

Bildquellen

Farbe

Anthony-Verlag, Starnberg 28, 268 ol (Dr. Pauli), 324 o (Bommer), 425 u (Helbing) · Archiv für Kunst und Geschichte, Berlin 376 · Hjalmar R. Bardarson, Reykjavik 341 · Wilfried Bauer, Hamburg 152 o, 153 ol, 309 · Bavaria-Verlag, Gauting 173 ol, 201 r, 289 M, 440/441 (Meier-Ude) · Bayer-AG, Leverkusen 424, 425 o · Günter Brinkmann, Hamburg 305 o · Luftbild Albrecht Brugger, Stuttgart 196/197 (Frg. Reg. Präs. Stuttgart Nr. 2/47249 G), 209, 225, 263 u, 316 · Bruce Coleman, Uxbridge 204, 273 o, 289 u, 313 · Ilse Collignon, München 436 · Colour Library, New Malden 21, 48/49 · Deutsche Presse-Agentur, Düsseldorf 57, 288, 360, 392/393, 457 o · Deutscher Sparkassenverlag, Stuttgart 465 (Plakat zum Weltspartag 1979, Hans Ulrich Osterwalder, Hamburg) · Deutsches Jagdmuseum, München 373 · Explorer, Paris 221 u · Michael Friedel, München 20, 69 o · Anne Hamann, München 17 o, 312 M (Reiser), 324 M (Reiser) · Hanseatische Luftfoto GmbH, Hamburg 115 o (Frg. LA Hamburg Nr. 4032-78) · Robert Harding, London 185 · Heinrich Harrer, Kitzbühel 41 · Milan Horacek, Hamburg 184, 213, 461 · Walter Imber, Laufen 304 · Wilhelm Irsch, Saarwellingen 116 · Jacana, Paris 289 o, 297 o · Klammet & Aberl, Germering 261 · Prof. Dr. Hans Klingel, Braunschweig 276 u · Karl Klubescheidt, Rheda 13 o · Jürgen Lindenburger, Kastl 97, 128, 273 u · Loren Alexander McIntyre, Arlington 149 u · NASA, Washington 157 · Nationalparkverwaltung Bayerischer Wald, Grafenau 248/249 u · Okapia, Frankfurt 72 (Scheithausen), 273 ul (Reinhardt), 273 ur (Rohdich) · Klaus Paysan, Stuttgart 432 · Photo Research, Alexandria 244 o, 385 · Eckart Pott, Stuttgart 241 or, 269 · Fritz Prenzel, Gröbenzell, 221 o · Georg Quedens, Norddorf 241 ol · Günter Radtke, Uetze 173 or · Jim Rearden, Homer 281 · Andrej Reiser, Hamburg 324 u · Roebild, Frankfurt 104/105, 241 oM · Prof. Dr. Rüppell, Lagesbüttel 276 o · Susanne Schapowalow, Hamburg 69 u (Kraft), 305 u, 312 u (Ligges), 457 u (Nebbia) · Toni Schneiders, Lindau 16 o, 192, 444 · Peter Schub, New York 460/461 · Eberhard Seeliger, Hamburg 349 o · Shostal Associates, New York 153 or, 191 u (Wm. Plaster), 296 u (L. Lee Rue), 348/349 (J. D. Barnell) · Heinz Steenmans, Mönchengladbach 57 o · Stern-Archiv, Hamburg 13 u (Kramer), 220 (Heggemann), 241 u (Anders), 412 (Gebhardt) · Studio X, Limours 16 u (Gamma-Maous), 17 u (Connolly), 153 oM, 309 o, 382 · Technischer Überwachungsverein Rheinland e. V., Köln 448 o, 448 M · Prof. Dr. Dietmar Todt, Berlin 272 o, 417 · Gianni Tortoli, Tavarnuzze 65 · University of Wisconsin, Madison 197 · USICA, Bonn 180/181 · Visum-Foto, Hamburg 117 (Gerd Ludwig), 120 (Gerd Ludwig), 121 (Gerd Ludwig), 128/129 (Gerd Ludwig), 173 u (Dirk Reinartz) · Walker Art Gallery, Liverpool 368/369 · Zentrale Farbbild Agentur, Düsseldorf 24, 73, 200/201, 260, 268 or, 296 ol, 296 or, 297 u, 325 l.

Schwarzweiß

Aero-Lux, Frankfurt 137 o, 137 u (Frg. Reg. Präs. Darmstadt Nr. 338/77) · Aldus-Books, London 70/71, 149, 380 · Erich Andres, Hamburg 102 · Anthony-Verlag, Starnberg 224, 268 ur (Maier), 402 o (Kürtz), 414 u (Weich) · Archiv für Kunst und Geschichte, Berlin 206, 371 o, 375 M, 378 o · Associated Press, Frankfurt 210 · Ken Balcomb, Friday Harbor 278/279 · Wilfried Bauer, Hamburg 110, 299, 426/427, 443 l · Bavaria-Verlag, Gauting 33 u, 265 u (Kraft), 327 M (Hinrichs), 334 (Interfoto), 368 o, 431 or (Frerichs) · Beck'sche Verlagsbuchhandlung, München 386 · Black Star, New York 78/79 · Günter Brinkmann, Hamburg 443 r · Luftbild Albrecht Brugger, Stuttgart 214/215 · Burian, Verlag Artia, Prag 335 u · Bruce Coleman, Uxbridge 147, 235, 369 · Ilse Collignon, München 63, 259 (4 Fotos) · Culver Pictures Inc., New York 371 M, 371 u · J. H. Darchinger, Bonn 287 o · Dartmouth College, Hannover 388 · Deutsche Presse-Agentur, Düsseldorf 34/35,

36, 171 o, 322 r, 382 o, 398, 399 l, 399 Mr, 414 o, 421 o, 438 o, 452, 466 · Deutsche Verlagsanstalt, Stuttgart 191 o · Ger Dijkstra, Amsterdam 405 o · Bruno Dittrich, Großhansdorf 239 · Atelier Drews, Wiesbaden 40 · Eidgenössisches Institut für Schnee- und Lawinenforschung, Weißfluhjoch 302 · Electa Editrice, Venedig 364 u · Explorer, Paris 43, 405 u, 411, 422 · Jean Paul Ferrero, Grigny 282 · Carl Fischer Photography, New York 47 · Fototeca Unione, Rom 361 o · Klaus D. Francke, Hamburg 33 o · André Gelpke, Essen 194, 426 u · Giraudon, Paris 338/339 · Roland Gööck, Bachmühle 364 o · Kai Greiser, Hamburg 195 u · Gruner & Jahr, Hamburg 431 u · Günter Haaf, Aumühle 160, 226 · Anne Hamann, München 29 (Höpker) · Heinrich Harrer, Kitzbühel 182/183, 358 · Robert Häusser, Mannheim 408/409, 415 · Brigitte Hellgoth, Haan 403 · Sigmundt St. v. Heydekampf, Hamburg 325 o · Holmes-Lebel, Paris 155 o · Milan Horacek, Hamburg 140/141, 212, 385 · Hans Hubmann, Kröning 447 · The Image Bank, Hamburg 164/165 · Walter Imber, Laufen 62, 94/95, 109, 134 · Wilhelm Irsch, Saarwellingen 129, 219 M · Jacana, Paris 308 · Rainer Joedecke, Berlin 102 · Klaus J. Kallabie, Hamburg 187 · Bruce Kane, NCR, Ottawa 322 l · Dr. Kettlewell, Department of Zoology, Oxford 48 o, 48 u · Klammet & Aberl, Germering 155 u (Frg. Reg. v. Obb., Nr. G 43/507) · Laenderpress, Düsseldorf 31 r, 438 M · Landesbildstelle Württemberg, Stuttgart 214 · Michael Lange, Hamburg 455 o, 455 u · Andrew Lawson, Charlbury 355 ol · Franz-Karl Frh. v. Linden, Waldsee 111 · Jürgen Lindenburger, Kastl 42, 239, 268 ul · Löppert, München 282 r · Loren Alexander McIntyre, Arlington 462/463, 463 · Walter Moog, Essen 225 · NASA, Washington 158 · National Archives, Washington 357 u · Okapia, Frankfurt 271 M, 431 ol · Paul Parey Verlag, Hamburg 315 l, r (aus Olschowy: »Natur und Umweltschutz in der BRD«, Frg. Reg. Präs. Wiesbaden, Nr. 367/59 u. 28/73 · Klaus Paysan, Stuttgart 246/247, 434 · Max Peintner, Wien 207 (Bleistiftzeichnung, 1972) · Photogrammetrie GmbH, München 294 (Frg. Reg. v. Obb., Nr. G 7/888 76) · Photo Research, Alexandria 378 u, 416/417 · Gerd Plessl Agency, München 52/53 · Eckart Pott, Stuttgart 267, 271 ol · Archiv Praesentverlag, Gütersloh 450 · Fritz Prenzel, Gröbenzell 108, 423, 454 · Max Prugger, München 176/177 · Georg Quedens, Norddorf 236 · Günter Radtke, Uetze 93, 430 · Studio G. P. Reichelt, Hamburg 332/333 · Roebild, Frankfurt 96, 281 · Saftra, Stockholm 390 · Salmer, Barcelona 361 M · Susanne Schapowalow, Hamburg 58, 183 o, 200 (Novak), 328 o (Guckes) · Toni Schneiders, Lindau 263 r (Marco Schneider) · Shostal Associates, New York 10/11 (T. Linck), 31 l (M. Barosh), 170/171 (W. D. Murphy), 286 (N. Deak), 262/263 u (Eric Carle), 363 (A. Lavine) · Sven Simon, Essen 287 u, 397 · Günther Sokolowski, Konstanz 219 o · Stern-Archiv, Hamburg 25 (Heggemann), 92 (Moldvay), 141 (Will), 143 u (Ullal), 146 (Anders), 174 (Carp), 331 (Barnick), 392/393 (Ihrt), 393 (Kähler), 396/397 (Goller), 402 o (Moldvay), 437 (Peterhofen) · Stiftung Jugend forscht, Hamburg 421 u (Hermann Sülberg u. AEG-Telefunken) · Toni Stone, London 86/87, 442 · Studio X, Limours 202/203, 203, 284/285 · Three Lions, New York 379 u · Time Life, New York 230/231 · Prof. Dr. Dietmar Todt, Berlin 238 · Transglobe Agency, Hamburg 355 or · Ullstein GmbH, Berlin 379 o · USICA, Bonn 383 · Visum-Foto, Hamburg 105 (Gerd Ludwig), 125 (Gerd Ludwig), 133 (Georg Fischer), 135 (Gerd Ludwig), 306 (Gerd Ludwig), 318/319 (Georg Fischer), 328 o (Gerd Ludwig), 406 (Meisel), 418 (Georg Fischer) · Zentrale Farbbild Agentur, Düsseldorf 79, 80/81, 155 u, 195 o, 225 u, 244, 249, 271 r, 327 o, 330 · Zentralstelle für Geophotogrammetrie, München 123 · Dr. Erik Zimen, Blieskastel 265 o.

Zeichnungen
Atelier Kühn, Heidelberg · Ute Osterwalder, Hamburg · Günter Radtke, Uetze · Karlheinz Wirth, Bielefeld · Bernhard Ziegler, Hamburg.

Register

(*Kursiv* gedruckte Zahlen bezeichnen Abbildungen)